教育部高等学校航空航天类专业教学指导委员会推荐教材

飞机部件与系统设计

（第 2 版）

郦正能　程小全　贾玉红　张纪奎　编著

北京航空航天大学出版社

内 容 简 介

本书主要阐述了飞机机身、机翼、尾翼、起落架和动力装置五大部件的主要参数、形状和结构布置及其设计原则与方法,以及燃油系统、飞控系统、液压系统等飞机系统的先进技术、设计原则与方法。全书既注重部件与系统设计的基本概念、原理与方法,也注重反映当前航空技术发展的最新成果,并对新结构形式、新材料、先进系统及设计技术等进行了介绍。

本书可作为高等院校飞行器设计专业本科生与研究生教材,也可作为航空工程技术人员的参考书。

图书在版编目(CIP)数据

飞机部件与系统设计 / 郦正能等编著. -- 2 版. --
北京 : 北京航空航天大学出版社,2020.11
ISBN 978 - 7 - 5124 - 3407 - 3

Ⅰ.①飞… Ⅱ.①郦… Ⅲ.①飞机－设计 Ⅳ.
①V22

中国版本图书馆 CIP 数据核字(2020)第 239276 号

飞机部件与系统设计(第 2 版)

郦正能 程小全 贾玉红 张纪奎 编著

策划编辑 蔡 喆 责任编辑 胡 敏

*

北京航空航天大学出版社出版发行

北京市海淀区学院路 37 号(邮编 100191) http://www.buaapress.com.cn
发行部电话:(010)82317024 传真:(010)82328026
读者信箱:goodtextbook@126.com 邮购电话:(010)82316936
北京建宏印刷有限公司印装 各地书店经销

*

开本:787×1 092 1/16 印张:21.75 字数:557 千字
2021 年 1 月第 2 版 2025 年 1 月第 4 次印刷 印数:2 501～3 500 册
ISBN 978 - 7 - 5124 - 3407 - 3 定价:79.00 元

第 2 版前言

随着军民融合战略的不断深入,近年来我国无人机、通用航空飞行器、运载火箭等航空航天企业的发展均呈现井喷式发展态势;各种商用运输机、军用运输机、战斗机、导弹、火箭等型号的发展速度也有目共睹。国内航空航天事业对飞行器设计人员的需求日益增长,各飞机主机厂所技术进步的压力与日俱增,迫切需要更多的专业人才和先进技术。

进入 21 世纪以来,虚拟仿真、多学科综合优化、轻质复合材料、增材制造、电传操纵等技术水平有了长足进步,并在工程实际中得到广泛应用。在此基础上,飞机设计技术也得到快速发展,人们对飞机的认识也从原来单个部件、单个学科,变成了对整个系统、多个学科综合整体的把握,甚至连国内各飞机主机厂所的专业部门设置都发生了很大变化,从原来按单一学科划分部门转向按系统、部件或综合专业重组各专业部门。

然而,国内外现有飞机设计方面的教材与著作主要涉及飞机总体设计、飞机结构设计、复合材料飞机结构设计、飞机各系统设计以及飞机设计手册(各部分内容的组合)等,这些著作让读者很难快速掌握飞机设计知识体系,也难以将各学科技术的发展快速融合。为此,我们在多年飞行器设计教学与科研工作经验基础上,于 2006 年编写出版了《飞机部件与系统设计》教材,并在北京航空航天大学开设了相应的专业课程,试图将飞机总体设计与结构设计知识进行连接与融合。十几年来,该课程与教材在飞机设计专业人才培养以及相关科研与设计人员的工作中发挥了良好的作用,作者也陆续收到了读者的正面反馈和改进建议。为此,我们征询了学生、任课教师、工程技术人员、相关专家以及出版社等的意见,对原书进行了修订,使其与 32 学时的教学内容更加匹配。

这次修订的教材更加突出"部件"与"系统"的特点,将原书中飞机总体设计和结构设计相关内容尽量删除,部分章节甚至重写,并将国内外的新型号以及相关技术的最新发展融入其中,以期做到重点突出、逻辑清晰。

全书共分 10 章,其中:郦正能负责编写第 3、4、5 章以及第 8 章部分内容,程小全负责编写第 1、2、6 章,贾玉红负责编写第 7、10 章和第 8 章部分内容,张纪奎负责编写第 9 章。全书由郦正能和程小全负责统稿。

本书在编写时参考了很多国内外文献资料,出版时分别得到了北京航空航天大学教务处的资助,也得到了北京航空航天大学出版社的支持,在此对所有原作者、资助单位和出版单位表示诚挚的感谢。

由于和飞机部件与系统设计相关的著作及其他资料极少,加之作者水平有限,书中难免存有不尽人意之处,衷心希望读者批评指正。

作　者
2020 年 9 月

第1版前言

飞机设计过程大致可划分为总体设计、部件与系统设计和结构设计三个阶段。各阶段的工作相互影响,相互促进,因此必须协同发展才能很好地完成飞机设计的任务。

总体设计阐述飞机方案的形成,主要包括飞机的气动布局、重要参数的确定、性能分析及总体布置等内容。结构设计主要阐述飞机构造、传力分析以及零部件的结构设计原则与方法。部件与系统设计介于总体设计和结构设计之间,既是飞机总体设计的延伸,又是飞机结构设计的依据和出发点,起着连接总体设计与结构设计的桥梁作用。部件与系统设计内容,对于构建系统、全面的飞机设计领域的知识体系来说是一个不可缺少的重要组成部分。国内已有飞机总体设计和飞机结构设计的专业教材和著作。而现有相关的文献资料虽然也涉及部件与系统设计,但主要还是从结构设计角度阐述部件设计问题。实际上,目前国内还没有系统阐述飞机部件与系统设计方面的教材与著作。鉴于此,我们编写了这本书,以填补国内有关部件与系统设计教材的空白,满足航空高等院校飞行器设计学科专业教材的需要,同时,也可作为航空工程技术人员的参考书。

本书主要阐述了对于机身、机翼、尾翼及起落架等部件的主要参数、形状以及结构设计方案的选择,同时还阐述动力装置系统、操纵系统及液压系统等飞机系统的先进技术和设计原则。我们力求本书内容的精练性与先进性,既注重阐述部件与系统设计的基本概念、原理及方法,也注重反映当前航空技术发展的新成果,并对新结构形式、新材料、先进系统以及先进的设计技术等进行了介绍。

由于部件与系统在设计要求上有较大的差别,因此本书将部件与系统设计分开来阐述。全书共分10章。第1章介绍飞机部件与系统设计的任务、设计过程与设计要求。与过去相比,当前飞机设计原理和技术已发生了深刻的变化,因此第2章对飞机部件设计的一般原理进行介绍,包括综合设计思想、优化设计、多学科设计优化、数字化设计以及结构设计原理与方法等内容。第3~5章分别阐述机翼、机身及尾翼部件设计,包括各部件的设计原则、设计要求或设计特点,外形主要几何参数,结构形式和结构布置,设计分离面的选择和主要设计分离面的对接形式,气动弹性等内容。复合材料因其具有区别于金属材料的独特性能,作为一种新型航空材料在飞机结构上已获得越来越广泛的应用,因此第6章专门阐述复合材料翼面和机身设计,重点介绍复合材料翼面和机身设计结构形式的选择与设计特点。第7章介绍起落架设计,包括起落架形式、起落架主要参数选择、结构受力和运动形式、减震装置设计等内容。第8章介绍动力装置的进/排气系统设计、燃油系统设计以及发动机的安装设计和降噪措施。第9章介绍操纵系统设计,包括人工操纵系统、自动控制系统以及先进的电传操纵和主动控制等飞机操纵技术。第10章阐述飞机液压系统设计,包括液压系统的工作原理、工作特性、基本回路和主要附件。

本书由郦正能任主编,程小全任副主编。方卫国(第1、9章及第2、3章部分内容)、郦正能(第2、3、4、5、8章部分内容)、程小全(第6章及第3、4、5、8章部分内容)和贾玉红(第7、10章及第8章部分内容)等同志参加了编写。崔德刚教授和杨秉宪教授在百忙中对本书进行了仔细的审阅,并提出了许多宝贵意见。根据这些意见,作者对书稿进行了认真修改。在此对崔德刚教授和杨秉宪教授表示衷心的感谢。

在本书的编写过程中,参考了很多国内外文献资料和兄弟院校的有关教材,出版时得到了国防科学技术工业委员会的大力支持和资助,在此对所有原作者和资助单位表示诚挚的感谢。

本书是国内首次专门介绍飞机部件和系统设计的教材,可供参考的同类教材及文献资料极少,在编写上有一定的难度,对于书中存在的不足或错误,衷心希望读者批评指正。

编　者

2005 年 4 月

目　　录

第1章　绪　论 ………………………………………………………………… 1

　1.1　部件设计基本内容 …………………………………………………… 1
　　1.1.1　部件设计任务与基本要求 …………………………………… 1
　　1.1.2　部件设计过程与主要工作内容 ……………………………… 2
　1.2　系统设计的基本内容 ………………………………………………… 6
　　1.2.1　系统设计要求 ………………………………………………… 6
　　1.2.2　系统设计一般过程 …………………………………………… 7
　习　题 ……………………………………………………………………… 9

第2章　飞机部件设计思想与技术 ………………………………………… 10

　2.1　飞机部件结构设计思想与方法 ……………………………………… 10
　　2.1.1　强度和刚度设计 ……………………………………………… 11
　　2.1.2　安全寿命设计 ………………………………………………… 11
　　2.1.3　损伤容限/耐久性设计 ……………………………………… 11
　　2.1.4　可靠性设计 …………………………………………………… 12
　　2.1.5　维修性设计 …………………………………………………… 13
　　2.1.6　综合设计 ……………………………………………………… 14
　2.2　飞机部件设计技术 …………………………………………………… 16
　　2.2.1　优化设计技术 ………………………………………………… 16
　　2.2.2　数字化技术 …………………………………………………… 18
　　2.2.3　适航性设计 …………………………………………………… 20
　2.3　新材料与先进制造技术的影响 ……………………………………… 21
　　2.3.1　新材料的影响 ………………………………………………… 21
　　2.3.2　先进制造技术的影响 ………………………………………… 22
　习　题 ……………………………………………………………………… 23

第3章　机翼设计 …………………………………………………………… 25

　3.1　机翼部件设计原则和要求 …………………………………………… 25
　　3.1.1　机翼部件设计原则 …………………………………………… 25
　　3.1.2　机翼部件设计主要要求 ……………………………………… 25
　　3.1.3　机翼部件设计内容与方法 …………………………………… 26
　3.2　机翼翼型和翼型设计 ………………………………………………… 27
　　3.2.1　翼型的选择和主要参数 ……………………………………… 27

3.2.2 翼型设计 ·· 29

3.2.3 翼型沿展向配置与弯扭设计 ························· 30

3.3 机翼平面形状和气动布局 ······························· 31

3.3.1 直机翼 ·· 31

3.3.2 后掠机翼 ··· 33

3.3.3 三角机翼 ··· 36

3.3.4 边条翼 ·· 38

3.3.5 双后掠机翼 ·· 42

3.3.6 变后掠机翼 ·· 43

3.3.7 前掠机翼 ··· 45

3.4 机翼前视形状参数 ··· 46

3.4.1 翼根修形 ··· 46

3.4.2 翼梢修形 ··· 46

3.5 机翼参数初步选择和大迎角气动特性 ················· 48

3.5.1 机翼参数初步选择 ·· 48

3.5.2 大迎角气动特性 ··· 49

3.6 机翼结构形式和结构布置 ································· 52

3.6.1 机翼受力形式选择的基本原则 ························· 52

3.6.2 机翼结构形式选择及结构布局 ························· 54

3.7 机翼设计分离面及其对接形式 ··························· 62

3.7.1 分离面设计原则 ··· 63

3.7.2 分离面对接形式 ··· 63

3.8 机翼与机身连接结构形式 ································· 67

3.8.1 连接设计原则 ·· 67

3.8.2 机翼与机身连接形式 ····································· 67

3.9 机翼增升装置 ··· 72

3.9.1 增升装置设计要求与目标参数 ························· 72

3.9.2 增升装置形式和参数选择 ······························ 74

3.10 副翼 ··· 76

3.10.1 副翼设计原则与要求 ···································· 76

3.10.2 副翼和扰流片设计 ······································· 76

3.10.3 差动副翼 ·· 78

习题 ··· 78

第 4 章 机身设计 ·· 79

4.1 机身设计特点 ··· 79

4.1.1 机身功用和内部布置 ····································· 79

4.1.2 机身设计特点和要求 ····································· 81

4.2 机身主要外形参数 ··· 82

4.2.1　机身的几何参数 ·· 82

4.2.2　前机身外形设计 ··· 82

4.2.3　机身横截面的形状 ··· 84

4.2.4　机身尾部外形设计 ··· 86

4.2.5　面积律 ·· 88

4.3　机身的结构形式与结构布置 ·· 89

4.3.1　机身典型结构形式与结构布置 ·· 89

4.3.2　军机机身结构布置和承力系统设计 ·································· 93

4.3.3　民机机身结构布置和承力系统设计 ································ 102

4.4　加强框设计 ··· 105

4.4.1　加强框的结构形式 ··· 105

4.4.2　加强框设计 ·· 106

4.5　机身结构开口设计 ·· 108

4.6　机身分离面的布置与设计 ··· 109

4.6.1　设计分离作用与布置 ·· 109

4.6.2　设计分离面设计 ··· 109

习　题 ·· 110

第5章　尾翼设计 ··· 111

5.1　水平尾翼设计 ··· 111

5.1.1　平尾的功用与设计要求 ·· 111

5.1.2　平尾外形和主要参数选择 ··· 112

5.1.3　平尾位置选择 ·· 115

5.1.4　升降舵和全动平尾设计 ·· 116

5.2　垂直尾翼设计 ··· 117

5.2.1　垂尾的功用和设计准则 ·· 117

5.2.2　垂尾外形和主要参数选择 ··· 118

5.2.3　方向舵的设计 ·· 119

5.3　尾翼的结构形式和安装 ·· 119

5.3.1　尾翼结构布局和承力系统安排 ·· 119

5.3.2　尾翼的安装与连接 ··· 121

5.3.3　操纵面结构形式与承力系统安排 ····································· 122

5.3.4　全动平尾的结构布局和特点 ·· 124

5.4　尾翼防颤振设计 ·· 127

习　题 ·· 128

第6章　复合材料翼面及机身设计 ··· 129

6.1　复合材料结构设计要求与原则 ·· 129

6.1.1　复合材料的性能和设计特点 ·· 129

　　　　6.1.2　复合材料结构设计要求与一般原则 ……………………………… 132

　6.2　复合材料典型结构设计 …………………………………………………… 133

　　　　6.2.1　结构设计选材 ……………………………………………………… 133

　　　　6.2.2　结构制造工艺性与成本考虑 ……………………………………… 136

　　　　6.2.3　设计值的确定 ……………………………………………………… 140

　　　　6.2.4　复合材料结构设计步骤 …………………………………………… 145

　　　　6.2.5　层合结构设计 ……………………………………………………… 146

　6.3　复合材料机翼设计 ………………………………………………………… 148

　　　　6.3.1　复合材料翼面设计特点 …………………………………………… 148

　　　　6.3.2　复合材料机翼结构形式 …………………………………………… 149

　　　　6.3.3　复合材料机翼设计 ………………………………………………… 152

　　　　6.3.4　复合材料安定面与操纵面结构设计 ……………………………… 156

　6.4　复合材料机身设计 ………………………………………………………… 160

　　　　6.4.1　复合材料机身设计特点 …………………………………………… 160

　　　　6.4.2　复合材料机身设计 ………………………………………………… 161

　6.5　复合材料结构可修理性设计 ……………………………………………… 163

　习　　题 ………………………………………………………………………… 165

第 7 章　起落架设计 ……………………………………………………………… 166

　7.1　起落架功用与设计要求 …………………………………………………… 166

　　　　7.1.1　起落架功用 ………………………………………………………… 166

　　　　7.1.2　起落架设计要求 …………………………………………………… 167

　7.2　起落架布置及地面运动特点 ……………………………………………… 168

　　　　7.2.1　起落架布置形式 …………………………………………………… 168

　　　　7.2.2　起落架布置及地面运动稳定性 …………………………………… 168

　7.3　起落架主要参数选择 ……………………………………………………… 172

　　　　7.3.1　起落架主要参数 …………………………………………………… 172

　　　　7.3.2　起落架布局设计 …………………………………………………… 173

　7.4　起落架载荷与结构形式 …………………………………………………… 176

　　　　7.4.1　起落架载荷 ………………………………………………………… 176

　　　　7.4.2　起落架结构形式 …………………………………………………… 177

　7.5　起落架减震装置 …………………………………………………………… 180

　　　　7.5.1　减震装置设计原则 ………………………………………………… 180

　　　　7.5.2　减震器形式选择 …………………………………………………… 181

　　　　7.5.3　油气式减震器结构及工作原理 …………………………………… 181

　　　　7.5.4　油气式减震器工作特性 …………………………………………… 183

　　　　7.5.5　减震器性能调节 …………………………………………………… 187

　　　　7.5.6　机轮和轮胎设计 …………………………………………………… 190

　7.6　前起落架设计 ……………………………………………………………… 194

　　　7.6.1　前轮稳定距 ·· 194

　　　7.6.2　前轮摆振和减摆装置 ·· 196

　　　7.6.3　前轮操纵系统和纠偏机构 ···································· 197

　7.7　起落架收放机构 ··· 200

　　　7.7.1　起落架收放机构设计要求 ···································· 200

　　　7.7.2　收放机构设计 ·· 200

　　　7.7.3　起落架的收放位置锁与信号指示系统 ························ 203

　习　题 ·· 204

第8章　飞机动力装置设计 ··· 205

　8.1　飞机动力装置概述 ·· 205

　　　8.1.1　动力装置功用和组成 ·· 205

　　　8.1.2　动力装置设计依据与要求 ···································· 205

　　　8.1.3　动力装置的特点 ·· 206

　8.2　飞机进气道设计 ·· 206

　　　8.2.1　进气道性能参数和设计要求 ·································· 206

　　　8.2.2　亚声速进气道设计 ·· 207

　　　8.2.3　超声速进气道设计 ·· 210

　　　8.2.4　进气道与机身的一体化设计 ·································· 214

　8.3　排气系统设计 ·· 215

　　　8.3.1　排气喷管功能和要求 ·· 215

　　　8.3.2　尾喷管设计 ·· 216

　　　8.3.3　反推力和矢量推力装置 ······································ 220

　8.4　发动机安装 ·· 222

　　　8.4.1　发动机安装基本要求 ·· 222

　　　8.4.2　发动机在飞机上的安装 ······································ 223

　8.5　燃油系统 ·· 229

　　　8.5.1　燃油系统设计要求 ·· 229

　　　8.5.2　燃油系统原理图 ·· 230

　　　8.5.3　燃油系统主要分系统 ·· 233

　　　8.5.4　燃油消耗顺序控制 ·· 242

　　　8.5.5　燃油箱与燃油管路设计 ······································ 244

　习　题 ·· 249

第9章　飞行控制系统设计 ··· 250

　9.1　飞行控制系统概述 ·· 250

　　　9.1.1　飞控系统发展历程 ·· 250

　　　9.1.2　飞控系统设计要求 ·· 255

　　　9.1.3　飞控系统设计方法 ·· 256

9.2 机械飞控系统设计 ·· 258
　9.2.1 机械飞控系统传动系数和传动比 ·· 258
　9.2.2 机械飞控系统组成与工作原理 ··· 260
　9.2.3 机械飞控系统各组件的布置 ··· 268
9.3 电传飞控系统设计 ·· 270
　9.3.1 电传飞控系统组成与工作原理 ··· 271
　9.3.2 电传飞控系统可靠性与余度技术 ·· 274
　9.3.3 电传飞控系统组成及其布置 ··· 275
9.4 自动飞控系统 ·· 277
　9.4.1 自动飞控系统与人工飞控系统的综合 ·· 277
　9.4.2 自动控制系统组成与工作原理 ··· 278
　9.4.3 自动控制系统各组件的布置 ··· 279
　9.4.4 自动控制系统的维修性设计 ··· 280
9.5 主动控制技术 ·· 280
　9.5.1 放宽静稳定度 ··· 281
　9.5.2 机动载荷控制 ··· 283
　9.5.3 直接力操纵 ··· 284
　9.5.4 阵风减载与乘感控制 ··· 286
　9.5.5 颤振主动抑制 ··· 288
　9.5.6 综合控制系统 ··· 288
　9.5.7 智能自主控制技术 ··· 292
9.6 飞行器新技术与飞控系统的发展 ·· 293
　9.6.1 创新的气动效应面控制技术 ··· 294
　9.6.2 射流矢量推力技术 ··· 295
习　题 ··· 296

第 10 章 飞机液压系统 ··· 297

10.1 液压系统组成与工作原理 ·· 297
　10.1.1 液压系统功用与特点 ·· 297
　10.1.2 液压系统组成 ·· 298
　10.1.3 液压系统工作原理 ·· 299
10.2 液压系统设计要求与设计参数 ·· 300
　10.2.1 液压系统设计要求 ·· 300
　10.2.2 液压系统原理方案设计 ·· 302
　10.2.3 液压系统主要设计参数 ·· 305
10.3 液压供油系统 ·· 308
　10.3.1 液压源 ·· 308
　10.3.2 液压泵 ·· 308
10.4 液压传动与控制 ·· 314

10.4.1　液压电机···314

10.4.2　液压作动筒···314

10.4.3　液压控制元件···316

10.5　液压系统典型控制回路··324

10.5.1　顺序控制回路···324

10.5.2　速度控制回路···324

10.5.3　方向控制回路···326

10.5.4　压力控制回路···326

10.5.5　安全控制回路···327

10.6　液压系统在飞机上的布置与安装······································328

10.6.1　液压系统在飞机上的布置··328

10.6.2　液压能源系统安装设计原则··329

10.6.3　液压系统管路安装设计原则··330

习　题···331

参考文献··332

第1章 绪 论

飞机部件除了要满足一定的功能要求外,作为承力系统还要满足多种结构设计要求;而飞机的各种系统主要是满足功能方面的要求,与飞机部件在设计要求上存在较大的差别。本章将先阐述部件设计的基本要求、设计过程及工作内容,然后再说明系统设计的过程与设计要求。

1.1 部件设计基本内容

1.1.1 部件设计任务与基本要求

尽管可以将飞机设计成用于各种不同用途的机型,但大多数飞机都有相同的主要部件。如图 1-1 所示,大多数飞机都有机身、机翼、尾翼、起落架和动力装置这五大部件,其中机翼中还包含副翼、增升装置等小部件,尾翼包含前翼部件。

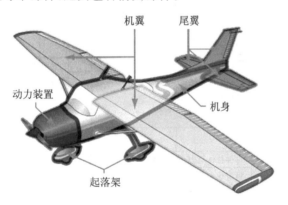

图 1-1 飞机部件

飞机部件设计的基本任务是:选择各部件的主要性能参数、外形及几何尺寸,确定各部件的结构设计方案等。飞机部件设计要满足以下基本要求:

① 适应全机气动布局,体现总体特点,满足气动力要求。

② 满足强度、刚度、疲劳(寿命)/耐久性、损伤容限、气动弹性等结构性能要求和其他功能要求。

③ 结构质量符合总体分配给的质量指标。

④ 结构形状、尺寸和内部布置与整个机体相容、协调。

⑤ 适合拟定的生产规模(总产量与年产量)和生产条件,便于生产。

⑥ 使用维护性好,为各功能系统的维护提供方便,对于使用期内要求检查的结构应可检、可维修。

⑦ 符合型号规定的生存力品质要求,不应存在易损的、可能妨碍安全返回和制动着陆的

关键性结构件或传力路线。

⑧ 全寿命周期成本低。

⑨ 具有型号规定的雷电防护能力和抗腐蚀能力。

⑩ 选材、生产、使用、维护和报废全过程具有环保性。

⑪ 对于有人飞机还应满足人员舒适性要求。

1.1.2 部件设计过程与主要工作内容

图 1-2 示出了飞机部件设计的一般过程。随着航空技术的不断发展、飞机性能的不断提高,对飞机总体和结构的要求也越来越高。部件设计工作处于总体设计与结构工程设计之间,起着承上启下的作用。部件设计要满足各方面复杂的要求,而这些要求常常是互相矛盾的,所以部件设计实际上是一个反复比较、综合折中和优化选择的过程。经过多次迭代,部件的外形参数、几何尺寸和结构承力形式才能逐渐清晰、明确,并得到最佳的结果。

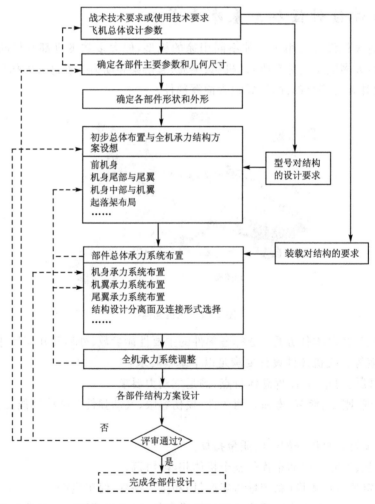

图 1-2 部件设计的一般过程

对于部件设计,除了需用数值模拟、计算分析等方法检查是否满足各种要求外,还需通过样件试制和多种试验来验证是否达到设计要求,最终还应通过原型机生产、地面试验与试飞考核来发现问题,从而进一步修改、完善设计。事实上,在新机研制中部件设计工作贯穿从立项论证到方案设计、工程研制、设计定型以及生产定型的整个过程。本书的重点在于介绍各部件的方案设计,对其他研制阶段的内容也会予以必要的介绍。

1. 部件设计过程与主要内容

经验证明,飞机总体布置对部件结构方案选择的影响甚大。总体方案中如果存在对结构布置不利的因素,往往会使结构付出质量代价,甚至造成无法弥补的强度与刚度缺陷,迫使在研制后期修改总体方案,或者导致飞机带缺点使用。因此,总体设计阶段应重视各部件的结构方案设计,使总体方案设计为部件和全机传力系统的合理设计提供有利条件。部件设计的主要工作包括下述三个方面。

(1) 确定各部件的主要参数和几何尺寸

根据总体设计所确定的飞机主要性能参数(如推重比、机翼面积及起飞质量等)和规定的战术技术要求或使用技术要求,确定各部件的最佳主要参数和几何尺寸。

① 机翼:包括展弦比、后掠角、根梢比、机翼根部和尖部翼型的相对厚度、上反角、几何扭转和气动扭转,并选择副翼和增升装置。

② 机身:包括最大横截面积、长细比、机身长度、机身头部和尾部的长细比。

③ 尾翼:包括尾翼的水平力臂和垂直力臂,尾翼的面积、舵面面积、梯形比和展弦比。

④ 起落架和动力装置:包括起落架支柱和机轮的尺寸、起落架数量与安装位置、进气口和尾喷口的尺寸、发动机吊舱或起落架整流舱的最大截面积等。

这些参数和尺寸确定后,就能更准确地估算飞机起飞质量,并通过新一轮迭代来修正飞机的主要参数以及各部件的主要参数与几何尺寸。

(2) 确定各部件的形状

部件的几何形状与下列参数的选择与确定有关:

① 机翼和尾翼的翼型及其沿展向的分布。

② 机翼和尾翼相对于机身的位置,水平尾翼和垂直尾翼的相对位置。

③ 机身横截面形状以及飞机头部与尾部的外形。

④ 起落架的安装位置以及起落架收入机翼或机身内的可能性,是否有专用整流罩的要求。

⑤ 发动机进气口、短舱、短舱吊挂以及喷口装置的形状。

在进行部件形状设计时,必须对各部件进行相互协调,以减小部件间互相影响引起的对气动力特性的不利干扰(使零升阻力系数增加)。

形状确定之后,即可绘制飞机及各部件的外形图。

实际上,上述部件设计主要工作的前两个方面与部件设计相关的大部分工作,在飞机总体设计阶段已经完成,并且落实在飞机三面图和总体布置图中。

(3) 进行部件结构方案设计

在飞机初步总体布置的基础上进行部件结构方案设计,主要包括对各部件进行内部布置、建立各部件的承力系统和传力路线、选择合理的受力结构形式。具体来讲,部件结构方案设计包括以下工作内容。

1) 初步总体布置与全机承力系统结构方案设想

初步总体布置是指在飞机总体设计确定的气动布局和部位安排的基础上,初步确定全机的内部布置、全机主承力构件的安排与传力路线、全机(主要是机翼和机身两大部件)的整体结构形式以及机翼和机身的连接形式,对全机承力系统中的一些结构提出设计设想,具体包括:

① 对机身进行内部布置,提出机身结构方案设想。

② 安排主要设备和装载的位置,进行舱段的划分,拟定使用维护开口及舱门、口盖的形式。

③ 对机翼进行内部布置,提出机翼和垂直尾翼等固定翼面的结构方案设想。

④ 提出水平尾翼或前翼等全动翼面的结构方案设想。

⑤ 确定结构设计分离面的位置和数量,提出初步的对接形式。

⑥ 确定发动机安装结构的受力形式、各交点位置、装拆和维护方案。

⑦ 提出起落架的形式、外形尺寸、转轴位置及轮舱位置和初步尺寸。

⑧ 安排各系统通道的走向,提出助力器以后操纵系统对支持结构的强度及刚度要求,初步拟定结构设计措施。

⑨ 初步拟定结构可靠性和维修性设计措施。

⑩ 提出新材料、新结构、新工艺及新技术的应用设想。

⑪ 根据预计的型号生产规模、生产条件,制定初步工艺方案。

2) 部件总体承力系统设计

承受和传递作用在飞机部件上各种载荷的承力构件构成了部件的承力系统。根据在承受和传递载荷过程中的作用和地位,结构承力系统可分为总体承力系统和局部承力系统。在初步总体布置与全机结构方案设想的基础上,进一步进行部件总体承力系统的设计。

翼面上的分布和集中载荷传递给蒙皮、梁和墙后,即进入翼面的总体承力系统,然后以弯矩、剪力和扭矩的形式传至根部与机身的支反力平衡。对机身来讲,尾翼、起落架等其他部件传来的载荷都可看成是作用在机身上的局部载荷,这些局部载荷通过各自的局部承力系统进入机身的总体承力系统,然后以弯矩、剪力和扭矩的形式传至机身中部,与机翼的支反力平衡。各部件总体承力系统结构所承受载荷的大小可根据该部件的弯矩、剪力和扭矩图来确定。

3) 局部承力系统设计

承受具体的外载荷并传递给总体承力系统的构件的组合称为局部承力系统。在部件总体承力系统设计的基础上,进行局部承力系统设计。根据载荷的特点,局部承力系统又分为自身平衡载荷局部承力系统和非自身平衡载荷局部承力系统两类。

自身平衡载荷局部承力系统的特点是,系统所承受的载荷可自身平衡,不会传递给系统外的其他结构。如进气道管道压力、座舱气密压力以及整体油箱的内压等,承受这些载荷的构件受力后自身平衡,不向总体承力系统传力。其中,进气道压力较大,结构设计有一定难度,特别是当可利用的结构高度较小时,进气道设计是关键,因此,在总体布置时要考虑好进气道结构的受力形式和结构高度。有些集中载荷作用的结构亦是自身平衡的,如当机翼左、右载荷相同时,两边机翼传给机身对接框上的弯矩自身平衡。

非自身平衡载荷局部承力系统承受的载荷情况比较复杂,除分布的空气动力和质量力之外,其他大多是集中载荷(力或力矩)。集中载荷主要有发动机载荷、起落架载荷、机炮载荷、各种外挂节点的载荷,以及机翼、尾翼等翼面传给机身的节点载荷等。这些载荷量较大,作用情况复杂,必须设置加强构件将这些力和力矩通过参与区传递到机身或翼面的总体承力系统。

这些承受和传递集中载荷的构件都是机体的重要受力部位,一定要安排合理,不允许存在方案性缺陷。

4)全机承力系统调整

在完成部件总体承力系统和局部承力系统布置后,反过来,应在部件布局的基础上进行全机承力系统的调整和综合。全机的调整和综合应遵循以下原则:

① 全机优化的原则

要从对于全机有利的角度对部件的承力系统进行调整。有时对部件来说是合理的布局,但从全机角度来看并非最优。例如,在翼剖面高度最大的位置布置主梁对机翼结构设计有利,而机身在对应机翼主梁位置处空间很小,无法布置相应的主承力框,根据油箱舱、主起落舱等的布置要求安排的机身承力框与机翼希望的梁架对接点位置及数量相矛盾等。这时就应该按全机承力系统优化的原则,修改部件承力构件的布置;或者对全机总体部位安排进行调整,以满足全机承力系统与各部件承力系统的综合平衡。

② 主要承力构件综合利用原则

大的集中载荷要通过承力构件传到总体承力系统,如机翼的载荷要通过加强框传给机身,起落架的载荷也要通过加强框传给机身。若这两种载荷由同一个加强框承受,则该加强框的结构质量比采用两个加强框分别承担两种载荷要轻得多,故应调整加强框的站位以实现其综合利用。

③ 最短传力路线原则

从作用力到平衡力之间尽量取最短的传力路线。理论与实践证明,短的传力路线使得结构强度及刚度均好,而且质量轻。这个原则对全机和部件的主传力路线布置都非常重要。

④ 刚度缓慢变化和构件连续原则

在传力路线上,刚度的突然变化必然引起应力集中,形成结构静强度和疲劳的薄弱环节。一个受纵向力的构件如在传力路线上突然中断,其轴向力会通过蒙皮转移到其他纵向构件,这时要有过渡区参与传力,这实际上是加长了传力路线,对结构的强度、刚度、寿命和质量均不利。另外,主承力构件(梁、长桁、蒙皮等)的连接位置不要安排在同一横截面上,应尽量错开,以避免形成薄弱环节。

⑤ 减小偏心原则

承力构件的载荷作用线应尽量接近结构的刚心,因为偏离刚心会形成附加力矩,需要由其他构件来平衡。如偏心太大(即力臂变长),有可能引起结构局部偏弯变形,附加力矩也较难平衡,这时往往要由更强或多个加强件来分担载荷,导致结构质量增加。

2. 部件设计准则

部件设计时,必须遵循以下设计准则:

① 静强度设计准则。

② 刚度设计准则。

③ 热强度设计准则。

④ 疲劳/耐久性设计准则。

⑤ 损伤容限设计准则。

⑥ 气动弹性设计准则。

⑦ 动强度设计准则。

⑧ 战斗损伤准则。

⑨ 防雷击准则。

⑩ 相关的适航要求。

在贯彻以上准则时,要符合或参考相关部门发布的最新版 GJB 67《军用飞机强度和刚度规范》、GJB 775A《军用飞机结构完整性大纲飞机要求》、GJB 776《军用飞机损伤容限要求》、GJB 2876《飞机结构通用规范》、GJB 1301《飞机生存力大纲的制定和实施》、GJB 386A《装备维修性通用大纲》,以及 CCAR—23《中国民用航空规章第 23 部——正常类、实用类、特技类和通勤类飞机适航标准》、CCAR—25《中国民用航空规章第 25 部——运输类飞机适航标准》等文件的规定和要求。

1.2 系统设计的基本内容

1.2.1 系统设计要求

1. 一般要求

1)飞机系统设计不仅应满足用户提出的战术技术要求或使用技术要求,还应满足型号研制中总体提出的系统设备设计要求和相应标准、规范的要求。

2)飞机设计时,应广泛采用以下装置和标识:

① 自动装置:要求能完成多种工作,易于完成战斗或飞行任务,便于飞机操纵,利于地面维护。

② 连锁装置和保险设备:避免错用手柄、电门和按钮。

③ 警告信号或涂色:可用灯光、声音及其组合作为警告信号。

④ 说明牌和标牌:设在有关机构的近旁,无论白天还是黑夜,在部件和仪器等的整个工作期限内,都应易于看清上面的字句。

3)以允许速度飞行时,在打开和关闭减速板、炸弹舱、舱门(盖)、发动机装置的鱼鳞片和鱼鳞板,转动炮塔或射击,投放炸弹,发射导弹,收放起落架和襟翼等情况下,都不应导致飞机抖动和产生破坏飞机平衡的力矩。

4)在不同高度飞机以不同飞行速度作各种机动飞行(包括倒飞和过载飞行)、飞机下滑着陆、发动机慢车工作状态、飞机地面滑行等情况下,系统和附件均应正常、可靠地工作。

5)在飞机的战术技术要求规定的时间内,飞机系统所操纵的部位在飞行包线范围内的各种飞行状态下,均应工作正常、平稳,且无振动和卡滞现象。

6)系统间应保持良好的协调性。

7)管路系统在连接处应保持有良好的外部气密性。燃油系统应防止泄漏和环境影响,降低其易损性。

8)飞机上的操纵系统应考虑设置冗余度,对某些操纵部位还应考虑设计应急操纵系统。

9)飞机上凡设有关闭式舱位的部位,如座舱盖、舱门等,都要求能够从外面紧急打开。

10)飞机均应具有发动机的启动系统,以保证在地面和空中均能够启动发动机。

11)导管材料应采用符合航空材料标准或经国家鉴定合格的航空用新材料,在高温区和强烈振动区工作的导管应验证其环境的适应性。

12）系统地面试验、机上地面试验和飞行试验应按各系统的专用规范和技术要求进行。

13）系统要有良好的容错功能。

14）系统应质量轻、体积小、操作方便、维护简单、使用可靠。

2. 安全性要求

1）各系统应在各种要求的飞行环境条件（高温、低温、压力以及机械振动等）下安全可靠地工作。

2）系统应该通过相应的电磁兼容试验。

3）系统和部件的设计应保证在安装、试验、使用和维护过程中对人员有最大的安全性，安装适当的警告信号，并有良好的措施来防止人员突然遭受电压、电流、温度或零部件运动的伤害。

3. 生存力要求

1）对于一旦损坏就会引起整个飞机毁坏的系统主要零组件、总管和导管，必须在结构上采取保护措施（如遮挡），避免其被敌方地面炮火和敌机火力所伤。

2）为提高系统的生存力，应急操纵系统的线路和管路应与主要操纵系统分开，以防止它们同时被敌方火力击中。

3）对于飞机上的蓄压瓶、冷气瓶、氧气瓶以及其他高压容器，在进行生存力设计时，应保证其在敌方炮火或弹片击伤时无爆炸的危险，并且不得将其布置在空勤人员舱内。

4. 维护性要求

1）飞机应在适当位置设有检查孔或舱口，以便在维护中查看或维护成品附件和设备。

2）系统应易于检查，并维护简单。

系统设计除了要满足上述一般要求、安全性要求、生存力要求和维护性要求外，亦应满足各系统自身的特殊要求。

1.2.2 系统设计一般过程

为了保证各部件功能的正常发挥，使飞机能够顺利完成各种任务，并且具有应急飞行、着陆的能力，飞机上配置了各种功能系统。表 1-1 按功能给出了飞机系统的分类及其所包含的系统。

表 1-1 飞机系统的分类及其所包含的系统

分 类	系 统
能源类	液压系统 气动系统 进排气系统 电气系统
动力源类	燃油系统 动力装置系统 辅助与应急动力系统

续表 1－1

分　类	系　统
生命保障及环境控制类	供氧系统 弹射救生系统 座舱盖系统 环境控制系统
飞行控制类	操纵系统
航空电子类	通信、导航、识别系统 火力控制系统

在所有飞机系统中,大部分系统只与某个部件或局部结构相关,如供氧系统只与机身有人的座舱部分相关,弹射救生系统只与战斗机飞行员座椅相关;只有少数几个系统同时与大部分部件相关,如燃油系统与机身、机翼和发动机等相关,液压系统与机翼、尾翼、起落架等相关,控制系统与机翼、尾翼、动力装置等相关。燃油系统、飞行控制系统以及液压系统的布置、安装会直接影响相关部件的内部布置,它们的性能与相关部件的性能和功能相互影响,只有这些系统都正常运行,才能保障相关部件功能的正常发挥。总之,这些系统的设计关系到飞机部件的设计,部件的设计也关系到这些系统的设计。如果同时掌握了这些部件与系统的设计方法与技术,对于各部件、各系统,乃至整个飞机结构设计水平的提升都具有重要作用。本书将重点介绍燃油、飞行控制以及液压这三大系统的设计内容与方法。

与飞机结构设计相似,新机研制中系统的设计过程可分为论证阶段、方案确定阶段、工程研制阶段、设计定型阶段和生产定型阶段共五个阶段。

1. 论证阶段

在论证阶段,根据用户提出的飞机战术技术要求或使用技术要求,结合飞机总体技术方案论证,完成系统技术方案论证。根据研制总要求,参照有关标准、规范,提出系统设计的初步要求。在这一阶段,为了验证系统技术方案的可行性,必要时还要对所用的关键新技术进行试验验证,使系统技术方案的可行性论证有坚实的技术基础。

2. 方案阶段

在方案阶段,结合飞机方案设计确定各主要系统方案及其主要设备,提出对各分系统的技术要求;进行主要设备和通路布置的协调检查和使用维护性检查。在此阶段必须做系统原理试验,对制定的系统方案进行验证,所有计算和分析都应有可靠的技术基础。在确定系统技术方案的同时,也应对技术方案的经济性和进度安排作进一步分析和确定。

3. 工程研制阶段

在工程研制阶段,完成系统的详细设计,将各系统的配套设备陆续提交设计部门进行分系统的验证,对液压、燃油、飞控、空调、电源及航空电子等分系统做全系统的地面模拟试验。在详细设计过程中还可能会对系统技术方案的某些细节作一些修改和调整。

在飞机总装完之后且试飞之前,要进行各系统及其综合的机上地面试验,为放飞作最后的验证。放飞前还应进行充分的地面滑行试验,验证动态过程中机上各系统的工作情况。

4. 设计定型阶段

在飞机定型试飞前,由研制单位负责进行调整试飞,以发现和排除系统的一些初始性重大故障,必要时还应对系统作局部设计修改。一般试飞到原设计飞行包线 80% 左右,才开始鉴定试飞,以检查飞机能否达到设计要求。在定型试飞过程中,系统还可能会出现故障,这时须进一步改进设计并排除这些故障。

5. 生产定型阶段

经过设计定型后,新飞机(包括各系统)可能还会有一定的更改,改进后的飞机进入小批量生产。首批生产的飞机也应经鉴定试飞,通过后方可进入成批生产。成批生产的飞机在大量使用过程中,系统还可能会出现新的问题,积累到一定程度,可再作一次改进。在飞机整个寿命期内,系统配套设备的更换是必然的,这个过程称为寿命中期改进。

习 题

1-1 飞机有哪些部件?这些部件的功能是什么?

1-2 试总结部件设计的任务与基本要求。

1-3 简述部件设计的主要工作内容。

1-4 飞机有哪些系统?各系统的功用如何?

1-5 说明系统设计的基本要求。

1-6 试分析液压系统、飞行控制系统与飞机五大部件之间的关系。

1-7 查找资料,分析某飞机部件中系统的布置情况及其与部件结构的关系。

第 2 章 飞机部件设计思想与技术

飞机机身主要用来装载设备、乘员和货物,机翼主要用来产生升力,尾翼主要用来保证飞机的平衡、对飞机进行操纵,起落架用于飞机的起飞、降落以及地面滑行,动力装置主要用来提供飞行所需的动力。各部件的功用虽然各不相同,但它们都是能够承受和传递载荷的结构。所谓的飞机部件设计,实际上是满足各部件功能要求的结构初步设计,因此,飞机结构设计思想同样适用于部件设计。

经过一个多世纪的发展,现代航空技术已经取得了令人瞩目的进步,飞机部件与结构设计技术发生了翻天覆地的变化。对于航空结构(部件)设计技术的发展水平,作者认为可以划分成四个层次。

一、面向功能的设计:利用现有的工具和手段,设计出满足用户使用要求的结构或产品(部件)。

二、面向制造的设计:利用现有的工具和手段,不仅设计出满足用户使用要求的结构或产品,而且设计出来的结构或产品制造方便、成本低、工艺性能稳定,能够避免因为工艺不稳定带来的结构使用问题及高昂的维修费用。

三、面向服务的设计:在面向功能设计和面向制造设计的基础上,利用现有的工具和手段,设计出用户体验感好、维护周期长、维护方便、维护成本低的结构或产品。

四、面向大数据的设计:根据结构分析原理,基于材料、结构、失效情况等数据库,以及使用环境、结构在线监测数据库,建立快速数据分析方法、问题分析模型与设计准则等,利用现有的技术、工具和手段,设计出能够对其进行状态监控、使用规划的结构和产品。该技术实际上是把结构或部件作为智能系统进行设计。

这四个设计技术水平层次与部件结构设计思想与具体技术的发展密切相关。

2.1 飞机部件结构设计思想与方法

飞机结构设计最初只是为了实现飞机的飞行功能,保障飞机安全离地飞行,并在空中受飞行员的控制,因此只需保证结构具有足够的强度与刚度。飞机用于商用运输后,其使用期限对飞机安全、经济运营显得非常重要,于是按寿命设计的设计思想用于飞机结构设计中。铝合金、钢和钛合金三大金属材料以及先进复合材料用于航空工业,不仅提高了飞机的性能,改变了飞机的生产模式,也提高了飞机的采购和维护成本,带来了制造、装配和维护过程中金属和复合材料结构损伤的风险。为了提高结构可靠性、降低成本,设计人员必须充分了解制造工艺和方法,按损伤容限和耐久性的设计思想进行结构设计,同时还要兼顾结构的可靠性。基于用户良好使用体验的要求,结构必须可靠、耐用,且使用、维修方便,综合性能好,因此设计应该保证结构具有高的可靠性、良好的可维修性,通过综合设计,为用户提供性价比高的产品。有了材料和结构的大数据库和快速数据分析方法的支撑,以及材料、工艺技术的发展,相信飞机部件结构设计会朝着自诊断、自修复、智能化的方向发展。

2.1.1　强度和刚度设计

强度和刚度设计思想认为飞机结构只要满足静强度和刚度要求,就能够实现飞机的功能,并保证飞机的安全,因此,静强度和刚度准则成为飞机部件结构中最基本的设计原则。

飞机结构必须能够承受飞机使用过程中所遇到的各种载荷而不发生破坏或产生永久变形,即结构能承受强度规范所规定飞行状态的载荷。静强度和刚度设计通常采用极限载荷(设计载荷)法;飞机的极限载荷等于限制载荷(使用载荷)乘以安全系数。在设计中,极限载荷下结构中各元件的应力或应变水平应小于或等于该元件的设计应力值(金属材料)或设计应变值(复合材料),整个部件的变形不能超过总体规定的指标值。

随着飞行速度和其他战术技术指标的提高,飞机气动弹性问题变得突出起来,因此,对结构的刚度提出了进一步的要求,以避免结构处于共振点附近,并满足颤振临界速度和静气动弹性对结构刚度的要求。

2.1.2　安全寿命设计

随着飞机性能的提高、高强度材料和新结构形式应用的增多以及服役的时间延长,不少静强度和刚度足够的结构在使用中相继发生严重事故。研究表明,飞机设计在静强度和刚度基础上,必须引入抗疲劳的安全寿命设计思想才能保证飞机使用的安全。在 20 世纪 60 年代,美国空军强度与刚度规范 MIL—A—8866 明确了疲劳设计原则,即安全寿命设计原则。

结构在重复载荷作用下,即使应力水平远低于材料的极限强度,在多次循环载荷作用后仍可能发生疲劳破坏。对于金属部件,疲劳破坏通常发生在应力集中部位,具有局部性;对于复合材料部件,疲劳破坏可能表现为因整体刚度下降而结构失效,也有可能发生局部结构破坏。影响部件疲劳寿命的因素有应力集中、尺寸效应、金属表面加工及表面处理、复合材料成形工艺、腐蚀环境(金属)或湿热环境(复合材料)等。

安全寿命设计的目标是通过对部件疲劳关键部位合理的选材、抗疲劳结构细节设计,使飞机部件能够承受谱载荷的作用,并在安全使用寿命期内破坏概率极小。通过分析和试验所给出的飞机安全寿命应满足用户提出的使用寿命要求。

2.1.3　损伤容限/耐久性设计

1. 损伤容限设计

安全寿命设计思想中,假设部件结构在使用前是完好的,在整个飞机使用寿命期间内结构不会发生可见的裂纹(金属)或明显损伤(复合材料)。为了减轻结构质量,提高飞机性能,现代飞机多采用高强度金属和先进复合材料。高强度金属材料的缺口敏感度高,在疲劳载荷的作用下,应力集中处结构容易产生微小裂纹。此外,结构在加工和使用中可能会产生初始缺陷和意外损伤。这些初始缺陷/损伤或微小裂纹在飞机使用过程中发生扩展,会导致结构低应力脆断,因此按安全寿命设计不能确保部件结构的安全。如 1969 年美国的 F—111 发生机翼枢轴断裂,致使左翼脱落而坠毁,事后分析发现是枢轴在热处理时出现缺陷而导致其脆性断裂。据美国空军调查,12 个机种在半年内共出现 3 万多条裂纹。于是,损伤容限设计的概念被提了出来,美国空军在 1971 年的军用规范中提出了安全寿命/破损安全设计思想作为过渡性措施,于 1974—1975 年颁布了第一部损伤容限设计规范,从此损伤容限设计思想贯彻到了飞机结构设计中。

损伤容限设计是为了保证飞行安全,要求当结构存在裂纹或损伤时仍能承受规定的载荷。在损伤容限设计思想中,假定结构在使用前就带有初始缺陷/损伤,但在规定的检查周期内这些缺陷/损伤的扩展被控制在安全范围内,使结构的承载能力和剩余寿命仍满足规定指标的要求。也就是说,允许结构存在缺陷或发生损伤,但要求在缺陷/损伤发展到危险尺寸前能被发现,或者规定的寿命期间内损伤决不会达到危险尺寸。这种设计思想既能保证飞机结构的安全性和可靠性,又能不致结构过重。

对于金属结构,损伤一般以裂纹形式呈现,通常出现在刚度突变或应力集中部位的表面,相对容易检查。复合材料因为层间性能差,容易出现分层、基体开裂等损伤,在受外物低速冲击后,有可能结构表面没有损伤痕迹,但内部已经发生较大面积的损伤,之后在结构内部扩展,表面不易检查。更为特殊的是,复合材料损伤有可能出现在结构的任意部位,不像金属结构只出现在局部位置,因此,复合材料结构基本全部按损伤容限进行设计。

2. 耐久性设计

耐久性的一般定义是产品能够无故障使用的时间或使用寿命。必须特别指出的是,部件结构的耐久性与系统及其元器件的耐久性概念不尽相同,两者虽然都是时间概念,但前者强调的是经济寿命,即经济性,而后者主要是指系统及其元器件耐受各种环境的能力,强调的只是安全性。

损伤容限设计思想解决了部件结构的安全性问题,但如何通过合理的检修周期,使部件既安全又经济地使用就成了又一个突出的问题,于是人们提出了耐久性结构设计思想。

耐久性设计的目的是,在飞机部件使用寿命周期内,确保结构强度、刚度等力学性能以及维形、保压、运动等功能可靠的前提下,实现最经济的维修,使部件经常处于良好的备用状态。飞机部件在使用前如果结构存在初始缺陷/损伤,在使用载荷与环境谱的共同作用下,这些缺陷/损伤会发生不同程度的扩展,当扩展到可能削弱结构的正常性能或功能之前,必须能经济、方便地对部件进行修理,直至其达到要求的使用寿命。

20 世纪 80 年代末,美国在采用安全寿命设计的同时,采用了按耐久性考虑的经济寿命。经济寿命为一个模糊的定性概念,一般定义为当飞机部件结构出现损伤或其他衰退时,若不修理则会影响飞机的使用功能和出勤率,而修理又不经济时,即认为结构达到了经济寿命。

2.1.4　可靠性设计

影响结构强度的因素很多,如载荷、环境、材料性能、制造工艺等,它们都是非确定性参数,即为服从一定分布规律的随机变量。在传统的结构设计中,通常不考虑这种参数的随机性,而将这些因素的不确定性影响用安全系数加以覆盖,但安全系数的选取具有很大的经验性。为了保证结构的安全,安全系数往往选得比较大,使设计出来的结构比较重。随着飞机结构与系统越来越复杂,飞机的经济性要求越来越高,加上分析、设计技术手段的升级,传统的安全系数设计方法已经不能满足现代设计的需要,因此,可靠性设计思想开始在型号研制中得到实践与应用。

可靠性设计是以概率论和数理统计为基础发展起来的一种设计方法。一般将载荷、材料性能、环境等视为服从一定分布规律的统计量,用计算得到的结构非破坏概率(可靠度)与设计要求的可靠度进行比较,定量地检查结构的可靠性指标是否满足设计要求。可靠性设计的目的在于提高产品的质量,包括提高产品的性能及可靠性。

可靠性要求是可靠性设计的依据。可靠性要求可分为定性要求和定量要求。

① 可靠性的定性要求包含对设计产品提出具体的技术要求。

② 可靠性的定量要求包含功能危险分析、故障模式和影响分析、故障树分析和区域安全性分析。

可靠性设计内容包括:建立可靠性模型、可靠性预计、可靠性分配、各种分析和对策等。

产品的可靠性是设计出来的,可靠性设计是可靠性工程中的重要环节。目前航空产品中电子产品及系统的可靠性设计较成熟,而非电子产品的可靠性理论和方法正处于深入研究与完善之中。结构可靠性设计工作尚未形成统一的规范,目前只是根据静强度和刚度设计、安全寿命设计、耐久性和损伤容限设计等的结果进行初步可靠性评定。

2.1.5　维修性设计

容易使用、方便维护、高效修理是飞机部件与系统按面向服务进行设计的目标。如果在型号研制之初就将结构与系统的可维修性思想贯彻在设计中,对于整个型号全寿命周期维护、保障和运营成本的降低将起到事半功倍的作用。

1. 维修性要求

维修性是指产品在规定的条件下和规定的时间内,按规定的程序和方法进行修理时,保持或恢复到规定状态的能力。飞机是一个复杂的产品,各部件、附件或零组件、系统产生故障与故障被修复的状态都有很大的随机性,因此,维修性的度量也具有很大的随机性。维修度是指结构或系统(产品)在规定的条件下和规定的时间内,按规定的程序和方法进行维修时,保持和恢复到规定状态的概率。维修度实际上是修复时间的函数。此外,维修性也可以用修复率来表示。

军用飞机的维修性应满足 GJB 312《飞机维修品质规范》中提出的要求:

① 飞机的维修性应按三级维修体制设计,即一级维修(外场级维修)、二级维修(野战级维修)以及三级维修(后方级维修)。

② 飞机上布置各系统、设备和元件时,首先应满足其生存力要求,尽量采用专用舱布置。对于经常维修或可靠性差的系统、设备和元件,应安排在便于接近和检查的位置。

③ 凡须维修的系统、设备和元件应有良好的可达性,飞机表面开敞率应在 50% 以上。

④ 飞机上的系统和设备尽量采用机上维修。

维修性要求可分为定性要求和定量要求两大类,其中定性要求包括:

① 缩短由于维修造成的产品不工作时间。

② 维修简便,维修费用低。

③ 维修差错率低。

④ 可以将定期维修转为视情维修的应转为视情维修,以减少风险或降低费用。

⑤ 提高维修的安全性和降低对维修人员的要求。

维修性定量要求指标有维修度、平均修复时间或修复率、每飞行小时直接维修工时、每飞行小时直接维修费用、故障检测率以及故障隔离率等。

2. 维修性分析与设计

维修性分析是对产品是否满足用户提出的定量和定性的维修要求进行分析,判断其是否满足维修性设计准则,如不符合则应对设计加以改进。维修性分析可分为定量分析和定性分析。定量分析包括维修性建模、分配和预计;定性分析包括可达性分析、互换性分析、防差错分析、人素工程分析、维修安全性分析以及保养工作分析等,给出肯定、否定或有疑问等结论,并提出改进方案与措施。

在结构或系统设计前,设计人员必须明确其维修性设计要求与设计准则。设计过程中进行产品维修性预计,并按维修性设计准则具体落实维修性设计要求,使其达到规定的维修性定量与定性要求。产品维修性设计比较复杂,而且部件结构、电子设备、附件、各系统等均不同,有兴趣的读者可以参阅相关手册和专著,在此不作详细介绍。

2.1.6 综合设计

随着科学技术的迅猛发展,人们对飞机性能和寿命的要求越来越高,飞机也变得越来越复杂。机载设备不断更新,新材料、新工艺不断出现,交叉学科、边缘学科快速崛起,以及新分析方法的涌现,促使综合设计思想与技术应用到了航空工业领域,并逐渐渗透到现代飞机设计的各个层次与各个设计阶段中。以隐身飞机为例,隐身技术是一项跨学科的综合技术,涉及电磁原理、新材料、新结构、能量转化、信息处理及大量高难度动态测试等多个专业,设计时必须通过系统工程方法综合应用飞机、动力装置和电子对抗等技术。正在发展中的第四代战斗机,需要同时兼有隐身、超声速巡航、高机动性和高综合航空电子系统等多项先进性能,因此须统筹协调有关专业之间的关系,谋求飞机性能的最佳化。综合设计得到的总体综合性能超过了最优局部性能的简单叠加,这正是系统工程和综合设计的意义所在。

飞机部件设计中的综合设计思想主要体现在多目标权衡、多学科综合和并行设计三个方面。

1. 多目标权衡

为使所设计的飞机具有良好的性能和飞行品质、可靠的使用质量、恰当的设计生产周期、合理的采购与运行成本,须对设计与生产中的各个环节以及整个过程进行合理配置与综合优化。飞机部件应当依据各种设计要求综合寻优,设计出质量轻、寿命长、工艺性与维修性好、经济可靠的部件,因此,部件设计是一个多目标的综合优化设计过程。

从飞机部件设计的多目标要求构成看,各目标要求之间并不都是协调相容的,更多是互为矛盾的。例如,在规定的载荷作用下,飞机结构既要有足够的强度、刚度、可靠性和使用寿命,又要有尽可能轻的质量和低的成本,而这两方面的要求是矛盾的。再例如,良好的维修性和按损伤容限设计的部件要求有大量的检修通道,而对这些通道开口区的补强必然带来结构质量的增加。因此,在部件设计时,为了使其性能和飞机整体性能达到最优,必须分析各项设计要求之间的相互关系,结合具体情况进行综合权衡。

另一方面,从寻优方法论看,满足多目标优化设计的最优解可能是不存在的,即使存在,也难以找到。这样,就需要对所有目标进行分析,依据其重要性在寻优中适当放宽要求。

2. 多学科综合

20 世纪 80 年代,工程界就已开始在单学科(特别是结构力学)中开发应用大型优化软件,但很快发现单学科(如结构)仅是工程系统(如飞机)的一个子系统,对其优化的结果在整个系统中不能产生理想的效果,甚至可能产生不利于其他子系统的作用,因此,在设计子系统时须充分估计其设计参数对整个系统性能影响的敏感程度,即不仅要考虑对其他子系统设计参数的影响,还应考虑其对总体性能的影响。考虑多个学科之间的相互影响能更好地提高系统的性能,其实现方法就是多学科设计优化(MDO,Multidisciplinary Design Optimization)。

在机翼部件设计中如何在气动和结构要求之间进行权衡折中是一个重要问题。细长机翼阻力较小但结构质量较重,对其进行减阻、减重折中设计存在两种效应:一是结构质量影响起飞需用升力,进而影响阻力;二是结构变形影响气动外形。假如通过设计只消除第二种效应,则所进行的气动/结构一体化设计称为不对称一体化设计,即气动对于结构的影响是全面的,而结构对于气动的影响仅仅通过结构质量来反映,这样就将优化分成了两级,其中气动优化处于较高的级别,而结构优化处于较低的级别。不对称的气动/结构一体化设计对于运输机较为有效,因为运输机在整个飞行过程中状态变化不大,可以通过型架外形设计来补偿大部分结构变形对气动外形的影响。但对于飞行状态变化较大的飞机,型架外形设计只能补偿其中某一种飞行状态结构变形对气动外形的影响,这时就需要进行完全的气动/结构一体化设计,即对结构进行剪裁设计(如剖面扭转角),使在多种飞行状态下变形后的结构外形能够让飞机始终有较好的气动性能,或者通过设计操纵面的偏转来补偿结构剪裁的不足。这样,通过对气动外形、结构裁剪及操纵面的偏转、型架外形的综合考虑,使飞机的性能得到更大的提高。机翼的气动力、结构及控制系统之间会因为气动弹性效应而产生很强的耦合作用。随着气动弹性优化技术的发展,有可能实现机翼的气动/结构/控制的多学科综合设计。

3. 并行设计

现代飞机设计不仅体现了多种学科与技术综合化的思想,而且体现了更大范围的技术与环境综合的思想,其目标是以最短的时间和最低的成本设计出高性能的飞机。综合设计思想要求应用新的模式——并行工程方法来研制现代飞机。

并行工程方法是指应用系统工程的原理和管理方法,利用集成的计算机环境建立起来的系统工程研制模式和工作模式,使各专业、各部门并行运行,即在产品开发整个过程中,充分利用计算机等辅助工具、技术集成以及信息集成系统,全面加强人与人之间的合作,做到信息共享、信息交流,使开发人员和设计人员大量使用集成技术,及时完成产品及其过程(如生产和维护过程等)的设计和评价,从而显著地改善产品的设计质量,缩短研制周期。

实践证明,花费仅占全寿命周期费用7%的早期设计阶段(即概念设计和方案验证阶段)已经决定了全寿命周期实际费用85%的花费。飞机研制并行工程有以下三个要点:

① 综合设计。在初步设计阶段(方案论证阶段)就对全寿命周期中的设计、生产、使用、保障等各阶段的要素进行全面、综合的权衡考虑。

② 全过程有关人员协同研究。从研制开始就要求全寿命周期中各个时期的专家、参与者协同工作,包括设计人员、应力分析人员、生产制造及使用维护人员等相关人员在整个过程中保持联系,建立多学科、跨专业的联合工作团队,多个工作过程协同并进,对产品及其过程实行集成的并行设计。

③ 并行研制设计。并行工程中的多个方面平行地开展工作,例如,当飞机主要几何参数确定后,即可平行地开始飞机的内部布置、部件设计、厂房规划和飞机后勤保障研究等各项任务。这并不是指要同时或交错地进行设计和生产,而是指所有的设计工作都应在生产开始前完成,以缩短开发周期。

目前,飞机研制中并行工程的实施途径就是数字化设计。

2.2 飞机部件设计技术

部件结构设计思想要在实践中得以落实,必须有相应的工程技术和方法作为保障,因此在 2.1 节中结合这些结构思想对相应的设计技术和方法给予简要介绍。此外,支撑飞机部件设计与分析的技术还有很多,下面仅就飞机部件设计具有全局性影响且比较先进的优化设计技术、数字化技术,以及对民用飞机(军机可参考使用)通用的适航性设计进行介绍。实际上每项设计技术都是一个非常大的学科,如果想深入了解,可以参阅相关的著作,这里只对其原理、方法等作简要介绍,以便读者有基本了解。

2.2.1 优化设计技术

将飞机部件尽可能地设计好,如质量轻、强度和气动弹性品质满足要求、成本低以及耐久性好等,一直是设计师的愿望和目标。长期以来,由于结构分析比较复杂,且缺乏系统的分析方法与技术,部件优化只能依靠人们的设计经验以继承和改进的方式进行。但是,随着计算机的出现,有限元法和优化理论的发展,人们不仅有了强大的结构分析工具,而且开发了一整套系统的方法用于部件及结构的优化设计。

1. 部件优化问题分类

一个部件的设计方案,总是可以用若干个参数来表征。在这些参数中,有些是根据工程要求事先给定的,例如部件的质量、强度与刚度要求、寿命等;有些则随着设计方案的变更而改变,例如部件的结构形式,元件的类型、数量、位置和尺寸,壁板的截面参数等。由这些参数组成的设计方案中,将可调整变化的参数称为设计变量。

假设决定整个部件设计方案的设计变量为 x_i,共有 n 个这样的变量,则称列阵

$$\boldsymbol{X} = (x_1, x_2, \cdots, x_i)^{\mathrm{T}} \quad (i = 1, \cdots, n) \tag{2-1}$$

为设计向量。n 维向量 $\boldsymbol{X}$ 可以用 n 维空间的一个点来表示,记作 $\boldsymbol{X} \in \boldsymbol{R}^n$。$n$ 维空间的一个点代表一个可能的设计方案(不管其是否可行),所有可能设计方案的点构成的区域称为设计空间 $\boldsymbol{R}^n$,其中的每一个点称为一个设计点。

设计变量从性质上可分为以下三类:

1) 拓扑变量。该类变量描述的是结构的构造模式,包括元件、连接点、支持条件的数量及空间排列秩序等。

2) 外形变量。该类变量描述的是结构的几何外形,通常是节点坐标。

3) 尺寸变量。该类变量描述的是组成结构元件的截面尺寸,如杆元件的截面面积、板元件的厚度及受弯元件的截面惯性矩等。

对应上述三类变量的优化分别称为拓扑优化、外形优化和尺寸优化,这三类优化可以被纳入更广义的结构优化范畴。结构优化经历了 40 多年的发展,目前尺寸优化技术和外形优化技术已经比较成熟,它们在航空、航天和汽车等工业领域已经取得了成功的应用;而拓扑优化技术还不成熟,仍处在基础研究阶段,是结构优化领域的研究热点之一,已逐步应用于工程实践。

结构拓扑优化研究中,对于桁架结构往往采用基结构法。所谓基结构是指对于给定的桁

架节点,在每两个节点之间用杆件连接起来所得到的承载结构。对于连续体结构,往往采用均匀化法、变密度法以及变厚度法。在求解策略上,先利用某种准则将这些方法转化成尺寸优化问题,再利用尺寸优化中比较成熟的算法进行求解。

一般情况下,利用拓扑变量和外形变量就可定义结构布局,因此,又将结构优化设计问题进一步分为如下两类:

1) 结构布局优化,即同时含有结构拓扑和外形的优化,主要包括结构受力形式及传力路线确定、主要受力构件布置;结构选材也是结构布局优化的一项内容。

2) 结构尺寸优化,即通常所说的结构优化,这是结构优化的狭义含意。

其中,结构布局优化属于部件设计内容,结构尺寸优化属于结构设计内容,因此下面只对前者进行介绍。

2. 结构布局优化

部件的结构布局设计包括: ① 部件结构形式的选择; ② 结构传力路线的确定及主要传力结构的布置; ③ 设计分离面及主要结合面形式的确定; ④ 主要维护通道及口盖布局的确定等内容。部件结构布局优化主要是部件结构形式的选择,即根据外载荷、结构外形以及总体布置安排,选择合理结构形式,进行该形式下的布局优化。

结构布局的优劣在很大程度上影响着整个部件设计的好坏,甚至成败。实践表明,结构设计是否合理,质量是否轻,主要取决于结构布局是否合理。一旦布局确定,质量水平就基本确定,再进行结构尺寸优化设计,也只能在小范围内减轻质量。布局优化收益最大,但难度也最大,是结构优化领域最具挑战性的课题。

结构布局往往需要与结构尺寸参数同时进行优化,因为只有在拓扑、外形和尺寸三者都达到最优的情况下,才能达到结构布局最优。布局优化中包含拓扑优化、外形优化和尺寸优化,所以单独进行这三种优化时出现的问题它也可能遇到。同时,由于布局优化所涉及的变量更多,其非线性关系也就更复杂,寻优过程中有可能遇到的问题也更多、更难解决。

目前很少见到关于结构布局优化的有效统一模型或有效的解决方法。由于设计空间的维数很高,对布局优化这一高度非线性的问题进行综合求解往往很难收敛。常见的处理方法是将布局优化分解成若干个分步优化过程,比如将布局优化分解成外形尺寸优化和拓扑尺寸优化两步进行优化,然后将两级优化交替迭代,直至满足规定的收敛条件,从而得到相应的最优布局。但是,不同拓扑结构形式下的形状最优和尺寸最优是不一样的,而不同形状下的最优拓扑形式也是不相同的,因此,分步优化得不到全局最优解。

结构布局问题的数学模型很难建立,即使建立了也会面临巨大的计算工作量。如果将各种可能的组合都加以考虑将会出现"组合爆炸",特别对类似飞机部件这样的大型复杂结构,用通常的数值方法无法得到初始布局方案,更谈不上优化了。目前,部件结构优化设计一般是在结构布局给定的前提下,考虑多种约束条件(如强度约束、刚度约束和振动约束等),对结构尺寸进行优化设计,这样能较快地寻找到给定布局下的最优设计方案。但是,这种设计完全取决于给定的初始布局,并未解决结构优化的起始点问题,如果初始布局不合理,即使优化方法再好,结果也只不过是对不合理布局给出的一种理想元件搭配。

在工程实际中,目前飞机部件主要是依靠有经验的专家,并参考原准机进行结构布局的,设计工作以定性分析为主、以初步定量计算为辅,不能对不同的布局进行全面的分析比较,更难以实现布局设计的优化。利用人机交互技术寻求结构布局优化,曾受到工程设计人员的普遍关注,即由用户(设计人员)给出符合工程设计要求的布局方案,然后由结构优化程序求出在该布局下的优化结果,由用户决定取舍;通过重复以上过程直到获得满意的布局为止。该方法虽有重要的工程实用价值,但对用户能力的要求较高,而且工作量巨大。

结构布局设计没有固定的程序可循,传统的基于算法的工具不能有效解决布局设计问题,它不仅需要专家的判断和经验,也需要创造性及启发式推理,将人工智能技术,特别是专家系统(ES,Expert System)技术与传统的计算机辅助设计(CAD,Computer Aided Design)技术结合起来,可能是解决该问题的一条可行途径。

2.2.2 数字化技术

1. 数字化设计的概念

随着 CAD 技术的发展,设计人员可以利用实体建模软件(如 CATIA)在计算机上直接对产品进行三维设计。当零件在计算机上建立三维数字模型后,设计人员就可在计算机上方便地进行后续的设计与分析工作,如总体布置、工程分析与仿真、部件的模拟装配、管路敷设、运动模拟、干涉检查、数控加工编程及模拟等,从而为产品全寿命周期内的所有环节采用统一的产品信息模型奠定了基础,并由此引发了产品设计方法的一次重大变革,即数字化设计。

数字化设计技术是在 CAX(计算机辅助设计 CAD、计算机辅助制造 CAM(Computer Aided Manufacturing)和计算机辅助工程 CAE(Computer Aided Engineering)等)/DFX(为装配的设计 DFA、为制造的设计 CFM 等)技术基础上发展起来的,融合了信息技术、先进制造技术和仿真技术,将这些技术在产品全系统、全寿命周期加以应用,并进行综合管理,可以支持复杂系统的开发。

数字化设计技术可以用虚拟样机代替实物样机进行产品创新设计、测试和评估,增强研发部门的产品开发能力,缩短研制周期,降低成本,有利于实现产品标准化、系列化及通用化,还能够加强各单位现代化管理,提高各项工程管理的效率、经营决策质量与速度,改进设计质量,增强面向客户和市场需求的能力。

近年来,数字化设计技术已在航空航天领域得到广泛的应用,例如,波音 777 的研制全面采用了数字化设计技术。日本从波音公司转包生产波音 777 客机,在名古屋建立数据中心,与波音的芝加哥总部联网,将波音 777 的图纸和生产要求转送富士、川崎和三菱三家公司。波音 777 的设计、预装配及测试均在计算机中模拟完成,初步做到无图纸设计,保证一次试制成功,使波音 777 研制周期缩短了 50%,出错返工率减少了 75%,成本降低了 25%,成为数字化设计技术在飞机研制中应用的标志和里程碑。现在,飞机设计已全部采用三维实体建模,然后生成二维图纸,使飞机设计从原来的模线样板、标准样件法发展成全机数字化设计。

数字化设计技术的应用使并行作业得以实施,飞行器的总体设计、气动设计、结构设计和工艺设计等紧密融合,各个部件设计组、系统组、专业分析组、试验组和生产准备组都可以及时从屏幕上看到产品的总体布置,尽早进行各专业协调。在设计阶段就可用三维几何模型模拟零件、部件、设备的装配和安装,及早发现结构布局和系统安装中的空间干涉问题。

数字化设计技术以全面采用数字化产品定义、数字化预装配、产品数据管理、并行工程和虚拟制造技术为主要标志,从根本上改变了传统的飞机设计与制造方式,大幅度提高了设计制造技术水平。

我国的数字化设计技术研究始于 20 世纪 90 年代中期,在产品数字化定义、虚拟装配、产品数据管理、数字化样机、设计与制造信息集成以及并行工程等方面取得了重大的进步。计算机辅助三维设计/制造软件得到广泛应用,三维数字化设计制造技术体系已逐步形成,并在型号研制中得到了应用。

2. 数字化设计技术的内容

从波音 777 的研制过程来看,数字化设计技术内容主要包括产品数字化定义(DPD,Digital Product Definition)、产品数字化预装配(DPA,Digital Pre-Assembly)和并行产品定义(CPD,Concurrent Product Definition)三个方面。

(1) 三维数字化定义

产品数字化定义是指应用计算机对研制产品进行描述和定义,其目的是描述和定义产品全寿命周期数字化过程中所包含的信息以及这些信息之间的关联关系。

全寿命周期的产品数字化定义模型包含产品的几何信息和非几何信息。几何信息包括产品的实体建模、特征建模等三维模型数据;非几何信息包括物料表、设计文件、计算报告、工艺文件和数控加工程序等。产品数字化定义模型的建立是一个渐进的过程,即从设计、制造、销售到支持服务的整个产品寿命周期内,将各阶段产品相应的信息不断加入其中,而使之最终完善。为便于产品全寿命周期内各阶段的信息管理和共享,必须建立相应的关系模型,这种关系模型是通过定义产品结构树来建立的。产品各类数据通过名称、类型、生成方式和存储方式等与产品结构树相关联,以实现与产品结构树相对应。产品三维数字化定义用于全机数字化模型不仅取代了飞机标准样件和模线样板,也为产品工程分析和气动计算提供了建模依据。

在设计、制造、生产管理及售后服务等环节中采用统一的产品数字化定义模型,就可通过数据库和网络技术在单位内部乃至协作单位之间建立畅通的信息流,实现大范围的集成,同时提高各环节的自动化程度。例如,由设计部门发出的零件图可以送入计算机工艺规划(CAPP,Computer Aided Process Planning)和加工编程系统,自动生成零件的加工工艺规程、数控加工指令和数控测量指令,实现 CAD/CAPP/CAM 的直接衔接。采用成组技术,将工艺流程相近的零件集中起来,组成柔性生产线,实现多品种、少批量的高效生产。统一管理产品的图纸、生产计划、材料需求计划、能力需求计划、备件需求预测、车间生产计划与监控、库存控制、产品成本核算以及生产效益分析等,实现工厂计划与管理的自动化。

(2) 数字化预装配

数字化预装配是在产品数字化定义的基础上,利用计算机技术模拟产品的装配过程,用于产品研制过程中装配干涉的及时检查、装配及拆卸工艺路径规划等。采用 DPA 可以有效地评价产品的可装配性,减少设计更改或返工,改善产品可装配性,降低研制成本,缩短研制周期。对于异地设计与制造的情况,通过网络环境下的设计共享,产品数字化装配可以协调结构设计和系统设计工作,也可对零组件的安装和拆卸情况进行检查。

数字化定义和预装配是一个产品由粗到细的设计迭代过程。采用数字化定义、数字化传递以及数据共享技术,改变了以往需要依靠实物和样件的产品研制方法,工装设计、工艺设计等与总体设计、结构设计并行展开,零件制造也可并行进行。

(3) 并行产品定义

并行产品定义是把当前产品的设计及其相关过程(包括制造、支持服务等)集成在一起的并行工程方法,目的是使产品开发人员从整体出发,将产品全寿命周期内的所有环节,自概念设计至质量控制、成本、进度和客户使用要求等,都加以通盘考虑。它包括产品各部分的同时设计与综合，以及对设计、制造和支持过程的协调。CPD 的应用可以带来很多效益。如在早期产品设计中，CPD 可使工程更改单骤减，因而可提高产品的设计质量；由于把产品设计和制造的串行方式改为并行方式，因而可减少开发时间；由于将多种学科和各部门的工作集成到产品设计过程中，因而可降低制造成本；因为产品和设计过程的优化，因而可大大减少废品和返工率。

CPD 的实施需要产品数据管理（PDM，Product Data Management）系统作为支持平台。PDM 起源于 CAD 的文件管理和工程技术领域的图纸管理、文件审批和发放系统，用以集成所有与产品相关的信息和过程。产品相关信息包括任何属于产品的数据，如 CAD/CAPP/CAM 文件、材料清单、产品配置、产品订单、电子表格、生产成本、供应商状态等。产品相关过程包括加工工序、加工指南和有关批准、使用权、安全、工作标准和方法、工作流程、机构关系等所有过程处理程序，以及产品全寿命周期的所有文档。PDM 为产品开发创造了一个虚拟的工作环境，使产品开发的全过程在统一的产品数字化模型上进行。

2.2.3 适航性设计

飞机适航性是飞机（包括部件及子系统）整体性能和操纵特性在预期运行环境（机场、气象、航路、空中交通等）和使用限制（速度、高度、质量、平衡等）下的安全性品质和物理完整性品质，该品质要求飞机在使用过程中，始终处于符合其型号设计技术状态和安全运行状态。适航性要求主要体现在技术与管理两个方面，系统安全性与物理完整性为技术方面，技术状态与过程控制的管理等为管理方面。飞机适航性是通过全寿命周期内的设计、制造、试验、使用、维护和管理的各个环节来实现和保持的。

设计、制造和使用、维修等方面对民用飞机适航性的满足、符合和保持均负有责任，但设计在其中起主导作用。适航性由代表公众利益的适航当局监督管理，以确保飞机及其他航空器适航性的持续保持，为此，各国制定自己的或采用他国的民用航空器适航规章。目前，国际上一般都接受美国联邦航空局制定的《联邦航空条例（FAR）第 25 部——运输类飞机适航标准》和《联邦航空条例（FAR）第 23 部——正常类、实用类、特技类和通勤类飞机适航标准》。我国也制定了相应的民用飞机适航规章，即

- 《中国民用航空规章第 25 部（CCAR—25）——运输机类飞机适航标准》；
- 《中国民用航空规章第 23 部（CCAR—23）——正常类、实用类、特技类和通勤类飞机适航标准》。

适航规章中包含下列几部分：

① 飞行部分。对飞机质量、重心、飞行性能、操纵性、稳定性、失速、地面和水上操纵特性以及其他飞行要求进行规定。

② 结构部分。主要规定结构设计中载荷、安全系数、强度和刚度要求，并对应急着陆情况、损伤容限与疲劳评定进行明确规定。

③ 设计和制造部分。主要对结构、操纵面、操纵系统、起落架、浮筒和船体、载人和载货设施、应急设施、通风增压和加温、防火设施等设计和制造进行规定。

④ 动力装置部分。对发动机、燃油系统、滑油系统、冷却系统和进气系统的设计、制造和试验等进行规定或提出要求。

⑤ 机上设备部分。对机上各种设备、仪表、灯、电器系统、安全设备和其他设备进行规定或提出要求。

⑥ 使用限制和资料部分。为使航空器正确运行,对驾驶员和其他人员必须得到的所有资料提出要求,其中包括标记、标牌,以及使用要求、飞行手册内容等。

适航规章对飞机设计、制造和使用要求等进行了明确的规定。在进行飞机部件或结构设计时,飞行状态、载荷、安全系数等都应按适航规章的要求和规定加以确定,强度、刚度、寿命、飞行品质等要满足适航规章相关的要求,设计分析和试验验证等也必须符合适航规章的要求,经得起适航部门的检验。

可以说,部件及其结构的适航性设计是从技术管理和过程管理方面,保证结构设计思想的贯彻、设计内容的完整、设计方法与结果的可靠。

军机和民机的研制是两套不同的体系,在军机研制中引入适航理念,开展适航性工作,不仅可以促进军机安全水平的提高,还可以降低军机的使用维护成本。

民机的适航性设计是把安全性放在第一位,目的是保护公众利益,这是民机设计的最低要求。而军机适航性设计则须同时兼顾作战性能和安全性,因此军机适航性要求具有可剪裁性。军机在飞行包线、救生弹射包线、武器挂载和发射、战斗损伤等高等级风险上与民机有显著差别,民机适航标准不能直接照搬用于军机适航设计。

欧美发达国家于 21 世纪初陆续提出了军机研制适航工作要求及相应的标准规范。2000年美国空军颁布了政策指令 AFPD 62—6《美空军适航性审查》,2002 年美国国防部颁布了军用手册 MIL—HDBK—516《军机适航性审查准则》,2003 年和 2007 年英国国防部先后颁布了JSP553《军机适航性条例》和 DEF STAN 00—970《设计和适航性要求》,2003 年加拿大国防部也颁布了军机适航性技术手册等。美国在 C—17 运输机研制中开展了部分适航性工作,A400M 则以民用货机和军用运输机两种状态进行研制。

我国也开展了军机适航性要求或准则的研究工作,并试着在一些型号研制中加以应用,但目前的技术成熟度尚且不足。相信在不久的将来,国产军机也会按军机适航性要求进行设计。

2.3　新材料与先进制造技术的影响

这里所谓的新材料指的是在传统铝合金、钢和钛合金之后发展起来的结构材料,如先进树脂基复合材料、金属基复合材料等。先进制造技术指的是有别于传统金属结构减材制造(SM,Subtractive Manufacturing)的增材制造(AM,Additive Manufacturing)技术。新材料与先进制造技术的采用可以改变飞机部件的质量、结构布置与形式、制造技术、结构维护方式与修理方法等,因此在部件设计中必须加以考虑。

2.3.1　新材料的影响

复合材料已大量用于飞机结构,目前先进战斗机的复合材料用量一般占全机结构质量的30%～40%,民机则高达 52%,可见复合材料已经成为现代飞机结构的主要材料。纤维增强树脂基复合材料在结构设计、制造、维护等诸多方面与金属结构均有较大差别,因此对飞机各部件的设计和系统布置会有不同程度的影响。

碳纤维增强树脂基复合材料比强度、比模量高,可以给飞机部件带来明显的减重效果。复合材料用于飞机部件,不仅结构可以设计,材料本身也可以设计,因此,复合材料较金属材料在结构设计上具有更大的自由度。利用复合材料的气动可裁剪性对翼面结构的弯曲和扭转刚度进行设计,可以取消为提高飞机颤振临界速度而布置在翼面前缘的配重块,从而有效地减轻了这些翼面结构的质量。前掠翼飞机的研制成功是机翼使用复合材料的结果,这是新材料对机翼部件设计影响的典型案例。复合材料的应用还使蜂窝夹层结构大量用于飞机翼面和机身结构中。复合材料适合制造大型整体复杂制件,这不仅可以大量减少连接设计与紧固件数量,还能够减少构件的装配工装和装配工作量,并且使结构内部的传力路线更分散,从而减少应力集中现象。

有关复合材料用于飞机部件设计的内容在第 6 章会进行专门介绍,这里不再展开叙述。

2.3.2 先进制造技术的影响

增材制造技术是 20 世纪 80 年代后期发展起来的新型制造技术。2013 年,在美国麦肯锡咨询公司发布的《展望 2025》报告中,将增材制造技术列入决定未来经济的十二大颠覆性技术之一。目前,增材制造所用原材料包含金属、非金属、复合材料、生物材料甚至生命材料,采用的能量源包括激光、电子束、特殊波长光源、电弧以及以上能量源的组合,制件尺寸从微纳米元器件到大型航空结构件。增材制造技术为现代制造业的发展以及传统制造业的转型升级提供了巨大契机。

1. 增材制造技术的特点

增材制造技术也称为 3D 打印技术。金属增材制造技术是以金属粉末或金属丝材为原料,在计算机自动控制下,通过激光、电子束等高能束逐层熔化、堆积,直接由零件数模一步完成精密三维构件的数字化"生长"制造技术。金属增材制造技术将高性能金属材料快速凝固制备与金属零件直接快速制造技术原理有机融合在一起,彻底改变了金属构件依靠铸造—锻造—切削加工的传统减材制造模式,具有无需重型锻造工业装备及大型锻造模具、材料利用率高、机械加工量小、流程短、加工时间短、成本低、柔性高效等独特优点,被誉为是一种革命性的绿色先进制造技术,是对传统减材制造技术的原理性颠覆。

增材制造技术尤其适合于高性能飞机大型复杂结构件和功能件的生产,因此,该技术在战斗机的结构设计与制造中迅速得到了应用。图 2-1 所示为锻造和机械加工技术制造的 F—

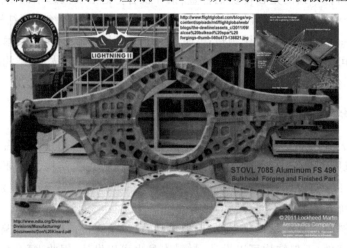

图 2-1 F—35 整体锻造与机加制造的翼身融合体加强框

35 战斗机铝合金翼身融合体加强框结构,其锻造周期为 14 个月,机械加工周期为 4 个月,90％的材料在机械加工过程中被浪费掉,可见,传统方法制造这类大型整体构件周期长、成本高。然而,采用增材制造技术可以克服这些不足。图 2－2 所示北京航空航天大学利用激光增材技术制造的战斗机钛合金翼身融合体加强框整体构件。该构件与传统锻造机加件相比,材料利用率提高了 5 倍,制造周期缩短了近 60％(激光成形毛坯制备仅需 28 天,且不需要模具和复杂工装),制造成本降低了一半以上。以美国通用公司为代表的企业已开始采用增材制造技术批量生产飞机发动机配件,并在尝试发动机的整机制造。

图 2－2　北京航空航天大学采用激光增材制造的整体钛合金加强框

2. 增材制造技术的影响

利用增材制造技术容易实现大型复杂结构整体件生产。由此方法制造的复杂整体构件因为取消了结构内部的连接设计,不仅可以消除因连接带来的应力集中,同时由于没有连接过渡区而可使结构设计得更轻、更紧凑。也就是说,整体构件能够提高结构的承载能力,增加构件空间布置的自由度,并有效降低结构质量,这对部件结构的布置以及总体与局部传力路线会产生影响。

增材制造技术可用于金属结构局部和大面积修理,这对部件的使用维护方式会产生影响。

随着研究的深入和技术的进步,如果增材制造能够像复合材料那样精确地制造出闭合结构,那么整体增材制造的发动机舱段、尾翼、操纵面、增升装置,甚至某些机翼整体盒段和机身整体舱段都将变成现实,那时部件设计思想和技术会取得较大的进步。

新材料和先进制造技术的使用对飞机部件性能和经济性的提升是显而易见的,它们也必将推动飞机部件的设计思想与设计技术的进一步发展。

习　题

2－1　试分析设计思想在部件设计中的作用。

2－2　在设计中如何提高部件的疲劳寿命?

2－3　试分析结构疲劳、损伤容限/耐久性设计的差别,并阐述它们在部件设计中的作用。

2－4　在结构方案设计阶段应如何进行损伤容限设计?金属与复合材料结构损伤容限的特点有何差别?

2－5　什么是可靠性和维修性设计?简述可靠性和维修性设计的基本方法。

2－6　目前结构可靠性设计中存在什么问题?应如何解决?

2-7 综合设计思想体现在飞机部件设计哪些方面?

2-8 以机翼为例,建立该部件尺寸优化的数学模型。

2-9 简述飞机数字化设计的技术内容。

2-10 在适航性设计方面,军机与民机有何差别?

2-11 调研航空领域金属增材制造的发展现状,分析其对飞机部件与系统设计的影响。

2-12 与后掠翼飞机相比,前掠翼飞机性能有何特点? 为何利用复合材料可以设计出前掠翼飞机,而金属材料则做不到?

第3章 机翼设计

机翼是飞机的重要部件之一,是飞机的主要升力面,对飞机性能和飞行品质有重要影响。机翼设计包括机翼气动力设计和机翼结构设计两部分。机翼气动力设计决定机翼外形和参数,以及机翼与机身、尾翼等的相对位置。机翼外形和参数设计不仅仅是空气动力特性要求,它还与飞机的总体布局、机翼结构、质量、外挂安排、内部容积应用和隐身性能等有关。机翼结构设计必须考虑机翼外形、结构形式和受力布局、构件的强度和刚度以及气动弹性等。机翼气动力设计与机翼结构设计是互相联系、互相制约、密切相关的。

3.1 机翼部件设计原则和要求

3.1.1 机翼部件设计原则

1）机翼是飞机产生升力的主要部件,其气动外形设计首先要满足飞行技术性能要求。在飞机总体设计阶段给出飞机三面图和机翼的主要参数基础上,进行更具体和细致的设计,以达到高气动效率的飞行特性。

2）在进行机翼的气动外形设计时应考虑其他部件外形和相对位置,进行综合优化设计,合理利用内部空间,以使迎面阻力和干扰阻力降至最低。

3）机翼结构是飞机的主要受力部件之一,确定机翼的结构形式和受力构件布置时应与全机受力构件布置相协调,考虑各部件结构传力和内部空间安排。

4）受力构件布置应保证结构具有高强度和刚度、长寿命、高可靠性以及低质量要求。机翼的外形和结构设计应满足气动弹性要求。

3.1.2 机翼部件设计主要要求

机翼设计应根据飞机形式和气动布局、总体布局、技术指标要求,以总体设计阶段给出的飞机三面图、部位安排图和机翼的主要参数作为主要依据。部件设计阶段主要要求为:

1）根据飞机总体设计给出的飞机三面图、战术技术、使用技术要求和机翼主要参数进行详细而具体的机翼气动设计,使气动布局满足飞机性能、操纵稳定性和飞行品质要求。

2）应根据飞机总体设计的部位安排图进行机翼结构初步设计。同时应考虑全机结构布局和传力路线、机翼和机身相对位置、发动机或起落架等安装位置,以及集中力的传递、外挂物和油箱安置、增升装置和副翼及固定装置等。使受力构件布置合理、传力路线短、结构质量最轻,以满足飞机总体设计的重要指标要求。

3）根据结构完整性大纲、强度和刚度规范以及技术设计指标进行结构设计,使结构满足强度、刚度、使用寿命和维修性要求。

4）机翼结构应满足动强度、热强度和气动弹性品质要求。

5）机翼结构应满足安装和制造工艺性、使用性、经济性和成本要求。

3.1.3 机翼部件设计内容与方法

1. 机翼部件设计内容

1)确定机翼外形和几何参数。根据机翼的设计依据和要求,详细确定机翼外形和几何参数,包括翼型选择和设计、翼型沿展向配置和机翼弯扭设计、机翼平面形状选取和平面参数确定。在确定机翼外形和参数时,必须与全机气动布局相协调来进行飞机性能估算,以满足飞机设计要求。

2)设计增升装置。在确定机翼外形时,应考虑增升装置形式的选择及几何参数的确定,并进行起落性能计算。增升装置形式的选择将对升阻特性和俯仰力矩产生影响;增升装置弦长、展长和位置的确定以及多段翼型设计等应与机翼外形设计同时进行。

3)设计副翼。在确定机翼外形和设计增升装置时,应考虑横向操纵面设计,即确定副翼的几何参数和位置,进行初步的横向操纵性估算。

4)机翼应与机身、尾翼(鸭翼)等在气动外形和位置上协调设计,确定几何尺寸和位置参数。

5)选择结构受力形式,根据飞机总体布置图进行主要受力系统布局,并布置机翼的主要受力构件,确定主要构件材料和整体油箱设计等。

6)确定机翼内部空间布置和外挂物位置及连接形式,布置集中受力构件位置。

7)计算外载荷,绘制控制切面内力图。

8)对机翼蒙皮进行分块,确定维护检查口盖,布置机翼纵向和横向元件。

9)对机翼强度、刚度、振动、颤振、气动弹性、疲劳、耐久性和损伤容限进行设计分析和试验,对机翼结构进行初步设计。结构设计和强度分析需要进行多次迭代或综合优化。

2. 机翼部件设计方法与特点

机翼的主要特点是结构高度小而厚度方向的载荷大。机翼主要承受的气动载荷、质量力以及其他部件传入的集中载荷一般均垂直于机翼平面。较薄的机翼厚度限制了承力构件的布置,这是机翼结构设计的难点和主要特点。

根据上述特点,机翼设计通常采用下列方法:

1)机翼部件设计通常采用多学科综合优化设计方法。机翼部件设计存在许多相互关联的设计,例如气动/隐身一体化设计、气动/结构一体化设计、结构/工艺一体化设计、飞机进排气系统/发动机一体化设计、气动/飞行控制/发动机一体化设计等。

2)机翼是影响飞机性能的最重要部件,飞机的升力、阻力特性基本由机翼确定,机翼对操纵稳定性也有很大影响。机翼的参数又关系到机翼结构质量、隐身性能等。因此,可根据设计要求提出多个机翼设计方案,然后采用计算流体力学(CFD,Computational Fluid Dynamics)方法进行机翼参数优选和方案设计,通过对比多种布局方案选出几种较好的方案进行风洞试验的验证,经修改后再进行计算,直到找到满足设计要求的最佳方案。

3)飞机设计往往有多个设计状态,例如对于在机翼最佳弯扭设计,战斗机一般为多点设计状态,各个设计状态的机翼弯扭度相差很大,如超声速巡航战斗机 F—22 的机翼外形是超声速和亚声速的折中产物,机翼具有弯扭。在最佳弯扭设计时对应最大马赫数、超声速巡航马赫数和亚声速等机动状态进行 CFD 计算,各机动状态得到的最佳弯度均不同。因此,在弯扭设计时要根据具体飞机设计要求选择一种最佳的弯扭分布。飞机气动布局设计中设计师的经验和判断一直起着重要作用,故在机翼设计中应引入专家设计系统。

4) 通常机翼结构设计分为初步设计和详细设计。初步设计包括对机翼结构形式确定、受力系统布局、主要装载布置、分离面选择、主要交点位置确定以及设计计算和主要受力构件尺寸确定等,最后给出初步设计图。然后通过详细设计,包括结构强度、刚度、振动、静气动弹性、颤振、疲劳、耐久性和损伤容限设计分析和试验,确定全部结构尺寸并完成全部生产图纸设计。目前,采用数字化设计和多学科综合优化设计方法:在飞机总体设计阶段就开始机翼结构初步设计;在机翼结构设计阶段,初步设计和详细设计工作将交叉进行;在电子样图设计过程中完成上述初步设计、强度、刚度、气动弹性等综合优化设计工作。因此,完成详细设计的电子样图后即可确定生产装配图和零构件生产图纸。

3.2　机翼翼型和翼型设计

机翼外形设计首先应满足飞行性能要求,如在起飞、着陆和空中机动飞行时有较大的升力和升阻比,在巡航和大速度飞行时气动阻力要小,在飞行时具有良好的操纵稳定性和飞行品质。

机翼外形设计是气动设计中至关重要的部分,设计时应进行相关飞行条件下的压强分布优化。如有可能,整架飞机上都应给出优化的压强分布,进而确定飞机的整体特性以及稳定性和操纵性导数,但在实际设计时很难达到上述要求。机翼外形设计可分机翼的平面参数确定和机翼的剖面形状确定(即翼型选择)。而翼型在机翼的气动特性方面起关键作用,故本节主要介绍翼型和机翼弯扭设计。

3.2.1　翼型的选择和主要参数

一般左右机翼对接处都有对称平面,该平面称为机翼对称平面。以平行于机翼对称平面截得的机翼剖面称为翼剖面,通常称为翼型。翼型是影响机翼气动特性的一个重要因素,它不但对飞机的气动特性和飞行品质有很大影响,而且对结构的强度、刚度和制造工艺性也有影响。翼型选择与设计是机翼设计的一项重要工作内容。

翼型按气动特征可分为层流翼型、高升力翼型和超临界翼型等;按用途可分飞机的机尾翼翼型、直升机旋翼翼型、螺旋桨翼型等;按雷诺数大小可分低雷诺数翼型和高雷诺数翼型;目前还有跨声速翼型(尖峰翼型、超临界翼型)以及超声速翼型等。各种翼型的特征和应用可参考相关资料。翼型的气动特性主要取决于翼型压强分布和边界层特性。翼型选择由所使用翼型的空气动力特性要求,结构的强度、刚度和容积利用情况等综合分析决定。对于现代飞机设计,可针对所设计的飞机进行专门的翼型设计;但为了缩短设计周期、减少设计和试验费用,一般选用已有的系列化标准翼型作为基本翼型,然后进行修形设计,最后根据气动特性要求确定翼型的几何参数,并进行结构强度和容积利用的检查和校核。

1. 按飞机设计要求对翼型进行深入分析、修改

飞机总体设计时已选择飞机所采用的翼型,在部件设计阶段根据设计要求可对翼型进行深入分析和修改,主要包括以下几方面。

(1) 最大升力和失速特性

最大升力及与之相关的失速特性在翼型选择中占有重要地位。翼型的设计升力状态可以是对应小迎角的最小阻力状态,也可以是对应某一迎角的最大升阻比状态。通常认为,最大升力系数比较高、失速过程比较和缓的翼型具有好的最大升力特性,它主要依赖于翼型前缘半径、相对厚度及最大厚度的弦向位置、弯度及最大弯度的弦向位置、雷诺数和马赫数。

翼型的前缘半径对失速特性和最大升力系数有重要影响,工程上常用 1.25% 弦长处翼型表面 y 坐标(垂直于翼型前缘和后缘连线的坐标)值来判断失速类型和计算最大升力系数,以 6% 和 0.15% 弦长处的 y 坐标之差 $\Delta y = (y_{6\%} - y_{0.15\%}) \times 100$ 表示翼型前缘钝度。

翼型相对厚度的增加使最大升力系数增加,但对大多数翼型而言,当相对厚度在 12%～18% 范围内时,将得到最大的升力系数 C_{Lmax};一般来说,当最小压力点向后移动时,最佳相对厚度会增加。相对厚度和弯度要配合设计,增加弯度有助于提高 C_{Lmax};然而,对不同相对厚度、前缘半径,最大弯度位置和最大厚度位置来说,弯度增加对 C_{Lmax} 增益是不同的。

翼型的失速是由于翼型上表面流动分离引起的,翼型分离主要取决于翼型的弯度、厚度、前缘半径和雷诺数。对于常规翼型,分离类型主要依赖于翼型相对厚度,中等以上厚度翼型,分离发生在后缘附近,后缘分离引起的失速称为后缘失速;对于前缘半径小的薄翼型,当迎角达到某个较大值时,翼型上表面会突然完全分离,这种分离称为前缘分离;对于弯度较大的翼型,不能按照相对厚度来区分分离类型,主要由逆压梯度来确定。延迟分离可提高最大升力系数和失速特性。

翼型表面粗糙度,尤其是前缘的粗糙度对翼型的最大升力特性有重要影响,粗糙表面使 C_{Lmax} 降低,雷诺数增加使 C_{Lmax} 增加,马赫数增加使 C_{Lmax} 降低,不同翼型的影响程度不同。

(2) 升力线斜率

翼型升力线斜率 $C_{L\alpha}$ 的变化很大程度上取决于翼型的相对厚度。相对厚度较大时,不同翼型的相对厚度对 $C_{L\alpha}$ 影响不同。对于同一族翼型来说,光滑表面的 $C_{L\alpha}$ 均比粗糙表面的 $C_{L\alpha}$ 高。

随着最小压力点后移或翼型后缘角增大,在后缘附近可能出现气流分离,从而导致 $C_{L\alpha}$ 下降,特别是相对厚度较厚的翼型,$C_{L\alpha}$ 下降更明显。

(3) 零升力迎角

翼型升力系数为零时的迎角称为零升力迎角 α_0,α_0 随翼型的厚度和弯度的变化而变化;对于对称翼型,$\alpha_0 = 0$;若翼型有正弯度,则 α_0 为负值,弯度越大 α_0 的绝对值越大,若弯度不很大,翼型厚度对 α_0 的影响很小。

(4) 最小阻力系数

光滑翼型的最小阻力系数主要取决于雷诺数和层流附面层的弦向范围以及翼型相对厚度和弯度。若 50% 以上弦长的翼型表面保持层流,则飞行雷诺数下的最小阻力比全紊流情况下减小 50% 以上。翼型最大厚度向后移动将导致最小压力点后移,使有利压力梯度的弦向范围增大,从而有利于减小阻力;相反的,增加翼型相对厚度将导致最小阻力增加。

(5) 翼型的升致阻力

翼型的升致阻力主要来源是,当升力系数增加时,翼型上表面有利压力梯度减小和最小压力点前移使翼面上层流附面层范围减小,从而导致摩擦阻力增加,以及翼型上表面附面层厚度增加引起表面法向压力重新分布,从而导致形状阻力增加。对于最大厚度位置靠后的翼型,当升力系数增加到某个值时,最小压力点可能会突然向前移动从而引起阻力随升力有较快的变化;对于层流翼型,当升力系数增加到设计升力范围的边界时,转捩点会突然前移,从而导致阻力随升力的增加而迅速增加。此时,层流翼型所受阻力比紊流翼型的还高,故层流翼型很少用于设计升力较高的情况。

(6)力矩特性

翼型绕 1/4 弦点的力矩系数随弯度或迎角的增加会有绝对值更大的负值,而随翼型相对厚度的变化仅有很小的变化。设计升力时,翼型力矩系数一般在 0~0.12 之间变化。

亚声速时焦点位置一般位于翼型的 1/4 弦长附近,翼型的弯度和最小压力点的位置似乎对焦点位置没有系统的影响,但后缘角增加时焦点会向前移动。

2. 按飞机设计任务、特点和要求选择翼型

(1)飞机设计任务和要求

飞机设计任务和要求对翼型选择起决定作用。例如飞机的飞行速度会影响翼型参数的选择:对于超声速战斗机,为了减小阻力,采用相对厚度为 4%~8% 的较薄翼型;对于亚声速飞机,相对厚度在 10%~15% 之间选择;对于低速飞机,相对厚度在 12%~18% 之间选择。大型运输机和旅客机则选择升阻比高的翼型。

翼型设计升力下的阻力系数 $C_{D,\text{op}}$ 直接决定了设计条件下的升阻比,并对飞机设计状态的性能有重大影响。对于不同的机型,设计点所对应的飞行状态可以不相同,例如大型旅客机是以巡航状态为其设计点。假如要求 $C_{D,\text{op}}$ 对应的升力系数提高,则翼型应有较宽的低阻范围,但这样会导致最小阻力 $C_{D,\text{min}}$ 增加;如要求减小 $C_{D,\text{min}}$,则会缩小极曲线的低阻范围,增加高升力下的阻力。

例如:对于小后掠角的大展弦比机翼,其失速特性直接取决于翼型,故应采用失速特性较缓和翼型;最大升力对应飞机最小速度,直接影响飞机起降性能,故翼型选择应满足最大升力要求;对丁小展弦比或大后掠角机翼,其三维分离涡面及其对流场的诱导作用会使机翼的最大升力系数提高,因此翼型的最大升力特性和失速特性对小展弦比机翼的影响较小。但是翼型的前缘形状会影响三维分离涡的生存、发展和涡的位置,从而影响涡升力的前缘吸力,故翼型选择仍为一项重要内容。

(2)飞机设计马赫数 Ma

当自由流马赫数 Ma_∞ 低于升力发散马赫数时,翼型升力系数和升力系数斜率随马赫数的增加而增加;而翼型最大升力系数随马赫数的增加而降低;当 Ma_∞ 大于阻力发散马赫数时,阻力迅速增加。因此,选择翼型时设计马赫数是一个重要的基本技术指标。

(3)翼型选择和设计雷诺数

当雷诺数较小时,前缘分离气泡的产生、发展和破裂对雷诺数十分敏感,使最大升力随雷诺数的变化产生不确定性变化;当雷诺数较大时,翼型的最大升力系数随雷诺数的增加而增加,对高升力翼型的影响更大。

(4)机翼结构设计要求

翼型的选择和设计还须考虑减轻结构质量,以及机翼内部应有足够的容积来装载燃油、起落架和操纵系统等。

3.2.2 翼型设计

除了从标准翼型中选择适用于本机翼型和相应参数外,还可进行翼型设计。翼型设计的目的是按照飞机性能要求,设计满足技术要求的机翼几何外形。一般设计方法有两类:一类是根据给定外形(即给定初步翼型)进行修形设计的方法;另一类是根据给定设计要求的表面压力分布进行反设计的方法。

在新机设计或改型设计中需要重新设计机翼情况下,可以先按前面介绍的方法选择标准翼型,当所选标准翼型不能满足飞机设计技术要求时,可以进行改进设计或局部修形。即采用给定翼型外形的优化设计或人—机对话的修形设计方法,修改翼型的外形并对修改后的翼型进行气动特性计算,直到满足设计要求为止。在优化设计时,如不能收敛到设计要求,就需要与其他设计方法结合或修改设计指标;在人—机对话修形时,允许在计算屏幕上修改翼型,直到满足设计要求。

采用给定表面压力分布的反设计方法的难点是如何确定翼型的目标压力分布。确定目标压力分布特性:目标压力分布包括上下表面负压峰值,最大表面速度即最高负压的大小和弦向位置,最小压强系数 $C_{p\min}$ 与 $Ma_{loc}=1$ 时的压强系数 $C_{p\text{loc}}$ 之比,在 $C_p=C_{p\min}$ 点后(即在再压缩区)的压强梯度、后缘附近的压力梯度以及沿弦向压力分布等重要参数,驻点在前缘或靠近前缘($C_p>1$)。

目标压力分布不仅要满足飞机设计的基本设计点指标,而且要满足非基本设计点指标。因此,满足设计指标的压力分布需要经过反复修改才能确定。一般先根据分析和经验提出最初的目标压力分布,然后设计翼型,再对所设计翼型进行不同状态下的气动特性分析,根据分析结果修改目标压力分布后重新设计,直到满意为止。

3.2.3 翼型沿展向配置与弯扭设计

1. 翼型沿机翼展向布置

为改善机翼上某些气动特性常采用几何扭转或气动扭转。机翼任一展向位置处的翼剖面弦线与翼根剖面弦线间的夹角称几何扭转角 $\varphi_{扭}$,前缘向上扭转为正、向下扭转为负。对于大展弦比和大根削比的机翼,为改善翼尖的失速特性,在翼尖处(常以此扭转角为特征扭转角)采用负几何扭转,即 $\varphi_{扭}=-2°\sim-4°$。

气动扭转是指展向剖面弦线共面,无几何扭转,但沿展向采用不同翼型,各剖面零升力线不一致而形成气动上的扭转角。例如对于高亚声速运输机机翼,为减小机身对根部翼型流场的影响和翼尖绕流的影响,沿机翼展向设计控制翼型。在机翼根部,翼型的最大厚度位置应尽可能靠前(即 $\bar{x}_t$ 为 $20\%\sim25\%$,甚至达 $12\%\sim15\%$),在超临界马赫数下压力分布单调增长,不致出现第二个吸力峰。采用弯度较小甚至反弯度翼型,以减小机翼/机身的干扰阻力。为了迅速过渡到升阻特性较好的基本翼型,一般在 $30\%\sim40\%$ 半翼展处或平面形状转折处安排基本翼型,因而向内决定机翼内段的表面构形(为了使根肋沿展向很快过渡到基本翼型,故采用非直母线构形),向外决定机翼外段的翼面外形。基本翼型采用高气动效率、品质优良的翼型,如高亚声速运输机采用超临界翼型。在翼尖处采用最大相对厚度靠后、相对弯度较大、最大升力系数较高且失速特性较好的翼型,以改善翼尖失速特性,提高副翼效率。

2. 机翼沿展向弯扭设计

在机翼外形设计时要进行最佳弯扭设计。机翼的三维设计要使整个翼面如同基本翼型的翼段一样工作,每个剖面都具有类似的压力分布形态,从翼根到翼梢沿整个翼展具有直的后掠等压线,以保证激波沿翼展具有不变的强度和位置。重要的是要避免翼根和翼梢附近的正激波及其所引起的气流分离。但实际上,由于存在机身或短舱与机翼干扰、翼根和翼梢效应、结构与工艺等因素,很难达到等压线为后掠直线。

机翼设计中最主要一点是降低阻力、提高升阻比,进行弯扭设计是降低机翼阻力的方法之一。当机翼展向环量分布呈椭圆形状时,诱导阻力最小,而机翼展向载荷分布与机翼形状有关。如大展弦比后掠机翼展向载荷要向翼尖集中,因此必须采取扭转设计以减小翼尖处的载荷,使沿翼展的环量分布接近于椭圆。为了确保在设计状态下沿展向的翼剖面弯度和扭转分布的组合能使得机翼环量沿展向分布接近椭圆形,应最大限度地减小诱导阻力。通常采用CFD方法进行机翼最佳弯扭设计。

最佳弯扭设计可以针对单独机翼翼面,也可以针对前、后双翼翼面。主要用于亚声速和超声速来流情况下的最佳弯扭设计,在机翼的气动布局中利用中弧面的弯扭,即与剖面的几何扭转相结合,沿展向改变翼型。在计算时附加对升力和力矩限制,故弯扭设计后升力和力矩特性不变。一般说来,根据纯理论的最佳弯扭设计得到的机翼弯曲面形状很难满足结构设计要求。机翼的弯扭设计在亚声速设计马赫数下获得的外形在超声速飞行时的阻力可能较大;反之,在超声速设计马赫数下获得的外形,在亚声速飞行时的阻力也较大。因此,只能从飞机的实际飞行性能要求出发,分别对亚声速、超声速设计马赫数下获得的最佳弯扭设计值进行折中,而从工程设计实际出发,近似地实现机翼弯扭设计。

3.3 机翼平面形状和气动布局

飞机气动布局形式是保证飞机具有良好性能的重要因素之一。新一代飞机的出现都与其具有新的、先进的气动布局形式分不开,具有良好气动布局外形的飞机通过不断更新发动机和机载设备可以延长其服务期。因此,在飞机设计中,气动布局设计占据极其重要的地位。

机翼的平面形状是指机翼在 XZ 平面投影的形状。按平面形状的不同,机翼可分为直机翼(矩形机翼、椭圆形机翼、梯形机翼)、后(前)掠机翼和三角形机翼等。机翼的平面形状通常用三个参数,即展弦比 A、尖削比 λ 和后掠角 Λ 来描述,通过这三个参数可确定一系列几何相似的机翼平面形状。当机翼面积确定以后,则可确定机翼根弦长、梢弦长、展长、前后缘或 1/4 弦线的后掠角。

在总体设计时,飞机形式确定后基本上已选定机翼平面形状,部件设计中除进一步确定机翼参数外,重点考虑如何选择机翼平面形状、几何参数以及与其他部件组合外形的气动特性及局部修形。对于相似的飞机性能,可以任意选择上述三种机翼平面形状,只是配置不同的外形参数,即可满足设计性能要求,例如第三代战斗机中就有不同机翼平面形状的出色的战斗机。下面介绍三种主要机翼外形参数对机翼气动性能影响,对其他机翼平面形状设计只作简要介绍。

3.3.1 直机翼

有限翼展直机翼由机翼平面形状参数展弦比 A 和尖削比 λ 以及翼型确定。直机翼除翼尖的绕流特性具有空间性外,其他剖面绕流很贴近翼型。对于低速飞机选择适当形状参数和翼尖形状将取得很好的气动特性。例如,增大展弦比可提高升力线斜率 $C_{La \cdot \infty}$、降低诱导阻力,当展弦比 $A>8$ 以后,C_L 增加较慢。现代亚声速运输机的展弦比为8～9,增大展弦比还可以改善飞机的上升性能。

在跨声速范围($Ma=1$ 附近),增加机翼的波阻,减小展弦比可以显著减小跨声速的激波阻力,提高临界马赫数。小展弦比的直机翼下表面气流经翼尖流向上表面,上表面流速减小,从而推迟激波产生和降低激波强度,如图 3-1 所示。如采用小展弦比、小相对厚度和尖翼型,可减小直机翼波阻。当机翼相对厚度 $c=5\%$ 时,$Ma=1.77～3.3$,机翼的最大升阻比 $K=6$。

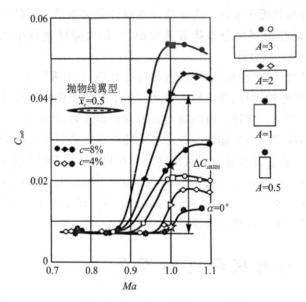

图 3-1　各种展弦比和相对厚度的直机翼阻力系数随 Ma 数变化($\alpha=0^0$)

展弦比主要影响机翼的诱导阻力,对于亚声速时的大、中展弦比机翼,不论是否后掠,因尾涡引起的诱导阻力系数 C_{Di} 均可用下式表示:

$$C_{Di}=\frac{C_L^2}{\pi A_i}(1+\delta) \qquad (3-1)$$

式中,δ 为修正因子,随后掠角的增大而增加;A_i 为诱导阻力因子;$(1+\delta)$ 可由曲线查得,对于展弦比很小的机翼,$(1+\delta)\approx1$,$C_{Di}=\frac{C_L^2}{\pi A_i}$;对于小展弦比且前缘薄的机翼,$C_{Di}=C_L\tan\alpha$,其中 α 为迎角。

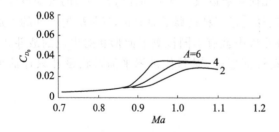

图 3-2　展弦比对直机翼零升阻力的影响

飞行马赫数不同使得展弦比对气动特性的影响不同。例如零升阻力系数 C_{D_0} 随飞行马赫数 Ma 从亚声速到超声速有一个飞跃的变化(在跨声速区),如图 3-2 所示。大展弦比机翼在跨声速时 C_{D_0} 的增加量较小展弦比机翼的大,而且开始突变的马赫数要比小展弦比机翼的小,即大展弦比机翼的阻力发散马赫数 Ma_{dd} 较小展弦比机翼的小。

　　展弦比的增大会带来机翼质量的增加。对于一个给定机翼面积的直机翼,展弦比增大会使展长按其平方根增长,则机翼根部弯矩加大;另一方面,展弦比增大又使翼根弦长减小,在相同翼型和相同相对厚度条件下,机翼的绝对厚度变小,结构承弯能力降低导致机翼质量增加,故应综合权衡来确定展弦比。例如,MD 公司在中短程客机可行性研究中,针对 500 n mile(海里)航段任务剖面的航段,研究油耗与展弦比之间关系,得知最佳展弦比在 $A=10$ 附近。在 A320 旅客机机翼参数选择中,从 500 n mile 航段的直接使用成本分析也得出类似的结论。

　　尖削比对直机翼气动特性影响:尖削比增大会使直机翼升力线斜率 C_{La} 稍有增大,并可以减小气动中心从亚声速到超声速时的移动量 $\Delta(\partial C_m / \partial C_L)$。

　　尖削比将影响直机翼的展向升力分布。当 $\lambda=0.5$ 时,翼载分布接近于椭圆形,因此诱导阻力降低。在亚声速时,λ 增加使机翼外露面积增加,故零升阻力系数 C_{D_0} 增加。在超声速时,对于直机翼,$\lambda=0$ 时,Λ_0 和 $\Lambda_{1/4}$ 均增加,故 C_{D_0} 降低。

　　在亚声速时,尖削比对零升阻力影响较小,而对诱导阻力影响较大,故 $(L/D)_{max}$ 明显地随 λ 增加而增大。在超声速时,波阻随有效后掠角增大而降低,故对直机翼而言,λ 降低使 $(L/D)_{max}$ 增加。

　　尖削比减小不但会使翼尖载荷减小,并且会使翼根弦长增加,根部剖面的绝对高度增加,从而使机翼抗弯扭刚度增加、结构质量降低。但尖削比的大小还应考虑副翼和操纵系统的结构空间、外挂物的固定等结构因素。

3.3.2　后掠机翼

　　后掠机翼是现代跨声速和超声速飞机最普遍采用的机翼形式,主要因为后掠机翼可以提高临界马赫数,减小跨声速和超声速飞行时的波阻。要恰当地选择后掠角和展弦比,可综合考虑超声速性能和跨声速机动性。又如中等后掠角和中等展弦比机翼是亚声速和超声速性能的一种较好的折中方案,在跨声速时采用对翼根和翼尖的翼型进行修形而使机翼保持大范围的超临界流、激波分离减至最小,目前先进战斗机常采用这种平面形状机翼。

　　对于超声速飞机,将机翼前缘后掠角 Λ_0 增加到使 $(90°-\Lambda_0)$ 小于马赫锥角,使前缘处于亚声速状态可以减小超声速波阻及升力损失。图 3-3 给出机翼前缘后掠角随马赫数变化的经验曲线。

　　后掠机翼平面外形参数为展弦比 A、尖削比 λ 和后掠角 Λ,其中后掠角对后掠机翼气动性能影响很大。翼面上流线在机翼的前半段气流向外偏,后半段气流又往回偏。在翼根部分的上翼面,前段流线偏离中央对称面,流速降低,压强升高,而后段流线内偏,流速增大,压强下降,压强分布发生变化,最低压强点后移,剖面升力下降,有效迎角相对减小,这就是所谓翼根效应。翼尖部分与翼根部分相反,剖面前段流管变细,压强减小,最低压强点位置前移,剖面升力增加,表面流的有效迎角增加,这就是所谓翼尖效应。翼根效应和翼尖效应与机翼平面几何参数 A、λ 和 Λ 密切相关。

　　后掠角增大、C_{D_0} 减小,尤其在跨声速和超声速时后掠角增大而波阻明显降低,故不但 C_{D_0} 减小,而且波阻随马赫数变化的峰值也减小,峰值位置向后推移,阻力发散马赫数增大。诱导阻力随后掠角的增大而增大。这是由于后掠角增大使 C_{La} 减小,并且大后掠角时容易引起翼尖分离。

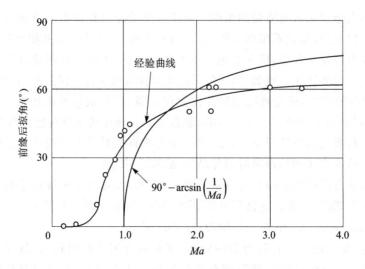

图 3-3　机翼后掠角经验曲线

最大升阻比反映零升阻力和诱导阻力的综合影响。影响升阻比的主要因素是 C_{D_0}，在跨声速和超声速时后掠角增大、波阻明显减小，C_{D_0} 较小，故 $(L/D)_{\max}$ 较高。在亚声速时，后掠角改变对摩擦阻力影响不大，但后掠角增大、诱导阻力增加，故 $(L/D)_{\max}$ 降低。在 $Ma=1\sim$1.7 范围内，$(L/D)_{\max}$ 最高时 $\varLambda=53°$，而 $Ma>1.8$ 后平直机翼的 $(L/D)_{\max}$ 变为最高。

展弦比较小时($A=2\sim4$)，升力线斜率 $C_{L\alpha}$ 随后掠角 $\varLambda$ 的增大而降低，升力线有非线性现象。图 3-4 表示在跨声速时，$A=3$，$\alpha=0°$ 附近 $C_{L\alpha}$ 变化曲线。在 $Ma=0.6$ 时，平直机翼的 $C_{L\alpha}$ 最高，平直机翼失速早，$C_{L\max}$ 最低，后掠角增加可延缓气流分离，大后掠机翼前缘分离形成旋涡，明显提高大迎角时的升力和 $C_{L\max}$。在超声速时，机翼的 $C_{L\alpha}$ 明显下降，后掠角的影响减小。

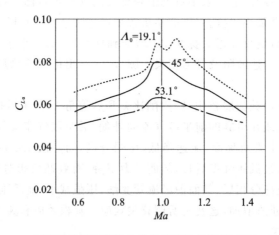

图 3-4　不同后掠机翼的升力线斜率变化曲线(跨声速，$A=3$)

$Ma>1.2$ 时，减小展弦比则会减小机翼的激波强度。在 $Ma<1.2$ 的跨声速区，展弦比减小反而会增加阻力，因为在跨声速时减小波阻的最有效措施是增大机翼后掠角，而后掠机翼的翼根和翼尖效应都有降低后掠的作用，对小展弦比机翼来说这种不利影响更大，即降低了后掠机翼的减阻作用。而大展弦比的后掠机翼使全机横截面积沿纵轴分布和缓，对跨声速时波阻

的降低有利。综合上述因素可知,在跨声速时后掠机翼阻力随展弦比的减小而增加,但后掠角减小,这种不利因素随之减小。

对大展弦比的后掠机翼,在大迎角状态下,翼尖气流分离,会使机翼提早失速,翼尖部分升力减小使飞机产生上仰的趋势。因此,对于大展弦比机翼常采取措施防止翼尖失速。

尖削比对后掠翼的影响:在亚声速时,由于 λ 增大,机翼有效后掠效应增大,气流自前缘分离形成旋涡,产生附加涡升力,从而使 $C_{L\alpha}$ 增加。但在超声速时,C_L 稍有降低。

尖削比将影响机翼的展向升力分布。在超声速时,λ 值影响有效后掠角:如果 λ 增大使有效后掠角增加,并且机翼和机身组合体的横截面积沿机身的轴向分布得到改善,则 C_{D_0} 降低;如果 λ 增加使有效后掠角降低(机翼参数的不同匹配),波阻增加,则 C_{D_0} 增加。因此尖削比和后掠角的选择应匹配。

在亚声速时,尖削比对零升阻力影响较小,而对诱导阻力影响较大,故 $(L/D)_{\max}$ 随 λ 增加而明显增大。在超声速时,λ 增加使 $(L/D)_{\max}$ 增加。

尖削比加大可以减小气动中心从亚声速到超声速变化时的移动量 $\Delta(\partial C_m/\partial C_L)$,但是如果有效后掠角增加使翼尖分离加剧,将会产生机翼上仰的不利影响。

从气动中心位置来看,在亚声速时后掠角增大使气动中心后移,在超声速时则相反。气动中心后移的状况会在从亚声速到超声速的变化中随后掠角增大而变得和缓,并且气动中心后移量减小。在亚声速时,后掠角增大使翼尖分离严重,力矩曲线的上仰更严重。

从机翼后掠使机翼上载荷分布变化的情况来看,内翼载荷降低,翼尖载荷增加,翼尖剖面的吸力峰靠前,吸力峰值也高,故后掠机翼一般是翼尖首先发生气流分离。另外,后掠机翼的两个相邻剖面前后有错位,在有升力时表面弦向压力分布沿展向产生压差,引起附面层向外翼流动,导致翼尖附面层增厚而更容易产生气流分离。

翼尖气流分离引起翼尖失速,而后掠机翼翼尖位于飞机重心之后,翼尖失速使升力下降并引起抬头力矩。后掠机翼的上仰问题是当迎角增大到一定程度时,俯仰力矩发生不稳定的转折。上仰限制飞机使用迎角,在飞行中若进入严重的上仰状态,则可能引起俯仰失控。

若后掠角增加,则上仰发生的迎角提早,而且上仰影响的严重程度也增大。展弦比增大也会使上仰提早发生并且问题更为严重。后掠机翼的上仰特性与机翼的后掠角和展弦比密切相关。在后掠机翼设计中,应尽可能地将后掠角和展弦比的组合处于上仰边界线以内的范围,如图 3-5 所示。特别是引起俯仰力矩不安定性。对于战斗机、特技飞机和教练机必须考虑避免上仰问题。但是,实际上由于其他因素会要求选择比较大的后掠角和展弦比,这时就要采取措施消除上仰,或将上仰问题减轻到可接受的程度。主要途径为将平尾安置在合适位置,使平尾在大迎角时产生低头力矩,使飞机变为纵向稳定。或者在机翼上采取措施,推迟翼尖分离的发生。

防止后掠机翼产生上仰现象措施较多,如采用前缘锯齿或前缘槽口,在锯齿和槽口处气流形成旋涡,前缘分离旋涡旋转方向阻止后掠机翼附面层向外侧流动,可以控制翼尖分离从而防止上仰的发生。而最简单的方法是在机翼上表面安置翼刀,翼刀阻止附面层向外翼流动,从而缓和翼尖分离。虽然翼刀不能消除上仰发生,但可以延长俯仰力矩的线性段。由于翼刀使内侧翼面先发生分离,而且分离向内侧发展得比无翼刀情况要早,因而整个机翼的失速提前,故 $C_{L\max}$ 降低。

后掠角使机翼上的气流向外侧流,翼尖载荷增大。若要保持椭圆形升力分布则须减小尖削比 λ。图 3-6 表示 NACA 根据风洞实验数据归纳的后掠角和尖削比的关系曲线。

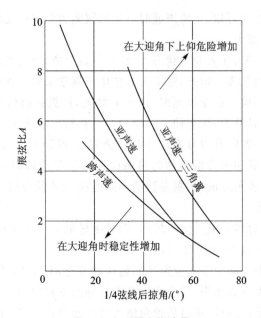

图 3 - 5　无尾上仰边界

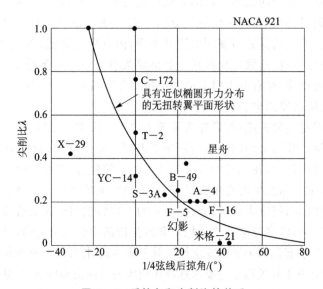

图 3 - 6　后掠角和尖削比的关系

　　从以上分析可见,后掠角对机翼气动特性有重要影响,尤其对超声速和跨声速飞机来说是有明显优点:后掠角可降低机翼的波阻,减小气动中心从亚声速到超声速变化时的移动量,使气动中心变化和缓。但后掠角增大会使升力线斜率降低,亚声速的巡航特性和起落性能变差。另外,翼尖分离会使诱导阻力增加,诱发俯仰力矩从而带来后掠机翼的上仰。故在机翼设计时,后掠角的选择应和展弦比及尖削比综合考虑来确定。

3.3.3　三角机翼

　　三角机翼可以采用较大后掠角、较小展弦比和相对厚度较小的翼型,以使超声速时波阻小。故三角机翼最大优点是超声速性能好,在满足薄翼的强度和刚度要求下质量轻。同时从亚声速到超声速变化时气动中心的移动量小,因此俯仰操纵效率高,配平阻力小。但小展弦比的三角机翼的主要缺点是诱导阻力大,因为三角机翼的最大升阻比$(L/D)_{max}$在亚声速时会随展弦比的减小而减小,这主要是由于诱导阻力随展弦比的减小而增加,在$Ma<1.5,A=2$时降到最低点。

升力线斜率低会影响跨声速的机动性、亚声速巡航性能和航程,因此超声速性能要求和亚声速性能要求的矛盾是三角机翼设计的主要矛盾。下面对三角机翼相关设计问题作一分析。

1. 前缘锥形扭转

三角机翼的诱导阻力大,主要起作用的是压差阻力,即尾涡阻力。而且对于大后掠和相对厚度较小的三角机翼,在小迎角时气流就从前缘分离,使前缘吸力丧失,阻力增加。采用弯扭机翼可使机翼展向载荷分布呈椭圆形并保持前缘气流附体。理论上利用涡阻最小时可导出翼弦面最佳扭转,但理论上得到的是一个复杂的弯扭曲面,在制造上和结构传力方面均难以实现。经过修正后,将三角机翼的弯度仅局限在以机翼顶点为端点的前缘三角区内,前缘曲面为锥体的一部分,故称为前缘锥。

试验证明,前缘锥形扭转可明显减小三角机翼的诱导阻力,并且锥形扭转可控制前缘分离,提高前缘吸力,可见前缘锥形扭转不但可以减小诱导阻力,还可以提高C_{Lmax}。但是前缘锥形扭转同时也会使零阻力系数C_{D_0}增加,特别是超声速波阻增加。为了增强减小诱导阻力的效果,则增加锥形扭转的展向范围和前缘弯度,这将使C_{D_0}和波阻增加,因此要适当地选择沿展向扭转范围和设计升力系数C_{Ld}。由试验得到设计升力系数对诱导阻力影响最大,尤其在低速大迎角时,增大C_{Ld}对减小诱导阻力有利。但C_{Ld}越大,带来波阻越大。

不同设计升力系数C_{Ld}的锥形扭转对最大升阻比$(L/D)_{max}$的影响不同,在亚声速时$(L/D)_{max}$的增加较明显,因为前缘锥形扭转控制了前缘分离,提高了前缘吸力,所以C_{Ld}越大,亚声速的$(L/D)_{max}$越接近前缘全吸力情况。因此,若C_{Ld}选择适当则可以合理地解决高、低速的矛盾问题。

在设计升力系数C_{Ld}相同的情况下,在亚、跨声速时,前缘锥形扭转的减阻效果基本相同,但是在扭转展向范围大时弯度变化较缓和,因此超声速时波阻增加较小。

正因为前缘锥形扭转对减小大后掠三角机翼诱导阻力、增大亚声速航程和提高大迎角机动性有明显好处,它弥补了大后掠三角机翼的不足,而且只要设计升力系数C_{Ld}不太大,超声速性能的损失就不大,所以几乎所有采用三角机翼无尾布局的飞机,都采用前缘锥形扭转。

2. 前缘吸力

在有迎角时,气流绕过机翼前缘流向上翼面,在上翼面加速而产生负压,负压作用在前缘弯曲的表面上会产生前缘吸力,前缘吸力在飞行方向的分力为前缘推力,起减阻作用。在亚声速时,前缘吸力随展弦比的增大而增大,随后掠角的增大而减小,在超声速时,理论上前缘吸力为零,实际上仍有前缘吸力,但比亚声速时的小,后掠角大的时候前缘吸力也大。增大前缘弯度、翼型前缘半径和相对厚度,都可增大前缘吸力。

当机翼前缘分离形成旋涡时,该分离涡会造成前缘吸力减小和诱导阻力增大。但分离涡在大迎角时会诱导产生涡升力,从而延缓机翼的失速,提高升力和C_{Lmax}。假如前缘外形设计恰当,旋涡不仅会产生涡升力,而且会使旋涡诱导的高前缘吸力作用在前倾的表面上,产生推力分量从而减小阻力,用以弥补分离引起的前缘吸力的损失。从对三角机翼超声速时旋涡流态的分析可得到,为提高三角机翼的超声速气动效率,应选择后掠角的主要使用范围为亚声速前缘,并将机翼参数选在无激波分离的区域内。

3. 上下翼面的升力分配

在亚声速时,三角机翼的前缘在大迎角时将产生分离旋涡。若采用弯扭前缘或前缘涡襟翼,分离涡在机翼上表面产生的高吸力在前倾的前缘表面上沿飞行方向的分力可以减阻,三角机翼的这种绕流特性决定了超声速时的波阻小。因此,希望上翼面升力在全机翼升力中占有较大的比例。

三角机翼上升力的分配受马赫数、迎角 α 和前缘后掠角 Λ_0 的影响。在亚声速时,约有 70% 的升力产生于上翼面,α 对此影响不大;随着马赫数增大,上翼面升力比例降低,α 的影响增加;当 $Ma=1.6$ 时,上翼面升力在 α 为 $10°$ 时占全机翼升力的 65%,而在 α 为 $20°$ 时只占 40%。上翼面升力逐渐向下翼面转移的原因是空气压缩性影响,下翼面法向力随马赫数的增大而增大,而上翼面法向力随马赫数的增大而减小。马赫数对上翼面的法向力系数 C_{NU} 有很大影响,当从 $Ma=1.5$ 到 $Ma=2.0$ 时,C_{NU} 下降约 50%,当马赫数和前缘后掠角 Λ_0 一定时,C_{NU} 随 α 的增大是非线性变化的,当 α 增大到一定值时,C_{NU} 达到最大值而不再继续增加。下翼面法向力系数 C_{NL} 也与 α 和 Λ_0 有关。如果要充分发挥前缘分离涡的减阻效果,上翼面产生的升力应尽量占较大比例,那么根据设计法向升力系数 C_{Nd},按照 $C_{NU} \geqslant C_{NL}$ 的条件,用迭代的方法求出满足条件的三角机翼的最大 Λ_0 和马赫数、最小 Λ_0 和马赫数,得出此设计边界后,再根据其他要求可确定超声速性能较好的三角机翼的参数。

4. 翼型最大厚度位置及后掠角 Λ 的选择

由非线性理论计算得到:当 $\beta\cot\Lambda < 0.65$ 时,最大厚度位置靠前、波阻较小;当 $\beta\cot\Lambda = 0.65 \sim 0.80$ 时,最大厚度位置对波阻影响不大;当 $\beta\cot\Lambda > 0.75$ 时,最大厚度位置靠后、波阻小。(其中 $\beta = \sqrt{|1-M_a^2|}$,Λ 为后掠角。)

三角机翼的升力线斜率 $\partial C_L / \partial \alpha$ 在 $\beta\cot\Lambda > 0.4$ 以后,尖头翼型的升力线斜率小于圆头翼型的,其中尖头翼型在 $\beta\cot\Lambda = 0.6$ 附近,圆头翼型在 $\beta\cot\Lambda = 0.8$ 附近,$\beta C_{L\alpha}$ 不随 $\beta\cot\Lambda$ 的变化而变化,即 $\beta C_{L\alpha} \sim \beta\cot\Lambda$ 曲线转平,且一直到超声速前缘以后。因此,三角机翼在 $\beta\cot\Lambda = 0.6 \sim 0.8$ 时可得到最高的升力线斜率。

翼型相对厚度增大、最大厚度位置前移和前缘半径加大均可减小诱导阻力。用线性或非线性理论计算不同的展弦比下 $\Delta C_D / (\beta C_L^2)$ 随 $\beta\cot\Lambda$ 的变化,在 $\beta\cot\Lambda = 0.6 \sim 0.7$ 时诱导阻力达到最小值。对于尖前缘翼型,诱导阻力与 $\partial C_L / \partial \alpha$ 成反比。综合上述因素,三角机翼采用亚声速前缘且 $\beta\cot\Lambda = 0.6 \sim 0.8$ 较为有利。

3.3.4 边条翼

边条翼为翼根边条和基本翼组成的混合平面形状机翼。翼根边条一般为位于基本翼前方、细长的、大后掠角的三角机翼,基本翼为中等后掠角和展弦比的后掠机翼或切尖的三角机翼(如图 3-7 所示)。边条的主要作用有两方面:一是边条前缘涡可产生升力;二是在低速大迎角时由边条前缘产生的强涡可控制基本翼的分离,并诱导产生附加的涡升力,从而提

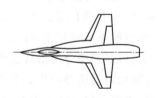

图 3-7 边条翼布局

高整个边条翼的大迎角气动特性。边条翼协调了低速和超声速的矛盾,目前是第三代战斗机常用的气动布局,如 F—16、F—18、苏—27、米格—29 等均采用边条翼布局。

1. 边条翼的流态分析

通过边条翼和基本翼模型的油流试验,从翼面上表面流谱来分析有无边条的流谱对比,以及边条对机翼流谱的影响,从而分析边条翼的气动特性。对于无边条情况:低速流态下,当迎角 $\alpha = 15°$ 时基本翼的前缘分离继续恶化,外翼被倒流(附面层内)控制,分离气泡几乎完全破裂,升力不再增长,而阻力急剧增大,出现使飞机低头的俯仰力矩。对于有边条情况:边条涡的控制区扩大到整个机翼的内侧,此时边条涡的强度最大,机翼上分离气流受控制的范围也最大,升力和升力线斜率继续增大。但是边条涡在机翼后缘已有破裂迹象,靠近翼尖的外翼出现局部分离。当迎角 $\alpha = 20°$ 时,由于迎角增加基本翼前缘分离区扩大,机翼大部分表面被倒流(附面层内)控制,整个机翼处于失速状态,俯仰力矩的低头趋势出现缓和。对于有边条情况,边条涡在机翼后缘出现明显破裂,外翼气流分离区明显,此时 C_L 达到最大值,由于机翼后缘升力的损失,出现明显的上仰力矩。

1)$Ma = 0.8$ 时的流态。当 $\alpha = 10°$ 时基本翼前缘分离而形成气泡;当 $\alpha = 13°$ 时前缘吸力丧失,出现低头力矩,机翼开始失速;当 $\alpha = 20°$ 时前缘完全分离,分离气泡破裂,大部分机翼表面被倒流(附面层内)控制,升力曲线变平。对于边条翼,边条涡与分离气泡合为一个范围扩大的旋涡,旋涡控制大部分机翼表面,只在翼尖区出现范围不大的气流分离。由于旋涡的诱导作用,机翼上出现涡升力,总的升力继续增大,俯仰力矩继续增大。

2)$Ma = 1.2$ 时的流态。当 $\alpha = 10°$ 时,在基本翼翼根波后诱导出小束流向涡,并在机翼后缘出现很小的附面层分离,但对升力影响不大;当 α 增大至 $20°$ 时,多束流向涡汇合成分离涡,机翼后缘和前缘出现明显的分离,升力下降,有边条的机翼流谱主要受超声速和激波影响;在 $\alpha = 10°$ 时,边条出现明显的旋涡,但局限在边条的展向范围;当 $\alpha = 20°$ 时,边条涡的影响仍局限在边条的展向范围,但边条以外机翼的分离较无边条时变得缓和,机翼前缘未出现分离,升力仍有少许增长。

3)$Ma = 2.04$ 时的流态。基本翼翼根波和翼尖波的后掠角大,机翼大部分受超声速流控制,前缘逆压梯度变小,使机翼的气流不容易分离,机翼的失速迎角和 $C_{L\max}$ 明显地增大。对于边条翼,在大迎角时虽然边条也产生旋涡,但涡的强度大为减弱,而且边条涡只局限在边条及其后面的局部机翼内,对机翼干扰大为减小。因此,在 $Ma > 1.2$ 以后,边条大迎角的增升作用基本丧失。

综合上述分析可知,边条在大迎角时的增升作用主要是边条涡可增大机翼的吸力,增加机翼附面层的能量,缓和机翼的气流分离。边条涡与机翼涡的相互干扰可增强涡系的强度,推迟涡的破裂,使大迎角时的升力增加。在超声速时边条的增升作用只限于边条本身的升力,几乎无增升作用。

2. 边条外形参数对气动性能的影响

边条的外形参数主要有:边条相对面积 $R_a = S_S/S_w$;边条长细比 $R_s = \left[l \middle/ \left(\dfrac{b}{2} \right) \right]_s$;边条相对半展长 $R_b = \left[\left(\dfrac{b}{2} \right)_S \middle/ \left(\dfrac{b}{2} \right)_w \right]_{exp}$;边条相对弦长 R_c,为机身侧面的边条弦长与边条加机翼弦

长之比, $R_c = l/(l+c_r)$。其中 S_S 为边条面积; l 为机身侧面的边条弦长。

边条外形对气动性能的影响:边条翼有两个最大升力:一个为当边条涡在机翼后缘破裂时的升力,与此对应的升力系数称为失速升力系数 $C_{L,st}$;另一个为边条涡的破裂位置前移到机翼前缘附近,此时机翼上的气流几乎全部分离,升力系数曲线开始转折,此时升力系数最大,为 C_{Lmax}。

边条对机翼的升力影响也可用边条效率系数 f 表示,即

$$f = \frac{(C_{L,tot})_{SWB}}{(C_{L,tot})_{WB}(1+R_b)} \tag{3-2}$$

式中, $(C_{L,tot})_{SWB}$ 为有边条的机翼/机身组合体的升力;

$(C_{L,tot})_{WB}$ 为无边条的机翼/机身组合体的升力。

当 $f > 1$ 时,边条和机翼将产生有利干扰,边条的增升作用大于其面积增大的影响。

边条宽度增加,增大 C_{Lmax} 及 C_{Lmax} 时的迎角,升力曲线在 C_{Lmax} 以后变化缓慢,因边条宽度加大使边条涡强度增大,边条涡破裂且向前发展缓慢。边条长度增大,在 $\alpha \geq 20°$ 后,对升力影响比宽度增大还明显,如图 3-8 所示。可见在相同边条面积的情况下,长细比大的边条产生的边条涡比长细比小的边条产生的边条涡大,因此增升效果明显。

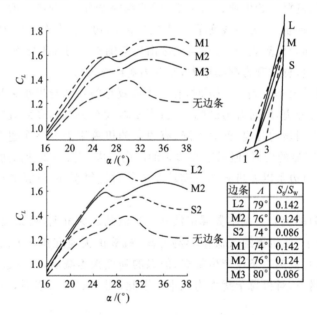

边条	Λ	S_s/S_w
L2	79°	0.142
M2	76°	0.124
S2	74°	0.086
M1	74°	0.142
M2	76°	0.124
M3	80°	0.086

图 3-8 边条长度和宽度对升力的影响
(低速,前缘襟翼偏度 $\delta_{LE} = 40°/20°$;后缘襟翼不偏)

图 3-9 表示边条面积对边条效率系数 f 的影响。由该图可知,当边条相对面积 R_a 增大时 f 增大,当 $f = 1.0$ 以后, f 随 α 的增大而增大;边条面积和边条宽度较大的,达到的 f_{max} 值也较大;在 α 大于 f_{max} 对应的迎角以后,边条的增升作用将维持一平坦段,然后随 α 的增大而下降, f_{max} 有时可达到 1.7 左右,即边条增升作用比其面积的作用提高 70%。对于大的 R_a 和 R_b 的边条,由于机翼的下洗较强,因此需要更大的 α 角才能达到 $f = 1.0$。当 $f < 1.0$ 时,边条对机翼的有利干扰还未产生,细长边条本身的升力效率比机翼的低,同时边条下洗也会降低机翼的升力。可见边条是大迎角时增加升力的有效措施。边条的长细比 R_s 对边条效率系数的

影响与边条相对面积 R_a 影响相似,若 R_s 较小则边条翼 f 明显下降。

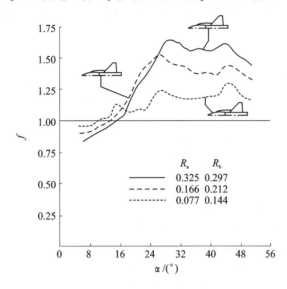

图 3 - 9　边条面积对 f 的影响($Ma=0.2$,$R_s=7$)

边条的形状对升力特性也有影响,尖拱形边条的后掠角从前到后逐渐增大,平均后掠角比三角形边条的大,因此边条涡的强度和稳定性增加,增升效果较好。

边条对控制机翼分离有明显的作用,因此可提高抖振开始升力系数 $C_{L,BO}$。边条翼抖振强度的增长比较缓慢,对提高飞机机动性有利。

边条翼在亚声速时因外露面积比基本翼的大,故使 C_{D_0} 增大。但在跨声速和超声速时零升阻力 C_{D_0} 减小,在跨声速时 C_{D_0} 减小的主要原因是边条改善了面积分布;在超声速时,边条增大了机翼的有效后掠角,并且在边条范围内机翼的相对厚度减小,故 C_{D_0} 减小较明显。一般零升阻力减小值 ΔC_{D_0} 为 0.001 5~0.003 5。

一般边条面积在飞机重心之前,因此边条使气动中心前移,前移量随边条面积的增大而增大,并且若边条外露半翼展相对值 R_b 大则气动中心前移量大,因为边条的增升效果是与边条后面的机翼面积和边条面积之和 S_{eff}(如图 3 - 8 所示)有关的。由实验得,气动中心移动量 ΔX_{ac} 的经验公式为:

$Ma=0.8$ 时,

$$\Delta X_{ac}=0.483\frac{l \cdot S_{eff}}{\bar{c} \cdot S_W}C_{La,S} \qquad (3-3)$$

$Ma=1.2$ 时,

$$\Delta X_{ac}=0.296\frac{l \cdot S_{eff}}{\bar{c} \cdot S_W}C_{La,S} \qquad (3-4)$$

式中,$\bar{c}$ 和 S_W 分别为基本翼的平均空气动力弦长和面积;

$C_{La,S}$ 为边条的升力系数斜率。

边条涡的破裂将引起俯仰力矩上仰,当机翼失速以后在重心前面的边条升力继续增大,机翼后部升力下降,产生抬头力矩。边条俯仰力矩影响的另一特点,是俯仰力矩系数 C_m 随 α 的变化曲线有一直线延长段,这对纵向稳定性有利。

对于有边条机翼、机身与垂尾组合体,在大迎角时,边条的旋涡破坏了机头与机翼的有利干扰,而且侧滑减小了边条的有效后掠角,使迎风面边条涡提前破裂,破裂涡的低能量紊流会降低垂尾的效率,当迎角增大到一定程度时,垂尾会产生破坏方向稳定性的作用。随着边条面积的增大,上述现象更为严重。

横向稳定性状态和方向稳定性相似,边条对横侧稳定性的不利影响主要是由旋涡在机翼两侧的不对称破裂产生,因此推迟旋涡破裂有利于横侧稳定性。尖拱形边条可推迟涡的破裂,因为尖拱形边条的后掠角从前到后逐渐增大,平均后掠角比三角形边条的大,涡的强度和稳定性增加。当有侧风时,背风面尖拱形边条的后掠角可能超过 90°。降低背风面边条涡的强度,使其提前破裂,使机翼两侧边条的涡破裂的先后迎角差值减小,从而降低边条对横侧稳定性的不利影响。

由于边条的有利作用大部分来自对机翼流场的干扰和控制机翼的分离,机翼平面形状与边条气动特性有密切关系。前面讨论的主要是中等后掠角机翼。对于大后掠角机翼,气流从前缘分离形成旋涡,旋涡强度随迎角的增大而增大,并且向外翼发展,从而控制和减轻机翼的分离作用。这种作用与边条对机翼流场的作用相似,故边条在后掠机翼上的增升作用被削弱。在大迎角时边条与大后掠角机翼形成一个很强的涡系,推迟了迎风面旋涡破裂的迎角,因而在中等迎角时方向稳定性高,$C_{n\beta}=0$ 的迎角大,在背风面旋涡开始破裂后 $C_{n\beta}$ 下降得更为迅速。与方向稳定性相似,对于大后掠角机翼来说,边条与机翼形成了一个很强的涡系,缩小迎风面和背风面旋涡破裂的迎角差。因此,在中等迎角范围内,横向稳定性不仅没有降低,甚至会提高。

边条独特的优点是以较小面积和质量使飞机大迎角气动特性得到明显改善。但当迎角达到一定值后,边条涡在机翼后缘破裂并向前发展,出现失速,升力急剧下降,俯仰力矩出现上仰。当有侧滑时,边条涡会对横侧稳定性产生不利影响,有时甚至很严重,即使对边条形状进行优化设计,也只是对边条涡的破裂推迟几度迎角,其效果有限。因此出现可控制的铰接边条,即边条与机身用铰链连接,可以根据需要按照一定规律控制边条的下反角,即控制边条涡的强度以及边条与机翼的干扰。当迎角超过涡破裂迎角时,两侧边条对称下偏,使边条投影面积和涡的强度减小,从而得到线性更好和无上仰的俯仰力矩特性。当在副翼和方向舵效率急剧下降或大迎角失效时,可以不对称偏转边条。边条与机身干扰产生可控制的偏航力矩,不对称的边条涡与两侧机翼产生不对称的干扰,使一侧的机翼升力减小,因而产生可控制的滚转力矩,为过失速机动提供了一种可能的有效措施。这种可操纵的铰接边条不但保留了常规边条的优点,而且利用对称和不对称下偏的方法控制了边条涡的破裂,扩大了常规边条的优点。当不需要边条涡升力时,可将边条下偏 90°以紧靠机身,从而减小阻力。

3.3.5 双后掠机翼

为了提高超声速性能,则要求减小波阻、提高升阻比。对于机翼平面形状来说,最有效的办法是加大后掠角和减小展弦比。但这种机翼的亚声速性能差,升力线斜率低,诱导阻力大,起落性能差。为了提高跨声速性能和起落性能,则要求机翼有较小的后掠角和较大的展弦比。双后掠机翼是解决这种矛盾的一种方法,选择适当的机翼参数可使其满足超声速和跨声速的性能要求。双后掠机翼的参数选择主要是大后掠角内翼和小后掠角外翼的匹配,其中包括选择内外翼的后掠角、内外翼面积的相对比例、展弦比的大小等。

双后掠机翼的外翼后掠角的选择非常重要,外翼后掠角决定了超声速和亚声速的性能匹配,为了改善跨声速机动性,外翼后掠角应较小,展长应较大。外翼后掠角影响低速俯仰力矩特性和跨声速大迎角横侧稳定性。大后掠内翼一般用前缘涡襟翼来减小阻力,小后掠外翼可用普通前缘襟翼来保持附着流以减小阻力。设计时应防止大后掠内翼分离涡引起的侧向流动产生外翼分离。当用较大外翼后掠角时,也可采用前缘涡襟翼来减阻。

总之,双后掠机翼参数的选择首先取决于飞机的设计要求和气动布局形式,并且特别注重外翼后掠角的影响。

3.3.6　变后掠机翼

为解决后掠机翼的高速与低速气动特性要求的矛盾,变后掠机翼是可行方案之一。20 世纪 60 年代以后的 F—14、米格—23、苏—19、和“狂风”战斗机,以及 B—1 和图—26 轰炸机均是较成功的变后掠飞机。

1. 变后掠机翼的气动特性

变后掠机翼指的是,飞机在飞行中左右机翼分别绕某个定点对称旋转从而改变后掠角的一种翼型。当后掠角变小时,机翼展弦比增大,机翼相对厚度增大;当后掠角变大时,机翼展弦比减小,机翼相对厚度减小。机翼后掠角、展弦比和相对厚度对机翼气动特性影响较大,而气动特性变化将影响飞机性能。

对于小后掠角,机翼相对厚度大,展弦比也大,故能获得很大的升力线斜率,此时机翼的增升效率也很高,使变后掠机翼飞机在起飞和着陆时获得较高的升力系数,从而降低了飞机起飞和着陆速度,缩短了滑跑距离,这点对舰载飞机特别重要。

对于大后掠角,机翼的相对厚度将近减小一半,飞机的升力线斜率几乎只需小后掠角时的一半,这将减弱大后掠角飞行时对突风的响应,对于超低空突防的战斗飞机是很突出的优点。

在亚声速范围内,因为后掠角变化对机翼的浸润面积影响很小,摩擦阻力基本相同,故零升阻力系数 C_{D_0} 对于各种后掠角无甚差别。但后掠角的增大使波阻大大减小,因此在跨声速以后,零升阻力系数随后掠角增大而明显降低,使变后掠机翼具有较好的高速性能,如图 3-10 所示。

若采用小后掠角,由于展弦比大,变后掠机翼的诱导阻力因子 A_i 值较小,对亚声速巡航十分有利,可获得较大航程和作战半径。而若采用大后掠角,诱导阻力因子可能增大一倍,但此时升力很小,诱导阻力系数 C_{Di} 的作

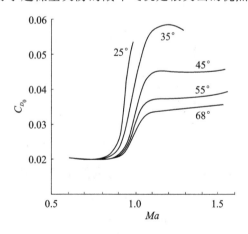

图 3-10　变后掠机翼的零升阻力系数

用就不明显,波阻在零升阻力中起主要作用。从阻力特性来看,变后掠机翼飞机在不同飞行速度下采用不同后掠角均可得到最低的阻力。

变后掠机翼飞机具有优越的气动特性,但后掠机翼的传力结构和变后掠操纵机构均会增加结构质量,而使性能有所损失。当然这个损失可由优越的气动特性来补偿。

2. 变后掠机翼转轴位置的选择

由亚声速到超声速变化时,气动力分布的变化使气动中心后移,纵向静稳定度增加。而变后掠机翼相应由小后掠角变至大后掠角,使气动中心进一步后移,引起飞机的纵向静稳定性剧烈变化。通过实验研究得到,适当地选择转轴位置可减小纵向静稳定度的变化。转轴沿展向移动对气动中心的位置变化影响大,越靠近翼尖则影响越小;而沿弦向移动对气动中心的位置变化影响小。转轴位置从 25%半翼展移至 35%,气动中心位置改变量由平均气动力弦长的 0.3 减至 0.15。但转轴位置若太靠外,则可变后掠机翼部分面积就小,变后掠的效果就差,因此一般展向取在 0.3 半翼展处,弦向取在机翼最大厚度位置,这样可充分利用结构高度。F—14 转轴位置取在 0.3 的机翼展处,当后掠角从 20°变到 50°时,气动中心移动量为 16%平均气动力弦长。

转轴位置确定后即确定了变后掠部分机翼面积,若要得到较好的变后掠效应,应适当选择后掠角变化范围。对于小后掠角机翼,后掠角变化对机翼的展弦比和相对厚度的变化影响较小,如变后掠角是从 20°开始还是从 25°开始,带来的性能损失变化不大,而气动中心移动量减小较多。总之,转轴位置和变后掠角范围的选择,需要综合考虑飞机性能、操纵稳定性和结构布置等要求。

3. 变后掠规律

为了充分发挥变后掠机翼的优越性,需要确定各种飞行状态下的最佳后掠角数值,从而用适当的自动变后掠规律来实现,或者指导飞行员如何选择合适的机翼后掠角。

机翼后掠角的操纵系统分手动操纵与自动操纵,操纵时又分有级操纵与无级操纵。为了简化飞行员操纵,常采用有级操纵,一般分三级:飞机起飞、着陆采用小后掠角;超声速飞行、高速飞行和超低空飞行采用大后掠角;高亚声速和跨声速飞行采用中等后掠角。手动操纵变后掠速率较低,大约 3°/s。自动无级操纵可以使机翼后掠角随飞行马赫数和飞行高度的变化而变化,飞机可始终处于最佳后掠角状态,自动操纵变后掠速率较高,约 7.5°/s,以便后掠角的变化能跟上飞行状态的变化。F—14 飞机采用自动无级操纵:当 $Ma \leqslant 0.4$ 时,均保持最小后掠角为 30°;当 $Ma \geqslant 0.97$ 时,则保持最大后掠角为 68°;在 20°到 68°之间的后掠角按给定规律,后掠角随马赫数和高度的变化而变化,其变化规律简化为几条直线。当飞机处于轰炸状态时,由于带炸弹时飞机质量大,机翼载荷大,不易作变后掠动作,此时采用 55°后掠角时加速性好、持续过载能力强,故后掠角保持在 55°位置。变后掠是由两个互相独立的液压螺旋作动器驱动,当一个液压系统失灵时,另一系统可以减慢一半的速度改变机翼后掠角。

4. 变后掠过程中飞机的动态响应

在飞机改变后掠角的过程中,飞机的气动外形和质量分布特性均在改变,这必然会引起飞机的动态响应。由于气动外形改变与飞机响应的姿态改变同时进行,因而是非定常气动力问题。有关研究表明,若后掠角改变速率在 3°/s~20°/s 的范围内,工程上可采用准定常气动力来分析动态特性。而飞机质量分布的不断改变会致使飞机的静矩和惯性矩有较大改变。

初始处于平衡状态的飞机,因后掠角改变而要求新的平衡迎角和平衡舵偏角,变后掠过程所需时间较短,速度变化很小。在一定速度下,飞机的平衡迎角和平衡舵偏角随后掠角改变形成一组"变后掠平衡曲线"。由这组图线可以初步判定变后掠角时飞机动态响应的变动方向和强烈程度。在飞机设计过程中,可以通过适当的参数选择,使"变后掠平衡曲线"保持平缓变化,以得到较好的变后掠过程中的动态响应品质。

3.3.7　前掠机翼

当气流经过机翼上表面加速时,局部会达到超声速,产生激波和激波诱导的附面层分离,阻力急剧增大,即所谓阻力发散现象,它阻碍飞机速度进一步提高。最早采用前掠机翼推迟激波发生,但前掠机翼的翼尖位于机翼根部之前,在气动载荷作用下,翼尖相对翼根产生的扭转变形使翼尖的局部迎角增大,迎角增大又引起气动载荷的进一步增加。这种恶性循环会使机翼结构发生气动弹性发散而遭受破坏。直到复合材料机翼结构的出现,这一问题才得以解决。采用复合材料结构的可设计性,能够控制复合材料机翼的刚度和扭转变形,从而解决前掠翼的气动弹性发散问题。前掠翼的气动特点和优缺点如下。

1. 失速从翼根开始

机翼前掠使气流有一个平行于前缘但指向翼根的分量,气流在翼面上向机翼内侧偏转,附面层向翼根方向增厚,使气流首先在翼根处发生分离。因此,副翼可以安置在外端,副翼效率可保持到更大的迎角。

2. 阻力特性

跨声速时前掠机翼的阻力较小,主要从两方面比较:一方面,若保持前掠机翼和后掠机翼的前缘斜掠角相同,则前掠机翼激波线的斜掠角要比后掠机翼的大,因此波阻小;另一方面,若保持机翼面积、展弦比、尖削比和激波线斜角相同,则前掠机翼的前缘前掠角比后掠机翼的前缘后掠角小,如果两机翼均按相同的跨声速状态设计,此时前掠机翼的升致阻力和诱导阻力比后掠机翼小。

超声速时由于前掠机翼的前缘前掠角的增大会受后缘前掠角及襟翼布置等限制,随马赫数的增大而增大,后掠机翼可采用较大后掠角,故在超声速时,尤其大马赫数时,相比后掠机翼来说前掠机翼的波阻大。因此,前掠机翼的超声速巡航能力和加速性均较后掠机翼的差。

前掠机翼要得到与后掠机翼相同的升力系数需要加大迎角,因此在升力系数 $C_L > 0.5$ 以后前掠翼的阻力比较大。

3. 升力特性

前掠机翼的失速特性较好,具有良好的抗尾旋性能。如比较两个完全相同的机翼,一个为前掠机翼,另一个反装后为后掠机翼,两者均采用双弧形翼型。后掠机翼由于后掠角大,尖头翼型的大迎角分离涡产生的涡升力使 C_{Lmax} 增大,在 $\alpha > 30°$ 以后旋涡破裂,升力急剧下降;前掠机翼的升力在失速后一直保持缓慢增长,并且在 $\alpha > 40°$ 以后,升力比后掠机翼还稍大,故失速特性好。因此,前掠机翼可采用较低的着陆速度,起落性能较好。

4. 纵向气动特性

在失速以前,前掠机翼俯仰力矩曲线的线性较好,无明显上仰趋势(失速后的后掠机翼会产生"上仰"现象),由于前掠机翼失速特性好,故其纵向静稳定性较好。

5. 横侧气动特性

通过基本翼分析可知,前掠机翼与机身组合体的方向稳定性比后掠机翼与机身组合体的要高,但这种优势在全机(有垂尾)的方向稳定性上并未显示出来,在横向稳定性方面前掠机翼要比后掠翼差一些。

对于鸭式布局的前掠机翼,当小迎角时方向稳定性与鸭式布局的后掠机翼的 $C_{n\beta}$ 基本相同;当迎角增大时,前掠翼的 $C_{n\beta}$ 下降;当 $\alpha=24°$ 时方向稳定性丧失。对于后掠机翼在 $\alpha>20°$ 以后,$C_{n\beta}$ 下降得更快,$\alpha=28°$ 时方向稳定性丧失,到 $\alpha>30°$ 时后掠机翼方向不稳定性更严重。这种差别基本上是鸭面、机翼、机身之间相互干扰的结果。

3.4 机翼前视形状参数

总体设计中已给定机翼上反角 Γ 和机翼安装角 ψ,在本节中不再介绍,本节主要介绍机翼修形。

3.4.1 翼根修形

机身对机翼的干扰使机翼的压力分布发生变化,机身带来的影响提高了机翼上表面的吸力峰值,增大了前激波强度,使翼根前缘分离更易发生。机翼下表面翼弦中部的吸力有所下降,机翼后部上下表面的逆压梯度很大。特别是在机翼与机身交界处,机身附面层与机翼附面层相互堆积,机翼附面层加厚则气流更易分离。故一般机翼根部均采用整流,整流从前缘开始一直延伸到后缘,并且后缘整流延长较多。对于现代运输机,一般前部整流向前延伸的长度为翼根弦长的13%,后部整流延长长度约为翼根弦长的30%。

翼根整流的目的是消除(小迎角时)或减轻(大迎角)气流分离和旋涡的产生,使不同气流的汇合尽可能和缓,避免不同附面层的相互干扰和增厚作用。翼根整流对机翼大部分表面(70%~80%)的压力分布都有影响。对于超临界机翼的运输机,必须考虑整流对机翼压力分布的影响,保持超临界机翼的特点。A310采用前缘大整流,完全消除前缘分离可使巡航阻力降低1.5%。A300和A310均为下单翼,故主要是上翼面整流,下翼面基本没整流。

现代超声速战斗机的翼型相对厚度很小,机身附面层不从翼根的前缘分离,前缘可以不整流或加以很小的过渡整流,但机翼表面与机身相交为锐角处应整流。机翼的后部外形收缩快,或机身外形为收缩段,则应加以整流。

翼根修形时,加长翼根剖面弦长、增大内翼前缘后掠角和减小后缘后掠角,均可使根部剖面的绝对厚度增大,从而改善结构承力特性,降低了结构质量。

3.4.2 翼梢修形

当翼梢平面形状为梯形时,为减小阻力往往采用几何扭转,但此时扭转角较大,结构不易实现。为了保持翼梢区的等压线谱,不致因出现翼梢激波而导致气动性能下降,改善翼梢气动性能,故对翼梢进行修形。

翼梢减阻装置

对于亚声速的大型运输机,在巡航和低速飞行时,飞机的诱导阻力占总阻力的40%,减小诱导阻力可增加航程或降低运行成本。如图—204飞机的翼梢小翼可使阻力减小5%。波音747—400、DC—10、MD—11、伊尔96—300、A330和A340等飞机均装有翼梢减阻装置。目前采用的减阻装置有翼梢小翼、翼梢涡扩散器和翼梢帆片等。此处主要介绍翼梢小翼。

翼梢小翼的主要作用是减小诱导阻力。机翼的诱导阻力是机翼尾涡和翼尖涡对翼面的下洗所造成的。大展弦比的机翼有很强的翼尖涡,翼尖涡会将机翼的尾涡卷入,形成很强的集中涡从而产生很大的诱导阻力。翼梢小翼首先起着端板作用,增大机翼的有效展弦比,从而减小诱导阻力。同时翼梢小翼在产生升力的同时也产生很强的尾涡,它与翼尖尾涡相距很近。两股涡在交界处的诱导速度方向正好相反,使翼尖涡破裂,削弱翼尖的下洗流场,使诱导阻力减小。

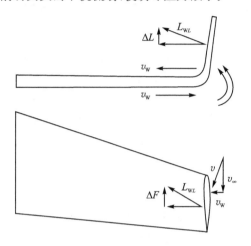

翼尖的上表面有向内的洗流 v_w,下表面有向外的洗流 v_w 与自由流速度 v_∞(如图 3 - 11 所示)。翼梢小翼在 v 作用下产生升力 L_{WL},L_{WL} 在来流方向的分量 ΔF 即为推力。小翼有一定的倾斜角,则小翼的升力在机翼升力方向的分量即为翼梢小翼提供的升力 ΔL,因此翼梢小翼可增加机翼的升力和提供推力,但也会产生附加弯矩。

翼梢小翼设计应考虑下列气动特性要求:

① 翼梢小翼应具有高的升阻比,即气动效率高;

② 翼梢小翼应具有良好的失速特性,它必须在机翼失速之后方能失速,否则小翼失速可能诱发机翼失速。

图 3 - 11　翼梢小翼的气动效应

翼梢小翼应与机翼具有相近的超临界特性,故要求翼梢小翼的后掠角等于或大于机翼的后掠角。翼梢小翼的翼型应能避免在超临界气流条件下出现强激波,其翼型的气流分离特性要优于机翼翼型的。翼型的相对厚度应比机翼的小,一般取相对厚度为 7％～8％ 的超临界翼型,既有较好的低速高升力特性,又具有超临界的激波特性。翼梢小翼应有较大的尖削比,以具有最大的气动力效率。

翼梢小翼与机翼的相对位置参数对小翼性能影响重大。例如翼梢小翼的安装角(即翼梢小翼根弦方向与机翼翼弦方向之间的夹角),合理的安装角能产生合理的向前推力分量和减阻效果,并且在翼梢小翼与机翼交界处不会引起激波诱导分离和抖振。为了使自身得到合理的展向载荷分布,翼梢小翼应适当弯曲和扭转,并且其安装应有倾斜角(即翼梢小翼的弦平面和地平面的垂直面之间的夹角)。为了使翼梢小翼可以有效地减小诱导阻力,并使翼尖与小翼根部交界处在超临界状态的流动干扰较小,翼梢小翼应外倾,但外倾角不能过大,否则会造成机翼根部弯矩增大,结构质量增加。

翼梢小翼在机翼翼尖的弦向位置。上翼梢小翼的前缘不要超过翼尖剖面最高点太多,否则小翼内侧表面上气流加速的区域与机翼上表面前部的高速区重叠,会形成超临界状态的不利干扰;若前缘太靠后,则结构安排上有困难。下翼梢小翼则位于翼尖的前下方,在机翼高升力系数情况下,下翼梢小翼可使上翼梢小翼内侧翼面的前区域的最大诱导速度下降。下翼梢小翼的外倾角比上翼梢小翼的外倾角(10°～20°)大一些,这样对上翼梢小翼的流动会产生有利影响。在机翼和翼梢小翼内表面之间的内拐角处应有足够大的曲率半径,以防止在后缘附近表面流速过高和出现流动分离。

关于翼梢小翼的高度,上翼梢小翼一般取 10％ 半翼展,而下翼梢小翼要考虑与地面间隙,一般比最佳高度小一些。翼梢小翼的形状和位置参数最后由翼梢小翼参数优化设计和风洞实验来确定。

3.5 机翼参数初步选择和大迎角气动特性

3.5.1 机翼参数初步选择

机翼几何参数的选择是在给定战术要求或技术经济要求的条件下,在飞机所有参数综合优化过程中,在考虑气动性能、质量及容积等要求的基础上,经过反复迭代确定。在初步设计阶段,首先要初步选择机翼的几何参数,然后根据机翼气动特性估算、机翼质量估算、结构强度和刚度,以及飞机性能估算来实现机翼设计优化,最后经综合优化设计方法来确机翼参数。

例如,选择亚声速飞机的机翼形状时,若按巡航速度确定,其决定性条件是马赫数,即接近于 $C_L = 0$ 时机翼的临界马赫数,即 Ma'_{cr}。

$$Ma'_{cr} = \frac{1}{\cos \Lambda_t} \left[1 + \frac{(\kappa+1)^{\frac{4}{3}} (\bar{t}_{cp})^{\frac{4}{3}}}{2\cos^{\frac{2}{3}} \Lambda_t} - \frac{(\kappa+1)^{\frac{2}{3}} (\bar{t}_{cp})^{\frac{2}{3}}}{\cos^{\frac{2}{3}} \Lambda_t} \right] \tag{3-5}$$

式中,Λ_t 为机翼最大厚度线后掠角;

κ 为空气绝热指数 $\kappa = 1.4$;

$\bar{t}_{cp}$ 为机翼的平均相对厚度,$\bar{t}_{cp}$ 由下式确定。

$$\bar{t}_{cp} = S_{w,x} / S_w \tag{3-6}$$

式中,$S_{w,x}$ 为机翼正面面积(即垂直 x 轴的最大截面积);

S_w 为机翼面积。

Ma'_{cr} 取决于机翼平均相对厚度 $\bar{t}_{cp}$ 和机翼后掠角 Λ。因为 $\bar{t}_{cp}$ 值受气动、强度、刚度和内部空间要求等因素限制,只能在有限的范围内变化,故在选择机翼平面形状时,确定后掠角就有其重要意义。

近似地可认为

$$Ma_{cr,\Lambda>0} = Ma_{cr,\Lambda=0} / \cos \Lambda \tag{3-7}$$

首先要确定 $\Lambda = 0°$(直机翼)时临界马赫数 $M_{cr,\Lambda=0}$,再根据巡航速度、航程和起落性能确定后掠角。在第一次近似中,可以认为 $M_{cr,\Lambda=0}$ 和机翼翼型有关,例如超临界型可取 $M_{cr,\Lambda=0} \geqslant 0.75$。翼型选择可参见 3.2.1 节。

在选择后掠角 Λ 时应考虑到 $C_{L\max,\Lambda>0} \approx C_{L\max,\Lambda=0} \cdot \cos \Lambda$,随着 Λ 角的增大,$C_{L\max,\Lambda>0}$ 值减小,升阻比也减小。在确定后掠角 Λ 时还应考虑展弦比 A 和尖削比 λ(可参见 3.3.2 节)。

在确定机翼平面参数时应考虑机翼质量与机翼几何参数的关系。后掠机翼质量与机翼几何参数的关系为:

$$m_w = B_1 \frac{A^{\frac{3}{2}}}{\cos^2 \Lambda} \cdot \frac{k_\lambda}{\bar{t}_0} + B_2 \frac{A^{\frac{1}{2}}}{\cos \Lambda} + B_3 \frac{\cos \Lambda}{A^{\frac{1}{2}}} + B_4 \tag{3-8}$$

式中,k_λ 为考虑机翼尖削比影响的系数,$k_\lambda = 45.5\left(1+\frac{1}{\lambda}\right) - (\lambda+1)$;

$\bar{t}_0$ 为机翼翼根的相对厚度;

B_1、B_2、B_3、B_4 分别为机翼平面几何参数 A、Λ、λ 和 $\bar{t}_0$ 无关的系数,主要取决于飞机性能、过载、机翼上的装载、结构形式和材料等,可根据相应的机翼质量估算公式确定。

从式(3-8)可得出如下结论：增大展弦比 A 和后掠角 Λ，可使 m_w 增大，对机翼质量影响最大，对于大展弦比和大后掠角尤其如此。增大尖削比 λ 和根肋相对厚度 $\bar{t}_0$ 会使 m_w 减小。

当机翼根部有前、后整流罩或前、后缘边条时，若边条相对面积 $\bar{S}_S = (S_S/S_W) < 0.15$，计算机翼面积和平均气动力弦等可不考虑边条面积；若 $\bar{S}_S \geqslant 0.15$，应考虑边条翼，并按复合机翼来计算机翼面积、平均气动力弦等参数。尤其对于超声速飞机，边条翼对气动特性影响较大（参见 3.3.4 小节），故在机翼平面参数初步选择时应考虑边条翼。

在进行机翼参数初步选择时，气动性能的估算一般有两种方式，一是按近似公式进行估算，二是应用综合优化计算软件进行估算。

3.5.2　大迎角气动特性

从下一代战斗机空战区域来分析，要求战斗机的作战效能提高到一个新的水平，主要空战区域向超声速和低速两个方向扩展：一是超声速巡航；二是过失速机动，即在超过失速迎角的范围内进行机动作战。过失速机动是一种非常规机动动作，当飞机在实际迎角超过失速迎角、飞行速度很小的状态下，飞机可在很短时间和很小空间内进行一般机动飞行所达不到的方向和速度的大幅度改变，或者姿态的突然变化。大迎角飞行时空气动力系有下列特点。

1. 气流分离

大迎角空气动力学的特点和飞行品质问题都与气流分离有关。下面我们主要介绍三维流态分析气流分离。

对于大展弦的机翼，除翼根和翼尖区有三维效应外，机翼上大部分均可视为二维流动。对于后掠角大而展弦比小的机翼，机翼上大部分区域属于三维流动。现分两种情况分析。

(1) 中等后掠和中等展弦比的后掠机翼

后掠机翼上气流分离以旋涡的形式从外侧前缘开始的，随着迎角的增大，旋涡形成稳定的涡卷，涡卷逐渐向内侧移动且大小和强度不断增大。当迎角超过一定限度，旋涡开始破裂，破裂点随迎角的增大而前移；当破裂点移到后缘并进入机翼表面时，机翼开始失速，并发生抖振。一般来说，若机翼的后掠角大、翼型薄和头部尖，则旋涡形成早，强度大，但较为稳定而不易破裂。

(2) 大后掠的三角机翼

随着迎角的增大，气流首先从机翼侧缘卷起并形成旋涡，当迎角增加到 $\alpha = 20° \sim 25°$ 时，由于反压梯度足够强而产生二次分离并形成次涡，两个涡具有粘性涡核，涡核周围则基本上是无粘性的旋涡流动（如图 3-12 所示）。在大迎角（$\alpha = 35° \sim 40°$）亚声速流动时，会发生对称涡流态结构变成非对称涡流态结构的现象。在超声速时也存在此现象，但发生时的迎角较小（$\alpha = 17°$），由对称涡变成非对称结构后，若迎角再增大又会变为反方向的非对称涡，并且这种方向的改变不能预测。由于涡卷气流的高速旋转在机翼表面产生吸力，在主、次涡之下

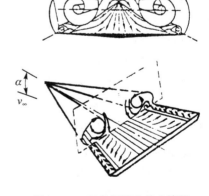

图 3-12　三角机翼上的分离涡

的机翼表面上形成两个吸力峰,增大了升力,产生升力曲线弯曲,此非线性升力与线性升力相比产生的附加升力为涡升力。

在迎角相当大时,绕流的前缘分离涡将在机翼上某一位置破裂。这种破裂可以是两边对称的或两边不对称的。若翼面两边非对称涡破裂则旋涡产生的有效升力不同,因而对滚动稳定性影响较大。涡破裂点的位置随迎角的增大而向前移动直到机翼的顶点,这时整个绕流变成不规则的非定常的混合层流动,造成大规模分离的湍流尾迹式流动,升力和侧力都随迎角的增大而减小,呈现非定常特性。

2. 大迎角气动特性

机翼旋涡和机头旋涡的不对称性以及背风面的机头旋涡和机翼旋涡的强烈干扰等现象对飞机的动态特性有重要影响,主要表现在以下几方面。

(1) 非线性和非定常特性

大迎角气动力的一个重要特点是动导数的非线性,非线性在各种动导数中普遍存在。假如飞机的振荡发生在非线性的迎角区域内,那么飞机的动态品质将显著恶化,用线性的动导数进行飞机大迎角飞行特性分析将会带来很大的误差或得出错误的结论。动导数非线性影响与飞机大迎角静稳定性导数和阻尼导数有关,若后者小则动导数非线性的影响就大。

另外要考虑非定常效应,在大迎角流态分析中应引入时间变量,即各种气动力对 $\dot{\alpha}$ 和 β 的导数,机翼、机身等部件产生的旋涡的强度、位置和轨迹等不仅是迎角的函数,也是时间的函数。在大迎角时,$\dot{\alpha}$ 和 β 的影响可能很大,不能忽略,尤其是对直接升力和直接侧力控制的飞机来说是比较重要的。由于流场调整所需时间滞后,气动力与飞机机动运动不同步,这种时间的滞后使分离涡位置、轨迹、产生的气动力和力矩、涡破裂点的位置随迎角的变化而形成迟滞现象。当 α 增大时,升力系数 C_L 与定态情况相比要增大,这是由于旋涡破裂点向前缘移动被延迟的结果;当 α 减小时则相反。旋涡的破裂点也随 α 的变化而出现迟滞现象。气动力滞后对飞机的动态特性有相当大的影响。在出现气动力迟滞后,飞机的动态特性不但与振荡的振幅和频率有关,还与迎角与侧滑角变化的方向有关。

当迎角更大时,定常流动中会发生非定常分离或非定常涡破裂,使正常涡结构流态转变成了湍流尾迹的分离流态。

(2) 气动力交叉耦合

气动力交叉耦合现象是由流场非对称性引起的。这种非对称性不但在有侧滑时会发生,而且在大迎角无侧滑时也会发生。飞机的纵向运动,如俯仰运动或垂直位移,可能引起横侧气动力和力矩。飞机的横侧运动也可能引起纵向气动力和力矩。这种诱导的运动可能与原始运动同相,也可能发生相位差。在分析飞机大迎角飞行运动时,必须引入气动力交叉耦合导数,否则会使分析结果产生误差或错误。因为在大迎角时,这些交叉耦合导数的大小与常规的阻尼导数可能是同一量级或者更大。

3. 大迎角飞行品质的恶化

大迎角时,飞机上易出现各种气流分离和对称或不对称的旋涡,流动非常复杂。这种复杂的气流会对飞机的稳定性和操纵性产生很不利的影响。使大迎角的飞行品质严重恶化,其主要特点是横侧稳定性迅速下降,甚至失稳。例如,由于左右机翼上旋涡的不对称破裂,在某个迎角范围内横向稳定迅速降低甚至失稳。又如,当 $\alpha = 30°$ 时左右方向舵效率接近于零,副翼效率也降低到失去控制。下面对大迎角飞行品质恶化的某些现象作简要阐述。

(1) 上 仰

上仰是一种俯仰发散运动。上仰主要是由后掠翼翼尖失速或平尾上下位置不当引起的。迎角增加时后掠翼翼尖先失速致使气动中心前移,形成很大的抬头力矩而产生上仰,同时机翼的尾流掠过平尾会降低平尾效率,当两种情况均存在时会使上仰更为严重。另外,在大迎角机动飞行有侧滑时,侧滑会引起抬头力矩增大,在大侧滑角和大迎角时将产生很大的抬头力矩,因此对于战斗机在有侧滑时平尾要能提供足够大的低头力矩,以控制这种纵横气动耦合产生的上仰。

(2) 深失速

在大迎角时纵向力矩曲线会发生不良的转折。当飞机在大迎角时达到某一配平点(α 约为 45°),平尾操纵效率很低,即使平尾负偏到头(全偏平尾)也不能脱离此配平状态,这就是深失速。影响改出深失速的因素有俯仰力矩走向、重心位置、纵向稳定性、平尾效率、俯仰阻尼和惯性矩等。

(3) 抖 振

抖振是一种随机现象。它是一个动力学的问题,即大面积分离气流内的压力脉动引起的结构的振动。随着迎角或马赫数等的增大,分离气流引起的振荡和弹性机体的相互作用发展到一定程度,特别是伴随着飞行品质的恶化(如机翼摇晃),抖振成为机动飞行的一种限制因素。因此,降低抖振强度提高抖振的边界是提高战斗机机动性的一个重要措施。抖振是由气流分离引起的(包含激波引起的分离),因此改善气流的分离或降低激波强度的措施均可推迟和减轻抖振。

(4) 机翼摇晃

在跨声速时,机翼摇晃通常是纯滚转或滚转与偏航综合的运动,是随机性的和非周期性的。在亚声速时,机翼摇晃通常表现为大振幅的周期性滚转或带有偏航的运动,它可能是一种极限环振荡形式,也是飞机一种失速警告。

某些飞机在迎角增大时,首先发生抖振,在抖振发展到一定程度后出现机翼摇晃。在亚声速时产生机翼摇晃的气动力因素主要为滚转阻尼下降,但气动力的非线性、气动力滞后和激波引导的分离,以及细长的前机身和机身的截面形状都可能产生引起机翼摇晃的滚转力矩。

(5) 失控和尾旋

在大迎角时由于复杂的分离气流和对称或不对称旋涡,现代战斗机的稳定性和操纵性均迅速降低,故很容易发生失控,它是一种非指令性的失去控制的状态,也是限制大迎角机动的主要因素,如不及时控制,飞机将很快进入尾旋。

失控限制飞机升力潜力的发挥,也是产生尾旋的先兆。发生失控主要是由于在失控前发生横侧失稳和失控。现在的战斗机在气动布局时均利用旋涡空气动力来提高气动特性,但旋涡在大迎角时的不对称和不对称破裂往往对横侧稳定性带来不利影响。因此,在飞机设计时,如要保证飞机具有良好的大迎角气动特性,就应保证其具有良好的防失控和防尾旋特性。即要求在大迎角时飞机具有方向稳定性和足够的方向操纵性,就是说飞机应具有较大的横向稳定性和足够的滚转操纵效率,并且在达到失速迎角前不要产生不利的偏航力矩。总之,飞机具有良好的抗失控/抗尾旋性能的最基本条件是,在所有迎角范围内具有足够的稳定性和操纵功率。

3.6 机翼结构形式和结构布置

大量实践证明,结构设计是否合理,质量是否轻,很大程度上取决于结构布局设计是否合理。一旦布局确定,质量水平就基本确定下来。通过结构元件的尺寸优化,只能在小范围内减轻质量。机翼结构布局设计在飞机结构总体布局完成后进行,但在飞机总体设计时就要予以考虑,最终在机翼结构初步设计阶段确定下来。

机翼结构布局包括以下工作内容:结构形式选择;结构传力路线的确定及主要传力结构的布置和结构强度、刚度估算;工艺分离面的确定及主要接合面形式的确定;主要维护方式及口盖布局等。本节主要介绍不同的机翼受力形式的结构和传力特点,以及主要受力构件的布置。

3.6.1 机翼受力形式选择的基本原则

机翼结构的典型受力形式有梁式、单块式、多墙式等蒙皮骨架式,以及整体壁板结构和夹层结构(包括夹层板结构和夹层盒结构)。机翼结构形式的选择与多方面因素有关,必须结合飞机的具体情况综合分析,以便选出满足设计要求和结构质量最轻的一种。

机翼结构形式选择的基本原则如下所述。

1. 材料选择和分布

目前,机翼结构主要采用铝合金和高强度钢等金属材料,但先进复合材料的应用,对结构轻质化、整体化和高性能化都起着至关重要的作用。在结构设计时应考虑材料的选择。复合材结构设计有其特殊要求,本书在第 6 章中专门介绍复合材料结构设计,这里以介绍金属机翼结构为主。

机翼结构中材料主要用于三种结构,机翼的维形结构(如蒙皮、翼肋)、承力结构(如承力梁、加强肋、加筋板、整体壁板)、机翼中各种悬挂接头等其他元件。翼面的承力结构是主要结构,而机翼的受力特点要求受力结构布置合理,充分发挥材料的作用,因此结构形式选择是关键。

梁式、单块式和多墙式结构在承受剪力和扭矩时无大差异,但在承受和传递弯矩时则完全不同:梁式结构主要由梁缘条承受弯矩引起的轴力,受正应力面积集中;单块式结构主要由壁板承受和传递弯矩,承受正应力的面积沿翼剖面周边分散分布;多墙式结构主要由上下厚蒙皮承受和传递弯矩,材料沿翼剖面分散性比单块式更大。因此,对于翼型较薄而受弯矩较大的机翼,采用单块式或多墙式结构较多。单块-梁式混合结构材料分布,可根据壁板和梁缘条承受载荷分配比,确定集中和分散面积的多少。

2. 翼型厚度和刚度

梁式结构蒙皮薄,在翼盒闭室面积相同情况下,扭转刚度小,一般较多地用于机翼相对厚度较大的低速飞机。单块式结构蒙皮较厚,扭转刚度也较好,对提高颤振临界速度很有利,一般用于小、中、大展弦比,速度较高的飞机。多墙式结构蒙皮很厚,并以多个腹板形成的翼盒多闭室受扭,提高了扭转刚度,刚度最好,一般用于中、小展弦比,机翼相对厚度小的高速飞机。

3. 提高结构效率

提高结构承载能力(结构效率),才能减轻结构质量。根据结构承载情况,选择最适宜的结构形式,才能实现结构效率最高。从提高结构效率角度,可根据机翼相对载荷 $\dfrac{M}{HB}$ 和有效高度比 $\bar{H}_{\text{eff}}$ 这两个参数作粗略的定量分析来选择机翼结构形式。

在相对载荷 $\dfrac{M}{HB}$ 中,M 为翼剖面所受的弯矩,B 为受力翼盒宽度,$\bar{H}$ 为翼盒的平均高度。

在进行近似分析时取 B 为 $60\%b$,$\bar{H}=80\%H$,其中 b 为翼剖面弦长、H 为剖面最大高度。相对载荷 $\dfrac{M}{HB}$ 代表壁板以宽柱形式受力时单位宽度壁板上所受的轴向力。

有效高度比定义为

$$\bar{H}_{\text{eff}}=\frac{H_{\text{eff}}}{H} \tag{3-9}$$

式中,H_{eff} 为有效高度,即上、下缘条形心间距。

对于梯形比在 $1\sim4$ 之间的平直翼和后掠翼,一般来说:当 $\dfrac{M}{HB}$ 较大、$\bar{H}_{\text{eff}}$ 较小时,宜采用多墙式和夹层盒结构,可能获得较高的结构效率;当 $\dfrac{M}{HB}$ 较大、$\bar{H}_{\text{eff}}$ 也较大时,宜采用单块式和整体壁板结构,可能获得较高的结构效率;当 $\dfrac{M}{HB}$ 较小、$\bar{H}_{\text{eff}}$ 较大时,宜采用梁式和夹层板结构,可能获得较高的结构效率。

4. 提高受拉或受压破坏的平均应力

静强度要求是结构设计最基本的要求,一般其他设计要求都是在满足结构静强度要求前提下进一步去满足的要求。减轻结构质量的一个主要方面是提高结构的承载能力,即提高结构效率。上翼面主要受压,下翼面主要受拉。受拉结构的设计许用值取决于材料的受拉强度极限,受压结构的设计许用值则取决于结构的受压破坏平均应力 $\bar{\sigma}_f$。由于飞机结构以薄壁结构形式为主,结构受压破坏平均应力 $\bar{\sigma}_f$ 要低于材料压缩强度的许用应力,因此结构设计许用应力也就主要取决于受压破坏平均应力 $\bar{\sigma}_f$。受拉结构主要通过疲劳断裂、损伤容限及耐久性设计来提高其承载能力,受压结构则通过结构稳定性研究来提高受压破坏平均应力 $\bar{\sigma}_f$,从而提高其承载能力。因此,在结构形式选择和主要受力构件布置时,可先按稳定性要求初步确定最小质量布局,然后用疲劳断裂、损伤容限分析检查受拉翼面,进一步用其他约束检查来修改整个机翼结构。

5. 翼身相对位置及机身空间和结构形式

翼身相对位置及机身的内部布置和结构形式会影响翼身的对接形式,进而影响到机翼的结构形式(主要在翼根部分)。机翼相对于机身为中单翼布置,翼面不允许贯穿机身,选择梁式,则根部主要靠梁受力,在机身侧边集中连接既方便又简单。

单块式和多墙式机翼从对传力有利来看,最好能将左、右翼面做成整体贯穿机身,将中央翼与机身固定,一般多用于上单翼或下单翼,或是翼身融合体结构,以便于利用和布置机身内部空间。但大多数战斗机为中单翼布局,由于机身内部布置的限制,机翼往往难以贯通机身;

此外像 F—104、F—16 等多墙式结构的外翼有十几根墙,若在机身侧边与机身连接则要布置十几个接头和相应的对接框,一般来说这对全机结构质量不利,对机身内部布置也可能造成困难。因而,F—104 在根部由 13 根墙转成多梁式结构(5 根梁);有的单块式机翼到根部也转成多梁式(如歼—7)或梁架式(如歼—5、歼—6),这样只需几个接头与机身相连。翼身的对接交点数也不宜太少,因为交点多,传力路线就多,较容易实现破损安全结构特征。如图 3 - 13 所示,F—16 外翼的 11 根墙到根部转成多梁式,有 4 个传弯接头与机身连接。此时可将接头设计成破损安全结构,如果某一接头失效,其余 3 个接头还有一定承载能力。而米格—17 为了安放机翼起落架,不得不在机翼根部转成梁架式结构,且根部只有主梁接头能传弯;同时又采用断裂韧性差的 30CrMnSiNi2A 高强度合金钢,裂纹扩展速率高,一旦断裂,此种单传力途径结构就可能造成灾难性事故,所以不利于保证损伤容限要求。如歼—8 战斗机与机身连接的主梁接头,在疲劳试验时机身加强框出现裂纹,裂纹扩展到接头耳片,造成翼身连接破坏。当时疲劳寿命才达到设计要求的一半。对于上述情况,由于结构形式的转换,翼面结构质量可能有所增加,但有时这是不可避免的,从全局观点看这可能是更合理的结构布局。

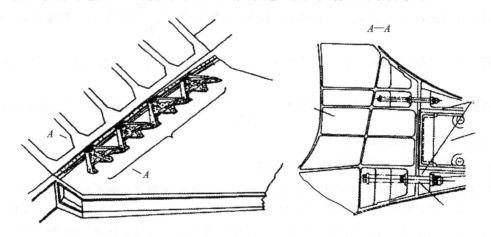

图 3 - 13　F—16 战斗机多交点配置

6. 空间和开口总体布局

梁式结构的梁间跨度较大,便于利用机翼内部空间(如安置油箱等),也便于开口,开口后不会破坏弯矩和剪力的传递路线,仅为扭矩传递采取一些补强措施。而对于单块式和多墙式结构,开口破坏了传递弯矩的路线和传递弯矩的结构件,开口补强引起的质量增加比梁式的大。若起落架固定在机翼上,并需要全部或部分把起落架收藏在翼盒内,机翼壁板必须开口,那么就应采用梁式结构。有时机翼外段采用单块式,起落架固定收藏开口区域的内段采用梁式。中、小展弦比翼面根弦很大,如果开口仍可保留部分翼盒,则不必采用梁式。

3.6.2　机翼结构形式选择及结构布局

机翼是飞机的主要升力面。结构所承受的总升力为飞行重力的 n_z 倍,n_z 称为飞机的飞行使用过载,是飞机机动性能的重要指标,也是飞机结构强度的重要品质指标。气动载荷是机翼的主要载荷,阻力和升力相比较小,在初步结构设计阶段可以不考虑其影响。影响结构布局的因素很多,主要有机翼平面形状、机翼相对厚度、机翼与机身的相对位置、操纵面和增升装置、机身结构要求、外挂和内部装载等。由于气动布局不同,机翼承力系统的布局也各有特点。从全机来看,机翼可以看成是支持在机身上的一个具有单闭室或多闭室的薄壁梁。

1. 直机翼结构(梁式机翼结构)

早期飞机速度较低,一般均为直机翼,机翼均为梁式结构。梁式机翼结构的差别是承受弯矩的主梁数目和布置,一般分单梁、双梁和多梁式机翼结构,其传力形式基本相同,只是梁的数目不同。多梁机翼结构则由几根梁共同承担弯矩和剪力,由梁和蒙皮组成多闭室盒段来承受扭矩。翼盒中蒙皮、翼肋和各梁连接一起,由梁的刚度来确定各梁的承载。

直机翼结构是指中等以上展弦比,翼盒的刚心线在机身侧边、不弯折或很小弯折,而无须为弯折采取特殊结构设计的机翼。直机翼结构的受力系统布局及构件也是各类型翼面布局的基础,因此这类结构也称为梁式机翼结构。

小型飞机机翼多采用单梁式结构,将梁布置在翼型最大厚度处,在前缘襟翼后、副翼和后缘襟翼前布置前、后墙。例如"北京一号"轻型飞机采用单梁式结构,在设计时对比了单梁式和双梁式结构质量,单梁式结构质量较轻。对于中型或大型飞机多半采用双梁式或多梁式结构。如三梁式结构,中间梁安排在翼型最高位置处,后梁安置在副翼和襟翼前,前梁位置可根据机翼内油箱布置和前缘附翼等确定。

现代飞机翼面由于气动弹性等要求,往往要求有较大的扭转刚度、较厚的蒙皮,且因蒙皮位于翼剖面的最外缘,承受弯曲应力最为有效,所以多把蒙皮壁板设计成加筋壁板,纵向构件长桁和蒙皮组成加筋壁板并与梁缘条一起承受正应力。下翼面壁板应考虑疲劳损伤品质,而上翼面的桁条布置和尺寸要考虑受压稳定性,横向构件有加强肋和普通肋的支持。因此,翼盒又作为受力结构的薄壁梁和机翼大梁共同承受弯曲载荷。

直机翼由于机翼展弦比较大,受弯时其剖面的应力—应变基本符合平剖面假设,翼盒的总体强度可按工程梁理论进行设计,先作出其剪力、弯矩、扭矩图,布置纵向构件,并计算切面,再确定剖面尺寸和强度。然后,按传递集中力等的需要,布置一定量的加强肋。在两个加强肋之间,要按壁板总体稳定性要求布置一定量的普通肋。普通肋设计除了要满足稳定性要求外,还应根据翼肋的功能要求对强度进行校核,当然也可以用有限元素法迭代设计。

在机翼根部,有的翼盒整个通过机身而形成中翼(或翼盒周缘与机身连接),总体弯矩自身平衡,机身在翼盒的支点提供支反力。对于梁式结构,多数翼盒壁板不通过机身,仅翼梁通过或与机身加强框连接,翼梁上弯矩由机身内的中段翼梁自身平衡,机身框为梁的支点,机翼上的剪力传给机身框。此种布局的翼根蒙皮壁板所受正应力为零,弯矩完全由梁承受,因此在机翼根部要逐渐增加梁凸缘的面积。这是个内力参与问题,梁凸缘要在 B 距离内逐渐变化加强(其中 B 为两梁间距或翼盒宽度)。由翼盒闭室承受的扭矩,传递到根部时由蒙皮把剪流传给根部加强肋,根部加强肋与翼梁或机身加强框相连,扭矩转化成一对力偶,传给梁凸缘或加强框,由于梁不一定与机身轴线垂直,因此梁凸缘上有附加次应力,根肋凸缘也会有一定的横向弯曲次应力。

为收置起落架或安放设备(或油箱)需要翼盒有较大开口,这会破坏了翼盒承扭的闭室,此时扭矩可通过梁的参差弯曲承受,但在开口前、后均需要布置加强肋,梁凸缘在开口段及其前后延伸的一段也应加强,以承受附加弯矩。

2. 后(前)掠翼受力系统布局

后(前)掠翼的特点为翼根处以外的外翼纵向构件轴线和机身轴线不垂直,弯矩传到机身侧边后要转向以便与机身轴线垂直,并传给机身的加强框。此时弯矩将分解为平行于机身轴线的 M_x 和垂直于机身轴线的 M_z。弯矩不可能像直机翼那样从机身两侧传入机身并且两侧互相平衡。苏联米高扬设计集团曾设计多架单梁式后掠机翼,均因结构质量超重而影响了飞机性能,直到米格—15 战斗机的后掠机翼结构形式取得成功。

(1) 内撑梁式结构

在机翼根部加一个内撑梁,如图 3-14 所示。内撑梁(主梁)与机身轴线垂直并与加强框连接,传递机翼主要弯矩 M_x,并且为外翼翼盒的主要纵向构件(如前梁)的中间点加一个支持(集中力),这时翼盒成为双支点外伸梁,而加于内撑梁的载荷主要是对翼盒外支点的反力。由于内撑梁对翼盒的支持,在前梁该处要设置加强肋,在加强肋与后墙交点之间作一纵梁与前梁相交。在加强肋以外为直机翼结构,可设计成单梁式、双梁式或混合结构。加强肋将外翼的扭矩转为加强肋两端支反力并传给前、后梁(或后墙)。由于内撑梁传力路线直接而且短,不管翼盒纵向构件在根部是铰接还是固支,内撑梁均承受翼根弯矩的绝大部分。所以,内撑梁又称为主梁,也叫横梁。内撑梁在米格系列战斗机机翼上用得较多,例如米格—15、米格—17、米格—19、米格—21 均用此构造。

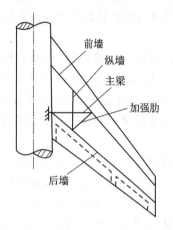

前墙
纵墙
主梁
加强肋
后墙

图 3-14　具有内撑梁的后掠翼布局

外翼(加强肋以外机翼)的扭矩主要由加强肋传给前、后梁(或墙)。机翼的分弯矩 M_z 由根部骨架传给机身。不同的外翼结构和机身与机翼的连接形式,其根部骨架形式可能不同,但它们的作用是相同的。

内撑梁和前梁间形成三角区,便于收置起落架和设置起落架舱门,米格战斗机和我国军用飞机大都具有此特点。在根部三角区由于收放起落架需要大开口,弯矩的传递主要靠壁板,而壁板在机身侧边通常被截断,在三角区内为自由边。此时,只要骨架构成是静定或超静定结构,壁板就可依靠根部三角形的三边剪流把所承受的弯曲正应力等传给骨架,进而传给机身。因此,外翼形式不同会采用的不同类型的根部三角区骨架,无论哪种形式,只要支持骨架构成是静定或超静定的,就可把弯曲正应力传入机身。

内撑梁直接与机身加强框(或加强框上横梁)相连接,连接刚度大,强度可靠,但此种结构形式属于单点连接形式,疲劳和损伤容限特性取决于接头性能,故安全可靠性余度小。

(2) 梁式(混合式)结构

梁式机翼结构的翼梁在承受弯矩和剪力方面有较多的优点,因此,在后掠机翼结构和三角机翼结构中广泛采用翼梁结构或梁、墙和加筋板等混合型结构。目前较大型的商用飞机如波音 737 和 747、空客 A320 和 A300 等大展弦比、小后掠角机翼也采用梁式机翼结构(上、下壁板采用加筋板,也可称为混合式结构),如图 3-15 所示。波音 737、DC9 采用双梁机翼结构,翼肋顺气流或垂直翼梁方向布置。波音 747、空客 A300 采用三梁机翼结构,翼肋垂直后梁布置,中间梁在展向中止于某一翼肋处。采用梁式机翼结构便于在机翼中布置油箱,当机翼上安装发动机短舱或起落架短舱时,便于短舱结构安排,并可减轻机翼上载荷。民用飞机的机翼一般采用下单翼或上单翼布局。一般采用机翼穿过身的结构布置形式,在外翼根部设置加强肋,外翼的梁、墙和上下壁板与机身盒段的隔板及上下壁板连接,中翼盒段可采用纵向或横向隔板加强的封闭盒段,盒段与机身框连接。两边机翼的弯矩在盒段中平衡,机翼的剪力由盒段的隔板传给机身蒙皮,扭矩可直接传给盒段,盒段中所受载荷与机身载荷平衡。盒段与机翼根部或与机身连接形式如图 3－16 所示。中、外段连接一般采用多钉连接。机翼根部均有整流罩,拆卸方便,因此,这种多点连接方式安全可靠性好。

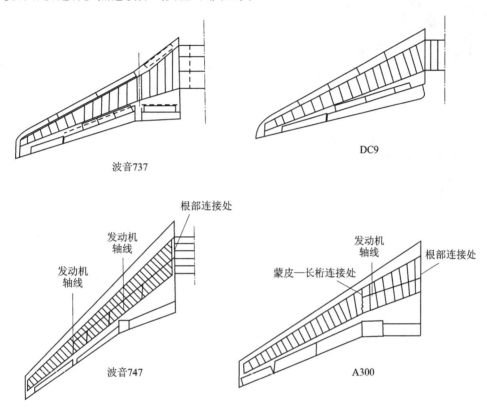

图 3－15　大展弦比小后掠角客机机翼结构布置图

在军用飞机方面,苏—27 飞机为中等后掠角和中等展弦比的战斗机,其机翼采用混合式结构。中央翼采用翼身融合外形,具有良好气动外形,从受力结构看是机体的主要承力部件,故称为中机身。机翼展长 14.7 m,展弦比 3.483,根尖比 3.422,前缘后掠角 42°,外翼展长 4.938 m。外翼展长只占机翼展长的三分之一,因此,外翼可认为是一个小展弦比、中等后掠角的较短的后掠翼,故采用混合式机翼结构较合适。

外翼采用单梁、三个纵墙和上、下整体加筋厚壁板组成的混合式结构,如图 3－17 所示。纵墙间距相等,在根部分别与中央翼的 1、2、3 号隔板连接,在 2 号隔板处有销钉与根肋连接为中外翼定位。上、下壁板均为变厚度整体加筋板,上壁板筋条从 30 mm 变到 2.5 mm,下壁板筋条厚度为 6 mm 变厚度加筋板(油箱上壁板均为高筋条网格式整体壁板),壁板根部均有多个螺栓与中央翼的壁板连接。翼肋垂直于纵墙,等距安排。1～3 号纵墙和 1～9 号肋之间为 3 号油箱。3 号纵墙连接后缘襟副翼。前梁根部与中央翼对接成型梁连接(参见图 4－1),前梁上固定前缘襟翼。中、外翼对接采用多钉连接,弯矩在中央翼中平衡,扭矩与剪力直接传入机身,故连接处质量轻,安全可靠性余度大。

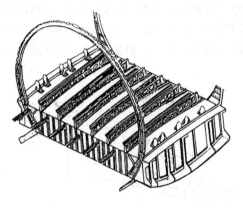

图 3－16　穿过机身下部盒段
结构以及与机身框连接形式

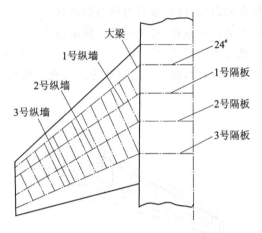

图 3－17　苏—27 外翼结构布置图

（3）单块式结构

西方国家的战斗机往往采用多墙式整体结构，如 F—16 外翼为 11 根墙的整体结构（如图 3－19 所示），如机翼采用中央翼盒连接则机身布局困难，在根部转成多梁结构，由 4 个接头与机身连接，如图 3－13 所示。

美国的 AV—8B 的后掠机翼和 X—29 的前掠机翼均采用多墙结构，墙到机翼根部转向垂直机身轴线方向，采用中央盒段（多墙结构）与外翼连接，如图 3－18 所示。但纵向结构向根部传递弯矩时由纵向加强件或纵墙转折，垂直于机身轴线的分弯矩要转化为扭矩，由根肋承受。如果纵向构件在根部不转折而直接穿入机身，两侧弯矩在机身对称面处只有 M_x 互相平衡，M_z 必须由翼肋承受，因此，在机身对称面处设置加强肋。

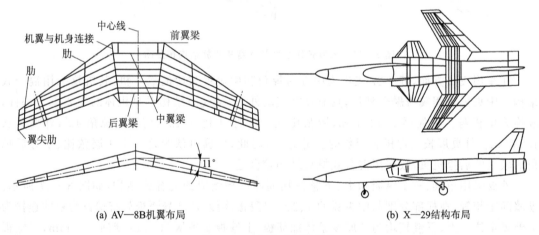

(a) AV—8B 机翼布局　　　　　　　　　(b) X—29 结构布局

图 3－18　多墙式机翼结构

3. 三角机翼和菱形机翼受力系统布局

近代战斗机多采用三角机翼或菱形机翼，因为三角机翼和菱形机翼的展弦比较小，根弦很长，即使翼面剖面相对厚度很小，但在根部可利用的结构高仍很大，小的相对厚度能减小超声速波阻，这对第四代战斗机要求超声速巡航飞行很有利。F—16 战斗机就采用了较小展弦比的菱形机翼（或称为后掠翼，如图 3－19 所示）。布置三角机翼或菱形机翼承力系统可综合应用直机翼和后掠翼的布局方法,根据气动外形和悬挂装置(如起落架)来布置纵、横受力构件。在翼根纵向构件的走向,若垂直于机身轴线,则采用直机翼布局传力;若与机身轴线有一定的后掠角,则采用后掠翼布局传力,或综合使用不同特征的布局。

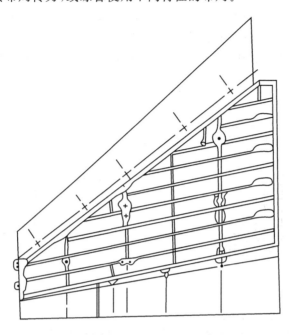

图 3-19 F—16 机翼结构布局示意

(1) 平行梁(墙)三角机翼或菱形机翼

最常见的三角机翼或菱形机翼承力系统为平行梁(墙)结构布局。构件在受力中的作用和工作原理均与直机翼相同。最大的不同是不能用平剖面定律作机翼切面计算。

图 3-20 示出了一种多墙结构平行梁(墙)布局。隔一个墙有一个梁通过机身,多墙结构墙距是由稳定性决定的。若按机身可能的框距来布置梁、墙,则间距太大、稳定性设计应力太低。所以,多墙结构为单块式,主要是蒙皮受力,到根部后蒙皮的正应力要转移给框或中翼。框距稀的情况下根部可采用两种形式:一是通过蒙皮参与到根部蒙皮完全无效,在一定范围内加强梁的凸缘,在根部由梁承担全部弯矩;二是采用传弯盒型接头(如图 3-13 所示),即用机械连接把蒙皮正应力传给传弯盒型接头,再通过预应力受拉螺栓把载荷传给机身。这种结构的传弯盒型接头和受拉螺栓本身的结构质量就比较重。平行梁结构用二梁或三梁的布局也不少见,如"幻影"2000、"幻影"Ⅲ都是二梁结构,F—15 为三梁结构。

平行梁结构不能用平剖面定律设计是其结构特点决定的。平剖面定律假设每一剖面的弯曲曲率相同(弯曲曲率为 $\dfrac{1}{R}=\dfrac{M}{EJ}$)。假设没有蒙皮把载荷分到梁、墙上,则可见后段的梁、墙的曲率要比前段的梁、墙的曲率大得多。蒙皮剪流的作用可使梁、墙的曲率尽量趋于均匀,使后面梁弯矩向前转移。图 3-20 的左侧示出了根据弦向单位长度分配的弯矩,M' 为假设没有蒙皮时的弯矩分布,M'' 为考虑蒙皮和操纵面交点传递载荷后的实际弯矩分布。从图中可见,M' 和 M'' 与根弦所包围的面积相等,弯矩有向结构高度较高的梁集中的趋势。该图所示是假设有 8 个传弯矩框的情况,实际上多数设计是在结构高度较高处适宜布置 2~4 个传弯矩框,弯矩的传递更要集中,前、后交点一般设计为只传剪力。

(2) 多梁后掠布局

图 3 - 21 为典型的多梁后掠布局的菱形机翼。这种布局的特点是每个梁都有一个后掠角。按壁板稳定性要求确定的梁距在翼梢显得过密,翼梢弯矩小,工作应力低。从理论上讲,壁板和梁截面的载荷在外翼应逐步削弱,但实际上这是不可能的。另外,由于后掠效应,前部工作应力很低,这些都使得这种结构效率不高。实际上,在设计时很少采用这类结构布局。

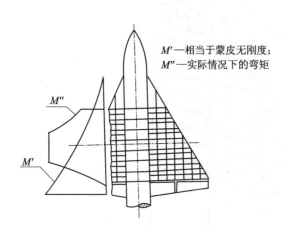

图 3 - 20　平行梁多墙结构
三角机翼及翼根弯矩分布示意图

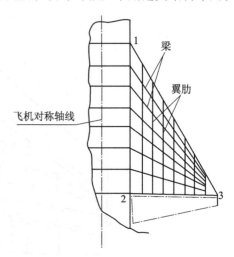

图 3 - 21　多梁后掠菱形机翼结构示意图

(3) 直机翼与后掠翼混合布局

将主起落架安装在机翼上,机轮部分地收在机身内,这种总体安排常被三角机翼、双前缘后掠三角机翼和菱形机翼所采用,典型机型是米格—21,如图 3 - 22 所示。为了在根部收置主起落架支柱,机翼下翼面有大开口,在开口的前、后布置两个油箱舱,形成了前、后两个翼盒。基于这个特点,机翼结构采用了混合布局。前盒具有单梁单块式后掠翼特点,后盒则有多梁单块式直机翼特点。前盒根部壁板正应力通过根肋、边肋、前纵墙构成的三角形构架传给前梁接头(主要通过根肋)。前梁位于翼型高度较大处,向外延伸至翼尖,根部与机身固支。按平行梁布局原理,横梁为后盒的主要受力梁。横梁又与前梁相连,实际上横梁又是后掠布局前盒的内撑梁,故前、后盒到根部的弯矩实际上要传给横梁,横梁是该机翼布局的主梁。在大速度纵向对称机动载荷设计情况下,横梁担负的弯矩约为翼根总弯矩的 68%。第三梁为铝合金梁,在同样的设计情况下担负翼根总弯矩的 9%,按弹性分析应传给第三梁的弯矩要比 9%

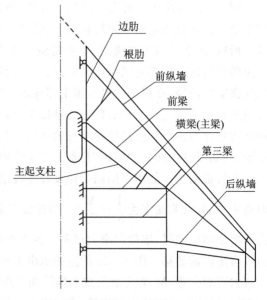

图 3 - 22　米格—21 机翼承力系统布局

大得多,但因受到梁接头强度限制,实际结构承受不了这么大的弯矩。

米格—21采用极限设计法,加强了横梁接头,使它可承受77%的翼根总弯矩,即使在第三梁失效的情况下仍不会发生总体破坏。这种设计看起来强度承载是重复的,质量也不合理,但实际上加强横梁接头付出的质量代价甚微,而采取修改第三梁接头的设计(如变铝为钢)付出的质量代价要大得多。从这一点来讲,第三梁采用极限设计方法是合理的。但是采用极限设计的第三梁接头,由于其工作应力较大,很可能成为机翼疲劳的薄弱环节。随着对军机疲劳寿命要求的不断提高,这一问题越来越受重视。

起落架转轴支座布置在横梁和前梁上,使着陆载荷与飞行载荷的主要承力构件得以综合利用,且传力直接,减轻了质量。

翼尖部分结构高度较小,采用双闭室单块式构造,保证了翼尖有较好的刚度。

4. 变后掠翼受力系统布局

变后掠翼在高速、低速情况下均有很好的气动效率(升阻比),可以减小翼面面积等,达到提高性能、减轻质量的效果。然而变后掠翼枢轴机构等结构的增重很可观,可能会部分甚至全部抵消提高性能的优点,这在工程界一直有争论。但20世纪70年代后期和80年代前中期,有一些高性能军机采用了变后掠翼。

变后掠翼应有中翼与机身连接,在中翼的外端通过枢轴机构与可变后掠的外翼翼盒连接。枢轴机构十分复杂,有多种设计方案,有导轨槽型、力矩轴承型、滚柱轴承导轨型和单垂直销型等。前三种机构设计十分复杂,构件多,占空间大,质量大且容易出现问题,在设计变后掠翼结构布局时应优先考虑单垂直销型。图3-23示出了单垂直销型机翼枢轴机构和中、外翼。垂

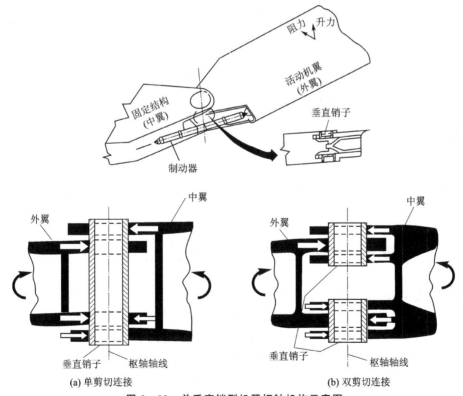

图 3 - 23　单垂直销型机翼枢轴机构示意图

直销的耳环和销子可采用单剪或双剪方案,为了传递升力(剪力),可使上下耳环平面均倾斜一定角度,用径向分量承受机翼传来的剪力。

变后掠翼的中翼结构有空间桁架式、等截面结构式、锥形结构式、变截面组合结构式等形式。空间桁架式不能用以储存燃料,因而用得很少;锥形结构式构造不够合理,结构综合利用差,质量大又不宜储存燃料,故也不适用。图 3 - 24 所示为变截面组合结构中翼和部分机身,从中可见其既是中翼又是机身的传弯承力构件,特点是综合利用好、装油容积大,B—1 轰炸机采用了此种结构。

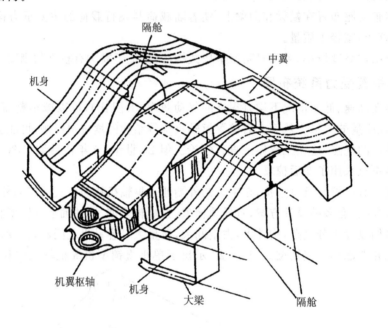

图 3 - 24　变截面组合结构中翼结构示意图

对枢轴机构在此仅作概略论述,其实际设计问题很多,十分复杂。可变后掠翼的外翼机翼盒多为单块式结构,其构件作用和设计方法与直机翼相同。其最主要的问题是翼盒的内力(弯、扭、剪)如何向枢轴耳环集中。翼盒根部必有三角区,其载荷的集中过程一般有两种方法:一是参与法,将外翼内力向转轴集中,在根部加一段加强板并连接于转轴耳环处的整体件上;二是类似后掠翼根部三角区蒙皮壁板的传力,壁板的正应力通过骨架的剪流平衡,再通过骨架传至枢轴耳环接头。

3.7　机翼设计分离面及其对接形式

机翼结构通常设置有工艺分离面和设计分离面。前者是为了工艺上制造和装配方便而设置的,采用不可拆连接;后者是根据总体设计要求,为了方便使用、维护与运输等而设置的,采用可拆卸连接。需要说明的是,有时设计分离面就是工艺分离面。连接增加了结构的复杂性,并且影响结构强度,尤其是疲劳强度,同时使机翼质量增大,制造成本增加。但是,机翼的后掠、上反角和制造上的限制,使一些带中央翼的飞机,如客机波音 747、L—1011 以及战斗机苏—27、苏—30 等,在机身侧边的外翼根部与中央翼的连接成为必要。机翼分离面设计与飞机的使用要求、机翼的结构形式以及尺寸等因素有关,所涉及的内容较多,本节只介绍机翼分离面的设计原则与连接形式。

3.7.1 分离面设计原则

影响机翼设计分离面的因素很多,主要包括使用维护、总体布局和质量要求、制造条件限制以及拆装要求等,在设计分离面时应该协调好各种关系,尽量满足这些要求和条件。

首先应该根据使用和维护的需求,在总体设计时进行分离面设计。如 A—6A 和 A—7A 舰载战斗机,为满足航空母舰上停放时尽量少占平面位置的要求,在机翼上设置了合页铰链连接形式的设计分离面,使机翼外段可向上翻折。为满足集装箱装卸和悬挂要求,大型运输机的机翼也要求有设计分离面。

要根据飞机总体布局及飞机运输的需要设计机翼的分离面。如果中央翼翼盒平直地穿过机身,外翼段具有后掠角、上反角,并在机身侧边转折,则一般在机翼根部设置设计分离面,如轰—6、运—8 和伊尔—76 飞机机翼的设计分离面就是这样设置的。对于中单翼不贯通机身的布局,机翼根部的侧肋处不仅是机翼与机身的连接分离面,也必然是机翼根部的设计分离面。

由于设置分离面要求增加对接接头,对接面附近的构件也需加强,因此这会导致结构质量的增加,同时连接处应力严重集中,易引起疲劳损伤,因而需要增加结构剖面尺寸,才能降低工作应力,所以现代飞机的设计分离面趋于减少或不布置分离面。目前机翼无分离面的最长段已达 30 m。L—1011、DC—10 和波音 747 等飞机的机翼,除了在机身侧边对接外,整个机翼没有任何其他的弦向连接分离面。

飞机制造厂的设备能力,特别是数控机械加工和整体成形能力,将影响设计分离面的设置与选择。

此外,机翼的设计分离面应拆装方便,受力可靠。可拆卸的设计分离面上的接头,除了拆装方便外,受力必须可靠,能连续地把机翼上的载荷传给中央翼、外翼或机身,使机翼连成一体,保持机翼结构的完整性。

机翼有各种结构的布局形式,其结构传力形式也不同,在机翼内各元件之间均为连续传力形式,但机翼中存在分离面后就改变了原来的传力路线。如后掠机翼根部限制扭转问题、后掠效应及参与问题,直机翼根部区受力情况与平剖面假定不符。设计分离面结构时必须考虑传力路线的连续性。

3.7.2 分离面对接形式

机翼分离面对接形式大致分两类,一类是集中对接形式,另一类是分散对接形式。集中对接形式主要用于梁式机翼结构,其对接形式同梁式机翼与机身的连接形式相同,具体内容见 3.8 节。单块式翼面是靠上下壁板中的分散轴力传递弯矩的,机翼对接采用分散式对接接头,适应这种结构形式的传力特点。分散对接形式主要有分散的受拉螺栓接头、对接板式接头以及抗拉螺栓与对接板的组合接头等三类。

1. 分散的受拉螺栓接头

1) 梳状型材接头围框对接接头,机翼壁板通过多个受剪螺栓连接在梳状型材接头上,螺栓展向水平放置,梁缘条通过受剪螺栓连接在梁缘条接头上,梳状型材接头与梁缘条接头搭接,梳状型材接头和梁缘条接头都开有受拉螺栓槽,通过受拉螺栓把两段机翼的壁板和梁缘条连为一体。在两段机翼的梁腹板端设有加强立柱,通过螺栓将立柱及腹板连为一体,如图3-25所示的上翼面连接。当传递向上的垂直弯矩时,机翼下翼面对接螺栓受拉,上翼面对接螺栓不受力,轴向压力直接通过接头端面以挤压的方式传递。反之,弯矩向下时,上面的螺栓受拉,下面的螺栓不受力,靠端面挤压传力。垂直剪力通过两翼段腹板的加强立柱由连接螺栓受剪传递。扭矩则通过蒙皮上的弦向加强条和腹板上的垂直支柱通过螺栓受剪传递。这种对接形式广泛应用于可拆卸翼段的连接,还可用于上单翼、下单翼和贯通机身的中单翼飞机的机翼各段对接,苏—27、苏—30MK、运—8、水轰—5、伊尔—76、安—225和F—86等飞机的机翼都采用这种对接形式实现各段对接。

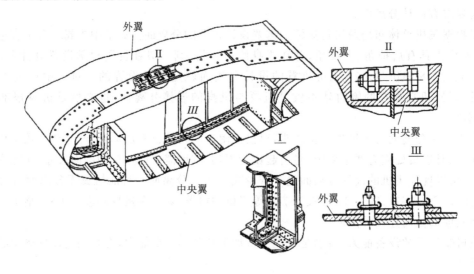

Ⅰ—翼梁腹板的对接;Ⅱ—梳状型材的对接;Ⅲ—翼肋与蒙皮壁板的连接

图3-25 梳状型材接头周缘围框对接

梳状型材接头围框对接接头的特点是,两翼段的梳状型材接头的对接螺栓受拉,螺栓和连接区构件易出现疲劳问题;同时对接螺栓的个数很多,结构质量重。梳状型材接头结构复杂,机械加工和喷丸成形都比较困难,但装配比较方便。装配时,左右两段机翼盒段的剖面形心应尽可能在一条水平线上,并与梳状型材接头对接螺栓的轴线重合,避免对接螺栓受拉时产生偏心弯矩。

2)多个单接头围框对接形式,沿翼面对接剖面周缘设置许多单个接头,单个接头与壁板的蒙皮和长桁通过受剪螺栓连接,两翼段的相应接头通过受拉螺栓对接(如图3-26(a)所示)。这种对接形式机翼的轴力和剪力传递与梳状型材接头围框对接的相同。这种接头结构简单,制造工艺性好,便于加工和装配,通常用于可拆卸翼段的连接。但是该接头传递扭矩能力差,为此在两翼段的对接接头间设置一个板状加强肋,以对接螺栓受剪传递扭矩,故结构质量重。

薄翼型受载荷比较大的翼段,往往都应用厚板机加成整体壁板。由于壁板比较厚,可在壁板对接区直接加工出对接螺栓槽,通过对接螺栓受拉将两翼段连成一体,如图3-26(b)所示。机翼内的拉伸轴力由对接螺栓受拉传递,压缩轴力由壁板端部挤压传递;扭矩通过螺栓剪切传递。这种连接形式结构简单,制造精度要求不高,装配方便,且传力直接,疲劳性能好,但质量比较重。可拆卸薄翼型常用这种连接形式,例如"协和"号超声速运输机的翼段对接。

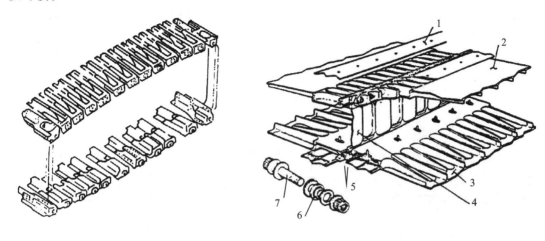

(a) 多个单个接头周缘围框对接   (b) "协和"号运输机外机翼的对接

1—翼肋缘条;2—上蒙皮加强板;3—下蒙皮加强板;4—翼肋;5—密封连接;6—测力弹簧垫圈;7—高抗拉螺栓

图 3 - 26   多个单个接头周缘围框对接

2. 对接板式接头

土形整体型材对接接头中的土形型材就是对接肋缘条,型材的下凸缘与机翼各段壁板和加强条带(甚至还有机身框加强件)通过受剪螺栓连接,上凸缘与壁板长桁的缘条直接连接,或用受剪螺栓通过过渡接头连接,如图 3 - 27 所示。

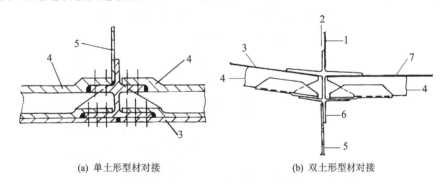

(a) 单土形型材对接   (b) 双土形型材对接

1—机身蒙皮;2—肋轴线;3—机翼表面蒙皮;4—加强桁条;5—翼肋腹板;6—根部上翼肋凸缘;7—中翼

图 3 - 27   土形整体型材对接

机翼上的拉、压轴力通过对接螺栓受剪和土形型材挤压传递,剪力则通过土形型材缘条水平面挤压传递,传力路线直接且短。由于螺栓主要受剪力,对接区结构主要承受挤压载荷,故连接结构使用寿命比较长。连接接头结构简单清晰,具有固有的破损安全性,可靠性高。与梳状型材接头对接形式相比,其结构质量比较轻。但是,该接头制造工艺复杂,机械加工和成形都比较困难,装配精度要求比较高,且拆装不方便,所以常用于不可拆卸机翼段的连接。这种连接形式已用于 L—1011、波音 707、波音 727 和波音 737 等飞机,在其他大、中型运输机也有应用。

如图 3-28 所示是 T 形整体型材对接接头,T 形型材的凸缘与蒙皮或蒙皮壁板长桁的缘条连接。这种接头除了具有土形整体型材对接接头的优点外,其工艺性极好,机械加工和成形都比土形型材接头简单,装配工作量小,但对接部位的壁板蒙皮较厚。其在不可拆卸的翼段对接中应用比较广泛。C—141、DC—10 和洛克希德伊列克特拉飞机的机翼根部对接采用了此种形式。

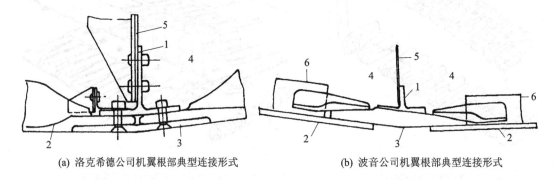

(a) 洛克希德公司机翼根部典型连接形式   (b) 波音公司机翼根部典型连接形式

1—T 形对接型材;2—蒙皮;3—带板;4—整体油箱;5—端肋;6—加强长桁

图 3-28 T 形整体型材对接

3. 抗拉螺栓与对接板组合接头

图 3-29 所示是抗拉螺栓与 T 形型材对接板组合接头的连接形式。优点是可靠性强,有破损安全特性,制造精度要求不高;缺点是质量重。

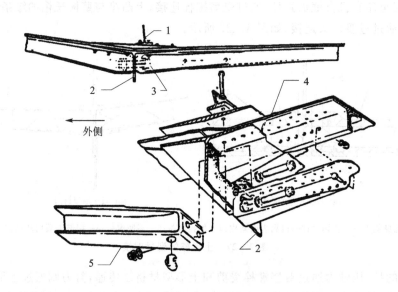

1—连接机翼与机身蒙皮的 T 形条;2—T 形型材;3—抗拉螺栓;4—内侧长桁;5—外侧长桁

图 3-29 抗拉螺栓与对接板组合接头

多腹板式机翼通常在根部转成多梁式结构与机身对接,以减少对接点。机翼设计分离面的对接接头常采用梳状型材接头围框对接。

3.8　机翼与机身连接结构形式

机翼与机身的连接设计是飞机结构设计中最重要的环节之一：一方面是基于这些连接本身的重要性；另一方面在机翼机身连接区，连接构件可能还与其他构件连接，受力和传力情况复杂，分析比较困难，而且连接部位的构件和耳片、螺栓等连接元件通常对疲劳敏感。因此，设计时必须进行充分、准确的设计计算，对关键件要作耐久性、损伤容限分析，以及必要的可靠性分析，最后完成相关试验。机翼与机身连接设计内容较多，包括接头位置的布置（在结构布局时已确定）、接头的构造形式、结构强度与刚度分析、工艺成形方法，以及接头的配合间隙与容差等。本节主要介绍连接原则、结构形式和连接区的受力分析。

3.8.1　连接设计原则

首先根据飞机机翼的布局形式，如上单翼、中单翼或下单翼，选择机翼与机身的连接形式。设计时应尽量使机翼贯穿机身，保持机翼结构的完整性。这样左右机翼对称弯矩在对称中心 0 号肋处将自身平衡，机翼与机身对接接头不传弯矩，只有不对称弯矩会通过接头传给机身。通常，不对称弯矩比对称弯矩小很多。机翼翼梁、根肋和机身对接框的交汇处，可以设置起落架接头的安装点，以综合利用结构、减轻质量。

机翼与机身连接接头及对接区其他结构件，不论是军机还是民机，都必须考虑疲劳和损伤容限设计要求。接头及其连接件的应力或应变设计值要通过疲劳、静力分析等来确定，并确定紧固件载荷分布。接头的布置和结构形式要尽量通过螺栓受剪来传递力和力矩。如果由于总体要求或结构布局的限制，需要采用受拉螺栓或受拉比较大的拉剪螺栓，那么不仅螺栓易疲劳损坏，而且对接区结构的受力也复杂，容易发生疲劳破坏。为了减小应力集中，机翼与机身连接处构件的圆角半径 R 不应小于 6 mm，并尽可能使用对称接头；接头设计可采用楔形或变剖面的连接形式，使载荷在各连接件中均匀分布。为了减小装配残余应力，应选取紧固件与孔间的合理配合，并使用强化工艺对接头和孔边进行强化处理；接合面接头对接面间隙要合理确定，一般接合面间隙小于 0.15 mm，绝不允许强迫装配。

机翼与机身连接结构必须连续地把左右机翼传来的载荷传给中央翼或机身，传力路线要短，受力和传力要可靠。机翼与机身连接结构的制造、装配工艺性要好，应易进行检测与维护，便于修理更换。

3.8.2　机翼与机身连接形式

1. 机翼与机身连接结构配置

机翼与机身的连接结构形式与机翼相对机身的位置、机翼受力结构是否穿过机身以及机翼的结构形式有关。

中单翼飞机的翼面一般无中央翼贯通机身，机翼分成两半在机身侧边与其相连接。这种连接形式主要用于梁式机翼和多腹板式机翼，翼梁接头与机身框接头连接，对接处就是机翼的设计分离面。如果有中央翼，则可将整个中央翼盒或翼梁贯穿机身。

上单翼或下单翼飞机的左右机翼连成一体贯穿机身,通过中央翼与机身连接。这种连接形式一般用于大型飞机或民用飞机,机翼多为单块式和多腹板式结构形式。对于这种结构布置的飞机,机身内部空间好利用,结构质量轻,经济性好。

2. 机翼与机身连接形式

(1) 集中接头

对于中翼不贯穿机身的配置情况,机翼与机身加强框之间的连接一般采用集中接头形式。对于中翼翼梁贯穿机身的配置情况,外翼和中翼翼梁之间连接也采用集中接头形式。连接接头必须能可靠地限制机翼在空间的六个自由度,以便传递相应的三种载荷。因此,机翼与机身对接时至少要有一个固接接头和一个铰接接头,这样才能传递机翼上的全部载荷(如图3-30所示)。图3-30(a)表示传递弦向阻力和水平弯矩,图3-30(b)表示传递垂直和展向力以及垂直弯矩和扭矩。

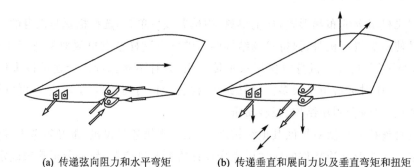

(a) 传递弦向阻力和水平弯矩　　(b) 传递垂直和展向力以及垂直弯矩和扭矩

图3-30　机翼不贯穿机身的连接

集中连接接头有叉耳连接接头、盒形件连接接头等多种形式。叉耳连接形式(如图3-31所示),可分为水平耳片叉耳连接和垂直耳片叉耳连接。水平耳片叉耳连接接头常用于薄翼型机翼,连接螺栓垂直航向放置。为了提高梁的有效高度,并便于向水平耳片过渡,整体梁或铆接梁的缘条多做成扁状,且宽度较大。机翼的弯矩通过螺栓受剪传递,剪力通过对接接头耳片挤压传递,螺栓不受力。有时为了传剪,也可以在接头腹板处增加一个垂直耳片对接接头,使

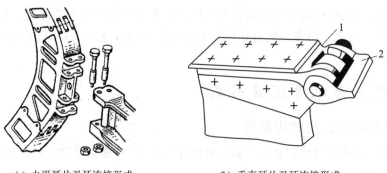

(a) 水平耳片叉耳连接形式　　(b) 垂直耳片叉耳连接形式

1—机身框接头;2—翼梁接头

图3-31　叉耳连接接头形式

剪力通过受剪螺栓传递。水平耳片叉耳连接接头开敞性好,对于机翼与机身对接,连接孔便于精加工,维护时装卸方便,在歼—6、歼—7、歼—8 及其他战斗机上使用。垂直耳片叉耳连接接头一般用在机翼结构高度较高的飞机上应用,此时连接螺栓沿航向水平放置。机翼的剪力和弯矩均通过螺栓受剪传递,水平剪力通过耳片挤压传递。当载荷较大时,可采用双耳片或多耳片连接,此时连接螺栓需要加粗。垂直耳片叉耳连接接头上、下耳片的形心间距较小,对承受弯矩不利,而且机翼与机身对接,接头的连接孔精加工困难,维修时拆装不方便。

图 3 - 32 为机翼和机身连接的其他几种集中连接接头形式。图 3 - 32(a)所示是螺桩式连接接头,在机身对接框上伸出 4 个水平螺栓,均插入机身的对接孔内。这种接头连接简单,而且不需要额外的连接段,曾在 F—104 得到使用。图 3 - 32(b)为垂直耳片铰接接头,主要传递剪力。图 3 - 32(c)为齿垫式连接接头,其中齿垫可在垂直方向作微量调节,是一种带设计补偿的接头形式,可以用来传递剪力。

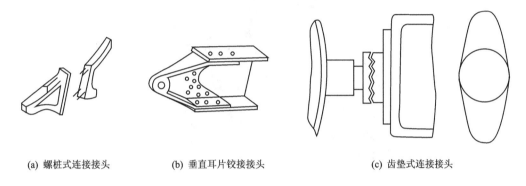

(a) 螺桩式连接接头　　　(b) 垂直耳片铰接接头　　　(c) 齿垫式连接接头

图 3 - 32　集中连接接头的几种形式

在图 3 - 13 所示的 F—16 战斗机机翼与机身的连接形式中,在机翼根部上下翼面各安置 4 个盒形传弯接头,每个接头均通过 2 个连接螺栓与机身加强框连接。这种连接形式可将分散受力形式的多墙机翼结构,通过盒形连接件集中到 4 个接头上。机翼通过受拉螺栓与机身加强框连接,因此装配和维修简便。采用多钉连接便于利用损伤容限设计方法以确保结构的安全性。

(2) 中央翼盒与机身的连接

对于中央翼贯穿机身的结构形式,机翼的对称弯矩传入中央翼后在中央翼平衡,而机翼上的反对称弯矩、扭矩和剪力则通过接头传给机身。这种结构形式的飞机质量轻、经济性好。上单翼或下单翼布局与结构形式的客机和运输机通常采用中央翼盒贯穿机身的结构形式。中央翼与机身的连接形式有翼梁和框直接连接形式、翼梁和加强框过渡连接、嵌入式连接等几种。

图 3 - 33(a)所示为缘条直接连接形式,在中央翼翼梁缘条加厚处,设置前后肢臂,每个连接点通过 4 个或 8 个螺栓与机身加强框外伸立梁接头直接连接,连接螺栓受拉和受压。图 3 - 33(b)主要是通过角盒与机身框连接,机翼上的载荷通过螺栓受剪传递给机身。这 2 种连接形式结构简单,传力直接,故结构质量轻。图 3 - 33(c)所示是下单翼中央翼大梁和机身加强框构成一个整体,机翼上的载荷直接传给机身,结构质量也比较轻。

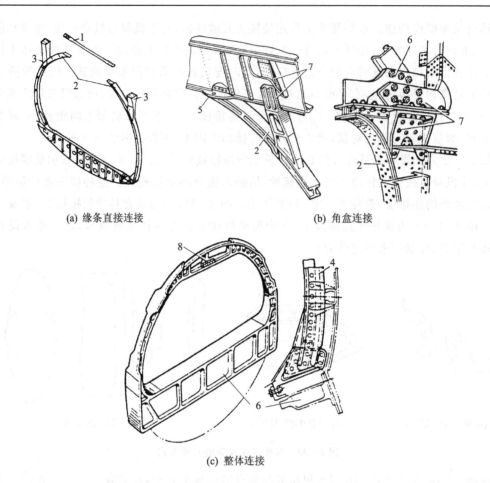

(a) 缘条直接连接　　　　　　　　　　　(b) 角盒连接

(c) 整体连接

1—梁缘条；2—立梁内支臂；3—支梁外支臂；4—加强件；5—传阻力的接头；
6—中央翼翼梁；7—盒形接头；8—框的连接接头

图 3 - 33　加强框与中央翼缘条直接连接

　　图 3 - 34 所示为翼梁和加强框过渡连接形式。图 3 - 34(a)所示为中央翼和中外翼汇交处的上缘条伸出双叉耳接头与机身加强框连接，中央翼就是机身的一部分。有些下单翼飞机，通过过渡接头把翼梁和机身框连接为一体（如图 3 - 34(b)所示）。图 3 - 34(c)所示为上单翼中央翼梁的下缘条伸出一单耳叉接头与加强框伸出的双耳叉接头连接，螺栓顺航向水平放置，但是这种连接形式的飞机结构质量较重。

　　嵌入式连接是中央翼盒嵌入机身的前、后两个加强框之间，如图 3 - 35 所示。翼梁有较大的锻造接头，前、后梁的锻造接头与加强框之间用 4 个空心销连接，载荷通过空心销受剪来传递，机翼上的剪力通过销钉传给机身加强框，而机翼、大梁的对称弯矩由在机身内部的中翼翼梁平衡，并不传给机身，若有非对称弯矩则由销钉承受，两侧销钉以一对力偶形式传给加强框。这种销是典型的铰接接头，既简单又易于安装。波音 707 采用了这种连接形式，将机翼与机身对接在一起。

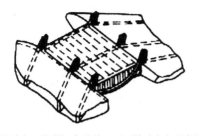

(a) 通过中、外翼汇交处的双叉耳接头与加强框连接

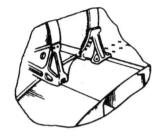

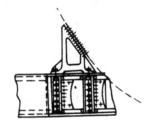

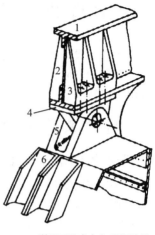

(c) 翼梁下缘条与加强框连接

(b) 翼梁与加强框通过过渡接头连接

1—梁缘条；2—翼梁前支臂；3—翼梁后支臂；4—单叉耳接头；5—双叉耳接头；6—机身框加强件

图 3-34　过渡接头耳片叉耳连接式

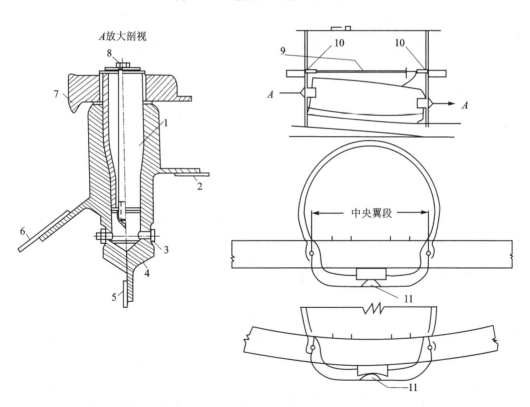

1—空心销；2—中央翼梁腹板；3—定位螺栓；4—前梁大锻件；5—侧肋腹板；6—中外翼梁腹板；

7—机身框大锻件；8—塞子；9—地板；10—地板固定点；11—三角梁

图 3-35　嵌入式连接根部受力图

3.9 机翼增升装置

机翼的气动力设计既要考虑高速飞行,又要考虑起飞和着陆时的低速飞行,因此要求有高的最大升力系数和升阻比,在机翼上必须采用各种活动面措施,即增升装置。增升装置一般在低速时使用,其设计状态常取在马赫数 $Ma=0.15\sim0.29$,高度 $H=0.0$ km。

3.9.1 增升装置设计要求与目标参数

1. 增升装置的增升机理

增升装置提供附加的机翼升力的基本方法为:

(1) 增加翼型的弯度

增加翼型的弯度即增加环量,使升力系数增加,同时会产生较大的低头力矩,需要通过平尾或升降舵的偏转来进行配平。

(2) 附面层控制

改善缝道的流动品质,增加翼面边界层承受逆压梯度的能力,或者引入外部气流,借助其喷射作用,增加机翼表面气流的能量,从而有效地进行边界附面层控制,延缓气流分离,增加最大升力系数。

(3) 增加机翼的有效面积

大多数增升装置在偏转运动时能使机翼的基本弦长延伸,在机翼名义面积不变情况下增加有效面积,则相当于提高了最大升力系数。

2. 增升装置的设计要求

(1) 气动设计要求

起飞和着陆性能是保证飞机安全的重要因素,增升装置主要满足起飞和着陆性能要求,对高机动战斗机等还要考虑空中机动性(主要指稳定盘旋能力和瞬时盘旋能力)方面的要求,使飞机具有好的操纵品质、适度的进场速度和正常可控制的失速特性。

1) 起飞、爬升和着陆性能

起飞可分为起飞滑跑、过渡加速和爬升三个阶段,在地面滑跑时要求飞机具有较高的升力系数,而爬升要求飞机具有较高的升阻比。

着陆时要求飞机具有高的最大升力系数,但应考虑到着陆不成功后的安全复飞和爬升,因此要求飞机具有高的升阻比。起飞和着陆的爬升性能要求均限制了襟翼的偏度。

2) 起飞场长

增加襟翼偏度,将增大失速和离地时的升力系数 C_L 值,从而减小失速速度 v_s 和起飞安全速度 v_2,缩短起飞滑跑距离。但过大的襟翼偏度将使升阻比 L/D 和爬升梯度变坏,起飞时空中距离增加。对于给定推重比 F/G,用最小场长来确定最佳襟翼偏度。

3) 着陆场长

着陆场长应考虑两个过程:从通过屏障到接地的空中距离和从接地到停止的着陆滑跑。同时应考虑着陆不成功后的复飞要求。

(2) 结构设计要求

① 结构简单,机构数量少,简单可靠,在满足强度和刚度要求的条件下质量最轻。

② 操纵系统维护性好,使用维护费用低,机构安全可靠。

3. 增升装置设计的目标参数

(1) 目标参数

设计目标是增升装置设计之始就应确定的依据。按照飞机的设计质量和起落要求,应确定的目标参数有:

① 在增升装置完全偏转时,有最大升力系数增量 $\Delta C_{L\max}$。升力系数达到 $C_{L\max}$ 时临界迎角的增量 $\Delta \alpha_S$ 最小,以防止使用 $C_{L\max}$ 时需要很大的迎角(但是失速时迎角 α_S 不小于着陆迎角 $7°\sim 9°$)。

② 在着陆状态下,升力系数达到 $0.7C_{L\max}$ 时的升阻比 (L/D) 最小。

③ 在起飞状态下,当增升装置部分偏转时,升阻比最大。

④ 当增升装置偏转时,压力中心移动量、零升力矩和铰链力矩最小。

⑤ 当增升装置不偏转时(对应巡航状态),由安装增升装置引起的附加阻力增量 $\Delta D_{\min}$ 最小。

(2) 目标参数要求

根据设计目标,对目标参数的要求如下:

1) 对升力系数的要求

飞机着陆时,最大升力系数 $C_{L\max}$ 可根据进场速度 v_{app} 的要求得到,即

$$C_{L\max} = \left(\frac{v_{app}}{v_{S\min}} \right) \cdot C_{L app} \qquad (3-10)$$

$$C_{L app} = \frac{W}{S} \frac{2}{\rho v_{app}^2} \qquad (3-11)$$

式中,v_{app} 为起落架放下、无地面效应、增升装置处于着陆状态时的速度,为无动力平飞失速速度 $v_{S\min}$ 的 1.3 倍。此时飞机的实际过载小于 1,通常定义 $v_{S\min} = 0.94 v_{S,1g}$,其中 $v_{S,1g}$ 为飞机在着陆构型下过载为 1 时的失速速度(m/s),此时的最大升力系数 $C_{L\max,1g} = 1.49 C_{L app}$。

式(3-11)中 W/S 为进场构型下的翼载(kg/m²),飞机进场速度 v_{app} 是设计条件,由此得出 $C_{L app}$,也就是对增升装置的升力系数的要求($C_{L\max,1g}$)。

2) 对升阻比的要求

飞机起飞后收起起落架的爬升梯度 r 为

$$r = \frac{n-1}{n} \cdot \frac{F}{G} - \frac{1}{L/D} \geqslant (r)_{req} \qquad (3-12)$$

式中,$(r)_{req}$ 为起飞后所需的最小爬升梯度;

n 为发动机个数,$n \geqslant 1$;

L/D 为起飞爬升期间速度为 v_2 时的升阻比;

F/G 为起飞时推力质量比。

v_2 是飞机爬升至起飞安全高度时达到的速度,为设计要求。当 v_2 确定后,则可得到对应 v_2 的升阻比 L/D 的要求。

对于民用飞机,适航规章中有更明确的规定。

3) 对俯仰力矩的要求

增升装置偏转所带来的低头力矩由平尾产生的抬头力矩来平衡,从而使增升装置偏转带

来升力增量损失,有的飞机升力增量损失达 30%～40%。因此在增升装置设计时应使低头力矩变化尽可能地小。一般大展弦比飞机的平尾所需的负升力不超过总升力的 5%,小展弦飞机平尾配平所需的负升力不超过总升力的 15%。另外,增升装置偏转会使平尾处下洗角增大,设计时要注意不应引起平尾下翼面失速。

3.9.2 增升装置形式和参数选择

1. 增升装置形式的选择

增升装置通常根据它们在机翼上的位置分为前缘增升装置和后缘增升装置。后缘增升装置的种类有简单襟翼、开裂襟翼、单缝襟翼、富勒襟翼、双缝襟翼、三缝襟翼(由主翼、导流片、主襟翼和后襟翼组成)、多段翼型襟翼。多段翼型的混合边界层和流动分离是紧密地联系在一起的,流动区域相互关联、相互影响,这使得粘性分离流的拓扑极为复杂。目前,多段翼型襟翼主要以经验设计为主,并应确保起飞状态和着陆状态之间能很好地协调。前缘增升装置的种类有前缘襟翼、前缘下垂、克鲁格襟翼(克鲁格襟翼按运动机构分为"上蒙皮延伸式"和"沿前缘旋转式"两种)。

飞机增升装置的形式主要由起飞特性和着陆特性要求决定。对于军用飞机来说,起飞时翼载较大,故采用起飞构型作为设计情况。对民用飞机来说,翼载在飞行过程中变化不大,故采用着陆构型作为设计情况。对于常规起飞、着陆方式的飞机,都必须具有后缘增升装置;有可能产生前缘失速的飞机,应具有前缘增升装置;特殊用途的飞机,如为了提高盘旋特性的军用飞机、大型民用飞机、特技飞行的运动机、应具备低空特性的农业机等,则应采用前、后缘增升装置。

2. 基本设计参数的确定

(1) 增升装置弦长的确定

选择前缘缝翼和后缘襟翼的弦长,应考虑增升效率,弦长增加则气动效率增加。同时,确定弦长还应考虑结构安排,如前后梁位置、主起落架舱和油箱安置等。

1) 前缘缝翼弦长

前缘缝翼的弦长应确保能获得较大的最大升力系数增量,并且对俯仰力矩的影响最小,一般安置在前梁前,故前缘缝翼的弦长约为当地机翼弦长的 12%～16%。

2) 后缘襟翼弦长

增加后缘襟翼的弦长增加,可提高使用升力系数增量和最大升力系数,但会受到低头力矩和后梁位置的限制。一般来说,简单或开裂襟翼最佳弦长为当地机翼弦长的 20%,单缝襟翼的为 25%,后退式富勒襟翼的约为 30%。

襟翼弦长沿展向的变化可以根据设计目标、增升效率、襟翼位置来确定,可以是等弦长、等百分比弦长或不同的弦长分布。

(2) 增升装置布置及展长的确定

若襟翼展长缩短,则其增升效率下降。后缘襟翼布置受副翼和发动机短舱限制,一般在机身侧边到副翼处均布置襟翼。前缘增升装置除机身与短舱限制外可沿全展向布置,但应使其产生阻力尽可能小,在外侧应防止翼尖失速。

(3) 襟翼偏角的选择

前缘偏转主要用于降低主翼头部的吸力峰,增大失速迎角 α_s。后缘襟偏转会增加主翼的环量,引起零升迎角 α_0 负值的增加,升力线斜率不变,偏角越大升力增量越大。对每一种增升装置都对应有一个升力系数增量最大的偏角。最佳偏角越小则增升装置的效率越高。

考虑增升装置偏角的另一个因素是型阻,在起飞时要求高升阻比,则偏角应选在高升阻比时,在着陆时可选在型阻较高的区域,即高升力高阻力区。

一般后缘襟翼最佳偏角:当单缝襟翼弦长为 20% 弦长时偏 45°~50°,为 30% 弦长时约偏 40°,为 40% 弦长时约偏 35°。简单式和开裂式襟翼的最佳偏度为 60°,富勒襟翼的最佳偏度为 35°~40°。

前缘增升装置的最佳偏角:前缘襟翼为 25°;前缘缝翼为 20°~27°;克鲁格襟翼为 35°~45°,甚至可以超过 50°。但偏角过大,会因弯曲过渡段的吸力峰过高而引起气流分离。

(4) 缝道参数选择

各翼段收敛形状的缝道具有喷射、恢复有效压力和新生边界层的作用。它将增强承受逆压梯度的能力,延迟分离,增大失速迎角和最大升力系数。缝道参数主要指偏角、缝道宽度和重叠量。

当襟翼偏转时,应确保在各种襟翼偏角下,主翼段与襟翼之间有最佳的缝道参数匹配。最佳设计是能保证在缝隙宽度变化比较大的范围内都有最大升力增量,并保证在各种襟翼偏角下都能得到可靠的升力增量。

缝道参数选择和襟翼外形设计是增升装置设计的关键所在:缝道参数的选择与设计经验有关;襟翼外形设计是在固定缝道参数之后进行的。在设计状态下,前缘缝翼的缝道使得主翼头部会尽早出现汇流边界层,从而降低主翼头部的吸力峰值,延迟气流分离;后缘襟翼的缝道使得主翼后缘的尾迹与襟翼上的新生边界层相切而过,在襟翼上形成汇流边界层。如果前缘缝翼的偏角为 20°~25°,则最佳缝翼宽度为弦长的 2%~3%,后缘襟翼的最佳宽度应为弦长的 2% 左右。前缘缝翼的缝道参数和后缘襟翼的参数必须匹配,以获得最佳的增升效果。影响缝翼增升效率的主要因素是偏度和缝道宽度,主要由优化设计和试验确定。

3. 动力增升装置

动力增升装置主要是为了满足短距起落飞机要求,即很低的起飞、进场和着陆速度。此时要求 $C_{L\max}$ 较大,但一般的机械式增升装置不能满足上述要求,因此主要采用下列措施实现。

(1) 边界层控制

主要利用吹气或吸气的方法来增加机翼表面边界层的能量,改变表面压力分布,延迟分离的发生。

(2) 喷气襟翼

在机翼的后缘射出高速射流层,增加绕机翼的环量,使升力系数大大超过位流理论的值,这个比喷流反作用力高得多的附加升力增量,是因为超环量的影响。前、后缘处压力分布几乎相同,喷流反作用力沿升力方向的分量 $J \sin \eta_j$ 小于超环量产生的升力 L_r。

(3) 展向吹气

展向吹气是指从靠近襟翼根部前缘处,向平行于襟翼前缘方向喷射一股射流,使来流产生一个附加扰动速度场,在机翼上形成的前缘集中涡相比无射流时自然形成的集中涡来说,前者具有更大的轴向速度和涡量,从而使前缘涡的强度增大、涡破裂延迟。展向吹气技术的增升效果是十分可观的,尤其是在大迎角时。展向吹气与弦向吹气相比,前者具有结构简单、附加质量小、不占襟翼或机翼的内部空间、生存力强、发动机推力损失小的特点。例如内吹式襟翼,动力增升的最大升力可达 $C_{L\max}=9.0$。

3.10　副　翼

3.10.1　副翼设计原则与要求

飞机操纵面用来保证飞机对三个轴的平衡与操纵,满足飞机平衡与机动性要求。副翼是横侧操纵面。但飞机的横航向运动是紧密联系在一起的。副翼和扰流板设计涉及方向舵设计。

横向操纵面设计的一般要求有两个方面:一是平衡非对称飞行状态能力要求;二是飞机的滚转性能要求。

1. 满足滚转性能要求

飞机在作滚转机动时,需要的滚转能力与飞机类别有关。例如,英国 AP970 要求在低空进场 $v=1.3v_S$,$\delta_S=\delta_{S\max}$ 情况下,

$$\frac{pb}{\lambda v} \geqslant 0.07 \qquad (3-13)$$

式中,p 为滚转角速率;

　　　　b 为翼展。

杆力(或盘力)$F_S \leqslant 133.5$ N。美国军用规范 MIL—F—8785 也曾规定 $\frac{pb}{\lambda v} \geqslant 0.07$,后来修订为不同的飞行阶段和不同的飞行品质有不同的滚转速度和杆力要求。

2. 起飞与着陆时的滚转能力要求

在起飞着陆时,为了保证操纵能力和飞行安全,飞机应有一定的滚转机动能力。

3. 平衡非对称飞行状态下的横向操纵能力(盘旋特性要求)

非对称飞行状态主要有不对称外挂装载、双发飞机的单发停车及侧风着陆。横向操纵面必须平衡因此产生的滚转力矩。例如美国 FAR25 部规定:临界发动机停车,要求在最大起飞质量和最不利的重心位置,运转发动机发出最大连续功率的情况下,应能从 $1.3v_{S1}$ 的定常飞行中,分别向停车发动机一侧或相反方向作 20°倾侧盘旋。又如美国军用规范 MIL—F8785B (ASG)要求:方向舵脚蹬松浮时,常用横向操纵能作 γ 为 30°的定常转弯,且此时副翼驾驶盘力不超过 45.5 N(10 lbf)。

4. 失速和尾旋改出要求

要求飞机在失速或进入尾旋时应有一定的横向操纵能力,以便从失速或尾旋中改出。

3.10.2　副翼和扰流片设计

1. 副　翼

副翼效率可简写为:

亚声速 $$C_{l\delta_a} = k\bar{b}_a\sqrt{\bar{c}_a}\cos^2\Lambda_{sh}$$ (3 - 14)

超声速 $$C_{l\delta_a} = k\bar{b}_a\bar{c}_a\cos^2\Lambda_{sh}$$ (3 - 15)

式中, $\bar{b}_a$ 为副翼相对展长;

$\bar{c}_a$ 为副翼相对弦长;

δ_a 为副翼偏角;

Λ_{sh} 为副翼转轴后掠角;

k 为考虑展向位置的修正。

从亚声速到超声速,副翼偏转时机翼绕流特性发生很大变化。铰链轴后掠角对副翼效率的影响也很明显。随着 Λ_{sh} 的增大,副翼效率下降。副翼的偏角受到翼面上气流分离的限制。对于不同平面形状的机翼, $C_1 \sim \delta_a$ 线性范围的偏角不同,例如某副翼的风洞实验结果显示,平直机翼($\Lambda_{sh} = 0°$)的副翼在偏角 $\delta_a = 20° \sim 22°$ 时就失效了,而后掠角机翼在 $\delta_a = 30°$ 时仍有线性效率。

副翼一般布置在机翼外侧靠近翼尖的部位,此时副翼偏转产生滚转力矩较大(力臂长)。但机翼的扭转变形会使副翼效率降低,在严重情况下会引起"副翼反效"。因此,对机翼有时采用几何扭转或布置内侧副翼(例如大型民用飞机或大展弦比机翼)。

2. 扰流片

扰流片可分为两种:一种为在机翼两边对称偏转,使飞机增阻减速,缩短滑跑距离,一般安置在襟翼前的机翼上;另一种为安装在外侧的扰流片上,如位于内、外侧副翼之间,在飞行中左右不对称偏转,作为横向操纵的补充。扰流片偏转时滚转效率可简写为:

$$C_{l\delta_S} = KC'_{l\delta}\Delta\alpha_S\cos\Lambda_{1/4}$$ (3 - 16)

式中, K 为展长与展向位置修正因子;

$C'_{l\delta}$ 为全弦长非对称偏转扰流片的滚转力矩效率参数;

$\Delta\alpha_S$ 为流片升力效率修正系数;

$\Lambda_{1/4}$ 为机翼 $1/4$ 弦长后掠角。

3. 副翼和扰流片的参数选择

设计副翼和扰流片时,参数选择往往参考现有飞机设计参数,故现有飞机副翼和扰流片基本参数的统计值对副翼和扰流片设计有一定参考价值。下面给出基本参数的统计范围。

(1) 副　翼

副翼相对(机翼)面积: $\bar{S}_a = S_a/S_w = 0.05 \sim 0.07$

副翼相对展长: $b_a/b_w = 0.3 \sim 0.4$

副翼相对弦长: $c_a/c_w = 0.2 \sim 0.25$

副翼展向位置: $0.5b_w \sim 0.9b_w$

副翼偏角范围:后缘上偏 $20° \sim 25°$

后缘下偏 $15° \sim 20°$

(2) 扰流片

扰流片相对弦长: $C_S/C_w = 0.05 \sim 0.25$

扰流片相对展长: $b_S/b_w = 0.12 \sim 0.3$

铰链轴位置(相对 c_w):0.65~0.8。

3.10.3　差动副翼

差动副翼是指操纵杆偏转相同角度而左、右副翼偏转角度不同,即向上偏转角度与向下偏转角度不同。副翼向下偏转一侧的机翼由于翼型弯度增加而升力增大,但此时阻力也增大,故副翼偏转时,产生横滚力矩的同时也产生偏航力矩。

当迎角一定时,如向上偏转 $\delta=-20°$ 与向下偏转 $\delta=20°$ 时,将产生很大的偏航力矩。因此一般副翼采用差动副翼,即向上偏转角 δ_s 大于向下偏转角 δ_x,两个转角的绝对值的比值取在 $d=\delta_s/\delta_x=3\sim5$ 的范围内。在超临界状态下,下偏副翼比上偏副翼的阻力大很多,当翼尖分离时副翼引起的升力下降,故有时仅使用向上偏转副翼。差动副翼不能完全解决大迎角下横向操纵性问题,但减小了偏航力矩。

副翼结构设计与一般操纵面相同。副翼安装支架、质量补偿、气动补偿和连杆等应安装在机翼内部,在结构受限制时尽可能不要突出在上表面。为了减小阻力必须避免缝隙,副翼处于中立位置时,缝隙应小于 $0.005c_a$。副翼主要受力构件尽可能靠近转轴安排,使副翼重心前移,这样可减小配重。

对于双发飞机,当一台发动机停车时或飞机两侧质量不对称、需要较长时间偏转副翼时,需消除副翼上的操纵力矩,一般采用调整片或操纵系统中安装调整片感应机构。

习　题

3-1　如何确定翼形的几何参数?

3-2　机翼的平面参数主要有哪些?简述选择机翼参数的原则。

3-3　采用边条翼后在外形上有什么特点?边条翼的几何参数对气动特性有何影响?

3-4　试比较三角机翼和小展弦比后掠机翼的气动特性,它们在结构布局上有何差别?

3-5　选择机翼结构受力形式要考虑哪些基本因素?

3-6　简述直机翼结构受力系统布局原则。

3-7　后掠机翼结构受力系统布局的主要难点是什么?当前有哪些布局形式?各自特点是什么?

3-8　如何选择机翼分离面的连接形式?

3-9　如何选择翼身连接形式?在连接形式设计时应注意哪些设计问题?

3-10　如何选择增升装置形式?在设计时应考虑哪些问题?

第 4 章　机身设计

机身是飞机的主要部件之一。机身与飞机其他部件连接组成一个整体,机身内部装载各种装置、发动机、乘员或货物等。因此,机身的结构布局必须与各部件的受力构件相协调,形成一个统一完整的受力系统。由于使用维护性要求机身上开口较多,各部件和设备的连接接头较多。故机身的形状和结构变得较复杂,要求机身与各翼面、发动机、各系统综合设计。

4.1　机身设计特点

4.1.1　机身功用和内部布置

根据用途不同,机身内部装载和内部布置不同。机身的内部布置包括两部分:一部分是将各种有效载重、燃油、设备和发动机等合理地布置在机身内,在满足设计要求的情况下内部空间利用率高;另一部分为结构布置,协调机身与机翼、尾翼、起落架等部件的受力构件,保证各部件相对位置,使传力路线最短,结构受力合理。在满足装载和结构布置的前提下,机身剖面形状与尺寸沿纵轴分布符合气动布局要求。

下面以三种典型飞机为例,对机身功用与内部布置作简略介绍。

图 4-1 是苏—27 飞机布置图。其前机身较长,为了保证驾驶员有良好视界,除驾驶员座舱布置在机身前部的上方、座舱突出机身表面外,还将机头下倾 $7°31'$。两台发动机布置在后机身,燃油箱安置在重心附近的中机身(中翼)处,中机身下部可吊挂副油箱或导弹,以期不致因燃油的消耗和导弹的发射而使飞机重心的变化超出规定范围。

图 4-1　苏—27 飞机布置图

图 4-2 是 F—117A 立体剖视图。F—117A 是首次按低可探测技术设计的隐身战斗机,整架飞机完全是一种由平板组成的多面体。两枚 908 千克级 BLU—109 型激光制导炸弹和两台 F404—GE—F1D2 涡扇发动机均装在机身内,机头两侧有"格栅"形进气口,后部采用宽扁形排气口,喷口下缘有一伸出并向上偏的底面,用以阻止红外线探测器及雷达从后面探测到涡轮部件。

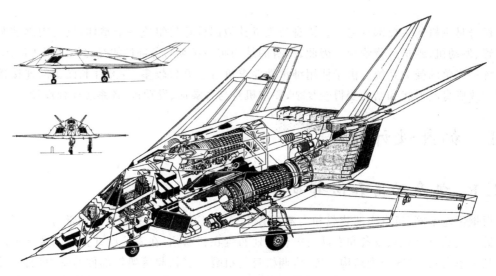

图 4-2 F—117A 飞机立体剖视图

图 4-3 为某旅客机剖视图。其机身头部为驾驶舱,其他部位主要是旅客舱和行李舱。对运输机而言,机身内部主要装货物,发动机一般固定在机翼下部或机身尾部外侧。

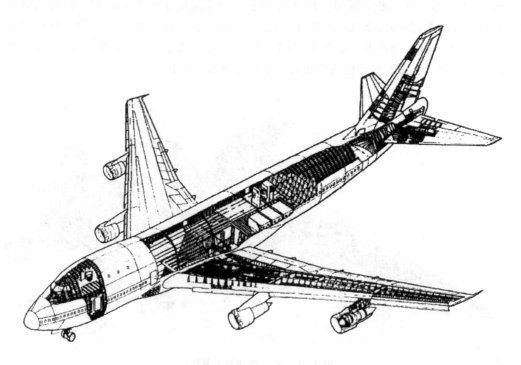

图 4-3 某旅客机剖视图

为了满足使用、维护、修理等要求,机身上布置有很多开口。以苏—27 战斗机为例,有 400 多个口盖,几乎遍及全机。机身上有空勤人员出入的座舱口盖或舱门。在旅客机上除正常出入的旅客用舱门和瞭望窗外,必须有应急舱门。在轰炸机和运输机上有较大的炸弹舱门或货舱门。而这些开口处加强应与机身受力构件协调,在结构设计时应进行精心的细节设计。

4.1.2 机身设计特点和要求

机身是飞机最复杂的部件之一。飞机用途的多样性使机身用途更为复杂,机身要装载有效载荷、乘员、设备、装备、动力装置和燃料等,不同的用途其装载的有效载荷均不同。机身要将飞机的其他重要部件联成一个整体。机身必须完成这些复杂功能,同时机身的气动特性要求阻力小,机身占零升阻力比重很大,机身气动外形设计和各部件密切相关,机身外形尺寸和形状又与内部装载有关。这些机身设计特点要求在设计时重视下列要求:

① 机身产生升力很小,但占零升阻力比重很大。因此,对机身气动外形设计主要是减阻。首先,要有尽量小的机身最大横截面 A_F,因超声速时阻力取决于 A_F/S 值(S 为机翼面积)。其次,表面浸润面积应尽量小,外形光顺、凸出物少;对超声速飞机应降低头部波阻使气动外形阻力最小;机身尾部阻力占全机身阻力的大部分,因此机身尾部与尾翼、发动机喷口的气动外形协调是机身外形设计重要部分之一;机身尾段应采用综合设计方法,使干扰阻力最小。最后,全机要进行一体化设计,使得机身面积符合面积律要求,从而达到最小阻力。

② 机身是飞机的主要装载部件,故首先应满足安置机载人员和货物要求等。根据各个系统和部件要求在机身内部布置各种装载装置和驾驶舱、旅客舱等。如驾驶舱、雷达舱一般安排在机身头部,某些战斗机的进气口也安置在头部或前机身两侧(或下部)。在满足各个系统要求前提下,协调各装载位置,使重心满足设计要求下,且截面面积最小,空间利用率数最高,并使机身外形符合面积律要求。

③ 机身是将飞机各个部件连接成一体,故机身是整架飞机的受力基础,各部件上的载荷通过与机身连接接头传到机身上,因此,机身中受力构件布置必须与各部件受力构件协调,使传力路线合理,形成一个全机受力平衡整体结构。机身结构应有足够的强度和刚度,在满足结构完整性要求下结构质量最轻。机身的总体刚度不应影响尾翼的效率和尾翼的振动及颤振特性。

④ 机身上的外载荷主要是集中力,另外机身上大开口和舱门较多,由此,机身上必须布置适当构件将集中力扩散,并以分布力形式传给其他结构元件,在大开口和舱门处需布置局部加强件,以保证结构承力的完整性。这些加强件应和机身的主受力构件协调,综合利用各受力构件,使结构受力合理,质量最轻。

⑤ 机身应有足够的开敞性以便维修和检测。而维修性和安全可靠性与内部空间利用率和经济成本等密切相关,战斗机的机身的开口率是飞机维护性的指标之一。往往由于满足使用要求所以在气动外形和结构质量上作一些牺牲。

⑥ 机身结构应有良好的工艺性,生产成本低。

4.2 机身主要外形参数

4.2.1 机身的几何参数

机身的几何参数有长度 l_F,直径 d_F,最大横截面积 A_F。经常采用长细比即机身各段长度与机身最大直径之比来表示:机身长细比 $\lambda_F = l_F/d_F$,头部长细比 $\lambda_n = l_n/d_F$,尾部长细比 $\lambda_r = l_r/d_F$。尾部收缩比 $\eta = R_d/R_{max}$,其中 R_d 尾部横截面半径,R_{max} 为最大横截面半径,η 表示尾部横截面和旋成体最大横截面的面积比。

机身的最大横截面积和沿机身轴向的控制截面是根据具体的装载要求确定的,但从气动要求则应尽量小。如驾驶舱、旅客舱、货舱要求横截面尺寸,发动机沿轴向控制尺寸(以上横截面尺寸应同时考虑该处的结构尺寸),翼身融合体要求尺寸等决定了机身沿轴向横截面控制尺寸。从减小波阻的角度考虑,最大截面位置在 60% 机身长度处最好,在 40% 机身长度处波阻增大,而在 80% 机身长度处阻力也增大,特别是在 20% 处超声速阻力特别大。机身阻力随马赫数和最大截面位置影响更突出,机身长细比增加对减小超声速阻力很明显。

4.2.2 前机身外形设计

1. 细长旋成体气动特点

轴对称流中细长旋成体,在亚声速无粘流时,旋成体不仅没有升力,而且也没有轴向力或阻力,不论旋成椭球体还是旋成抛物体,不可压轴向绕流时旋成体表面压强系数 $\bar{P}_a$ 为轴对称。若压缩性影响在旋成体表面上压强系数 $\bar{P}_a$ 对于旋成体是前后对称的,则旋成体表面压强系数分布不单是轴对称,并且前后对称。所以在无分离的理想流中,旋成体上无升力和阻力。

在超声速轴向绕流时,对于前后对称的旋成体,其表面上的压强分布不再前后对称,而且最小压强系数的点在旋成体最大截面之后,因此旋成体表面的压强分布虽然不产生升力,但却产生一个沿气流方向的阻力,故称此阻力为零升波阻力,零升波阻力系数和马赫数无关。按零升波阻力最小条件可求得最佳旋成体形状。

(1) 在给定底面积情况下的最佳形状——卡门(Kàrmàn)旋成体

如给定底面积 $S(L)$,则具有最小零升波阻的细长体的面积分布为

$$S(\sigma) = \frac{S(L)}{\pi}\left(\pi - \sigma + \frac{1}{2}\sin 2\sigma\right) \tag{4-1}$$

式中,变量 σ 和轴向坐标 x 的关系为

$$x = \frac{L}{2}(1 + \cos\sigma) \tag{4-2}$$

在旋成体顶点 $x=0$ 处,$\sigma=\pi$;在旋成体底部,$\sigma=0$。这种面积分布的细长旋成体被称为卡门旋成体。

(2) 给定旋成体体积情况下的尖头、尖尾旋成体的最佳形状——西尔斯-黑格(Sears-Haack)旋成体

在给定旋成体体积 V 和 $S(0)=S(L)=0$ 的情况下,当 $S'(0)=S'(L)=0$ 时,最小零升

波阻力的细长旋成体的截面积分布为

$$S(\sigma) = \frac{4V}{\pi L}\left(\sin\sigma - \frac{1}{3}\sin(3\sigma)\right) \tag{4-3}$$

这种面积分布的细长旋成体被称为西尔斯-黑格旋成体。

实际上,对于外形光滑的截面分布,虽然与最佳形状稍有偏离,但对零升波阻力的影响不大。最小零升波阻系数与 Ma_∞ 数无关。

2. 机身头部的最佳外形

机身头部设计决定于使用要求,首先应保证驾驶员有良好的视界。为了满足下视角要求,有时要将机头轴线向下偏。但从气动设计要求阻力小的角度考虑,对于亚声速的民用飞机应采用抛物线或对称翼型的旋成体,对于超声速战斗机应尽量采用西尔斯-黑格(Sears-Haack,S-H)旋成体或卡门(Kàrmàn)旋成体,以减少波阻。

对于超声速飞机,机头用小圆弧形状可以减小超声速阻力。只要马赫数不超过 1.1, r_n/R 不超过 0.50(r_n 为机头半径,R 为机身半径),对阻力的影响均不大。

尖机头的分离涡最不稳定,随迎角增大会很快出现非对称旋涡,从而产生很大的侧力和偏航力矩。增大机头的半径可以迅速降低侧力的大小,因为机头稍钝产生的涡较为稳定,它可以推迟旋涡的产生,减轻旋涡的不对称性。

3. 细长前机身大迎角非定常空气动力特性

旋成体的轴线与来流存在一定迎角 α 时,在背风面上的附面层产生分离并出现脱体涡。在大迎角绕流时,附面层的分离现象会加剧。附面层在旋成体两边自某一点起各自沿一条线发生分离,在旋成体上半部形成两个涡面并逐渐卷起形成两个旋涡,如图 4-4 所示。随迎角增大,分离点不断前移,后面的旋涡面也越大,旋涡强度也越强。

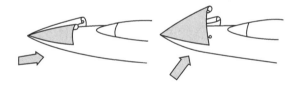

图 4-4　前机身的分离旋涡

旋成体背风面上产生的旋涡对表面的压强分布和旋成体上的法向力及力矩都有很大影响,可根据小迎角细长体的流动分解成轴向流动和横向流动两部分来处理。由压强系数分析得到横向绕流的压强系数主要决定于 $(1-4\sin^2\theta)\alpha^2$,其中 α 为迎角,θ 角为表面上点位置,即横坐标轴上表面点的 θ 角为零。这种因分离而产生的法向力可近似地认为相当于二维圆柱体的阻力。

现代战斗机都具有细长的前机身,在 $\beta = 0°$ 的无侧风的大迎角时都存在不对称的旋涡结构,主要原因是:①实际飞机机头或模型不可能做成绝对的对称形状;②无论在大气中或风洞中,气流都可能存在扰动;③机头的左右旋涡靠得很近,对于高速旋转的一对旋涡,对称是一种不稳定的平衡状态,不对称才是稳定的平衡状态。大迎角机头旋涡非对称性的产生和差别是与前机身的长细比和截面形状有关的,若前机身细长比大或截面为立椭圆,则气动力非对称性越明显。非对称旋涡将产生较大的侧向力和侧向力矩,并且与机翼的旋涡流动相互作用会使方向舵失效,因而机头大迎角不对称涡不但对定常气动力有影响,而且对非定常气动力也产生非线性影响。

4.2.3　机身横截面的形状

机身横截面形状和尺寸很大程度上取决于内部装置要求。对于发动机安装在机身中的战斗机来说,则发动机外形和尺寸决定机身截面形状和尺寸;对于旅客机来说,座椅的安排和尺寸决定机身横截面。因前机身的截面形状对飞机大迎角气动特性有重要影响,本节重点介绍前机身的横截面形状对气动特性影响,以及从气动设计要求和对前机身涡流的控制来论述机身设计。

1. 横截面形状对大迎角时全机静动稳定性影响

前机身横截面形状在大迎角时对气动特性影响的主要表现是机头不对称旋涡对机身产生侧力和侧力矩,以及不对称旋涡对机翼和垂尾的干扰。

图 4-5 表示横椭圆、融合体和立椭圆前机身的旋涡比较。在 $\beta=0°$ 无侧滑时:三种机头旋涡都是对称的,但融合体机头的一对旋涡相互距离较远,并且距机头表面较近;立椭圆机头的一对旋涡相距最近,且距机头表面较远。在 $\beta\neq0°$ 有侧滑时:横椭圆机头迎风面分离点上移,涡心内移,背风面分离点下移,涡心向上向外移动;立椭圆上旋涡也有类似变化,并且更剧烈,两侧旋涡相距较近;融合体机头两侧旋涡的分离点固定在边鳍上,迎风面涡心更靠近机头表面,背风面涡心向外和向上移动,两涡心相距更远;对于横椭圆截面和融合体截面来说,大迎角有侧滑时的不对称旋涡在机头上产生恢复侧力,会提高方向稳定性,而立椭圆在有侧滑时产生方向相反的不利侧力,会降低方向稳定性。

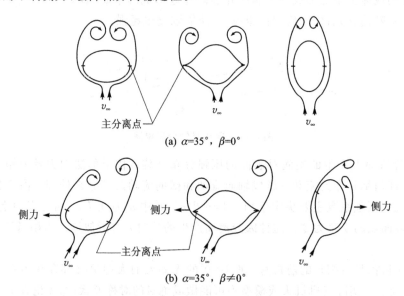

(a) $\alpha=35°$,$\beta=0°$

(b) $\alpha=35°$,$\beta\neq0°$

图 4-5　横椭圆、融合体和立椭圆前机身的旋涡比较

(1) 方向稳定性

迎角增大时机头的一对旋涡发生不对称,产生侧力和偏航力矩,不同截面的前机身对全机大迎角方向稳定性 $C_{n\beta}$ 的影响有明显不同。横椭圆截面方向稳定性 $C_{n\beta}$ 随迎角 α 增加不但不

下降,还会继续增加,保持很高的方向稳定性,在 $\alpha = 10°$ 以后才开始下降。立椭圆截面前机身在 $\alpha = 10°$ 时方向稳定性开始迅速下降,当 $\alpha > 17°$ 以后变为方向不稳定。在 $\alpha < 30°$ 时,融合体机身与圆形机头和半球形机头相似,$C_{n\beta}$ 随 α 的增加少许降低,但 $\alpha > 30°$ 以后融合体机头的方向稳定性随迎角增加而增加,在 $\alpha > 40°$ 以后与横椭圆截面机头接近。这是因为融合体前机身的边鳍产生旋涡的强度高,在机头产生有利侧向力,同时会改善垂尾处的流场,提高垂尾对方向稳定性的贡献。融合体机头与旋转体机头相比,在 $\alpha > 20°$ 以后($\beta = 10°$ 时),由于破裂涡的尾流影响到中央垂尾,偏航力矩系数 C_n 开始下降,在 $\alpha > 45°$ 以后又开始恢复,但旋转体机头在 $\alpha = 40°$ 时即开始恢复。

(2) 横侧稳定徃

比较不同截面前机身的横向稳定性随迎角变化可知,横截面形状对稳定性 $C_{l\beta}$ 有影响但始终在稳定范围内变化,横椭圆机头对减轻大迎角范围内 $C_{l\beta}$ 的波动更有利。融合体机身由于 $\beta \neq 0$ 时旋涡在机翼两侧产生不对称破裂,当 $\alpha > 40°$ 以后对 $C_{l\beta}$ 产生不利影响。

融合体的前机身随着迎角 α 增大和侧滑角 β 增加,迎风面旋涡开始破裂,并且随 α 角和 β 角继续增大而旋涡的破裂越来越严重,破裂点向机翼前缘移动,但相比之下,旋成体前机身更为严重。例如 $\alpha = 35°$、$\beta = 10°$ 时,旋成体前机身的迎风面破裂旋涡的紊流已扩展到背风面机翼的后部,背风面旋涡的破裂已推后到机翼的后部,而融合体前机身迎风面旋涡的破裂只发展到前机身的中部,背风面旋涡不破裂。

(3) 纵向气动特性

在前机身截面对纵向气动特性的影响方面:对翼身融合体的前机身而言,由于前机身两侧带边鳍在大迎角时产生很大的升力,气动中心前移,在 $\alpha = 25°$ 左右产生明显上仰;而其他截面前机身对俯仰力矩影响不大。但比较立椭圆截面、圆形截面(旋成体)和横椭圆截面的纵向力矩系数,随 α 增加横椭圆截面的 C_m 增加快,即 $\partial C_m / \partial \alpha$ 大,主要是机头后部俯视面积增大。

(4) 动滚转稳定性

迎风面旋涡和背风面旋涡的相互干扰是产生滚转振荡的主要原因。融合体机头的一对旋涡相距较远,因此相互干扰不明显;横椭圆机头的一对旋涡相距较近,干扰严重,并且对机翼有较强的干扰,因而产生严重的机翼摇晃。

机翼摇晃是飞机滚转稳定性问题,是现代战斗机经常发生的一种大迎角飞行时的失控现象。前机身截面形状会对机翼摇晃幅值产生影响。除融合体机头外,各种机头在大迎角时均使机翼摇晃振幅增大,尤其是对横侧稳定性有最大影响的横椭圆截面前机身对机翼摇晃特性最不利。而融合体机头在大迎角时不但具有良好横侧稳定性,而且对机翼摇晃的振幅也最小。

2. 横截面形状对升力特性影响

融合体的前机身在大迎角时升力提高的主要原因是由于旋涡的作用,图 4-6 表示融合体前机身三个截面的横向压力分布($\alpha = 45°$)。融合体机身两侧上表面有很高吸力,两边压力分布对称,表明机身边鳍增强了旋涡的强度,并保持大迎角两侧旋涡的对称性。由于融合体机头在大迎角时有强而稳定的旋涡,在 $\alpha > 10°$ 时升力逐渐增大。α 的进一步增加使机头旋涡与机翼的旋涡的干扰越有利,在 $\alpha = 15°$ 时升力线斜率明显加大;在 $\alpha = 30°$ 时 C_L 达到最大,由于旋涡破裂,升力逐渐下降;在 $\alpha = 50°$ 时融合体前机身的全机升力比旋成体前机身高出 25.6%。在 $\alpha < 35°$ 时,圆形截面机头与融合体前机身的升力差别不大,表明前机身的升力贡献不大;在

$\alpha > 35°$以后,圆截面前机身对升力也有相当的贡献。

融合体机身对大迎角气动特性的有利影响主要是其对旋涡的控制,而旋涡的影响随马赫数增加而降低,旋涡的强度和其与机翼的干扰均减弱。故在跨声速时马赫数对融合体机身的作用应有足够重视。但较高马赫数时,飞机达到大迎角的可能性不大,大迎角和过失速机动主要在低马赫数下进行。

3. 前体涡的控制

在大迎角时,前机身引起的非对称旋涡对整个飞机的运动都有很大的影响。对于前体分离和旋涡的控制可改善大迎角飞行特性。从气动角度控制方式可分两类:一类是采用可控制的边条,通过控制边条夹角来控制旋涡,图 4-7 表示机头边条对侧力的影响;另一类为吹吸气装置,利用吹吸气流对前体绕流进行控制。由于前体分离涡比较靠近,对这些涡的控制会产生较大的控制力,且控制力离重心较远,将会得到较大的控制力矩。

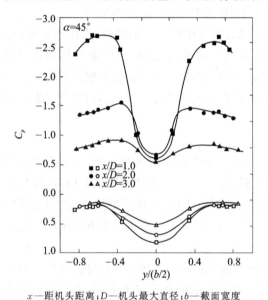

x—距机头距离;D—机头最大直径;b—截面宽度

图 4-6 融合体前机身三个
截面的横向压力分布($\alpha = 45°$)

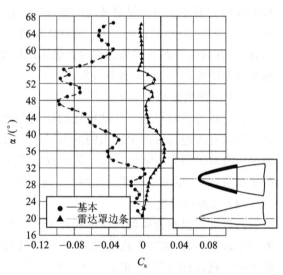

图 4-7 机头边条对侧力的影响

为了改善飞机大迎角的横侧气动特性,在横椭圆截面前机身基础上加大机头部分宽度,气流会稳定地自机头两侧分离,从而消除旋涡大迎角的不对称性。这一操作实质上是进一步发挥横椭圆截面大迎角有很高方向稳定性的优点。这种前机身外形称为鲨鱼头前机身。

另一种前机身外形称鸭嘴形,其特点是飞机头部两侧为下垂的扁圆形,后部接近圆形,下部比较平坦。从俯视图看,虽然机头较鲨鱼头宽一些,但前机身中后部宽度狭窄,因此横侧稳定性与鲨鱼头相似,而纵向稳定性较鲨鱼头的好一些。

4.2.4 机身尾部外形设计

飞机后体包括尾喷管、机身尾段和尾翼。通过几种战斗机设计方案的比较可看出,后体设计对飞机阻力的影响很大,以典型战斗机的后体阻力(亚声速飞行时)占全机阻力比例为例,当飞机的后体长度占机身总长度的 20%~25%、浸润面积占全机的三分之一左右时,后体阻力

却占全机的 $38\%\sim50\%$,其中摩擦阻力和喷流干扰阻力占后体总阻力的 $40\%\sim60\%$,其余为压差阻力和喷管—后体—尾翼相互的干扰阻力。因此,对于亚声速和超声速飞机来说,必须进行后体综合优化设计。

1. 机身后体收缩角

后体收缩角 β_s(如图 4-8 所示)是影响机身尾段阻力的最重要因素之一。收缩角选择不合适则容易引起气流分离和阻力增大,在跨声速时会引起抖振。

机身尾部外形也可用尾段长细比 l_a/d 和收缩比 r_b/R 两参数表示。其中 l_a 为尾段长度;d 为直径;r_b 为尾段截面半径;R 为机身最大半径。总阻力包括摩阻、压差阻力、底阻和尾翼的阻力。当跨声速时阻力系数剧烈增加,各种收缩比后机身波阻增加不同,$r_b/R=1.0$ 的波阻增加最小。对于长细比 $l_a/d=3.5\sim5.0$ 时:r_b/R 在 $0\sim0.5$ 范围内,收缩比对总阻力影响不大;在 $r_b/R>0.6$ 以后,后机身总阻力随收缩比增大而增加,但此时长细比变化对总阻力影响较小;在 $r_b/R=0.7$ 时总阻力最小,即压差阻力与底阻匹配较好。

根据不同后机身的试验结果可以归纳出最小阻力的后体收缩角。在 $Ma=1.2$ 时,总阻力最小的后体收缩角 β_s 如图 4-8 所示。对于抛物线外形的后体最小阻力的 $\beta_s=4.5°$。当 β_s 在 $3.5°\sim6.5°$ 范围内,后体的总阻力偏离最小阻力在 10% 以内。

尾喷管外露于机身尾部时,收缩角与分离有直接关系,喷管旋转体尾部产生分离的收缩角 β_0。在跨声速时,不太大的收缩角就可能导致分离。在亚声速不加力状态时喷口收缩,喷

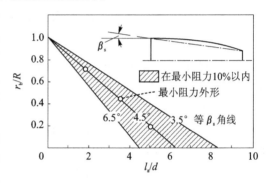

图 4-8 总阻力最小的后体收缩角

管尾部收缩角一般都超过 β_0。在亚声速时收缩角过小尾部的压力得不到足够的恢复,尾端气流转折大,底阻增加。适当增大 β_s 角,虽然尾部有局部分离,但由于尾部的压力得到足够的恢复,当 β_s 不是过大时,总的看还是有利的,一般取 $\beta_s=15°\sim20°$ 左右较好。在超声速时,如加力状态、喷管扩张、收缩角减小,收缩角应从使飞机的阻力较小、发动机性能最佳这两方面考虑,即得到最佳的推进/气动性能,超声速时收缩角一般在 $0°\sim10°$ 之间。

尾喷管伸出机身尾部时,应考虑喷管与后体结合处采用圆弧或曲线外形,这样可使气流在结合处和缓转折,消除吸力峰值,可使最小阻力系数 C_{Dmin} 降低 4% 左右,因此,保持喷管与后体连接处的外形曲线为光滑流线是非常重要的。

2. 后体上翘角

某些飞机根据设计需要,将后机身轴线或尾部轴线相对机身轴线上翘一个角度,此角度称为后体上翘角,例如要增加飞机着陆时的擦地角,又如大型运输机尾部往往有很大的舱门,带有可以下降到地面的货桥,能自动装卸货物而不需要使用地面设备。如何选择适当上翘角,以便在开口长度最小的情况下保证货物所要求的开口尺寸,并且利用舱口盖的大部分作为装卸货桥。但这种后体上翘均会使阻力增加,为了减小阻力、加长机身尾部并使其上翘角度最小,尾部可作少许弯曲,但会导致所需开口加长,结构质量增加。

3. 尾翼与喷管—后体的干扰

喷管—后体外形复杂，例如后体（后体—喷管）的收缩角直接影响后体与尾翼之间的干扰阻力。在不加力状态下，收缩角大的后体与尾翼的干扰易产生分离现象。尾部的分离引起阻力增大。最严重情况，垂尾引起阻力增量可能达到单独后体阻力的 25%，主要是干扰阻力引起阻力增加。平尾也存在类似的干扰问题，但严重程度不如垂尾，而且垂尾和平尾之间还互相产生干扰，它们的前后位置对阻力有很大影响。而尾部的分离不但引起阻力增大，而且可能诱发抖振。因此，后体综合设计时应考虑尾翼与喷管—后体的综合设计。

4.2.5 面积律

亚声速飞行时一般较少发生气流分离，厚度引起的压差阻力很小。但进入超临界状态以后会产生激波，激波与激波之间的相互干扰会产生很大的阻力，阻力与物体的形状以及组合体各部件的相对位置有很大关系。因此要对飞机组合体进行综合设计，按面积律要求对机身进行修形是机身设计的一个重要方面，尤其是对超声速战斗机。

1. 跨声速面积律

美国 Whitcomb 提出跨声速面积律的概念，即对于薄的小展弦比机翼与机身的组合体，其 $Ma=1.0$ 附近的零升阻力 C_{D_0} 增量主要取决于它的正切面积分布。由试验结果证实，在 $Ma=1.0$ 附近，各种机翼机身组合体的波阻与当量旋成体相当接近。跨声速面积律提出了一个重要概念，既然 $Ma=1.0$ 附近组合体的波阻与当量旋成体的波阻基本相同，若将机身修形使得组合体的正切面积分布接近阻力最小的流线型旋转体，则可减小跨声速时波阻。但风洞实验得到某些情况不适合应用跨声速面积律，如展弦比 A 和相对厚度 t/c 较大的机翼，当平直机翼的 $A(t/c)^{1/3}>1.0$ 和三角机翼的 $A(t/c)^{1/3}>1.3$ 时将不能应用跨声速面积律。

2. 超声速面积律

在马赫数较大时采用跨声速面积律修形反而会使阻力增加，故提出超声速面积律概念，即在 Ma 值不太大的超声速时，机翼机身组合体的零升波阻取决于一组斜切面积的正投影分布。斜切面的倾角为马赫角 μ。斜切面沿机身轴线从前向后移动，而斜切面是机身轴线上某一点的马赫锥的外切平面。面积分布的截面积是斜切面积在垂直平面上的投影。

旋成体超声速波阻取决于面积分布曲线的二次导数。因此不但要保证面积分布曲线的光滑流线，还要保持面积分布曲线一次导数的曲线光滑流线。与跨声速面积律相比，按超声速面积律切去的机身截面积较小，而且分布在更大的纵向范围内，修形后机身的外形变化较为和缓。

超声速面积律不是一个准确的理论，而是从概念出发，认为当量旋成体的波阻与外形复杂的飞机波阻相等。实验验证了超声速面积律概念的正确性。但对不同的飞机外形和机翼参数，超声速面积律的效果也不同。

3. 机身修形

面积律给跨、超声速飞机减阻提出了一个简单的概念和有效的途径，在许多飞机上得到实际应用，证明其确切的减阻效果。在飞机方案设计阶段进行各种面积律修形可以取得很好的效果。

（1）全部修形和部分修形

按面积律的要求修形往往将机身的体积削去太多影响机身受力构件布置和内部空间利用，实现起来较困难，可采用部分修形，但部分修形效果比全部修形的要差些。

（2）修形马赫数的选择

应用超声速面积律时如何选择修形马赫数，对于具体的飞机，由于斜切的面积分布不同，修形马赫数的选择需要具体分析。根据模型实验采用跨声速面积律修形可能出现在某些马赫数时阻力偏高，而采用 $Ma=1.41$ 修形可得到较低 C_{D_0} 值。

4.3　机身的结构形式与结构布置

4.3.1　机身典型结构形式与结构布置

1. 机身典型结构形式

机身承受 Oxy 平面和 Oxz 平面内的剪力 Q_y、Q_z 和弯矩 M_y、M_z，以及沿机身轴向的轴力 N 和扭矩 M_x；内部需要装载货物、乘员或发动机（战斗机）等，故一般采用刚性薄壁空间结构。目前，机身结构大致可以分为半硬壳式结构和硬壳式结构两类。半硬壳式是指横向隔框、纵向长桁或梁及其蒙皮组合而成的结构；硬壳式结构是指由蒙皮与少数隔框组成的结构。具体而言，机身主要有桁架式、桁条式、桁梁式、梁式、硬壳式、加筋硬壳式等多种结构形式。桁架式机身结构仅在小型或轻型飞机上使用。纯硬壳式机身结构，由于其开口性能差，破损安全性能低，内部结构布置和维修不方便等原因，只在早期的飞机上使用，现代飞机已很少采用。对于这两种结构形式这里不作介绍。

桁条式结构的特点是长桁较密、较强，蒙皮较厚。长桁与蒙皮组成加筋壁板来承受弯曲引起的轴向力；剪力和扭矩引起剪流由蒙皮承受。这种形式的结构弯曲刚度和扭转刚度大，质量轻。但从其受力特点可以看出，蒙皮不宜大开口；如果开口，则开口处加强困难。桁条式机身结构中桁条剖面较弱，不宜传递较大的纵向集中力，只适用于承受均布轴压载荷作用的情况。

桁梁式机身结构的特点是，结构纵向具有较强的桁梁，桁梁的截面很大，桁条很弱，甚至桁条可以不连续，蒙皮较薄。桁梁式结构一般安置四根纵梁，纵梁布置除考虑最佳承受弯矩外，还考虑机身大开口处结构的加强和集中载荷的传递。从结构总体受力分析看，弯曲引起的轴向力主要由桁梁承受，蒙皮和长桁只承受很少部分的轴力；剪力全部由蒙皮承受。桁梁式结构中开口通常布置在两桁梁之间，这样不会显著降低机身的抗弯强度和刚度，开口处加强所引起的质量增加也较小。所以桁梁式结构和桁条式结构是机身上常用的结构形式。

梁式机身结构由蒙皮、隔框和纵向大梁组成。载荷主要由大梁承受，蒙皮只承受剪力，不参加纵向承载。这种结构形式适用于承受轴向集中载荷较大的机身，以及需要大开口的情况。由于蒙皮不参加纵向承力而只承受剪力，材料利用率不高，故相对桁梁式结构来说梁式机身较重。

虽然纯粹的硬壳式机身结构在现代飞机上很少采用，但是，硬壳式蒙皮与其他结构形式的混合在现代大型飞机机身结构已经得到了使用，并且在复合材料为主的机身结构中有不断扩大的趋势。加筋硬壳式机身结构由带肋条的整体壁板和框组成，整体壁板可用复合材料制成，壁板内有纵向和横向肋条以提高壁板的临界应力,并且参加总体受力。在需要开口的地方和集中力作用点附近,可布置一些较强的纵、横向加强肋条。目前这种结构形式在战斗机机身的进气道侧壁等处得到了使用。

2. 机身结构布置与结构形式选择

机身的布置与结构形式的选择,受机身功用、内部装载以及机身与其他部件的连接形式因素的影响很大,因此,结构布置与结构形式的选择必须从全局着眼综合考虑。影响机身结构布置的主要因素有:

(1) 以机身的内部布置为主要依据

飞机用途和任务确定以后,机身的内部装载和布置就基本确定。例如驾驶员座舱均布置在机身前部的上方,保证驾驶员有良好的视界。苏—27因机头较长(如图 4-1 所示),为此将机头下倾 7°31′ 以保证驾驶员视界要求。又如图 4-9 某强击机为两侧进气,机头安置设备为流线型设备舱,保持气动阻力小以外使驾驶员有良好视界。机身内储藏的燃油和炸弹,弹身内的贮箱均应尽可能置于重心附近,以免重心变化超出规定范围。在运输机、旅客机中必须布置地板,因此在机身中需要安排地板梁,以保证人员与货物的运输。图 4-3 所示为民用旅客机的内部布置图。

(2) 机身结构布置应与机翼、尾翼、起落装置等受力构件布置相协调

使全机的受力构件协调,传力路线最短。机身的结构布置一般可分成两种类型:一类为机翼结构与机身结构分离为两个独立的结构部件,如图 4-3 和图 4-16 所示;另一类为机翼结构的中翼和机身结构中段组合成一体,如图 4-1 战斗机的机翼中翼即为机身中段,或如图 4-2 所示的翼身融合体飞机,机身结构为机翼结构的一部分而形成一个整体。

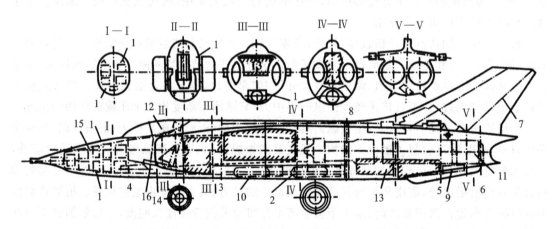

1—前机身桁梁;2—与主梁对接加强框(24 框);3—与前梁对接的 17 号加强框;
4—其他加强框(8,12,13,16,20,25,29,30);5—与平尾转轴连接的 41 号加强框;
6—平尾与垂尾定面相连接的 44 号加强框;7—垂尾安定面后梁轴线;8—机身设计分离面;9—减速伞舱;
10—炸弹舱;11—发动机;12—驾驶员座舱;13—油箱舱;14—前起落架舱;15—设备舱;16—座舱地板

图 4-9 某强击机机身内部布置与主要受力构件布置

(3) 使用维护和可靠性要求

为满足使用、维护和修理等方面的要求,机身上布置有很多开口。在旅客机机身上有机组和旅客的舱门与应急出口(见图 4-10)。如发动机安置在机身内则需要布置较大的检查口盖或装卸舱盖。机身上设备需要布置内(或外)部检查口盖。据统计,现代战斗机的机身表面开口占机身表面积 50% 以上。如 F—16 战斗机 60% 以上机体表面都为可打开的检查口盖或舱口。苏—27 飞机上共有 400 多个口盖,快卸口盖率高达 80%。因而开口处承力问题是机身结构承力系统布置中需要解决的一个突出问题,特别是装拆发动机需要的大开口和机身起落架舱大开口对机身结构布置的影响甚大。

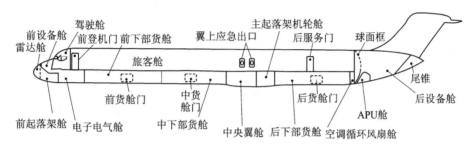

图 4-10　MD—82 旅客机机身各种舱及舱门的布置

机身结构形式的选择与结构承力系统的布置相互影响,关系密切。下面主要阐述结构形式选定后承力系统布置和设计。

3. 机身承力系统的设计

机身结构形式的选择与结构承力系统的布置相互影响,关系密切。从图 4-1、图 4-3、图 4-9 的三架典型飞机结构分析可知,飞机的机身可以看成是一个支持在机身—机翼结合段上的两端悬臂梁。机身内部的质量力、表面的气动力以及外部部件(尾翼、前翼和副油箱等)作用于机身上的力都要通过机身承力系统传到机身—机翼结合点处与机翼载荷平衡。机身承力系统分为总体载荷承力系统和局部载荷承力系统。

(1) 总体载荷承力系统的设计

机身总体载荷承力系统的设计是在满足总体构型、性能和使用要求的前提下,依据机身不同的载荷状态对结构件进行合理布置,即横向隔框、纵向长桁和梁及其蒙皮的合理布局,符合机身结构总体传力的需要和局部加强的目的,满足飞机在强度和刚度方面的使用要求,达到飞机的设计使用寿命。在机身总体承力系统设计时,还应充分发挥结构件的材料潜能,尽量做到综合利用,以减轻结构质量。

在机身总体承力系统中主要有纵向构件、横向构件和蒙皮,现分别进行论述。

1) 纵向构件布置

纵向构件主要是桁梁和桁条。桁梁是桁梁式结构的纵向主要受力构件。机身结构在两个平面(垂直和水平)内受弯,并且基本属于同一量级,因此桁梁一般对称布置在机身结构剖面的四个象限的中间(即 ±45° 角附近)。若结构有大开口或承受集中力,则桁梁位置必须与大开口和集中力的大小与位置相协调。例如图 4-9 为某强击机机身内部布置与主要受力构件布置图,其前机身布置有驾驶舱、设备舱、前起落架舱和机身油箱等,机身结构上、下均有大开口,因而采用桁梁式结构。桁梁安置在大开口处,作为上、下大开口的边框,同时桁梁位置又与进气道的内、外蒙皮交接线相协调,桁梁制成 W 形剖面,以便与机身进气道的蒙皮连接,尽量发挥桁梁的作用。桁梁布置时应尽可能保持连续性、避免急剧转折,以使传力直接,否则将增加结构质量。

桁条(长桁)是桁条式机身结构中承受和传递弯矩的主要纵向元件。桁条与蒙皮组成承力壁板承受弯矩引起拉、压轴力。当蒙皮承受剪力和扭矩时,桁条支持蒙皮以提高蒙皮的临界应力。长桁布置主要根据蒙皮受压稳定性要求设计,其原则是使用载荷作用下不屈曲,破坏载荷下不提前出现过屈曲破坏。一般情况下长桁沿结构周边基本为均匀分布,沿结构纵向尽量按等角辐射布置,这样长桁无扭曲,便于制造和装配。桁条间距一般取 100~200 mm。

在桁梁和桁条式结构中,如轴向集中载荷作用处无法安置桁梁或长桁时,可在集中力作用处安置局部加强桁条或薄壁短梁,将集中载荷或偏离结构外壳的集中力扩散到桁条或桁梁上。在确定纵向构件和横向构件后,就要根据各舱段的结构情况确定总体剪力的传力路线。

2)横向构件布置

纵向构件和蒙皮组成壁板壳体承受机身结构的总载荷,而横向构件不参加总体受力,主要使机身的截面保持一定形状,并且作为蒙皮与桁条(桁梁)的横向支持件,提高蒙皮和桁条的临界应力。横向构件一般分普通框和加强框两种。加强框除与普通框一样起上述作用外,主要承受框平面内集中载荷的作用,并将集中载荷转换成剪流,然后将其扩散到壳体中。

加强框通常布置在机身横截面内有集中载荷作用处,以及大开口两端和舱段连接处。这些集中载荷可能来自各种装载物的作用,也可能来自其他部件连接的接头。如图 4-9 某强击机机身内共安置 12 个加强框,其中 8、13、16 分别为驾驶员座舱、设备舱及油箱舱的端框,29和 30 框为前、后机身对接框,29 框又连接发动机的吊挂接头和推力接头,17 框和 24 框是机翼前梁和主梁对接框,41 框是全动平尾转轴连接框,44 框为垂直安定面连接框。

普通框一般在加强框布置好以后再进行普通框布置。普通框间距一般为 300~400 mm,机身直径较大时,框的间距也较大。

3)蒙　皮

蒙皮是机身结构中的主要受力构件,它和横向构件以剪流形式承受并传递机身结构中的剪力和扭矩。蒙皮与桁条一起组成壁板承受弯矩引起的轴力;对于硬壳式结构,厚蒙皮以厚板形式承受轴力。气密舱段蒙皮还承受内、外压力差引起的周向和轴向正应力。蒙皮布置主要取决于载荷大小以及制造和装配工艺。机身中部受载较大,蒙皮较厚;两端载荷较小,蒙皮可减薄。对于金属蒙皮,除了化学铣切变厚度蒙皮,一般每一块板材均是等厚的,因此金属蒙皮厚度选择要考虑工艺要求。对于复合材料蒙皮,厚度变化比较容易保证。

(2)局部载荷承力系统设计

局部载荷承力系统是承受并传递局部载荷的结构。机身局部载荷承力系统设计主要是根据机翼与机身的相对位置、水平尾翼和垂直尾翼在机身尾部的安装位置、发动机的安装位置、起落架的形式及其安装位置,以及它们的载荷状态进行设计的。

局部载荷包括机身内部装载的惯性力、局部气动力和交点处的集中力三种。从力的传递角度看,局部载荷又分为自身平衡载荷和非自身平衡载荷。

自身平衡载荷只由局部承力系统承受,不传给总体受力系统。例如,进气道内的压力仅在进气道结构内自身平衡,而不传给机身其他结构。质量力通常属于非自身平衡载荷。这类载荷一般是通过局部承力结构将载荷加到普通框或加强框,由横向构件以剪流形式传给蒙皮,再由蒙皮传给机身—机翼结合段。在设计机身总体承力系统时,主要考虑横向非自身平衡力的传递。此外,还有一些纵向力要在机身结构内传递,如发动机推力、炮载、减速板载荷、机身装载的纵向惯性力以及机身阻力等,这些力也要通过机身结构彼此平衡,在设计中一般只作为局部载荷处理。

由于机身的局部载荷多,机身总体受力系统尽量和局部受力系统统一。例如,减速板收置槽的梁、炮梁、起落架梁、发动机推力梁等应尽可能和机身总体桁梁融合。受力构件的综合利用可以减轻结构质量、简化结构设计、减少零件数量、简化传力系统及提高结构的可靠性

承力结构的尺寸是根据结构的刚度和强度确定的,在进行承力系统设计时必须对结构进行设计计算。机身总体承力系统的计算,目前常用的方法包括有限元法和工程梁法两种,且都有计算机程序可供使用。在确定纵向构件和横向构件后,就要根据各舱段的结构情况确定总体轴力、剪力、弯矩和扭矩的传力路线。

军用飞机和民用飞机因用途不同在机身设计上存在较大差别,例如军机机身内部要求装载飞行员、设备、发动机、燃油、武器弹药和起落架等,要求空间利用率高达 95% 以上。各种军机的机身结构与民机比较差别较大并且自身也有较大差异,下面对军机和民机机身作分别介绍。

4.3.2　军机机身结构布置和承力系统设计

军机的机身因为内部装载和用途不同一般分为三段,每段之间可以有两个分离面隔框,也可以共用一个框,有些分离面设计成可拆卸的设计分离面。本节以几种军机机身结构,按分段机身介绍。

1. 前机身主要结构布置

前机身一般包括机头锥(雷达罩)、雷达舱或前设备舱、座舱、前起落架舱和后设备舱等部分(如图 4-11 所示)。影响前机身结构布置的主要因素是进气道的进气形式和使用维护要求。战斗机进气道主要有三种形式:机头进气、两侧进气和机体下部进气(为了提高飞机的隐身性能,也有采用机身背部进气)。机头进气由于对雷达有限制作用,故在现代战斗机上已很少采用。由于不同形式的进气道走向不同,其对机身结构承力系统的影响亦各不相同。

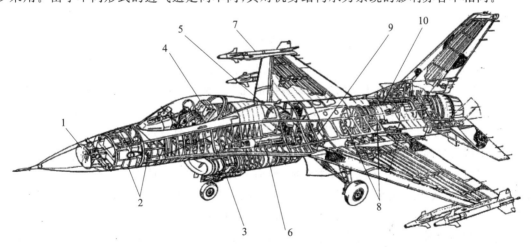

1—雷达天线;2—前电子设备舱;3—后电子设备舱;4—弹射座椅;5—炮弹舱;6—航炮;7—"响尾蛇"空空导弹;
8—机身与机身的连接;9—液压设备舱;10—发动机拆卸滑轨

图 4-11　F—16 的结构和总体布置图

　　机头进气形式的进气管道全部通过机身内部,结构连贯,由前机身到中机身传递机身总体载荷弯、剪、扭的构件是连续的。两侧进气形式进气管道是由前机身两侧过渡到中机身内部(如图 4-9 所示),造成前机身的侧壁与中机身的外侧壁不连贯,使传递总体剪力的构件不连续。腹部进气形式的进气管道由前机身腹部过渡到中机身内部(如图 4-11 所示),造成前机身的下壁板与中机身下壁板不连贯,使传递总体弯曲的构件需考虑进气开口的设计要求。苏—27飞机也为腹部进气形式但该进气道为单独结构,后部与后机身连接并与发动机进气口对接,进气道左、右舱分别吊挂在中机身下部(参见图 4-1)。进气道为单独结构不影响机身总体受力。

(1) 承力框的布置

　　承力框的布置应在总体布置安排前机身各舱段时一并考虑,一般下列位置应布置承力框。

　　机头锥(雷达罩)与机身的连接处是机头锥与机身的使用分离面,应布置承力框并兼作前设备舱前端框。设计该框除一般要求外,应着重满足与雷达罩的连接能快速开启和关闭,图 4-12 所示的折翻式雷达罩连接机构是比较好的方案;框的刚度要满足雷达天线的安装要求,这一要求应通过框的刚度设计和相邻的前设备舱的支持刚度来达到。

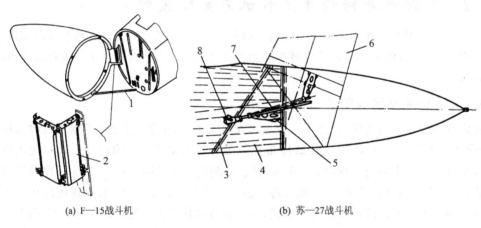

(a) F—15战斗机　　　　　　　　　　　(b) 苏—27战斗机

1—撑杆;2—开启机构;3—分离面斜框;4—裙部;5—支座;6—打开位置;7—螺杆;8—手柄

图 4-12　雷达罩连接机构

　　座舱的前端布置前气密框,一般亦是前设备舱的后端框。座舱的后端布置后气密框,一般亦是后设备舱的前端框。战斗机的前机身多数情况下座舱下部有大开口,前、后气密框又是座舱开口和下部开口的横向加强件。为了实现承力构件的综合利用,座舱端框又是前起落架转轴的固定框。由于该框承受气密载荷,又固定前起落架,是前机身最重要的承力框。

　　前、中机身分离面处应安排承力框,该处一般应兼作油箱舱前端框。对于两侧进气形式,应在前、中机身侧壁不连贯区段布置承力框,使前机身侧壁传来的剪力通过框传到进气道外侧壁。这种将剪力传力路线连续起来的承力框一般应由两个框来承担。具体位置应和该处机身舱段的端框协调安排、综合利用。通常应在边界层结束点后安排承力框。某些战斗机不分前、中机身,只在制造时有工艺分离面,如图 4-13 所示的苏—27战斗机的前机身,在 18 框处为前、中机身分离面(参见图 4-16),但只安排一个框,18 框为中机身1号油箱的前端框,不是可拆卸的设计分离面。

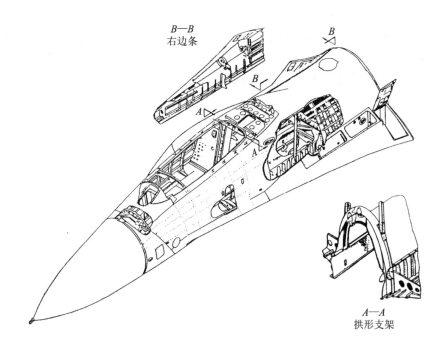

B—B
右边条

B

A

A

A—A
拱形支架

图 4 - 13　苏—27 前机身

（2）桁梁的安排

纵向承力构件的布置要和确定前机身各项主要开口的位置、大小和受力特点同时进行。机身上、下大梁是前机身重要纵向承力构件，不仅要承受垂直平面弯矩引起的轴向力，还要承受水平平面弯矩引起的轴向力，所以上、下大梁间的高度，左、右大梁间的宽度要合理。蒙皮开口后需要补强，上、下大梁应兼作开口的纵向加强件。综合这些基本要求，从而求得比较理想的上、下大梁位置。

座舱盖与机身的结合处是使用分离面。座舱开口的长度、宽度在总体设计时根据人机工程的需要来确定。前机身应布置座舱口框与座舱盖连接，口框由前、后气密框和口框梁组成。虽然作用在口框上的载荷主要是座舱盖传来的载荷，但是应将口框梁两端与纵向构件相连，使其参与承受总体轴力，所以口框梁通常亦是前机身的重要纵向承力构件。图 4 - 14 是一种布置方案，作用在口框梁上的横向载荷，由口框梁、上大梁、蒙皮组成的薄壁梁来承受并传给前、后气密框的框缘，并与蒙皮的剪流平衡。

前机身腹部纵向承力构件的安排重点应满足前起落架的要求。前起落架舱开口处应布置加强梁；固定前起落架支柱转轴接头处应布置纵向承力构件，以承受起落架传来的纵向载荷，并与前起落架固定框和连接的蒙皮构成安装前起落架的承力系统。前起落架传给机身的载荷是前机身的最主要的载荷，而且载荷情况复杂，因此，前起落架承力构件的布置一定要保证合理、可靠。苏—27 飞机前机身（如图 4 - 13 所示）是由 17 个隔框、两根大梁和加强桁条组成的铝合金结构。上大梁和下加强桁条与机身蒙皮组成壁板，承受前机身弯矩，在与中机身对接的 18 框处与中机身大梁对接。在 4 框至 18 框之间左、右垂直壁板，以参差弯矩传力形式来承受前机身扭矩和水平剪力。两侧壁板与边条翼结构连接组成设备舱。

（3）隔板（纵向）和底板（水平）的安排

在侧壁蒙皮大开口区段（如前设备舱两侧都有大型非受力口盖）应在对称面布置纵向隔板（图 4-15），具有上、下大开口的舱段应布置水平底板（图 4-14）。这些隔板、底板的用途不仅是为了安装设备，而且亦是总体承力系统的需要。

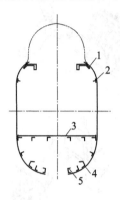

1—座舱口框梁；2—上大梁；3—底板；
4—下大梁；5—起落架舱开口加强梁

图 4-14 前机身座舱结构简图

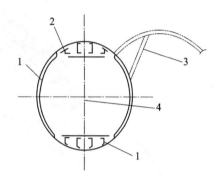

1—口盖；2—桁梁；3—撑杆；4—隔板

图 4-15 雷达舱结构简图

2. 中机身主要结构布置

如 4.3.1 节所述，中机身的结构形式可分为两类：一类是机翼和机身为两个独立的部件结构，机身结构形式如图 4-9 和图 4-11 所示，机翼通过集中接头和机身加强框连接，如图 4-9 中 17 框和 24 框；另一类是机身部分结构或全部结构与机翼结构组成一个整体结构，如图 4-1 和图 4-2。

首先介绍第一类结构布置形式。图 4-9 和图 4-13 所示的机身结构为独立部件结构。中机身通常由若干个油箱舱、主起落架舱（或主轮舱）和发动机舱组成，同时又是机翼与机身的连接部位。中机身是机身受力最大的区段，影响中机身结构布置的重要因素有：机翼与机身的相对位置和连接形式，油箱的形式、数目和位置，主起落架对机身的要求，发动机的台数、固定方案及维护使用要求，进气管道的形状与发动机的相互位置等。

（1）各舱段的布置

使各舱的横截面具有尽可能大的闭室面积。当外蒙皮有开口时应尽可能采用受力口盖，并且至少应是可受剪的口盖。两舱段隔框前后闭室要衔接好，避免闭室面积悬殊、形状突变，以利于机身总体强度、刚度的连续。

（2）主要纵向构件的安排

上、下大梁通常是机身壁板的纵向工艺分离面，其位置应与进气道的走向、机身上部的开口（主要是油箱口盖）、机身侧部开口相协调，兼作开口的加强构件时要与前机身相应大梁连接。

如果机身上部布置有背鳍，其与机身连接的两根纵向型材，承受机身垂直平面弯曲的效率高，则应作为纵向承力构件利用。

机身下部一般安排有大量快卸口盖，不参加总体受力，因此最好布置腹部大梁，其断面形状应具有高效的承压能力，其走向应与前机身协调。主起落架舱（或主轮舱）开口较大，切断了桁条和蒙皮,还可能造成下大梁中断。应安排纵向加强件,其长度应向前后适当伸长(一般应延伸至相邻的受力框处),使它在开口段全部参加受力。

以上各纵向构件的布置应尽量避免转折,无法避免时亦应做到缓慢转折。转折处应有横向构件承受因转折造成的横向分力,最好是在承力框处转折。

(3) 承力框的安排

中机身需要安排承力框的部位有各油箱舱的端部、机身—翼面结合交点、大开口的两端(如主起落架舱)、发动机固定点、有效载荷悬挂点(如副油箱挂点处)和机身各段的分离面处等。中机身的承力框承受载荷较大,其中许多零件为重要受力构件,对保证飞行安全具有重要意义。

(4) 机身—机翼结合段结构布置

机身—机翼结合段的结构布置应针对机翼和机身相互位置的特点来进行,可以分为下面三种情况。

机翼贯穿机身,分为中央翼和外翼,其中中央翼和机身结合。结合段机身与中央翼连接的内容参见 3.8 节。由于机翼载荷在中央翼平衡,传给机身的载荷较小,因此,这种形式结构简单、工艺性好、质量轻。

机翼不贯穿机身。机翼分为左、右翼,机翼大梁和对应的机身承力框相连,中单翼飞机一般采用这种形式。对直机翼或后(前)掠翼来说,常有两个或一个传弯矩交点,一个传剪力交点;对三角翼和菱形翼来说,由于根弦长,传弯矩交点一般有 2～4 个,另外前后还各有一个传剪力交点,机翼—机身结合交点可多达 4～6 个(如图 4 - 11 所示)。这种结合形式交点多,结构布置、协调比较困难。在确定结合段加强框的布置时,应将机翼翼梁的布置、机身油箱舱的划分、主起落架的安装和轮舱的布置综合考虑,合理解决。例如结合段内安装发动机时,应考虑发动机外形尺寸对加强框设计影响,比如歼—8 机身,由于发动机尺寸限制了机身与机翼 4 号接头连接框的强度,故只能将机翼后部的部分载荷向前传,从而增加了机翼结构质量。

第二类机身结构布置的另一种形式为机身部分结构或全部结构与机翼结构组成一个整体结构。如图 4 - 16 所示苏—27 的机翼中段结构,该结构也是飞机的中机身,飞机具有翼身融合的气动外形,机身中段从气动布局角度来看应属于机翼的一部分,故称为中央翼,而从机身结构功能角度来看则为机身的中段。此机身中段主要由 1、2 号油箱、主起落架舱和设备附件舱组成。

机身中段构造可分成两部分,即 1 号油箱段和 2 号油箱段。1 号油箱段,是从 18 框至 1 号隔板(相当后机身 28 框)之间。其纵向构件由中央大梁、上下壁板和侧板组成,主要承担机身的纵向载荷。横向构件由 18 至 27a 共 11 个框组成。18 框为加强框,是前机身和机身中段对接框,在 18 框上部安装减速板支座,下部有前起落架收放作动筒支座和千斤顶支座。25 框为整体加强框,25 框与 1 号隔板间为主起落架舱开口段,25 框与外翼前大梁连接,下部有 1 号挂架前接头。其他 9 个框均为普通框。2 号油箱段,是从 1 号隔板到 3 号隔板之间。其纵向构件为中央大梁、第 1～8 号肋和上、下壁板,横向构件由 1～3 号隔板组成,3 个隔板相应与外翼的 3 个纵墙对接。8 号肋为中央翼与外翼对接翼肋,为 B95пч 的模锻件。8 号肋将外翼扭矩和外翼分弯矩 M_z 传给机身,同时又是中机身的纵向构件。第 1、2、3 墙(即隔板)是中央翼最重要的承力构件,承受外翼、前、后机身、进气道及主起落架传来的载荷。3 个墙均由 B95пч 模锻件机械加工制造。

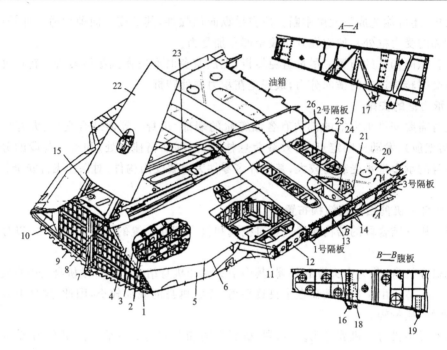

1—1号油箱4号腹板；2—桁条；3—1号油箱1号腹板；4—上壁板；5—中央翼前舱；6—1号油箱3号腹板；
7—前起落架收放支杆固定接头；8—阻力板固定接头；9—下壁板；10—18框侧壁板；11—机轮舱内7号肋；
12—机轮舱内8号肋；13—2号油箱6号肋；14—中翼与外翼固定销孔；15—阻力板大梁；
16、17—主起落架梁固定接头；18、19—进气口固定接头；20—2号油箱上壁板；
21、25、26—2号油箱7、5、4号翼肋；22—阻力板；23—作动筒；24—起落架梁

图 4-16 某战斗机机翼中段（中机身）结构图

机身中段为厚壁板框架式半硬壳式结构，大开口较少，机身的纵向弯矩由中央大梁和纵向构件与壁板组成机身盒段承受，剪力由纵向构件腹板和翼肋传递，扭矩由机身中段的封闭盒段承受。25框和1~3号隔板（相当机身的框）均与外翼前大梁和3个纵墙对接，将外翼的弯矩和剪力传给机身并且在中机身平衡，并将剪力和扭矩在中央翼（即机身中段）平衡。由此可见，中央翼（中机身）一方面起到机身的纵向载荷的传梯和平衡，连接前后机身，起到中机身的作用；另一方面连接左右外翼，将机翼上载荷在中央翼平衡并传到机身，起到中央翼的作用。因此，此类结构布置时必须同时考虑机身纵向载荷传递和平衡，以及机翼展向载荷的传递和平衡。

3. 后机身主要结构布置

影响战斗机后机身结构布置的主要因素有：发动机的台数以及其在后机身的安装方案和维护使用要求，尾翼的形式（如是单垂尾还是双垂尾，是有平尾还是无平尾，平尾与机身的相互位置）和尾翼与机身的连接形式等。与前、中机身相比，后机身维护口盖一般较少且较小，所以后机身通常采用具有密桁条的半硬壳式结构。

（1）密桁条半硬壳式结构承力系统的安排

密桁条半硬壳式结构承力系统是由长桁、蒙皮和框组成的空间薄壁结构，其特点是：长桁较密较强，且连续；普通框与长桁用角片相连，且有足够的刚度；蒙皮较薄。这样一个承力系

统,弯矩主要由长桁承担,剪力和扭矩由蒙皮承担。

后机身的弯、扭刚度对尾翼的颤振速度有较大影响,因此,蒙皮不能太薄,否则后机身的扭转刚度不能满足要求。为了提高后机身的刚度,有时需要局部加垫板,如歼—7、歼—8 飞机等,有时需增加蒙皮厚度,保证蒙皮不出现失稳。最低只能是半张力场蒙皮,不能用全张力场蒙皮。

(2) 后机身承力框的布置

若具有中、后机身使用分离面时,应在分离面处布置中、后机身对接框。由于后机身为桁条式结构,对接框宜采用凸缘式,沿周边布置若干螺栓与中机身连接。图 4-17 给出了一种常见的对接框的结构情况。在此处设置的设计分离面是中、后机身分离面,便于发动机安装与维护,歼—7、歼—8 等战斗机均采用此形式。

平尾、垂尾与后机身的连接框是后机身的重要承力构件,对后机身影响甚大,应该统一安排,达到综合利用。如图 4-18 所示,F—16 平尾为直轴式全动平尾,其转动轴固定在由边梁(机身—机翼结合面端梁的延续)和内侧梁(机加件)组成的盒段上,垂尾的承力框又和盒段相连,构成了平尾、垂尾在机身上安装的承力系统,做到了承力构件的综合利用。

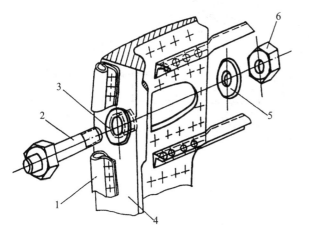

1—密封圈;2—对接螺栓;3—衬套;
4—框缘条;5—垫圈;6—螺母

图 4-17　中、后机身对接框

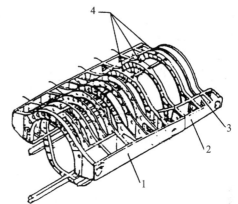

1—边梁(铆接件);2—边梁(机加件);
3—内侧梁(机加件);4—垂尾承力框

图 4-18　F—16 尾翼在后机身安装承力构件布置

军用飞机的发动机一般安装在后机身,在机身—机翼结合段以后的后机身一般为发动机舱。布置发动机安装的承力系统应同时考虑发动机的维护要求。

为了避免使用中因飞机结构变形和发动机热膨胀而产生的载荷加到发动机上,保证发动机正常工作,一般采用主推力销和撑杆组合方案固定发动机。发动机的推力通过推力销传给机身的推力梁,发动机的惯性载荷(包括陀螺力矩)则由推力销和撑杆系传给机身。图 4-19 示出了某型飞机的发动机安装方案,所安装的是双发涡轮喷气发动机。图中共有三个固定面:主固定面,包括主推力销固定点和 4 根撑杆;辅助固定面,包括 6 根撑杆;加力燃烧室固定面,共有 4 个吊挂点。推力梁与蒙皮连接,梁的两端布置有加强框,各撑杆都要求连接在承力框上,以构成发动机安装承力系统。

发动机维护要求对后机身结构布置有重大影响。例如拆装发动机是否要脱后机身:如果

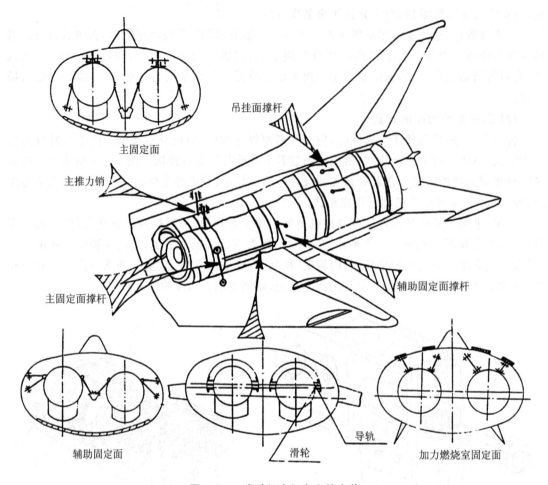

主固定面

吊挂面撑杆

主推力销

辅助固定面撑杆

主固定面撑杆

辅助固定面

滑轮

导轨

加力燃烧室固定面

图 4-19　发动机在机身上的安装

需脱后机身则应布置中、后机身使用分离面，布置中、后机身对接框；如选择为装拆发动机不脱后机身方案，则必须采取其他措施以方便地装卸发动机，例如在后机身腹部开设大尺寸快卸舱门等。装拆发动机方案的选择，取决于发动机的特点，必须在总体安排布置时协同结构形式的选择共同考虑。

　　图 4-20 为苏—27 飞机后机身结构图，其后机身由左、右舱和中间舱三大部分组成。中间舱从第 34 框开始到尾尖的阻力伞舱整流罩，左、右舱从第 28 框到发动机舱尾整流罩，从第 28 框到第 34 框左、右舱在中央翼下方。左、右舱前部为进气道，后部为发动机舱。

　　后机身横向构件共有 20 个框，其中第 28、31、34、38、42、45 为加强框。第 28 框为后机身端框，其上部有双耳接头与中央翼（如图 4-21 所示）的 1 号隔板连接，将进气道和左、右舱悬挂在中央翼下。在框的下部安装挂弹架接头的固定座。进气口一端通过第 14 框接头固定在中央翼上，另一端固定在第 28 框上。

　　第 31 框的上部有 2 个双耳片接头将框和进气道固定在中央翼下部，在框的下部有安装挂弹架接头固定座。第 34 框为 AK4—1Ч 的整体模锻框，是后机身与中机身对接框，框的下缘安置有千斤顶支点。在 28、31、34 框处均与中央翼下部连接。

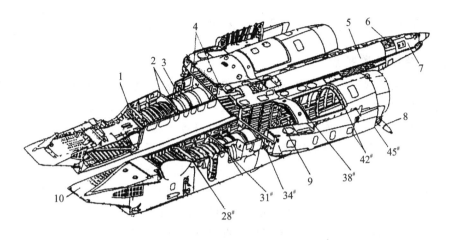

1—28 框上固定中翼接头；2—31 框上固定中翼接头；3—进气道；4—上部大梁；
5—尾部中舱；6—设备舱；7—阻力伞舱；8—悬挂全动式水平尾翼的半轴；
9—发动机固定接头；10—进气口前缘
图 4-20　苏—27 飞机后机身结构

第 38、42、45 框是后机身的主要加强框，第 38、42 框均为 BT20 钛合金模锻件，用潜弧焊将左右舱的 6 个框段焊成一整体。在内外侧框段上与发动机推力梁对接，第 38 和 42 框的外侧分别有垂尾前、后梁的固定接头。第 42 框的中部有固定水平尾翼作动筒的双耳接头。第 45 框由上半框和下半框组成，下半框可拆卸，以便安装和拆卸发动机。上、下半框均由 BT20 钛合金模锻后焊接制成。在外侧框段上有固定水平尾翼半轴内侧轴肩。

后机身纵向构件主要由蒙皮、长桁、壁板、内外侧大梁、下大梁、发动机推力梁和尾梁组成。在第 34～38 框之间，左、右舱上部各有 2 根上大梁，在第 34 框处与中央翼上壁板对接。在第 38～42 框之间布置上外侧大梁，在第 42 框处与尾梁连接。同时在此框段还布置发动机推力梁，内外侧推力梁从第 38 框发动机推力销接头向后延伸至第 42 框，在第 42 框处与尾梁连接，承受发动机和尾梁传入载荷，是此段最强的梁。

尾梁由前、后两段组成，是后机身重要的纵向构件。第 34～42 框之间尾梁实际上是中央翼外形的延伸段，第 42～45 框之间后段尾梁位于发动机舱外侧，在第 42 框处侧梁与上外侧大梁连接，在第 45 框处侧梁固定水平尾翼半轴外侧轴肩。后段尾梁是后机身主要承力构件。

后机身的左、右舱段为桁梁式半硬壳结构，后机身的纵向弯矩和发动机推力引起的轴向力主要由上、下大梁。发动机推力梁和尾梁，以及蒙皮和桁条组成的壁板承受，剪力由左、右舱的内、外侧壁传递，后机身扭矩由左、右舱及中间舱段的闭室承受。

中间舱包括仪器舱、4 号油箱舱、配电设备舱和减速伞舱。4 号油箱为整体油箱结构，分前、后两段。中间舱由蒙皮、桁条和框组成桁条式结构。在开口处和减速伞接头处均有局部加强件，其总体受力状况与桁条式结构受力形式相同。

4.3.3　民机机身结构布置和承力系统设计

1. 机身结构布置特点

民机主要用来装载人员与货物，与战斗机相比，民机机身结构布置相对简单。民机机身一般为多闭室结构，如图 4 - 10 所示的 MD—82 旅客机的机身剖面采用倒"8"字双圆弧形式，这样可以增加客舱和货舱的有效高度，获得较大的机身容积、较小的机身迎面阻力，利于承受正压载荷且有较好的工艺性。为了装载人员、货物和设备，便于使用维修，机身共设置 14 个舱，这些舱位根据各自的功能和全机总体布局要求分布在机身不同的部位，采用多种形式的隔离措施和结构形式。机身上共有约 123 个较大的开口，以便人员进出、设备安装和使用维护。

机身与机翼结合段加强框的布置是根据飞机的总体构型、传力要求以及机翼的结构布置等条件而确定的。目前，多数民机采用中央翼贯穿机身下部的下单翼布局，机身布置加强框与机翼的前、后梁相对应，像波音 747 飞机还有机翼中间梁。机身的加强框分别与机翼的前、后梁（和中间梁）的上、下壁板缘条、腹板整体连接，使中央翼部分与机身下部连接成为一个整体（参见图 3 - 16），力的传递多路并直接，增加了该区域的结构损伤容限能力，也减轻了结构质量。像波音和空中客车系列飞机都采用了这种下单翼的结构布局设计。发动机在后机身两侧的安装通常是通过设计成拱形悬臂挂梁（吊装式）或侧边（侧装式）吊挂实现的。拱形悬臂挂梁由钢锻件制造，它直接与在后机身布置的加强框的侧边接头相连。发动机的垂直载荷和侧向载荷，通过拱形悬臂挂梁直接传给机身加强框；而发动机的推力是通过与挂梁根部相连的纵梁传至机身，再扩散到蒙皮上（如图 4 - 21 所示）。

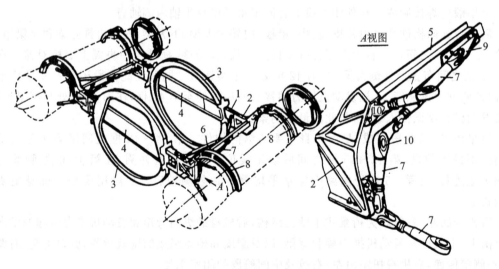

1,2—支臂；3—机身框；4—横梁；5—纵梁；6—支撑杆；7—拉杆；
8—拱形支架；9—支臂；10—发动机固定接头耳片

图 4 - 21　发动机在后机身挂梁上的固定

MD—82 飞机发动机的侧装吊挂结构，该吊挂是由前、后梁和中间墙以及上、下蒙皮组成的盒形梁式结构。它通过前、后梁和上、下壁板的缘条直接与机身的加强框连接（如图 4 - 22 所示），中间墙通过柔韧隔板与机身侧壁相连，蒙皮通过安装在机身侧壁上的纵向构件与机身相连。发动机的垂直载荷和侧向载荷由吊挂前、后梁直接传给机身加强框,发动机的推力载荷则由吊挂的上、下壁板通过纵向构件直接由机身蒙皮扩散。

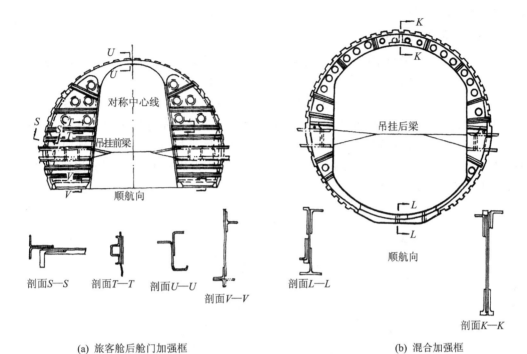

(a) 旅客舱后舱门加强框　　　　　　　(b) 混合加强框

图 4 - 22　MD—82 飞机发动机吊挂梁加强框

多数民机的水平尾翼采用可调式,即通过固定在平尾后梁的接头,铰接在机身加强框侧边的耳片上,作为可调的转动支撑,而平尾前梁中部的接头则与安装在机身内的螺旋驱动装置相连,作为可调平尾的操纵点。后机身两侧由于平尾贯穿形成较大的开口,因此需在开口的周边设置梁和加强框进行补强,同时也是连接接头的支撑。与平尾铰链连接的加强框,除在上、下布置较强的框缘外,在中间还布置有呈对角线的支柱结构体系(如图 4 - 23 所示),用以承受从水平尾翼传来的侧向载荷。全部垂直方向的载荷是由机身内的前铰点接头和侧边耳片接头传给加强框。

垂直尾翼在机身上的安装都采用不可调式连接。有的民机是以固定接头或穿入后机身的梁柱接头连接在后机身上,垂尾前、后梁用紧固件直接固定在后机身的加强框上。DC—10 飞

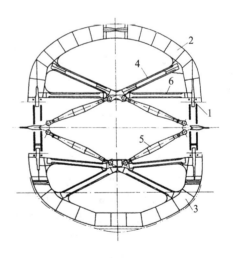

1—平尾转动铰链连接接头;2—上半加强框;
3—下半加强框;4—上对角撑杆;
5—下对角撑杆;6—横杆

图 4 - 23　A320 飞机水平尾翼在机身上的固定

机和 C—5A 飞机的垂尾结构与后机身结构融为一个整体,垂尾的前、后梁直接插入机身内构

成机身加强框的一部分,蒙皮直接连在后机身的上部蒙皮上。这种连接方式传力直接,节省结构质量。为了便于对结构或系统检查、维修,需要能很容易地将垂尾拆卸下来,因此将垂尾与机身的连接设计成可拆卸式。

2. 机身承力系统的设计

民机机身梁的布置与军机不同,一般没有纵贯机身的梁,而在机身的大开口处如登机门、服务舱门、货舱门等开口的上、下缘分别布置一段薄壁组合梁,用以加强开口刚度并传递由于开口引起的附加载荷。通常这些梁在沿开口上、下边缘的延伸长度与开口的宽度相当。对下单翼的结构布局,如运输机在中央翼下部机身处沿纵向对称面布置较长的龙骨梁。龙骨梁直接与中央翼下壁板相连,如图 4-24 所示。在开口的前后机身布置有沿纵向延伸的龙骨梁加强件,使其逐步参与受力。机身下部和中央翼在此区域内形成一个整体结构,这样可以弥补由于大开口造成的强度损失。

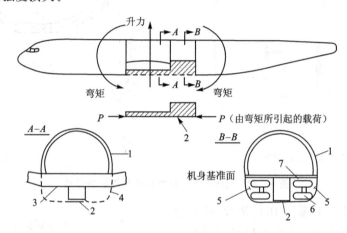

1—加强框;2—龙骨梁;3—中央翼;4—整流罩;5—轮舱;6—主起落架;7—气密地板梁

图 4-24 运输机上龙骨梁的布置

除纵向梁的布置外,还有横向布置的地板梁。地板梁通过接头与框相连,平衡机身增压时在此处产生的侧向应力,同时将机身分为上下两个舱。

长桁在机身同一横剖面上的布置是不均匀的,分布的疏密主要依据横剖面上应力分布状况而定。通常以地板横梁、舷窗、客舱门的上下门框、货舱门的上下门框以及货舱地板的位置为界,将机身整个横剖面划分为几个区域。从机身上部区域到下部区域,间距减小的原则确定长桁的分布,以保证机身蒙皮不出现拉伸破坏和局部屈曲。A320 飞机机身长桁间距从上而下为 $175 \sim 126$ mm 不等;MD—82 飞机机身在等剖面段上布置了 58 根长桁,平均间距为 190.5 mm。民机机身长桁的剖面形状使用最多的是 Z 形和帽形的板弯件,但在机身下部也常使用挤压型材。由于机身外形沿纵向是变化的,机身横剖面尺寸的不同,使得长桁布置数量也不相同。另外,在机身纵向搭接处,在一些应力水平较高或有使用要求的部位,全都布置了不同剖面形状的挤压型材。

在框的布置中,普通框是机身横向骨架的主要构件,通常情况下在机身的等剖面段,即机身的前中段和后中段,都是沿机身纵向等间距布置的。在等剖面段,等间距布置普通框不但有利于工艺,而且在以后的机身座舱需要加长或缩短时,都会带来很大的方便。在机身与机翼前、后梁对接框之间,即机身中央翼段,普通框的布置受到总体布局、机翼上应急出口安排的限制,应按照实际结构情况进行布置。机身前段则采用密框距布局,主要是由机身前段的载荷状态和驾驶舱风挡构型而确定。机身后段普通框的布置比较复杂,它主要受到水平尾翼和垂直尾翼总体布局的影响,考虑尾翼与机身的连接、尾翼的结构布置,甚至机身尾部发动机的安装等因素。除了正常布置的普通框外,在垂尾连接区域还会布置斜框。普通框的结构剖面尺寸主要取决于框的结构刚度不会引起机身的总体失稳。MD—82 飞机机身隔框的布置情为全机共 89 个隔框,其中 19 个为加强框。从站位 148.55 到站位 1437,沿机身轴线一般每隔 483 mm 就安排一个加强框;前机身框距为 178 mm～279 mm 不等;尾段为斜框结构。

机身加强框是根据总体布局、集中载荷传递和使用要求进行布置的。机身与机翼的连接、机身与尾翼的连接、发动机吊挂与机身尾部的连接、机身前后增压界面,设计分离面、登机门、服务舱门、货舱门及起落架舱的开口区都布置有加强框。由于受力状态和使用要求的不同,加强框的结构形式也各不相同,有锻造框,有机加框,有挤压型材和板材组合的平面框或球面框等。MD—82 飞机发动机吊挂梁加强框如图 4 - 22 所示。

民机机身蒙皮布置比较复杂。蒙皮的厚度与气密舱的压力、长桁与框的布置有关。由于机身不同部位所处的载荷状态、使用要求和环境条件不同,因此蒙皮的材料及其处理状态也应不同,以获得最佳的使用效果。机身蒙皮在开口区需进行补强、蒙皮对接处设置止裂带等等,这些细节设计可以提高蒙皮的抗疲劳性能和抗裂纹扩展性能。

4.4　加强框设计

4.4.1　加强框的结构形式

加强框的作用是承受其框平面内的集中载荷,并以分布剪流形式传给机身蒙皮,故加强框实质上是一个在集中力和分布剪流作用下平衡的平面结构。它的结构形式和参数与机身外形、内部装载布置、结构受力形式、集中力大小和性质密切相关。加强框结构形式很多,按受力形式可分为环形刚框式加强框、腹板式加强框、构架式加强框三类。构架式加强框仅用于小型飞机上,早期用得较多,在这里不作介绍。

为了充分利用结构内部空间,隔框多数设计成环形框。环形刚框加强框结构可分成整体式刚框、组合式刚框和混合刚框三种。整体式环形刚框是用整体锻造或 3D 整体成型后经机械加工而成,一般战斗机与机翼对接的加强框常采用此种形式(如图 4 - 25 所示)。组合式刚框由挤压型材弯制成刚框的缘条,与腹板、支柱铆接而成,一般用于与尾翼等连接的加强框(如图 4 - 26(b)所示);混合式刚框为前两种形式的组合,一般用于大型飞机结构的加强框。

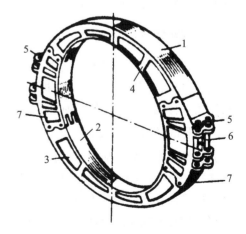

1—外缘条;2—内缘条;3—腹板;
4—支柱;5—耳片;6—螺栓;7—接头

图 4 - 25　锻造整体式环形刚框

环形刚框式加强框相当于一个封闭的环形曲梁,受载后框内有弯矩、剪力和轴力三种内力。刚框为静不定结构,其内力的大小和分布与刚框的截面刚度沿圆周分布有关。

腹板式加强框由框缘条、腹板和支柱组成,一般分两种结构形式,即完整的腹板式加强框和混合型腹板式加强框。完整的腹板式加强框一般用于座舱或油箱舱的端框,图 4-26(a)为某轰炸机的前起落架支承加强框,同时为油箱端框,因此除前起落架转轴部分外,其他区域均有腹板;腹板上有 Z 形和 L 形支柱。图 4-22(a)为 MD—82 旅客舱后舱门的加强框,中间开有舱门,框上可固定设备。混合型腹板式加强框的腹板只占机身截面的一部分,其他部分为刚框,如图 4-26(b)所示,此种结构与混合式刚框相似。

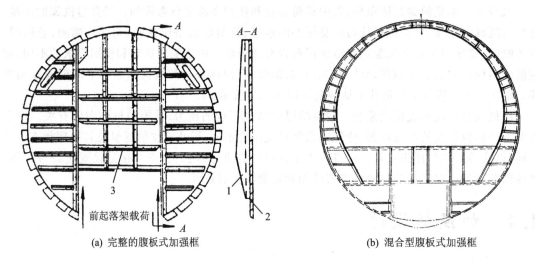

(a) 完整的腹板式加强框　　　　　　　　　　(b) 混合型腹板式加强框

图 4-26　腹板式加强框

腹板框主要承受框平面内集中力和垂直于框平面的分布压力(如增压座舱和增压油箱舱的端框)。腹板框实质上是一个平面板杆结构,其受力主要特点是,腹板上加强型材承受的集中力,通过腹板受剪扩散到机身蒙皮上;如果外载荷为分布压力,腹板将受拉或受弯。纵、横型材还用来提高腹板稳定性。腹板框框缘中的应力相对刚框要小,因此框缘较弱。

4.4.2　加强框设计

加强框的结构形式选择和设计与机身的外形、内部布置、作用于加强框的载荷大小和性质、有无大开口以及支持加强框的结构特点等因素密切相关。因此,加强框的结构形式很多,设计的原始条件也不同,但设计原则是一样的。下面阐述加强框设计中的几个主要问题。

1. 加强框结构形式选择

首先从结构布局确定加强框的位置和设计要求。如果加强框中间要安置进气道、发动机等其他装置,则可以按刚框式加强框进行设计。如果加强框为座舱、油箱等端框,则可以按腹板式加强框或混合式加强框进行设计。因此,加强框的功用和载荷决定了框的结构形式。

刚框的构造形式主要依据刚框弯矩的分布和大小、刚框的截面高度和工艺制造能力确定。如框缘截面弯矩大,一般可采用整体式刚框;如框的截面高度大,能充分发挥框缘条的承载能力,则可采用组合式结构、分段整体式刚框或混合式刚框。

加强框的结构形式选择除上述诸因素外,结构制造工艺性、经济性、质量等方面也是重要因素。近年来,由于数控机加技术和数字化设计技术的发展,承受载荷较大的加强框常采用模锻机械加工件,但用传统方法制造大型钛合金构件工艺复杂,材料利用率低、周期长、成本高。例如,F—22 钛合金翼身连接框,投影面积 5.53 m²,框的质量为 143.8 kg,材料利用率 4.83%,如图 4-27 所示。F—35 铝合金翼身连接框(图 2-1)锻造周期 14 个月,机械加工周期 4 个月,只有 10% 的材料利用率。北京航空航天大学研究团队采用激光增材制造技术完成,飞机钛合金大型整体主承力框制造,使成本降低了一半以上,并对于设计更改、超差修理等具有独特优势(参见 2.3.2 节)。

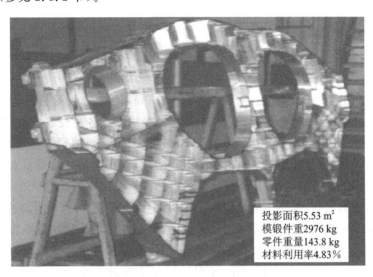

投影面积5.53 m²
模锻件重2976 kg
零件重量143.8 kg
材料利用率4.83%

图 4-27　F—22 整体锻造机身加强框

2. 加强框设计

环形刚框式加强框的弯矩和轴力由框缘承受,由此确定框缘的形状和剖面面积;剪力由腹板承受,由此确定腹板厚度。为了提高框缘承载能力,在结构外形尺寸和内部安置允许的情况下尽量提高框缘高度。由于框缘内的弯矩沿框的周向是变化的,因此,在设计时可以沿框的周向改变框缘高度、缘条截面积和材料。

刚框的曲率较大,框缘受正弯矩时(外缘条受拉、内缘条受压),内、外缘条对框腹板产生分布径向压力,如图 4-28 所示,此时,腹板单位周长上的压力和压应力分别为

$$p = \frac{N\,\mathrm{d}\alpha}{R\,\mathrm{d}\alpha} = \frac{M}{hR} \qquad (4-4)$$

$$\sigma = \frac{p}{t} = \frac{M}{hRt} \qquad (4-5)$$

式中,R 为框缘截面中心线处曲率半径;

$\quad\ \ h$ 为框缘截面高度;

$\quad\ \ t$ 为框缘腹板厚度;

$\quad\ \ M$ 为计算部位框缘截面弯矩。

假设框缘处两支柱间距离为 S,则支柱上总压

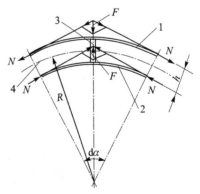

1—外缘条;2—内缘条;3—支柱;4—腹板

图 4-28　刚框式隔框弯曲变形
引起的径向压力和支柱的作用

力 F 为

$$F = pS = \frac{MS}{hR} \qquad (4-6)$$

为了提高框腹板受剪和受压的失稳临界应力,在框腹板上设置一些支柱(如图 4 - 22(b)所示)。

对于腹板式加强框:当腹板较薄时,在剪切内力作用下会受剪失稳,可用加强型材对其加强;当框平面内承受集中力时,在相应处必须安置加强筋或加强型材,以便将集中力扩散成腹板上剪流。

4.5 机身结构开口设计

由于使用维护的要求,机身上必须设置各种开口,如军用机驾驶舱舱盖、座舱舱门、起落架舱门、旅客舱门、应急舱门、货舱门、油箱舱门、炸弹舱舱门以及各种设备检查口盖等,图 4 - 10 为 MD—82 旅客机上各种舱门布置。机身开口后破坏了原受力结构的完整性、连续性,因此必须对结构进行补强,以弥补由于开口对结构引起的削弱,从而使结构质量增加;对于纵向和横向构件断开较多的大开口,补强后结构质量的增加甚至可达补强前的一倍多。

机身开口布置的原则,首先应满足使用、维护和全机布局要求;从机身结构设计出发,希望开口位置尽量处于结构受力较小,外形比较平直的部位;并尽量使受拉构件切断较少;开口形状以圆形为佳,如非圆形则转角处必须采用圆角;为保持结构外形为流线型,在开口处必须有口盖或舱门。在“飞机结构学”中已对中、小开口区结构进行介绍,本节主要介绍大开口结构补强。

机身结构上有时需要布置一些大开口,如轰炸机的炸弹舱门,战斗机的设备舱和座舱的舱盖,民用飞机的登机舱门、起落架舱舱门等,这类开口长度和宽度都较大。对于这类大开口一般采取在开口两端设置加强框,开口两侧安置桁梁或加强桁条的加强形式。图 4 - 29 所示为某轰炸机机身炸弹舱开口区的加强方案。开口两端有腹板式加强框,开口两侧安置封闭剖面式薄壁梁的桁梁,采用小闭室剖面薄壁梁,可增加机身整体刚度和梁的局部刚度。开口处的轴

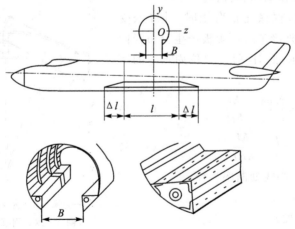

图 4 - 29 某轰炸机炸弹舱大开口区结构

向力主要由桁梁来传递,被切断的桁条上轴力通过蒙皮受剪逐步传到桁梁上,桁梁必须有一定参与段,因此加强桁梁的长度应超出开口端,一直延伸到参与段内。

图 4-30 是 L—1011 飞机的垂直滑动开启式门的开口补强结构,在舱门的上、下方分别有上主槛梁和下主槛梁,舱门两侧有边缘框架,被切断的纵向桁条均用加强框连接。

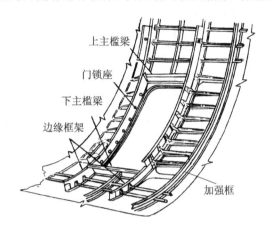

图 4-30 L—1011 飞机的垂直滑动开启式门的开口补强结构

4.6 机身分离面的布置与设计

4.6.1 设计分离作用与布置

结构分离面是部件与部件、组件与组件之间的连接面,是结构设计、制造和使用所必需的。结构分离面有两种类型,包括设计分离面(使用分离面)和工艺分离面。

设计分离面是允许一个部件(组合件)在基本结构元件和紧固件无损情况下,从另一个部件上移开,或完全拆开的一种连接面形式。它们通常是为了机体便于维修、运输和更换而设定的。机身上的翼面、发动机、起落架、雷达罩、座舱盖、机尾罩、航炮以及机身上各种口盖、舱门、减速板、进气道调节板等与机身的连接部位都属于设计分离面。对于某些特殊的飞机,如舰载机为了停放时减少空间,将机翼作成可折叠的。

设计分离面的选取划分主要根据飞机的使用要求、可维护性要求及互换性项目等要求来确定。设计分离面划分的一般原则是:设计分离面应易于部件间的协调,保证装配的准确性;应尽可能选在低应力区,满足结构完整性准则、强度和刚度要求,质量轻;分离面的连接应尽可能简单、可靠,便于使用维护和分解互换。

工艺分离面通常是为了便于生产装配而划分的结构连接界面,如机身的壁板、加强框、系统安装组件,以及机身结构的前、中、后各段的连接界面等。这种分离面不可拆卸;若拆卸,需破坏紧固件,并损伤结构元件。

4.6.2 设计分离面设计

机身是将飞机上各部件连接成一个整体,因此机身结构设计分离面较多。根据上述设计分离面布置原则确定机身上设计分离面以后,首先明确分离面附近机身和其连接对象的结构受力状态和结构形式,然后考虑分离面的结构形式。在选择设计分离面的结构形式时,首先应考虑部件的互换性,即在进行部件更换时,无需对分离面作修整加工。为保证设计分离面的互换性,应考虑以下几方面的问题:

① 分离面的连接应有一定的补偿能力。

② 设计分离面接头的结构形式和配合面的技术要求应合理。在翼身对接接头水平耳片设计中,机翼的上下耳片只有一面与机身耳片贴合,因此只有一个机翼耳片传递机翼升力(正升力时,机翼下耳片受力;负升力时,机翼上耳片受力)。这种分离面对工艺的技术要求合理,满足互换性要求。如果机翼上下耳片与机身的耳叉采用无间隙的配合,虽然两个机翼耳片同时传递升力,但对工艺的技术要求不合理,无法满足互换性要求。在混合耳片设计中,机翼的水平耳片与机身耳片均为有间隙配合,升力由中间耳片传递,结构互换性好。

③ 机身段的设计分离面应该是垂直于机身轴线的平面。机身段之间的对接,以凸缘连接形式具有最好的装配协调性。

习　题

4-1　如何确定机身外形?外形确定时应考虑哪些方面?

4-2　影响机身结构形式的主要因素有哪些?

4-3　试举例说明战斗机机身结构特点和难点?

4-4　如何确定加强框的结构形式?

4-5　为什么机身设计时必须考虑设计分离面布置?

第5章 尾翼设计

尾翼设计应保证飞机在所有可能的飞行状态下都获得必需的稳定性和操纵性。为了保证飞机的安全,要求飞机设计成在整个允许的马赫数、迎角及重心位置范围内都是有足够的稳定度。飞机的操纵性为飞机靠绕三个轴的操纵力矩来实现所希望的方向上改变飞行状态的能力。在一定程度上,稳定性和操纵性要求是相互矛盾的,稳定性是飞机保持给定状态的能力,而操纵性则是改变飞行状态的能力。尾翼设计应满足协调稳定性和操纵性矛盾的要求。

一般飞机尾翼由水平尾翼(简称平尾)和垂直尾翼(简称垂尾)两部分组成。正常式平尾包括水平安定面和升降舵,在跨声速和超声速飞机上则大多采用全动平尾。垂直尾翼一般由垂直安定面和方向舵组成。鸭式飞机和三翼面飞机在机头附近安置鸭翼,鸭翼一般采用全动翼面形式。

5.1 水平尾翼设计

5.1.1 平尾的功用与设计要求

平尾应具有安定面和操纵面两种功能,设计的基本要求如下:

1) 在飞机重心前后限范围内,针对各个飞机质量,保证与飞行包线相一致的纵向稳定性和操纵性(包括放宽静稳定性条件)。

飞机静稳定的条件是重心必须在各种条件下始终位于气动焦点之前。当重心越靠后,离焦点位置越近,则稳定度越小,因此飞机有一个重心后限限制。当重心在后限时,最严重状态一般是在低空亚声速($Ma=0.2\sim0.8$)放襟翼进场着陆状态;当重心在前限时,平尾对下列情况应能提供足够的操纵能力。

① 在超声速飞行时,飞机纵向静稳定度为最大,而平尾升力线斜率下降很快,故高空高速战斗机由此决定平尾面积和最大偏度。

② 平尾要能配平襟翼放下时着陆状态的最大升力,同时抵消襟翼产生的低头力矩和机翼升力产生的稳定力矩。

③ 在起飞时要求平尾能提供需要的最大抬头力矩,以抵消绕主轮的质量矩,并以一定角速度转到其标定起飞姿态,而不使离地速度超过其标准值。如对于攻击机来说,亚声速稳定度余量较大,外挂物使重心前移,造成抬前轮困难,在决定平尾面积和最大偏度时可附加其他措施,如增长前起落架支柱等。

④ 对亚声速飞机平尾设计考虑的最严重情况是起飞时抬前轮和着陆时飞行平衡。只要平尾的操纵效率能保证起飞和着陆平衡要求,就能自动满足各种可能升力系数下的飞行平衡。但对于超声速飞机来说,由于机翼的压力中心迅速后移,飞机的纵向稳定度骤增,而偏舵面引起的气流扰动不能穿过声速面,使尾翼操纵效率下降,故超声速飞机一般采用全动平尾。全动平尾使平尾的升力大大提高,从而改善了飞机的纵向操纵性。

2）飞机的纵向操纵效率应满足失速特性要求，当飞机无意中超过临界迎角时，应仍有足够的操纵效能。对于战斗机，在机动飞行时应保证飞机达到最大过载。

3）阻力小，在巡航时配平阻力不超过总阻力的 10%。对长航程飞机，配平阻力不得超过总阻力的 5%。在后部设计时，应使平尾、垂尾和后机身干扰阻力最小。

4）为保证尾翼在机翼所有可能的迎角下都有足够的效率，则在跨声速时平尾的临界马赫数应大于机翼的临界马赫数，即 $Ma_{crH} > Ma_{crW}$。

5）尾翼应能提供足以平衡无尾时总气动力矩的最大气动力，以便在任何飞行条件下，如有不同程度操纵面偏转和结冰影响都能达到静平衡状态。

6）在满足强度和刚度要求下质量最轻。平尾结构形式和连接方案应与垂尾和后机身协调；质量平衡所需配重质量最小；在飞行包线范围内不出现颤振和振动现象。

5.1.2 平尾外形和主要参数选择

对于静稳定的飞机（即未采用主动控制技术和放宽静稳定性的飞机），尾翼设计的基本方法是通过空气动力来提供飞机固有的稳定性和操纵性，然后再加增稳系统以改善飞机的飞行品质。尾翼气动设计的主要任务是增加尾翼效率，选择确定尾容量、翼型相对厚度与尾翼的平面形状参数。

1. 平尾效率

平尾效率与平尾面积 S_H、尾力臂 l_H 和平尾的位置等有关。作为保证静稳定性的平尾效率可以平尾偏转后产生的俯仰力矩来定量评定（升降舵无偏转时），用下式表示：

$$C_{mH} = k_q \cdot C_{La_H} \cdot \left[(1 - \varepsilon_\alpha)\alpha + \delta_H\right] \cdot \frac{S_H \cdot l_H}{S \cdot c_A} \qquad (5-1)$$

式中，S_H 为平尾面积（含机身覆盖部分）；

l_H 为尾力臂，为平尾平均气动弦（c_{AH}）1/4 点至机翼平均气动弦 1/4 弦点之间距离；

C_{La_H} 为平尾升力线斜率；可参照第 3 章机翼升力线斜率 C_{La} 计算。

S 和 c_A 分别为机翼的面积和平均气动力弦。

ε_α 为平尾处下洗随迎角变化，ε_α 可按下式进行确定：

$$\varepsilon_\alpha = \frac{d\varepsilon}{d\alpha} = 4.44 \left[K_A K_\lambda K_H (\cos \Lambda_{\frac{1}{4}})^{\frac{1}{2}}\right]^{1.19} \frac{C_{La,Ma}}{C_{La,Ma=0}} \qquad (5-2)$$

式中，$C_{La,Ma}$ 为考虑压缩性影响的机翼升力线斜率；

$C_{La,Ma=0}$ 为 $Ma=0$ 时机翼升力线斜率；

K_A 为机翼展弦比影响因子，$K_A = \frac{1}{A} - \frac{1}{(1+A^{1.7})}$，$A$ 为机翼展弦比；

K_λ 为机翼根梢比影响因子，$K_\lambda = \frac{10-3\lambda}{7}$；

K_H 为平尾位置影响因子，$K_H = \dfrac{1 - \dfrac{h_H}{b}}{\left(\dfrac{2l_H}{b}\right)^{\frac{1}{3}}}$，其中，$b$ 为机翼展长，h_H 为尾翼弦面和机翼弦面的高度差。

式(5-1)中 k_q 为平尾处速度阻滞系数，k_q 可用下式表示：

$$k_q = 1 - \frac{\left[\cos^2\left(\dfrac{\pi Z_H}{2Z_W}\right)\right] \cdot \left[2.42\left(C_{D_0,w}\right)^{\frac{1}{2}}\right]}{\left(\dfrac{x_H}{c_A} + 0.30\right)} \tag{5-3}$$

式中，x_H 为机翼根弦后缘到平尾 1/4 弦点处沿尾迹中心线方向距离；

Z_W 为 x_H 处尾迹半宽度，可用下式表示：

$$Z_W = 0.68 c_A \left[C_{D_0,w}\left(\frac{x_H}{c_A} + 0.15\right)\right]^{1/2} \tag{5-4}$$

Z_H 为平尾 1/4 弦点至尾迹中心线的距离，可表示为：

$$Z_H = x_H \tan(\gamma_H + \varepsilon_{C_L} - \alpha_w) \tag{5-5}$$

γ_H 为机翼根弦的后缘至平尾 1/4 弦点连线与机翼弦线间的夹角；

$C_{D_0,w}$ 为机翼的零升阻力系数；

α_w 为飞机中心轴处翼根的迎角；

ε_{C_L} 为飞机稳态速度 v 与尾迹中心线夹角，通过下式进行计算：

$$\varepsilon_{C_L} = 92.83 \frac{C_{LW}}{\pi A} \tag{5-6}$$

式中，C_{LW} 为机翼升力系数，

A 为机翼展弦比。

空气压缩性对平尾效率有很大影响，在临界马赫数前后 $C_{L\alpha H}$ 有急剧变化，并有所降低，因此尾翼翼型和平面形状选择时应特别注意此点，以免从亚声速转到超声速时尾翼效率发生急骤变化。

2. 尾容量设计

将式(5-1)中 S_H/S 用平尾相对机翼面积之比 $\bar{S}_H$ 表示，$\bar{S}_H = S_H/S$；l_H/c_A 用平尾尾力臂相对平均气动弦长之比 $\bar{l}_H$ 表示，$\bar{l}_H = l_H/c_A$；则 $V_H = \bar{S}_H \cdot \bar{l}_H$ 称尾容量。

亚声速飞机平尾尾容量设计采用"剪刀图"的方法，即在平尾尾容量 V_H 和飞机重心位置 $\bar{x}_{cg}$ 的参数的平面图上，根据各种稳定性和操纵性要求绘制不同边界线，在各边界线所构成的公共区域内，可根据设计重心变化范围确定尾容量，或是根据已知的尾容量确定重心范围。对于自然稳定性的常规飞机，对纵向稳定性和操纵性要求，"剪刀图"(界限线法)由两组边界线组成：

① 重心后边界。保证飞机具有最小允许纵向静稳性裕度和地面滑跑稳定性，以及对操纵性要求的握杆与松杆中性点和机动点。

② 重心前边界。起飞抬前轮，以大迎角、放襟翼状态进行起飞着陆，进场配平与复飞，着陆拉平与进场失速的操纵能力，对于超声速战斗机应保证飞机具有最大过载的操纵能力。

对于具有控制增稳或电传操纵的人工稳定性飞机来说，其重心后边界已不由中性点决定。对于高亚声速飞机，后重心边界相对机动点留 $5\% c_A$ 余量或满足 $\delta_e/n_z = 1°$(δ_e 为升降舵偏角，n_z 为 z 轴方向过载)，取二者较大值。满足此准则的重心后边界比由中性点确定的重心后边界更靠后。因此，对于相同的重心变化范围，采用放宽静稳定性设计后，可降低尾容量，相当

于可减小平尾面积,使质量和配平阻力有所降低,对民机来说提高了经济性,而对军机来说提高了机动性。人工稳定性飞机的重心前边界是由操纵性决定的,与自然稳定性飞机相同。

给定重心变化范围后可确定平尾的最小尾容量。如现代战斗机尾容量在 0.2~0.35 之间。对于静不稳定的飞机,由于采用电传操纵系统,取消了对重心后限的限制,但战斗机的超大迎角、过失速机动和高的敏捷性,要求有足够的纵横向操纵能力,因此平尾面积不但不能减小,还应适当增加。例如 F—16 的尾容量为 0.203、尾翼相对面积为 0.145,F—22 的尾容量为 0.197、尾翼相对面积为 0.171。

3. 平尾面积的确定

选择平尾面积时,必须在满足基本飞行状态的稳定性要求(最小稳定余度,即 $\partial C_m / \partial C_L$ 的最小值),着陆(襟翼全部放下)及起飞(发动机推力最大和襟翼为起飞状态)时平衡条件,这三者之间折中考虑。

对静稳定的飞机,要保证最小配平阻力下进行巡航飞行,即满足 $(\partial C_m / \partial C_L)_{WF} = 0$,

1) 亚声速时

巡航时:

$$(\bar{S}_H)_{CR} = - \frac{dC_m/dC_L \cdot C_{La_W}}{K_H \cdot C_{La_H} \cdot (1 - d\varepsilon/d\alpha) \cdot (\bar{l}_f + dC_m/dC_L)} \tag{5-7}$$

着陆时:

$$(\bar{S}_H)_{LDG} = \frac{(\bar{X}_{ac}^* - \bar{X}_{WF}) \Delta C_{LF} - dC_m/dC_L \cdot (C_L)_{LDG}}{0.8 \cdot K_H \cdot [|C_{LH,max}| + (C_L)_{LDG}(1 - d\varepsilon/d\alpha) C_{La_H}/C_{La_W}]} \tag{5-8}$$

2) 超声速时:

$$(\bar{S}_H)_{CR} = \frac{\Delta \bar{X}_{ac,WF} \cdot C_{La_F}}{k_H \cdot C_{La_H} \cdot (1 - d\varepsilon/d\alpha) \cdot (\bar{l}_H - \Delta \bar{X}_{ac,WF})} \tag{5-9}$$

式中,$\bar{X}_{ac}^*$ 为偏襟翼时升力增量的作用点(一般取 0.65~0.70);

$\bar{X}_{WF}$ 为翼身组合体的升力增量的作用点;

$\Delta \bar{X}_{ac,WF}$ 为从亚声速到超声速翼身组合体的焦点移动量;

ΔC_{LF} 为偏襟翼时升力系数增量;

$(C_L)_{LDG}$ 为飞机着陆时升力系数;

C_{La_H} 为平尾升力线斜率;

$C_{LH,max}$ 为平尾的最大升力系数;

$\bar{l}_H$ 为平尾焦点与翼身组合体焦点之间的相对距离;

k_H 为平尾区内的气流阻滞系数,$k_H = q_H/q$。

平尾的相对面积可按下式确定:

$$\bar{S}_H = \max\{(\bar{S}_H)_{CR}, (\bar{S}_H)_{LDG}\} \tag{5-10}$$

对于正常布局飞机,当保证飞机具有稳定性 $(\partial C_m/\partial C_L) < 0$ 时,应满足机翼迎角 α_W 大于平尾的迎角 α_H,则:

$$\frac{C_{LW}}{C_{La_W}} = \alpha_W \geqslant \alpha_H = \frac{C_{LH}}{C_{La_H}(1 - \partial\varepsilon/\partial\alpha)} \tag{5-11}$$

对于一定尾容量 V_H,若取较大的平尾面积则取较短的尾力臂;反之,若取较长的尾力臂则平尾取较小面积。但尾力臂增长,平尾效率和飞机纵向操纵性会按比例增大,飞机的阻尼系数和纵向操纵性亦会按比例增大,飞机的阻尼系数和纵向摆动的衰减度与 $\bar{l}_H^2$ 成比例。而尾力臂增大会引起机身长度的增加,由此带来的结构质量增加可能比增加尾翼面积带来的结构质量增加要更多。因此,V_H、$\bar{S}_H$ 和 $\bar{l}_H$ 的确定是一个反复迭代和优化过程。

4. 平尾外形和主要参数确定

尾翼的效率不仅取决于尾容量,而且取决于气动特性,而气动特性中最主要是水平尾翼升力系数对迎角导数 $C_{L\alpha_H}$,该参数与尾翼形状和翼型密切相关。目前,常用的平尾外形是矩形、后掠形和三角形。高亚声速和超声速飞机大都采用后掠尾翼。

(1) 相对厚度和后掠角

为了保证在机翼使用的迎角范围内尾翼效率和尾翼的临界马赫数大于机翼的临界马赫数,故平尾翼型的相对厚度比机翼的小 $1\%\sim2\%$。通常情况下,对低速平直机翼的平尾翼型相对厚度取 $10\%\sim12\%$,对高速后掠尾翼取 $5\%\sim6\%$,对三角形尾翼取 $4\%\sim5\%$,对超声速平直尾翼,如采用 $A_H=1\sim2$ 的小展弦比时,翼型相对厚度取 $3\%\sim4\%$ 用以保证大的 $Ma_{cr,H}$。

尾翼翼型最大厚度的弦向位置对 $Ma_{cr,H}$ 有重要影响,当最大厚度位置约处于弦长中间(即 $40\%c_H\sim50\%c_H$)时翼型的 $Ma_{cr,H}$ 最大。增大平尾的后掠角 $\Lambda_{\frac{1}{4},H}$ 可提高尾翼的临界马赫数。

为了提高尾翼和升降舵效率,特别是超声速飞行时的尾翼和升降舵效率,要对翼型进行修形。例如将翼型的后段曲线改为直线,以减小后缘角,又如采用钝头翼型,使尾翼效率提高。

(2) 展弦比

展弦比直接影响平尾的升力线斜率,增加展弦比可提高平尾的气动效率、减少平尾面积和巡航配平阻力,但过大的展弦比会降低平尾失速迎角,增加结构质量,并且增大了尾翼弹性变形对稳定性和操纵性的不利影响,恶化颤振特性,因此应选择最佳的展弦比。由当前统计数据可知对大展弦比机翼的飞机,平尾展弦比 $A_H=3.5\sim4.5$;小展弦比机翼的高速飞机,平尾展弦比 $A_H=2\sim3$。

(3) 梢根比

梢根比对平尾气动特性影响较小,减小梢根比可减轻结构质量,但过小的梢根比对平尾失速特性不利,并且受机身屏蔽的面积增加,因此一般取中等梢根比较合适。

5.1.3　平尾位置选择

平尾相对机翼的位置对飞机的纵向稳定性及失速特性影响很大。尤其是战斗机的发动机靠后,机翼不能太靠前,平尾与机翼的距离很近,平尾布置不合适时将处于机翼尾流区,导致尾翼效率急剧下降。

1. 平尾上下位置的影响

平尾对稳定性的贡献直接与下洗梯度 $(\partial\varepsilon/\partial\alpha)$ 及当地速压 q $(q<q_0)$ 有关,即尾翼作用 $\Delta(\partial C_m/\partial C_L)$ 与 $(1-\partial\varepsilon/\partial\alpha)(q/q_0)$ 成正比,而下洗梯度和速度阻滞与平尾离机翼弦平面上下距离和距机翼后缘距离有关,q/q_0 只会减少,而 $(1-\partial\varepsilon/\partial\alpha)$ 可能变号,如 $\partial\varepsilon/\partial\alpha>1.0$,则平尾

起不稳定作用。因此，$\partial\varepsilon/\partial\alpha<1.0$ 是尾翼上下位置的限制条件。

在小迎角时，机翼后的下洗及动压减小在接近弦平面处为最高，随离开弦平面距离的增大而减弱，随迎角增加而加强，下洗角也增大。此外，随着迎角的增大，下洗最强区逐渐上移。由风洞实验可得到，在大迎角时，如采用中或下平尾，它将处于较小下洗梯度的流场中，而对中、上平尾，其 $\partial\varepsilon/\partial\alpha$ 增加很快。对不同布局可得出一个平尾位置的边界，低于该位置则 $\partial\varepsilon/\partial\alpha<1.0$，平尾起稳定作用。

2. 平尾前后位置变化对下洗特性的影响

尾迹的位移与离机翼后缘的纵向距离近似地呈线性关系。因此，平尾离机翼越远，平尾允许最大高度将越大，从而可得到平尾的上下及前后位置最佳的组合位置。一般平尾为中、下平尾为好，但平尾位置不宜太靠下，否则产生较大的低头零升力矩系数 C_{m0}，随着马赫数增大，配平阻力增加，并且在接近地面时，由于地面效应作用使平尾下表面压力增加，平尾效率减小。

3. 机翼参数对平尾作用的影响

机翼平面参数对下洗特性有影响，如中等到大展弦比机翼，后掠角增加其下洗减弱，则尾翼效率提高。又如在大迎角时，放前缘襟翼使高平尾的 $\partial\varepsilon/\partial\alpha$ 减小，从而增加平尾效率，但对低平尾影响不大。翼刀对平尾效率（大迎角时）也有改善，但其作用没前缘襟翼偏转的影响大。机翼的弯扭有利于大展弦比机翼的平尾效率提高，弯曲可延迟和减小高平尾的 $\partial\varepsilon/\partial\alpha$ 不稳定变化。偏后缘襟翼使机翼根部升力增加，对平尾下洗的影响增大。在决定平尾位置时一定要考虑襟翼的影响，否则会影响飞机起降的安全。

5.1.4 升降舵和全动平尾设计

1. 升降舵设计

对于低速飞机和人工操纵的中小型飞机，纵向操纵面采用升降舵控制。通过升降舵偏角的改变，使飞机在不同迎角下得到纵向力矩的平衡，并实现在纵向对称面内的机动飞行。

升降舵效率可表示为：

$$C_{m\delta_e}=-k_q C_{La_H} v_H n_e \tag{5-12}$$

式中，n_e 为升降舵面积的转换因子，直平尾 $n_e=\sqrt{S_e/S_H}$，后掠平尾 $n_e=\sqrt{S_e/S_H}\cos\Lambda_e$，其中 S_e 为升降舵面积，Λ_e 为升降舵前缘后掠角。

升降舵面积与平尾面积一样与重心位置密切相关，与机翼面积有一定关系，由统计数据得到升降舵相对面积 S_e/S_H 和机翼面积的关系，一般 S_e/S_H 取 $0.24\sim0.34$。

2. 全动水平尾翼设计

当飞机超声速飞行时，因激波后的扰动不能前传，舵面偏转后不能像亚声速流中那样同时改变安定面的压力分布，因此尾翼效能下降。而飞机的纵向稳定性却因机翼压力中心后移而大大增加。为了提高尾翼的效能采用了全动平尾。全动平尾是指整个平尾可绕某一轴线偏转，起操纵面的作用。

采用全动平尾主要是提高超声速飞行时操纵效能。当全动平尾不偏转时其功能和正常平尾（升降舵不偏转时）相同，因此平尾的位置、气动外形设计等与正常平尾相似。主要是全动平尾操纵时应满足飞机全程飞行中各种要求，故全动平尾的设计重点是转轴位置的选择。

对后掠式平尾而言,亚声速压心位置约在 28%～30% 平均气动弦长处,超声速压心约在 50% 平均气动弦长左右。为了减小铰链力矩应使亚声速铰链力矩的最大值等于超声速铰链了力矩的最大值,因而转轴应落在两压心之间的某个位置。通常把轴线布置在两个压心的中间位置,约占平均气动弦长的 40%(如图 5-1 所示)。转轴在此位置时结构高度较高,转

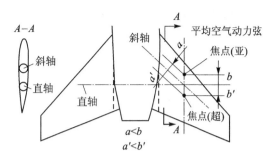

图 5-1　全动平尾的转轴前后位置的确定

轴结构和操纵机构较易安排,操纵力矩在最大速度和低速时均较合适。在初期全动平尾采用展弦比和后掠角较大的后掠全动平尾,平尾展长较长故采用斜轴式转轴,采用斜轴式具有上述优点。但平尾的效率取决于气流流向迎角的变化,而不取决于偏角变化,为保持操纵特性,必须增大平尾的偏角及偏转速度,使平尾效率在大偏度时出现非线性,使得效率降低。

目前,高速飞机机翼均采用中等后掠角、较小的展弦比的后掠翼、梯形翼或切尖的三角翼,因此平尾的平面形状也类似,由于根梢比较小,较长根弦保证平尾压心附近的转轴有足够高度,故采用直轴式较合适。直轴式平尾效率高,在平尾大偏度时仍保持线性。采用直转轴对机身结构设计有利,机身只需要一个承力框,转轴短,传力路线短,操纵系统刚度大,因此结构质量轻。但由于直轴平尾后掠角小,颤振特性较差,相应地要付出一定的代价。

5.2　垂直尾翼设计

5.2.1　垂尾的功用和设计准则

垂尾是保证飞机横侧稳定性及航向操纵品质的主要部件,可使飞机在整个飞行包线范围内都具有足够的方向稳定性,即在非对称气流中发生侧滑时,可以产生足够的侧力,其产生的偏航力矩可减少侧滑角,故对飞机的偏航起稳定作用。因此,垂尾设计应遵照下列准则:

1) 应保证飞机在最大马赫数及低速大迎角时具有足够的效率。

在超声速飞行时,随马赫数增加($Ma>1$)垂尾效率下降很快,全机方向稳定性也随着下降。因此,应保证在大的飞行马赫数下具有足够的方向稳定性。机身(尤其是前机身)和外挂物是产生方向不稳定力矩的主要原因,机翼和平尾对方向稳定性影响小(只是对垂尾气流有干扰作用),主要由垂尾和腹鳍的组合提供方向稳定性。并且在飞行中,垂尾在气动载荷作用下产生弹性变形,会使效率进一步下降。为保证最大设计马赫数的飞行安全,对于采用人工增稳系统情况下,$C_{n\beta}$ 值经弹性和喷流等修正后,应为 +0.0005～+0.0010 即可满足要求,不可低于此比值。

大迎角飞行时会出现方向发散特性,方向发散特性不仅与 $C_{n\beta}$ 有关,并且与飞机惯性矩及和横向稳定性导数 $C_{l\beta}$ 有关,是一个复杂的动态现象。目前,在初步设计阶段均采用动方向稳定性参数 $C_{n\beta,dyp}$ 和横侧操纵失控参数——滚转反逆准则 LCDP 作为判断飞机是否出现失控的依据。

滚转返逆准则 LCDP 是由简化的滚转和偏航力矩方程导出,如副翼和方向舵交联时:

$$\text{LCDP} = C_{n\beta} - \left(\frac{C_n\delta_a + k_1 C_{n\delta_r}}{C_1\delta_a + kC_{l\delta_r}}\right) C_{l\beta} \tag{5-13}$$

式中,$k_1 = \delta_r/\delta_a$;

δ_r 为方向舵偏转角度;

δ_a 为副翼偏转角度;

当 LCDP≤0 时,飞机将向滚转操纵的反方向发生偏舵失控,从而易进入尾旋。当 LCDP≤ −0.001 时,即使 $C_{n\beta,\text{dyn}}$ 为正值,副翼操纵也可能导致进入尾旋。

2) 保证飞机在大侧风着陆时有足够的操纵能力。初始设计可根据统计数据确定。

3) 设计时应考虑 $C_{n\beta}$ 和 $C_{l\beta}$ 的匹配关系,常采用荷兰滚模态的滚转角速度 p 与偏舵角速度 r 的比值 $|p/r|$ 作为判据,以 $|p/r|$ 在 3~5 之间为设计指标,如 $C_{l\beta}/C_{n\beta}$ 值过大,即 $C_{n\beta}$ 太小,飞机受扰动后易引起荷兰滚振荡。

4) 多发动机飞机在临界发动机失效后,应保证在空中和地面有最小的操纵速度。特别是当起飞滑跑过程中,如果临界发动机突然停车,应具有可能仅使用气动力主操纵来恢复对飞机操纵、并使飞机保持直线轨迹继续起飞或中断起飞的能力。

5) 要求飞机在失速或进入尾旋时,应具有从失速或尾旋状态中改出的航向操纵能力。

6) 在所有情况下,应具有平衡由于机翼上非对称外挂或战斗机的武器发射引起的偏航力矩的能力。

5.2.2 垂尾外形和主要参数选择

1. 垂尾尾容量的确定

垂尾效率是单位侧滑角所提供的方向恢复力矩,它是垂尾升力线斜率与尾容量的函数。尾容量 V_V 是垂尾相对面积 S_V/S_W 与垂尾尾力臂 l_V/b 之积,$V_V = S_V l_V/(S_W b)$。

初步设计时可用界限线法来确定 V_V。垂尾几何参数初步选择后,即可知侧力系数 C_C 对侧滑角 β_V 导数 $C_{C\beta_V}$,其值为垂尾升力系数 C_{LV} 对迎角 α_V 的导数 $C_{L\alpha_V}$,即 $C_{L\alpha_V} = C_{C\beta_V}$。则可在 $V_V - \eta_{\delta_\gamma}$ 坐标内画出界限图(在亚声速时,方向舵效率 $\eta_{\delta_\gamma} \approx \sqrt{S_r/S_V}$,其中 S_r 为方向舵面积)。如图 5-2 所示:曲线 1 为保证侧滑角 $\beta_{\max}$ 所相当的侧风下着陆的 V_V 下限,即着陆时最大侧风 $v_{Z,\max}$,飞机着陆速度 v_{LOG},此时侧滑角 $\beta_{\max} = v_{Z\max}/v_{\text{LOG}}$;曲线 2 为保证不对称推力起飞时飞机所需 V_V 下限;曲线 3 为满足方向稳定性和横侧稳

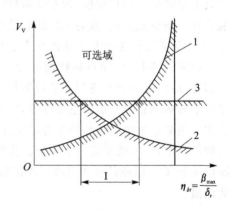

图 5-2 垂尾的 V_V 和方向舵的 n_{δ_r} 的选择

定性的匹配关系,即保证给定的滚转振荡和侧滑振荡的协调性所需的最低 V_V 值,它与曲线 1、2 的相交区为方向舵的最小有效区。

2. 垂尾的主要参数选择

垂尾的平面参数直接影响垂尾的升力线斜率,垂尾的展弦比 A_V 增加,后掠角 Λ_V 减小,则升力线斜率增加,但尾力臂 l_V 减小。大展弦比垂尾会使垂尾结构弹性变形增加。垂尾的弹性变形可使刚体的垂尾方向稳定性降低约 30%～40%,垂尾平面形状选择应综合考虑各参数对弹性垂尾效率的影响。

机身头部对方向稳定性起不稳定作用,机身头部的旋涡将增强机身头部的不稳定作用;同时机身涡在垂尾处产生侧洗,也起不稳定作用。增大垂尾展长即增大展弦比可提高垂尾效率。因此影响 $C_{n\beta}$ 较大的是展弦比,一般展弦比取 1.5～3.0。后掠角一般在 $40°$～$65°$ 左右。

梢根比减小使垂尾根部面积增加,受机身影响而 $C_{n\beta}$ 下降,但对垂尾受力有利。综上所述,增大垂尾面积和增大垂尾展长对提高垂尾效率有利。为保证大马赫数和低速大迎角时具有良好的横侧稳定性,垂尾面积不应取太小,一般垂尾相对面积 S_V/S_W 为 20%～25%,尾容量一般为 0.16～0.25。

5.2.3　方向舵的设计

方向舵的设计要求与垂尾的设计要求相同。无后掠铰链轴的短弦长方向舵,在低速时效率足够,但在低空超声速时由于马赫数和弹性的影响,其效率可降低 80%～90%。选用宽弦长,小展弦比的后掠方向舵,其超声速效率只降低 50%,并且可改善垂尾和方向舵的刚度及抗颤振能力。一般方向舵的面积为垂尾面积的 20%～25%。

5.3　尾翼的结构形式和安装

5.3.1　尾翼结构布局和承力系统安排

尾翼结构布局与承力系统安排的主要目的是在满足气动力布局和结构设计要求的前提下,尽可能地提高其结构效率。尾翼的气动布局形式不同,其结构布局与承力系统的安排也有所不同。常规尾翼和全动尾翼受力系统的安排具有代表性,因此,这里仅阐释这两种布局的结构形式和连接形式。

安定面有水平安定面和垂直安定面两种。安定面由前缘、翼尖及盒段组成。前缘、翼尖通常可拆,为蒙皮隔板结构,应主要考虑防冰、除冰系统在安定面上的设置及防鸟撞等问题。安定面的结构和机翼的基本相同,受力特性也相同。但安定面内部很少有装载,故完全可以按受力要求进行结构设计。此外,尾翼的气动布局形式有时与机翼不同,这时安定面的结构布局与承力系统安排应作相应调整。

安定面常采用的结构布局形式有梁式、单块式、多墙式、整体式、全蜂窝式或混合式等。现代飞机的水平安定面比较多地采用梁式结构。单梁式结构的梁常布置于结构高度最大处以减轻质量。双梁式结构的前梁布置在弦长的 12%～17% 处,后梁布置在弦长的 55%～60% 处,后梁和后墙位置应考虑舵面转轴固定位置。单梁式比双梁式结构更能充分利用翼型高度,减轻梁的质量,但整个结构材料的利用较差。

整体式水平安定面是指采用蒙皮与桁条合并为整体壁板的安定面结构。此种结构形式主要用于速度高、翼型相对厚度小的尾翼结构。它刚度大、结构稳定性好;材料的布置较符合载荷分布的要求;整体件使接头和紧固件减少,从而减少了螺栓孔和铆钉孔,避免了应力集中现象,提高了构件的承力性能,使结构质量相对较轻。另外,因铆缝少,所以表面光洁,外形准确,气动性能好,且气密容易;因零件数目少,减少了工艺设备和零件制造、装配的工作量,使生产周期缩短;同时因工艺简化,使成本降低;还有较高的结构效率,但破损安全特性较差。

一般来说,梁式(单、双梁)、整体式或混合式结构适用于运输机尾翼的厚翼型(大展弦比),而多梁式、单块式、多墙式等则适用于军用战斗机的尾翼的薄翼型(中、小展弦比)。

轻型飞机的水平安定面大多采用双梁式(以后梁为主)或一梁(后)一墙(前)式结构。现代速度较高的飞机一般采用双梁(或多梁)、壁板、多肋的单块式结构。使用多梁的目的是增大结构扭转刚度,提高防颤振特性,降低生产成本。波音 747、波音 767 的水平安定面都是双梁加一辅助前梁(前墙)的双闭室结构(如图 5 - 3 所示)。高速运输机采用由数根梁、密排翼肋和变厚度蒙皮组成的结构,不用桁条,这种结构形式制造成本低、抗扭刚度高,尤其对防颤振有较好的效果,已用于波音 707、波音 727 的水平安定面上。水平安定面通常将后梁设计成主梁,且在悬挂接头处布置有加强肋,这是因为舵面一般悬挂在其后面,而尾翼的载荷特点是舵面载荷大。

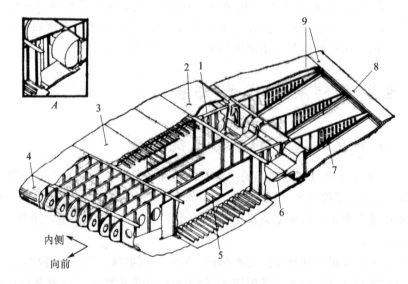

1—铰链翼肋;2—铝制蜂窝结构;3—蒙皮桁条加强板;4—可拆卸的前缘;5—检查口;
6—配重(只用于外侧升降舵上,内侧看详图 A);7—铝制翼梁和翼肋;8—可更换的后缘;9—玻纤蜂窝结构

图 5 - 3 波音 747 水平尾翼结构

垂直安定面的结构设计基本与水平安定面相同。其结构布局形式可选用梁式、单块式、多墙式、整体式或混合式中的任何一种。军用战斗机的垂直安定面因其小而薄的翼型,常用双梁式、多梁式、多墙式或单块式结构。运输机上的垂直安定面翼盒段加强板常用蒙皮桁条型,如L—1011(如图 5 - 4(a)所示)和波音 747 飞机。大多数翼盒采用双梁或三梁式,也有采用四梁式的,如图 5 - 4(b)所示的 DC—10 飞机。

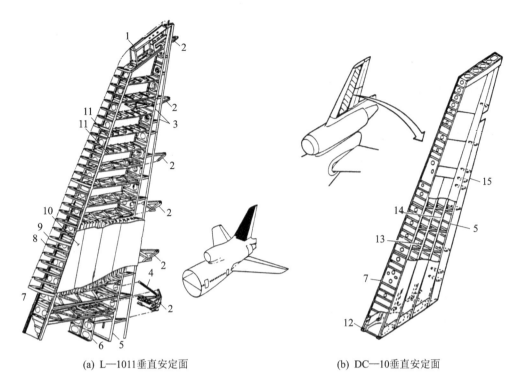

(a) L—1011垂直安定面   (b) DC—10垂直安定面

1—翼尖结构；2—方向舵连接接头；3—后缘；4—推压结构；5—后梁；6—短梁；7—前梁；
8—前缘维形翼肋；9—前缘翼肋；10—铝蒙皮；11—翼肋；12—连接螺栓；13—前中梁；14—后中梁；15—安定面后缘

图 5 - 4 垂直安定面的结构布置

5.3.2 尾翼的安装与连接

　　尾翼与后机身的对接形式取决于机身结构的布局形式。水平安定面与机身的连接方式有两种。一种是固定式，水平安定面分段，在机身侧面固定在机身上，或者整个水平安定面贯穿机身，前后用 4 个接头固定在机身上。另一种是可调式，水平安定面的安装角可调，应用在一些高亚声速运输机上，目的是提高平尾的配平效率。可调式水平安定面中央翼盒贯穿机身，后面用两个铰链接头支撑在机身加强框上，前面用 1～2 个接头连制动器，飞行中可以通过制动器调节安定面的迎角，改变飞机的俯仰角，对飞机起配平作用。它的优点是比舵面的配平阻力小。近代许多大型运输机如 L—1011、DC—10（如图 5 - 5 所示）和波音系列客机都采用这种形式。安装两个制动器可以使安定面的支撑及操纵具有破损安全特性。有的飞机是在中央翼盒前梁的正中间单独装有一个螺旋操纵机构，此时应将连接接头本身设计成具有损伤容限特性。可调式水平安定面引起的结构问题是机身开缺口，不仅影响机身尾段结构受力特性，而且还要增设密封板。

　　除个别飞机的垂直尾翼可动外（如 SR—71 飞机具有全动式垂直尾翼），绝大多数飞机的垂直安定面都是不可动地安装固定在后机身上。梁式垂直安定面通过集中接头与后机身隔框对接，如图 5 - 6(a)所示；单块式垂直安定面采用沿其根部周缘分散连接方式与后机身对接，如图 5 - 6(b)所示。根部连接处安定面梁与机身隔框有转折，需要沿机身布置纵向加强的构件承受和传递安定面梁传来的分弯矩。有些飞机将垂直安定面的梁直接插入机身，与机身加

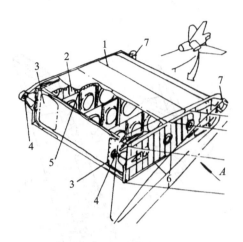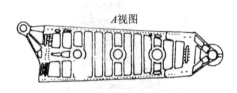

1—蒙皮;2—翼肋;3—检查口盖;4—制动器螺杆连接接头;5—加强板;6—隔板;7—水平安定面枢轴

图 5 - 5　水平安定面中央翼盒

强框结合一起成为斜加强框,结合处没有连接接头,垂直安定面的蒙皮直接连接在后机身蒙皮上。这样可以直接将弯矩传到机身结构上,避免在机身上因使用接头而带来疲劳问题。

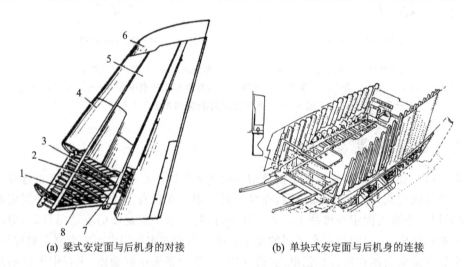

(a) 梁式安定面与后机身的对接　　　　(b) 单块式安定面与后机身的连接

1—根肋;2—普通翼肋;3—前梁;4,5—壁板;6—尾翼的前缘和顶端;7—后梁;8—侧肋

图 5 - 6　垂直安定面与后机身的对接

5.3.3　操纵面结构形式与承力系统安排

操纵面可看作在气动载荷作用下支持在悬挂接头上的多支点连续梁,其弯矩 M、剪力 Q 通过悬挂接头传给安定面,扭矩由接头和操纵摇臂上的操纵力共同平衡。操纵面位于机翼或安定面后部,因此厚度都特别小。对于厚度相对较大的操纵面,为了充分利用结构高度,一般都在其前缘附近高度最大处布置一根梁,作为主要的承剪、承弯构件。梁(或和后墙)与前缘厚蒙皮构成一闭室用以承受扭矩。梁布置在接近转轴附近,也有利于将梁上的载荷直接通过悬挂接头传给支架,并且安排较密翼肋。这种单梁式结构重心比较靠前,对防颤振很有利。L—1011飞机内侧副翼的结构如图 5 - 7 所示。

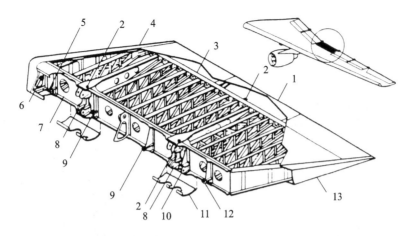

1—楔形后缘；2—安装用起重点；3—后墙；4—内侧整流罩；5—与扰流片相连的混合器操纵杆接头；
6—护罩；7—前梁；8—铰链和制动器接头；9—伺服反馈杆接头；10—制动器接头；11—口盖；
12—外副翼伺服操纵杆接头；13—外侧整流罩

图 5－7　L—1011 飞机内副翼结构

操纵面后缘有时采用蜂窝夹层蒙皮，有些则在后部采用全高度蜂窝结构。这些措施都能提高操纵面的弯曲和扭转刚度。有的操纵面在蒙皮内侧用边缘为波纹形的加强片将蒙皮和梁缘条、肋缘条胶接起来，从而提高蒙皮抵抗气动湍流或声响的疲劳寿命。现代飞机的尾翼和各种操纵面为了减轻质量、提高结构效率，很多采用了纤维增强复合材料，如波音 737、波音 767、波音 777，A310、A320，以及我国的运—7、歼—7 等飞机。

操纵面通过悬挂支臂支持在安定面或机翼上，铰链轴应保持同一直线，使它能自由转动而不被卡死。有些飞机为了防止飞行中因支持结构的变形太大、出现不同轴现象而影响操纵面转动，将操纵面沿展向分段，每段只包含 2～3 个支点，段与段之间用柔性接头连接。两个后掠升降舵共用一个摇臂操纵时，也应在转轴弯折处用万向接头连接两部分。

操纵面的悬挂支点一般多在两个以上，挂点多，则支点间距小，操纵时的变形和最大弯矩值小，结构轻，并且有破损安全性。有的大型飞机，如波音 707 的升降舵有 7 个悬挂点，L—1011 的方向舵也有 7 个悬挂点（如图 5－8（b）所示）。但若支点过多，除存在同轴问题之外，支臂的总质量势必增加，所以对支点数量及位置必须通盘考虑。支点间距大小视结构高度、弦长及载荷而定。高度较小，载荷较大，则间距应小些，反之间距取大些。当然还应与安定面或机翼的翼肋取得协调。

大型飞机的舵面有时分成内侧舵面和外侧舵面两段。低速飞行时两段舵面都可使用；高速飞行时，因安定面结构变形对舵面操纵效率产生影响，只允许使用内侧舵面（或称高速舵面）。这种设计的优点是能够减轻安定面和舵面的结构质量，缺点是操纵系统复杂，使质量增大。

为了保证互换性和装卸连接方便，悬挂头应有设计补偿。具体措施是，除一个接头设计成固定式以消除操纵面的展向自由度外，其余接头均做成可调节形式，通过过渡接头、偏心衬套、在接头配合面间留有较大间隙等办法来提供一定的展向和弦向调节量。

操纵面转轴一般都在前缘之后，为了悬挂操纵面，前缘必须开口，这就破坏了前缘闭室。

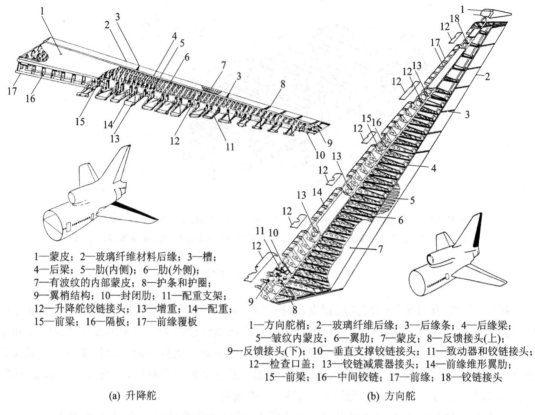

1—蒙皮；2—玻璃纤维材料后缘；3—槽；
4—后梁；5—肋(内侧)；6—肋(外侧)；
7—有波纹的内部蒙皮；8—护条和护圈；
9—翼梢结构；10—封闭肋；11—配重支架；
12—升降舵铰链接头；13—增重；14—配重；
15—前梁；16—隔板；17—前缘覆板

(a) 升降舵

1—方向舵梢；2—玻璃纤维后缘；3—后缘条；4—后缘梁；
5—皱纹内蒙皮；6—翼肋；7—蒙皮；8—反馈接头(上)；
9—反馈接头(下)；10—垂直支撑铰链接头；11—致动器和铰链接头；
12—检查口盖；13—铰链减震器接头；14—前缘维形翼肋；
15—前梁；16—中间铰链；17—前缘；18—铰链接头

(b) 方向舵

图 5-8 L—1011 飞机升降舵和方向舵结构

通常前缘闭室都负担一部分传扭作用,单梁式操纵面的前缘闭室更起着传扭的主要作用,因此需对开口采取传扭的补偿措施。

在操纵面的后缘有楔形结构。它们常采用蜂窝夹层结构、泡沫塑料夹层结构、轻木夹层结构或轻合金结构,以减轻结构质量,使操纵面重心前移,以满足防颤振要求。

5.3.4 全动平尾的结构布局和特点

1. 转轴的形式及位置确定

(1) 转轴的位置

全动水平尾翼承力结构形式在很大程度上取决于其转轴的位置,因为载荷通过转轴并由转轴传到机身上。在确定全动平尾的转轴位置时,要综合考虑的因素有:转轴的位置和平尾的防颤振品质有很大关系,一般说转轴靠前有利于改善防颤振品质;尽可能利用平尾内有利的结构高度来布置转轴,以减轻转轴的质量,提高转轴的承载能力;尽量减小平尾气动合力至转轴的力臂,以减小铰链力矩。

(2) 转轴的形式

全动平尾常采用的转轴形式有直轴式、斜轴式、转轴式、定轴式及直斜轴的混合式等。直轴式是指转轴垂直于飞机的对称轴线;斜轴式是指转轴具有一定的后掠角(如图 5-1 所示)。

直轴式在机身内容易布置,操纵机构也较简单,转轴质量比较轻。如果转轴要伸入平尾内,对于大后掠角平尾,转轴的结构高度将受到平尾结构高度的限制。在根部,轴所在位置靠近后缘,结构高度小,受载不利,轴的质量较重。当平尾为平直翼或中等后掠翼或后缘较平直时,宜采用直轴式。

斜轴式正好相反,对大后掠角的平尾,宜采用转轴伸入平尾内的斜轴式,转轴可以更好地利用结构最大高度,铰链力矩也比较小(如图 5-9 所示)。但是斜轴的后掠角会受它的传动功率、与阻力有关的尾翼偏转效率,以及由连接和传动引起结构的复杂性等重要因素的影响。当转轴后掠角增大时,水平尾翼压心到转轴的距离开始减小,但随后又增大,这就使铰链力矩产生变化。为了保持操纵特性不变,需要增大传动功率。随着转轴后掠角的增大,尾翼升阻比特性显著恶化。此外,还会引起结构上的一系列困难,如左右两边水平尾翼的转轴必须分开,造成平尾的偏角加大。斜轴式全动平尾的传动系统不容易布置,因为固定在转轴上的摇臂的运动平面要与飞机纵轴成一夹角,所以助力器只能水平地放在机身尾部发动机的上方或下方,如图 5-10(a)所示为液压助力器布置在发动机上方,装在机身加强框之间的纵向加强件的支座上。如果平尾布置在机身中部,助力器要布置在机身侧边和发动机之间的狭小空间内就非常困难,唯一的可能就是将它垂直布置(如图 5-10(b)所示)。因此,在现代歼击机上,如 F—15、F—16、F—22、苏—27 和某些其他飞机上都用了直轴式。为了减小直轴上的弯矩,水平尾翼可采用小展弦比的三角形与梯形翼面。

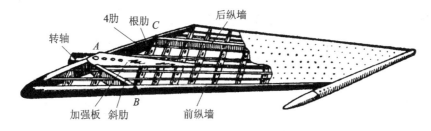

图 5-9　图 5—9　斜轴式全动平尾结构示例

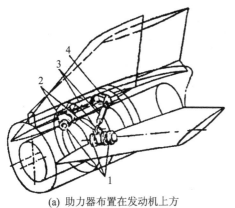
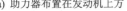
(a) 助力器布置在发动机上方

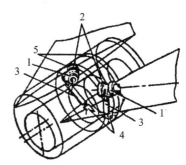
(b) 助力器垂直布置在加强框上

1—左右水平尾翼的轴承;2—水平尾翼的操纵摇臂;3—液压助力器;

4—助力器支座;5—装有水平尾翼轴承的加强框

图 5-10　斜轴式全动平尾操纵助力器的布置

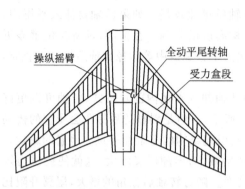

图 5－11 直斜轴混合式全动平尾示意图

直斜轴混合式是指机身内的转轴采用直轴式，平尾则设计成一个很强的中间受力盒段，让转轴与平尾根部受力盒段相连，如图 5－11 所示。这种形式既保证了机身内布置转轴简单方便，又满足了在平尾内合理利用结构高度，尽可能减小铰链力矩的要求。

转轴式平尾的轴与尾翼连接在一起，用固定在转轴上的摇臂操纵转轴，平尾与转轴一起偏转。定轴式的轴不动，固定在机体上；尾翼套在轴上绕轴转动；操纵接头则布置在尾翼根部的加强肋上（如图 5－12 所示）。与转轴式相比，由于定轴式的操纵点和轴之间的力臂有时可设计得比转轴式长，可使操纵力相对较小，尾翼受力较好。缺点是在尾翼结构高度内要安放轴和轴承，限制了轴径，对轴受力不利；此外须在机体上开弧形槽，对机体有所削弱。转轴式的优、缺点与之相反。

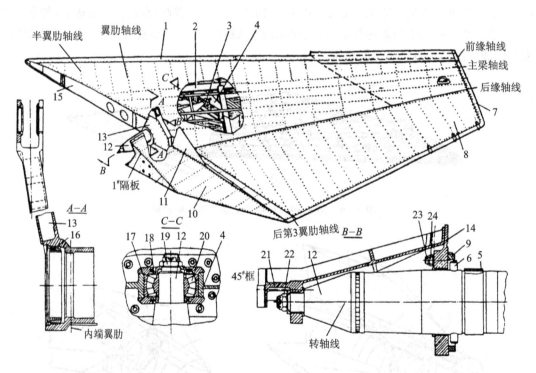

1—前缘；2—主梁；3—平尾悬挂组件；4—第2支承；5—轴承的衬套；6—保持半轴不转动的销子；7—平尾翼尖；8—平尾后部；9—止动件；10—平尾根部；11—平尾传动支臂的整流罩；12—悬挂平尾的半轴；13—平尾的转动支臂；14—机身尾梁的侧壁板；15—内端翼肋；16—轴承；17—侧盖；18—压实的细毛毡密封件；19—螺帽；20—轴承；21—机身第45框；22—螺帽；23—螺栓；24—螺帽

图 5－12 某战斗机定轴式全动平尾示意图

无论平尾采用上述何种形式，转轴一般都采用圆形剖面的管梁，以利于传递载荷。

2. 全动平尾的结构特点

全动平尾的结构形式直接与转轴位置和形式有关,结构形式的选取还应综合考虑选材、工艺等其他有关的因素。常见的结构形式主要为单梁式、单块式过渡到集中短梁的形式、双梁单块式或多梁单块式等。

单梁式全动平尾的主梁沿转轴一直延伸到翼梢,弯矩全由主梁承受,主要用于翼型厚度较大、后掠较小及载荷量级不大的转轴式全动平尾。单块式过渡到集中短梁的形式,外段采用刚度较好、结构效率较高的单块式,在根部转成梁式,以便载荷向转轴过渡。此种结构形式常用于转轴式全动平尾,主要是由于转轴式全动平尾上的弯矩、剪力、扭矩都要集中到转轴上,然后由转轴传给机身的特点决定的。双梁单块式或多梁单块式结构,布置有两个或多个梁(或墙),较适合定轴式全动平尾的受力特点,即转轴仅受剪力、弯矩,不受扭。平尾上的载荷不必全都集中在转轴上,具有一定的破损安全特性。对于飞行马赫数 $Ma = 2$ 左右的飞机,在设计全动平尾时,需特别注意保证它的局部刚度及整体刚度中的扭转刚度,常采用整体壁板构成整体式结构以满足刚度要求。

5.4 尾翼防颤振设计

因尾翼与机翼的构造及结构相似,而且具有和机翼颤振相同的模态,因此尾翼和机翼、副翼一样,也有弯-扭颤振和弯曲-舵面偏转颤振问题。而且由于后机身结构截面相对较小,弯曲和扭转刚度较低,受载后两个平面内的弯曲变形和扭转变形对尾翼的颤振会产生影响,因此尾翼的颤振形式更为复杂多样,防颤振设计也更为重要。

提高后机身和尾翼的刚度能够提高尾翼的颤振临界速度,在机身和尾翼结构布局对此均有考虑。实践表明,在尾翼颤振中,因舵面质量不平衡所引起的颤振是最危险的一种形式,消除此类颤振的办法是使舵面重心位于转轴之前(过平衡)或位于转轴上(完全平衡)。如果从结构本身要做到这一点比较困难,除尽量减轻后部质量(如后缘采用轻质材料、蜂窝结构)之外,一般须加配重。

配重有集中配重和分散配重两种形式。集中配重一般放在舵面前方,或者放在舵面内补偿板的前缘,并尽量加大配重与转轴间的距离,增长力臂,使同样质量的配重发挥更大的效率。在结构上,舵面的配平与副翼的配平无任何区别。全动平尾常将配重置于翼尖,由于翼尖处弯曲挠和上、下振动时加速度最大,故配重效率高。但集中配重必须有很好的连接刚度和局部强度。配重一般采用铸钢件经机加而成。

分散配重沿舵面前缘均匀分布或基本均匀分布,现代高速飞机广泛采用分散式配重。配重一般采用机加铸钢板。另外,提高有关结构的刚度并满足一定的刚度分布要求、提高操纵系统刚度也对防颤振有利。

对于动轴式布局或定轴式布局全动平尾,在端头安装配重有困难时,有时采取将尾翼的次要升力端面切掉一角(如在不影响气动特性情况下,尾翼后缘端点向内将全动平尾端部切掉一个角),并在全动水平尾的后半部使用蜂窝结构,使端部截面的重心前移,可降低配重质量或干脆不用配重,米格—23 飞机就采用了这种结构形式。为降低配重质量,使用蜂窝结构来减轻舵面尾部的质量。在舵面操纵系统刚度高时,在舵面(副翼)上可以不使用配重,这在大飞机上可大大节省质量。

　　必须指出，对颤振的控制随着自动控制技术的应用有新的发展。随控布局飞机就能通过自控系统所检测到的数据，利用自动控制系统，使颤振得到主动抑制，而不需附加配重。

习　题

5-1　如何确定尾翼的主要参数？

5-2　试述水平尾翼安定面的结构形式及其一般的选择原则。

5-3　全动平尾转轴的位置如何确定？

5-4　为什么采用直轴式和直斜轴混合式全动平尾较多？

5-5　全动平尾在结构上有何特点？

第6章 复合材料翼面及机身设计

先进复合材料的应用,对飞机结构轻质化、整体化和高性能化起着至关重要的作用。先进复合材料结构使高性能战斗机的隐身、超声速巡航、过失速飞行控制等得以实现,气动弹性与强度优化组合的前掠翼飞机得以成功研制,并且能够改善舰载攻击战斗机的耐腐蚀性。复合材料结构技术已经是影响飞机,特别是战斗机发展的关键技术之一。

复合材料具有各向异性,其材料和结构性能都是可以设计的。复合材料结构设计充分利用了复合材料性能的方向性、结构性能的可设计性和大型构件整体成形的良好工艺性,以及隐身、耐腐蚀等优点,实现结构效率、性能、功能和成本的综合优化。

复合材料的种类很多,按基体材料的不同可分为树脂基复合材料、金属基复合材料和陶瓷基复合材料;按增强体的形态不同可分为连续纤维增强复合材料、纤维织物增强复合材料、片状材料增强复合材料、短纤维或晶须增强复合材料、颗粒增强复合材料等。本章主要介绍目前飞机机翼、机身等部件中普遍使用的连续纤维和纤维织物树脂基复合材料结构与部件设计有关的内容。

6.1 复合材料结构设计要求与原则

6.1.1 复合材料的性能和设计特点

由于材料性能的不同,复合材料结构与金属结构有较大的差别,因而复合材料结构设计、分析和验证方法在很多方面都与金属结构不同。

1. 比强度和比模量高

复合材料具有较传统金属材料更高的比强度(σ_b/ρ)和比模量(E/ρ),可使结构质量较大幅度的减少。表6-1对几种单向复合材料与常用金属材料的性能进行了对比。飞机结构中使用的复合材料以碳纤维增强树脂基为主,它们的性能通常比玻璃纤维和芳纶纤维复合材料的高。T800/改性环氧树脂的比强度可高出铝合金10倍,比模量高出4倍。

表6-1 几种结构材料性能比较

材　料	拉伸强度/MPa	拉伸模量/GPa	密度/$(g \cdot cm^{-3})$	比强度/$(MPa/(g \cdot cm^{-3}))$	比模量/$(GPa/(g \cdot cm^{-3}))$
铝合金	420	72.0	2.78	151.1	25.9
钢(结构用)	1 200	206.0	7.85	152.9	26.3
钛合金	1 000	116.7	4.52	221.2	25.8
玻璃纤维/聚酯复合材料	1 245	48.2	2.0	623.0	24.1

材　料	拉伸强度/ MPa	拉伸模量/ GPa	密度/ (g·cm^{-3})	比强度/ (MPa/(g·cm^{-3}))	比模量/ (GPa/(g·cm^{-3}))
高强度碳/环氧树脂	1 471	137.3	1.45	1 014	94.7
高模量碳/环氧树脂	1 049	235.0	1.60	656.0	146.9
芳纶/环氧树脂	1 373	78.4	1.40	981.0	56.0

2. 各向异性和可设计性

由单向预浸带铺叠并固化而成的层合结构是目前飞机复合材料结构的主要形式。基于单向带的正交各向异性(沿纤维方向的性能与垂直纤维方向的性能差别很大)和偏轴耦合效应,通过在不同方向上铺设不同比例的单向带,可使结构满足不同方向的承载要求和变形要求。这些特性给结构设计带来了更多的自由空间,使设计人员可以得到用各向同性金属材料无法获得的结构性能。例如,利用复合材料层合板的各向异性和可设计性,前掠翼飞机和热膨胀系数接近零的结构变成了现实。

当然,材料的各向异性和可设计性也给结构设计、分析和制造增加了难度。复合材料的组分材料——纤维与基体的力学性能差异很大,导致复合材料结构的破坏机理与金属结构完全不同;层合结构的层间性能远低于面内性能,层间容易发生损伤或破坏,因此冲击损伤和分层在复合材料结构设计中必须加以考虑。各向异性导致的力学性能的复杂性是复合材料结构设计的特点之一。

复合材料结构设计包括铺层材料设计和结构设计两个方面,而且它们彼此关联,这是复合材料结构设计的另一特点。通过选用不同的增强纤维、基体材料、纤维含量以及工艺方法,可以得到性能不同的复合材料,实现铺层材料的设计。然后,通过选择铺层材料、各铺层的铺设方向、铺层比例和铺层顺序实现层合板和整个结构的剪裁设计。可见,复合材料结构设计变量多、自由度大,但同时设计与分析的难度也大。

3. 耐久性能好,损伤容限特性复杂

耐久性/损伤容限是飞机结构完整性的重要组成部分。由于材料特性和破坏机理的不同,复合材料结构的耐久性/损伤容限要求与金属结构的不完全一致,有其特殊性,在设计和分析方法上也有很大的差异。

复合材料的缺陷与损伤包括制造缺陷、使用损伤和环境损伤三大类。制造缺陷分为产品生产缺陷和机械加工缺陷两类,典型的缺陷有孔隙、富胶、贫胶、夹杂、纤维取向和铺层顺序不正确、划伤、开孔、过紧连接等。典型的使用损伤有划伤、擦伤、边缘损伤以及冲击损伤等。典型的环境损伤有雷电冲击引起的表面烧蚀和分层、湿热引起的分层和脱胶、夹层结构水分浸入引起的分层等。

金属一般都具有屈服阶段,而复合材料往往直至破坏其应力—应变曲线仍呈线性,所以复合材料的静强度缺口敏感性远高于金属。但复合材料的疲劳缺口敏感性远低于金属,其疲劳缺口系数(即在一定循环次数下无缺口试件疲劳强度与含缺口疲劳强度之比)远小于静应力集中系数,并且在中长寿命情况下接近于 1。

金属对疲劳一般比较敏感,特别是含缺口结构受拉—拉疲劳时,其疲劳强度会急剧下降,但复合材料一般都具有优良的疲劳性能。在拉—拉疲劳下,复合材料结构可能在最大应力为

80％极限拉伸强度的载荷下经受 10^6 次循环。在拉—压或压—压疲劳下,疲劳强度略低一些,但 10^6 次对应的疲劳强度一般约为相应静强度的50％。特别是在压—压疲劳下,含冲击损伤试样的疲劳强度,一般不低于相应静强度的60％。另外,含冲击损伤和分层的复合材料结构在疲劳载荷下,损伤一般不易发生扩展,即使出现扩展,也往往是在寿命的后期,并且很难确定其扩展规律。对复合材料结构有时需要考虑由疲劳载荷引起的刚度变化,而对金属结构则一般不用考虑。

复合材料静强度和疲劳强度的分散性均高于金属,疲劳强度尤为突出,因此,对复合材料结构进行疲劳验证时,除寿命分散系数外,有时还同时考虑载荷放大系数。此外,复合材料的性能一般均应考虑湿热环境的影响。

4. 对湿热环境较敏感

复合材料的使用温度通常低于固化温度,且树脂基体易吸湿,温度与材料水分含量的变化会引起单向层合板的湿热变形。当从固化温度降至室温时,复合材料一般会产生收缩,而吸湿又使其膨胀。由于纤维与基体湿热变形的大小不同,单向板的湿热变形在纵向和横向相差较大,因而铺层湿热性能也表现出各向异性。多向层合板在湿热条件下将产生各铺层与相邻铺层不一致的湿热变形,而各铺层粘合在一起约束了彼此的自由变形,因此,湿热条件不仅会引起多向层合板的变形,还会导致各铺层内及其层间出现残余应力或残余应变,进而影响到层合板的强度。湿热环境会使树脂基体的性能发生变化,影响复合材料的力学性能,使复合材料表现出物理非线性。

复合材料湿热条件下的性能降低以树脂基体控制的压缩和剪切性能最为明显,湿热条件下层合板的压缩强度是筛选树脂基体的重要指标之一。湿热对复合材料结构的影响还表现在长期湿热老化对力学性能(包括寿命)的影响。因此,应通过分析和试验来验证复合材料结构在使用寿命期内,遇到可能的温度、湿度和载荷条件的单独或综合作用下,仍具有足够的结构完整性。对于特殊部位,还应验证局部环境与总体环境的综合影响。

5. 导电性能差

金属有着良好的导电性能,而复合材料的导电性能较差。因此,复合材料结构设计必须要有专门的防雷击措施,油箱部位要有专门的防静电设计,同时对安装大量仪器仪表的设备舱和雷达罩,还应进行特殊的电磁兼容性设计。

6. 成形工艺性好

金属飞机结构一般由蒙皮、梁、墙、桁条、肋、框等零组件,通过大量的紧固件机械连接装配而成。各金属材料零组件通常采用机械加工、压延、锻、铸和焊接等工艺方法制造,这是由金属材料的可切削性、可锻性、可延展性和可熔性等固有特性决定的。

目前,飞机复合材料结构一般采用浸渍有基体树脂的增强纤维预浸带,根据设计要求逐层铺贴在模具上,再经热压工艺固化成形而制造。因此,由多个零组件通过紧固件机械连接装配而成的复杂形状大型构件,如加筋壁板,可采用共固化、二次固化或二次胶接等工艺整体成形,有些结构还可以采用缝合、编织等纺织预成形件/树脂转移模塑(RTM,Resin Transfer Molding)或树脂膜熔浸(RFI,Resin Film Infusion)等整体成形工艺制造。复合材料结构设计应该充分利用这一特性,尽可能少用紧固件,以便减少机械加工和装配工作量,大幅度减少结构质量、降低制造成本。

与传统金属材料相比,复合材料结构设计要注意材料与结构设计具有同一性、材料性能对工艺具有依赖性这两个特点。

金属材料结构设计中,只需按要求合理选择已定型的标准材料;而在复合材料结构设计中,材料是由结构设计师根据条件自行设计的。金属构件是经过对材料的再加工制造的,加工过程中材料不发生组分变化和化学反应;而复合材料构件与材料是同时直接形成的,各组分材料在复合成材料的同时直接形成构件,一般不再由"复合材料"加工成复合材料构件。复合材料的这一特点使其结构整体性好,并且大幅度减少零部件和连接件数量,缩短加工周期,降低成本,提高构件的可靠性。

复合材料结构在成形过程中,组分材料会发生物理、化学变化,不同成形工艺所用原材料种类、增强材料形式、纤维体积含量和铺设方案不尽相同,因此构件的性能对工艺方法、工艺参数、工艺过程等依赖性很大。此外,目前工艺参数在成形过程中很难准确控制,因而复合材料构件的性能分散性较大。

在材料形成的同时,复合材料结构通过模具完成了固化成形,可实现整体结构的制造,但这一优势的发挥有赖于结构设计和工艺设计的密切结合。合理的结构设计必须考虑制造工艺的可实现性,工艺设计则应最大限度地保证实现结构的优化设计。

6.1.2 复合材料结构设计要求与一般原则

飞机复合材料与金属材料的结构设计要求基本相同,即应满足飞机安全可靠以及飞行性能、使用、维修等各方面所提出的对结构性能的要求。在保证结构完整性的前提下,还应对结构质量、成本、制造工艺、质量控制以及使用维修等各种方面进行综合分析与权衡。

鉴于复合材料自身的特点,在复合材料结构设计中,还应考虑以下几方面的要求:

① 复合材料结构一般采用应变进行设计。但不论采用何种设计方法,都应注意复合材料在性能、失效模式、耐久性、制造工艺、质量控制等方面与金属材料有较大差异,保证结构在限制载荷下有足够的强度和刚度,在极限载荷下安全裕度大于零。

② 在确定复合材料结构应变设计值时,必须考虑环境对材料性能的影响。环境因素包括温度、湿度、紫外线辐射、冰雹、雷电、风沙、腐蚀介质等。但是对于复合材料结构,最主要环境因素是温度、湿度以及生产、使用中可能出现的最大目视不可检冲击损伤。

③ 应特别注意防止复合材料结构与金属零件接触时的电偶腐蚀。

④ 飞机复合材料结构必须进行防雷击、防静电和电磁兼容设计与试验验证。由于复合材料的导电性能远不如金属材料高,飞机的头部以及翼面结构的尖端和前缘等部位易受雷击,应进行防雷击设计与验证。对复合材料机翼整体油箱与电子设备舱必须进行防静电起火和防电磁屏蔽等防护设计和验证试验。

⑤ 应尽量将复合材料结构设计成整体件。通过共固化、二次固化或二次胶接等整体成形技术,将复合材料制成整体件,以便减少后续装配,减轻结构质量。复合材料整体结构存在共固化引起的结构畸变和胶接质量问题,模具成本高,结构报废代价大等问题,设计时需要进行全面权衡。

除了以上一般要求外,飞机复合材料结构在静强度、耐久性、损伤容限和结构工艺性等方面还有一些不同于金属结构的特殊要求,设计时均应考虑。

复合材料结构设计原则与具体结构密切相关,就一般而言,所设计的复合材料结构应能体现复合材料性能的优势和特色。如翼面类壁板、梁、肋等宜采用层合类结构,但翼面主接头则大都不宜采用这种结构,而应该采用特殊设计的复合材料结构或金属结构。结构设计时,要综合考虑性能、工艺、成本、使用经验等诸多方面,合理选材。

结构设计应变水平与结构的受载情况、位置及其工作环境有关,设计值的确定通常应计及湿、热等环境因素,以及目视勉强可检损伤等的影响。设计值对飞机结构设计有着非常重要的影响,低的设计应变会制约复合材料优势的发挥和材料的充分利用。复合材料的弹性模量取所设计结构对应湿度区间的试验结果平均值。对有特殊要求的部位,如连接、复合材料与金属混合使用的部位,要根据实际情况通过试验或经验数据确定其设计准则。

结构细节设计时,应尽量避免或减小结构的面外载荷、刚度突变、应力集中、传力不连续、大开口等,因为它们会直接影响结构的强度和寿命。结构可修理性和可更换性在初步设计阶段就应予以考虑,避免由于选材或结构设计不当导致的使用维护成本过高。雷电防护措施应切实可靠。

6.2　复合材料典型结构设计

6.2.1　结构设计选材

1. 结构设计选材的原则

选材错误往往是复合材料结构质量不佳的重要原因。实际上选材不仅关系到结构的质量,还与结构的成型工艺、成本等密切相关。选材涉及的因素很多,但一般须遵循以下基本原则:

(1) 材料性能要求

飞机不同部位的零部件所承受的载荷和遭遇的环境也不同,对湿热环境影响较严重的部位,材料的耐环境性能应满足要求,并保证结构寿命满足要求。对易受外来物冲击的部位,材料对冲击,特别是低能量冲击,要有较低的敏感性。

(2) 工艺性要求

材料成型对固化温度、时间、压力等参数的容差要求宽松,可适用各种施压方法;机械加工性好,易于进行切割、修磨、制孔;易于装配、维护和修理。材料可以单向带和织物预浸料等多种形式供应,适应不同结构的成型工艺需求。

(3) 成本要求

在满足结构对材料性能要求的前提下,材料价格低,货源稳定,质量可靠,供货及时。

(4) 使用经验要求

材料具有一定的设计与使用经验,尽可能选用已定型、批量生产、质量稳定的材料。

(5) 特殊要求

对有特殊要求的结构,材料应满足阻燃、燃烧毒性、透波性、吸波性、电磁性能等要求。

2. 原材料性能与选择

这里的原材料主要是指增强纤维和基体材料。原材料不同,复合材料的性能便不相同,相应结构的成型工艺也可能不同。

(1) 纤维性能与选择

增强纤维是复合材料的承载主体,纤维品种及其体积含量一旦选定,由纤维控制的复合材料的力学性能就基本确定。飞机结构中已使用的增强纤维有碳纤维、芳纶(Kevlar 49)、玻璃纤维(S 玻璃、E 玻璃)和硼纤维等。其中,碳纤维由于性能好,纤维类型和规格多,成本适中,在飞机结构中应用最广。芳纶性能虽然尚佳,但在湿热环境下性能明显下降,压缩强度低,且与树脂结合界面性能差,一般不用于飞机主承力结构中,目前多与碳纤维一起混杂使用。玻璃纤维由于刚度低,通常只用于整流罩、雷达罩、舱内装饰结构等一些次要结构中;由于优良的疲劳性能,玻璃纤维与薄铝板构成的 GALRE 板已用于旅客机的机身蒙皮。硼纤维因其直径太粗且刚硬,成型和加工比较困难,且价格昂贵,故现在基本不用。不同增强纤维的性能比较详见表 6-2。

飞机结构中广泛使用的增强纤维是高强度碳纤维。参考日本东丽公司(Torayco)产品的性能指标与牌号,高强碳纤维可分为 T300 级、T700 级、T800 级等多个级别。T700 与 T300 级纤维的模量相当,但强度更高,而 T800 级纤维比前两者的模量和强度都高。目前,以 T800H、IM6、IM7 等为代表的高强纤维已用于 V—22、F/A—18、F—22、波音 777 等多种型号的飞机结构,并逐渐成为航空航天飞行器复合材料结构的主要纤维材料。

表 6-2 不同类型增强纤维性能比较

纤维类型	直径/μm	密度/$(g \cdot cm^{-3})$	拉伸强度/GPa	拉伸模量/GPa	供应商
E 玻璃	8~14	2.54	3.45	72.4	
S 玻璃	8~14	2.49	4.58	86.2	
HP—聚乙烯	10~12	0.97	2.79	87.0	Dyneema
Kevlar 49	12	1.44	3.62	130	Du Pont
Kevlar 149	12	1.44	3.47	186.2	Du Pont
高强度碳纤维 T300	7.0	1.76	3.53	230	Torayco
中模量高强度碳纤维 T800H	5.0	1.81	5.49	294	Torayco
高模量碳纤维 (M40J)	5.0	1.77	4.40	377	Torayco
超高模量碳纤维 (GY80)	8.4	1.96	1.86	572	BASF
硼纤维	50~203	2.60	3.44	406.7	

飞机结构用增强材料的基本形式有单向带、无纬布、编织布和针织布。单向带是增强材料的最基本形式,无纬布是在单向带的纬向编织入少量的纬线(如图 6-1 所示),以改善铺层的铺覆性;其中的纬线可以是 Kevlar 或玻璃纤维等其他材料的丝束。编织布由经向纤维和纬向纤维编织而成,分为平纹布(如图 6-2 所示)和缎纹布(如图 6-3 所示)。平纹布布形稳定,不易弯折。缎纹布按不同织法,有 4 综缎、5 综缎、8 综缎、12 综缎等,它们各有特点。针织布是用非增强纤维机线将增强纤维(基本保持平直)编织在一起而形成织物(如图 6-4 所示)。

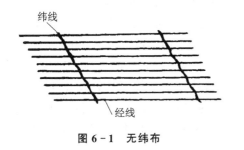

图 6-1　无纬布

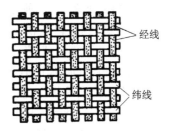

图 6-2　平纹编织布

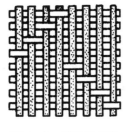

图 6-3　缎纹编织布

图 6-4　机织布

选择纤维时,首先要确定纤维的类别,其次要确定纤维的品种规格。选择纤维类别时,应按比强度、比模量、延伸率、热稳定性、性能价格比等指标,结合结构的使用要求综合考虑。

(2) 树脂性能与选择

树脂基体对纤维起着支撑、保护并承受和传递载荷的作用。基体性能对复合材料的横向力学性能、压缩和剪切性能、耐老化性能、耐湿热性能、介电性能、阻燃性能、耐腐蚀性能等起着决定作用。韧性树脂基体可以提高复合材料的抗损伤能力和疲劳寿命。复合材料成型工艺性能,如流变性能、粘性和铺覆性、凝胶时间、预浸料贮存稳定性、成型温度、压力、时间等是由树脂基体控制的。按固化特性分类,基体可分为热固性树脂和热塑性树脂,前者包含环氧树脂、氰酸酯树脂、双马来酰亚胺树脂、聚酰亚胺树脂等,后者包括聚醚醚酮(PEEK)、聚醚酮(PEK)、聚醚砜(PES)、聚醚酰亚胺(PEI)、聚苯硫醚(PPS)等树脂。常用树脂基体的性能比较详见表 6-3。

表 6-3　常用树脂基体性能比较

性能＼树脂类型	环氧树脂	酚醛	双马	聚酰亚胺	高性能热塑性树脂
工艺性能	优	良	良	差	良
力学性能	优	中	优	良	优
耐热性/℃	130 以下	177 以下	230 以下	288 以上	120 以上
韧性	良	差	良	差	优
尺寸稳定性	优	优	优	优	优
成本	低	低	中	高	高

环氧树脂材料品种多,与各种纤维匹配性好,固化方便,收缩率低,固化温度范围宽。该树脂工艺性优良,铺覆性好,树脂粘度适中,流动性好,加压带宽,适合大构件整体共固化成型。环氧树脂最早用于飞机结构,后来在导弹、火箭等航天结构中也得到了一定的应用。

双马来酰亚胺树脂(简称 BMI 或双马)具有耐高温、耐辐射、耐湿热、吸湿率低、热膨胀系数小、抗冲击损伤能力强等优点,在 130～230 ℃ 湿热环境条件下具有较高的强度、刚度保持率,适用于大型构件与复杂型面构件的制造。与环氧树脂相比,BMI 树脂耐湿热性能好、使用温度高,但工艺性不如前者,固化及后固化温度高。目前,BMI 树脂在航天领域得到了广泛应用,在航空领域也有一定的应用。

聚酰亚胺树脂是目前高性能树脂基复合材料中耐热性能最高的树脂之一,其复合材料的使用温度可达 316 ℃,甚至更高,已在航天航空领域的耐高温部位得到应用。

与热固性树脂相比,热塑性树脂具有施工快、周期短、可重复使用、贮存期长、容易修理、力学性能优良、韧性好、抗冲击、耐湿热等优点。可是由于原材料成本高、预浸料粘性与铺覆性差,成型温度高达 350～450 ℃,目前在飞机结构中应用有限。

树脂的选择应按工艺性能良好,毒性低,价格合理等原则进行,所选树脂应满足结构的力学性能、使用环境等要求。

6.2.2 结构制造工艺性与成本考虑

复合材料之所以获得越来越广泛的应用,其原因主要在于它具有良好的材料性能和成形工艺性能。尤其在成形和加工方面,复合材料结构成形比较简便,且材料生成和结构成形同时完成。复合材料技术中,材料、设计和制造三者密切关系,复合材料的性能、结构的质量和成本在很大程度上依赖于制造技术,因此,在设计阶段,就应将成形工艺作为设计的一部分整体加以考虑。目前,复合材料成形方法有几十种,而且新的成形方法还在不断涌现。表 6-4 列出了复合材料结构主要成形工艺方法的特点与适用范围。

表 6-4 复合材料结构成形工艺方法特点与适用范围

工艺方法	特 点	适用范围
热压罐成形	热压罐提供均匀的高温高压场;制件质量高,但设备昂贵、耗能大	大尺寸复杂型面蒙皮壁板类高性能构件
真空袋成形	真空压力(<0.1 MPa)均匀温度场,设备简单,投资少,易操作	厚度在 1.5 mm 以下的板件和蜂窝夹层件
压力袋成形	同真空袋成形,但压力为 0.2 MPa～0.3 MPa	低成形板、蜂窝夹层件
软模成形	借助橡胶膨胀或橡胶袋充气加压,要求模具刚度足够大,并能加热	共固化整体成形件
模压成形	压机加压模具加热,尺寸有限,模具设计难;制件强度高,尺寸精确	叶片、小板壳件
缠绕成形	纤维在线浸渍并连续缠绕在模具上,再经固化成形	筒壳、板材
自动铺带法	纤维带(75～300 mm 宽)在线浸渍后自动铺在模具上,切断、压实,再经固化成形	凸模型面零件批量生产

工艺方法	特　点	适用范围
纤维自动铺放法	多轴丝束或窄带(3 mm 宽)在线浸渍后自动铺在模具上,切断、压实,再经固化成形	凹凸模型面零件批量生产
拉挤成形	纤维在线浸渍后直接通过模具快速固化成形;连续、快速、高效生产	型材、规则板条
预成形件/树脂转移成形(RTM方法)	树脂在压力下注射到预成形件后固化成形;要求模具强度、刚度足够大,并合理安排树脂流向和注射口与流出口;制件重复性好,尺寸精度高,厚度方向性能高;基于 RTM 有很多变种工艺	复杂高性能构件
预成形件/树脂膜熔浸法(RFI方法)	树脂膜熔化后沿厚度方向浸入预成形件;再固化成形;可采用单面模具;制件厚度方向性能高,重复性好,尺寸精度高	复杂高性能构件
低温固化成形	低温(80 ℃以下)、低压(真空压力)固化树脂体系复合材料的成形工艺;目前构件性能与普通环氧树脂构件相当	小批量生产的构件
复合材料 3D 打印技术	将结构离散成一系列的二维层片,利用精密喷头或激光热源,根据层片信息,在数字化控制驱动下,将熔覆的成形材料通过连续的物理层叠加固化,逐层增加材料来生成三维实体产品。目前以热塑性树脂基复合材料结构为主	整体复杂复合材料构件,正在逐步应用中

结构工艺性主要指固化成形工艺性和装配工艺性。不同的成形方法拥有不同的工艺特性,因此,结构设计中除了划分工艺分离面外,还要考虑成形工艺方法和整体化成形的可行性。装配工艺性设计考虑的重点在于配合精度、连接技术和组装方法。

1. 成形工艺方法选择原则

在复合材料结构设计中,选择材料以及确定结构形状、尺寸与公差要求时,必须要考虑成形工艺,因此,在结构设计的初始阶段就应选择成形工艺。成形工艺的选择必须同时考虑材料性能、产品质量和经济效益等基本要求,具体应考虑如下几个方面:

① 结构性能有保障。所选成形工艺应能保证结构的性能满足设计要求、结构间的配合精度满足装配要求。

② 设备条件允许。所选工艺方法使用的现有设备和改造、新增设备,特别是热压罐尺寸,应满足结构固化的要求。

③ 经济效益高。选择成本效率最高的成形工艺方法。

④ 有使用经验。优先选用有使用经验的成形工艺方法。

常用的飞机复合材料零件类型和与之相适应的成形工艺方法如表 6 - 5 所列。

2. 典型结构成形工艺

壁板类结构件目前主要采用热压罐法成形,此外还有 RTM、RFI、VARTM(VARI)等液体树脂成形工艺。夹层结构件以真空袋、压力袋法成形为主,也有用热压罐成形。筒形结构件适宜采用缠绕成形。整体成形结构件宜采用共固化、二次固化或二次胶接工艺方法成形。表 6 - 6 给出了飞机上主要共固化结构的适用范围。

表6-5　常用复合材料零件类型和使用的成形工艺

基本结构	零件种类	主要成形工艺方法	备　注
层压结构	垂尾蒙皮、壁板	热压罐成形、RTM成形	
	平尾蒙皮	热压罐成形	
	机身蒙皮、壁板	热压罐成形、湿法成形	湿法成形仅限于轻型非军用机
	整体机身段	缠绕成形	
	机翼蒙皮、壁板	热压罐成形、湿法成形	湿法成形仅限于性能要求不高的产品
	翼面前缘	热压罐成形	
	舵面壁板	热压罐成形	
	雷达罩	热压罐成形、RTM成形、缠绕成形、湿法成形	
	起落架筒	缠绕成形	轻型飞机
	减速板	热压罐成形	
	各类舱门、口盖	热压罐成形、模压成形、湿法成形	湿法成形仅限用于性能要求不高的产品
	梁、肋件	热压罐成形、模压成形、RTM成形、湿法成形	湿法成形仅限用于性能要求不高的产品
	旋翼	缠绕成形、模压成形	
夹层结构	尾翼壁板	热压罐成形	
	机身壁板	热压罐成形	
	各类舱门、口盖	热压罐成形、湿法成形	
	雷达罩	热压罐成形、湿法成形	
三维编织结构	雷达罩	RTM成形	
	梁、肋件	RTM成形	

表6-6　主要共固化结构的使用范围

结构类型	共固化工艺	使用部位
共固化加筋结构	整体共固化	翼面壁板,机身壁板,舱门
共固化盒状结构	整体共固化或胶接共固化	多墙结构垂尾,机身上、下壁板
共固化夹层结构	胶接共固化或整体共固化	机身壁板,操纵舵面,各类口盖

3. 结构成本影响因素

根据美国国家材料咨询委员会1994年的统计分析,一架客机的总成本由结构、发动机、起落架、航空电子设备等部分的成本组成,它们的占比情况如图6-5所示,其中飞机结构(即机身、机翼和尾翼)的成本占比高达37%。一架飞机的运行成本主要包括航空公司的拥有成本(飞机价格和融资费用)和运营成本(燃料和维护)。在拥有成本中,结构的占比很高,这是由飞机三大部件的价格决定的;运营成本中的结构维护成本占总运营成本的8%～9%(具体比例受燃油价格的影响)。可见,飞机结构在运行成本中所占的比例也很高。

20世纪60年代末,美国研制的F—14战斗机率先使用了蒙皮由硼纤维/环氧树脂制成的

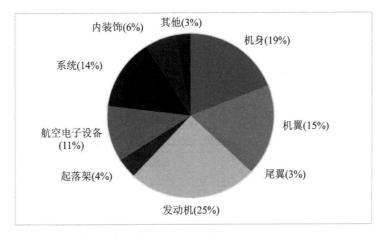

图 6-5　一架民用客机的成本组成

水平尾翼,与金属蒙皮相比,取得了 18% 的减重效果,此后,飞机尾翼大都使用碳纤维复合材料结构。尾翼结构的使用结果表明,碳纤维复合材料因为密度和性能方面的优势使飞机的运行成本降低,从而抵消了材料与制造成本的增加,并使得复合材料结构的全寿命周期成本(即采购成本、使用成本和维护成本之和)低于金属结构的,进而推动了复合材料在飞机上的大量使用。

　　但当复合材料扩展用于机翼和机身主结构时,复合材料结构制造成本的增加却超过了减重带来的效益,因此无法取得全寿命周期成本的优势。起初,人们期望通过提高压缩设计值来提高减重效果,但这方面的努力没有取得突破性进展,因此后来转向对材料、制造工艺以及结构整体化设计等其他途径进行探索。历经 30 多年的努力,复合材料结构技术取得了很大进步。21 世纪初大量使用复合材料的 A380、波音 787 以及 A350XWB 相继交付航线使用,表明由材料、制造工艺、设计、维护性等技术的综合进步构成的低成本复合材料结构技术已成功进入工程化应用,有效地降低了飞机的全寿命周期成本。

　　图 6-6 和表 6-7 将波音 787 与波音 767、A330 飞机结构的维修费用和时间间隔进行了对比,可见,因为大量使用复合材料,波音 787 飞机的结构大检(D 检)周期比波音 767 长了一倍,第一次大修时的维修费用下降了 30%,第二次大检时的维修费用下降高达 52%;复合材料的应用可以有效地降低飞机结构的全寿命周期费用。

表 6-7　三种飞机各类维护时间间隔对比

机　型	波音 767	A330	波音 787
复合材料用量(质量)比/(%)	4~5	10	50
航线维护间隔/h	500	700	1000
基地大修间隔/m	18	18	36
结构大检周期/y	6	6	12

　　在先进复合材料结构的总成本中,生产成本通常占到 70% 以上。波音公司曾经对复合材料飞机结构的生产成本进行过分析,发现生产总成本由材料/制造和紧固件/装配两大部分构成,它们各占总成本的一半,其中制造成本的组成情况如图 6-7 所示。可见,复合材料铺贴、

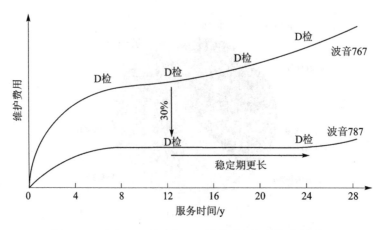

图 6 - 6　波音 787 与波音 767 服役时间与维护费用对比

紧固件/装配这两项费用在复合材料生产总成本中占有非常高的比例,而这两项内容可以通过选择适当的铺贴工艺,提高结构整体化设计水平实现成本的降低。

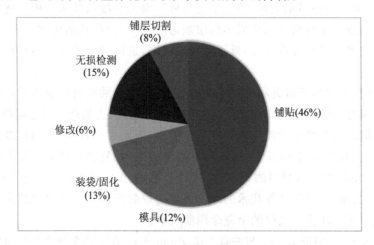

图 6 - 7　飞机复合材料结构制造成本组成

　　飞机结构设计技术水平可以分成四个层次,即面向功能的设计、面向制造的设计、面向服务的设计和面向大数据的设计,越靠后设计技术水平越高,结构的可靠性越高,而全寿命周期成本越低,使用越方便。因此,无论是从成本还是从维护的方便性角度,都要求设计人员不仅要掌握先进的结构设计技术,还需要清楚了解新材料与先进制造工艺的发展情况,尽量借鉴、累积结构数据,设计出既满足性能要求又省钱好用的结构。

6.2.3　设计值的确定

　　对于金属结构,由于其材料性能分散性小,可以将材料性能试验数据经过统计分析处理后,再考虑适当的安全系数直接作为结构的设计许用值。大量工程实践表明,这种方法具有高可靠性。但对于复合材料结构,由于材料本身具有各向异性、脆性、非均匀性、可设计性、对环境和外来冲击敏感性,以及特有的损伤萌生、扩展与破坏机理等,使得其结构设计值的确定方法与金属结构具有明显差别。

工程中复合材料通常以应变(而不是应力)来表征其强度。美国 FAA 在咨询通告 AC 20—107B复合材料飞机结构中,对复合材料的许用值与设计值进行了定义。复合材料经试验获得的材料强度性能统计值与许用值、设计值之间的关系如图 6-8 所示,其中,以单向层合板的强度值表征复合材料体系的固有属性,并定义为材料许用值,进而导出复合材料结构设计用的设计值。设计值是以复合材料许用值为基础,考虑结构在使用过程中所有可能引起的性能退化,保证结构在使用期限内的完整性具有高置信度,依据足够试验数据统计得出的材料强度值。

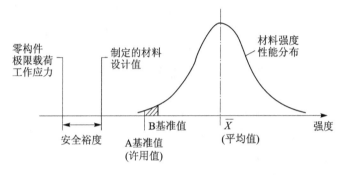

图 6-8 复合材料强度性能与许用值、设计值之间的关系

1. 设计值的确定方法

图 6-9 以多传力路线结构为例,说明设计值的确定方法。首先,利用一定数量(通常有效数据不少于 5 个)的层合板试件测量其破坏应变,然后对试验数据进行统计处理,得到材料的 B 基准值(90%的概率和95%的置信度)——材料许用值。在此基础上,进一步考虑结构在实际服役过程中可能发生的低速冲击损伤、缺口敏感性以及环境因素的影响,得到材料的设计值(极限设计应变,对应极限载荷)。有时,由于安全系数考虑方法的不同,须要将结构细节等因素的影响在设计值中加以考虑。经过安全系数折减后得到的则是限制设计应变(对应限制载荷)。

在复合材料破坏应变均值与设计值之间存在很大的强度空间,如果能够通过提高工艺稳定性,准确定义结构服役条件和损伤情况,则能够提高复合材料的设计值,充分发挥复合材料轻质高强等性能优势。

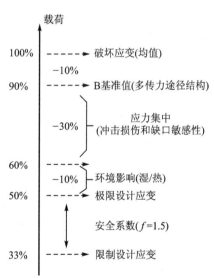

图 6-9 复合材料设计值的确定过程与方法(图中数据非准确值)

2. 设计值的影响因素

碳纤维增强树脂基复合材料具有力学性能可设计性、结构气弹可剪裁性以及优异的疲劳性能等许多优点,但复合材料结构却也具有对湿热环境、开孔与应力集中、分层和冲击损伤敏感等缺点,且复合材料结构的力学性能以及性能的稳定性高度依赖成型工艺方法和工艺水平,这些

因素影响着复合材料结构的性能，也是影响复合材料设计值的重要因素。下面对这些因素的作用进行简要分析。

（1）环境模拟

飞机结构在使用过程中会受到诸如环境湿度和温度、气动加热等的影响。湿热环境下，复合材料中的树脂由于吸湿导致塑化，纤维与基体之间吸湿率和湿膨胀系数的巨大差异使得二者湿膨胀不匹配，进而产生湿应力；同样，纤维和基体热膨胀系数的差异使材料内部出现热应力。两种应力耦合作用可诱发基体开裂、裂纹扩展，导致纤维/基体脱粘损伤、材料性能退化，最终降低结构的承载能力。此外，吸湿会引起树脂玻璃化转变温度大幅度降低，而复合材料的长期使用温度一般应比其玻璃化转变温度至少低 20 ℃，可见，湿热环境会限制复合材料的温度使用范围。研究结果表明，湿热环境的作用会使碳纤维层合板的面内压缩强度和剪切强度下降 30%，同时，玻璃化转变温度由 170 ℃ 降低至 125～130 ℃。因此，在确定复合材料设计值时，必须考虑湿热环境对材料性能的影响。

环境因素对材料性能的影响须由试验获得，工程实际中主要关注以下要点：

① 如何确定复合材料飞机结构在实际使用过程中的吸湿水平。

② 如何通过合理的加速试验获得湿热退化性能数据。

③ 试样级的湿热数据如何应用于大结构或部件。

不同载荷情况、不同破坏模式下，临界环境对于复合材料性能的影响迥异，应采用"合理组合"原则确定结构的临界环境条件，而非过于保守地采用最严酷的环境条件。

如果采用饱和吸湿条件下的试验数据确定复合材料设计值，虽然能够保证结构的安全，但偏保守，会导致结构强度和寿命富余，使结构质量增加。为确定合理的吸湿量，科研人员进行了大量的研究，结果发现使用过程中结构的实际吸湿量大致为 1%，85% 的相对湿度可用来模拟结构真实的湿环境已成为工程界的共识。因此，在湿热试验中可以采用 85% 的相对湿度环境，并根据树脂体系合理确定环境温度对试件进行老化。比如，对于 170 ℃ 固化的树脂体系，设置老化温度为 70 ℃，既能避免高温对材料性能的影响，又能较好地加速老化进程，节省了时间；待吸湿完成后，在高温环境（80～100 ℃）下进行力学性能试验。根据 NASA 与美国军方联合开展的一项研究，地面湿热环境试验的结果可以充分反映飞机复合材料结构在实际飞行过程中由湿热因素引起的性能退化，所以，按此方案获得的试验数据可以用于复合材料飞机结构设计值的确定。

（2）应力集中与缺口敏感性

复合材料对缺口敏感，容易因为应力集中发生脆性破坏，而飞机结构不可避免地存在开孔等缺口，因此，飞机结构复合材料设计值的确定需要考虑开孔的影响。不同于金属材料可以通过局部塑性变形来释放集中的应力，复合材料须通过合理布置铺层，比如增加 ±45° 铺层才能达到减轻局部应力集中的效果。对于复合材料机械连接结构，钉杆与孔壁之间的挤压致使应力集中的影响更加复杂。工程中通过合理设计铺层顺序、机械连接几何参数、螺栓的预紧力以及支持条件等，来提高机械连接结构复合材料的设计值。

开孔会引起复合材料层合板较为严重的拉伸强度下降，在确定飞机结构复合材料设计值时需要把开孔拉伸性能作为一项重要的考虑因素。目前，航空工业使用的复合材料开孔拉伸强度折减系数为 0.4～0.5。由于复合材料的拉伸性能主要由纤维控制，而湿热环境主要影响的是基体性能，因此在确定开孔引起的拉伸强度降时，不必考虑湿热环境的影响。

开孔引起的复合材料层合板压缩强度降较拉伸为轻,强度折减系数在 0.3 左右。层合板的压缩性能受基体影响很大,因此湿热环境对孔板压缩性能的影响相当严重。研究发现,湿热条件下孔板的压缩失效主要由 0°层的失稳决定,而与铺层顺序的关系不大。

复合材料机械连接结构设计值是通过钉孔挤压强度给出的。工程中为了避免结构连接部位发生突然破坏,一般只允许其发生挤压破坏,避免发生净截面拉伸破坏和/或剪切破坏。在确定钉孔挤压设计值时可以采用 $0/\pm45/90$ 铺层比例为 5/4/1 层合板的试验结果,这是挤压最为严重的典型层合板。确定钉孔挤压值时须先定义挤压破坏,因为在挤压载荷作用下钉与孔之间会出现间隙,这可导致钉与孔壁之间发生周期性冲击而引起提前破坏,因此应将钉孔的延展率作为挤压破坏的表征指标。目前,行业内比较认可的指标是:对于偏脆性的树脂体系,复合材料的孔延展率为 2%;而对于偏韧性树脂体系,孔延展率为 4%。

螺栓拧紧力矩给复合材料结构提供了面外支持,可使钉孔挤压强度提高 20%～100%。但在工程实际中层合板因为长期受载可能产生蠕变,同时存在结构振动等的影响,面外的支持作用会减弱。研究表明,振动会使拧紧力在一年内减少 20%,在 20 年内减少 32%。为谨慎起见,在确定钉孔挤压强度时,对螺栓连接采用手工拧紧,或者使用力矩扳手拧紧但对试验结果应相应地考虑折减系数。同时,试件尽量避免厚板,因为当层合板厚度与螺栓直径相当时,得到的钉孔挤压强度偏高。

采用沉头连接会引起格外的强度降,挤压强度越高的层合板由沉头孔引起的强度降越严重。对于厚度与钉孔直径比大于等于 1.3 的层合板,沉头效应引起的强度降约为 25%;对于更薄的层合板会引起更严重的强度降。

复合材料钉孔挤压强度对试件几何参数、铺层比例、边界条件、拧紧力矩等均较为敏感,在确定连接结构钉孔挤压设计值时,应尽量模拟实际情况。

(3) 冲击损伤

复合材料层间强度较低,外来物低速冲击可使层合板发生分层、基体开裂,甚至纤维断裂等损伤,导致其强度发生大幅度下降,尤其是面内压缩强度,因此,在确定复合材料设计值时必须考虑冲击损伤。层合板的冲击损伤与冲击能量、冲头的质量与形状、冲击位置、层合板的厚度、铺层材料与顺序等因素密切相关,确定设计值所用的试件应尽可能与实际情况一致。

在复合材料低速冲击中,须主要关注的是结构损伤可检性和强度降。目前,在确定冲击设计值时多围绕目视勉强可检损伤(BVID,Barely Visible Impact Damage)开展,要求含 BVID 的复合材料结构在整个服役期间内可承受极限载荷。对于厚板,产生 BVID 的冲击能量较大,在使用过程中基本不可能发生,为此,在冲击试验中多采用能量截止阈值或损伤可见度阈值来给定冲击能量。美国军方将 2.5 mm 的冲击凹坑深度作为 BVID 的标准,而其他一些管理部门(特别是针对通用航空的管理部门)将其定为 1 mm 左右或者根据检测方法而定。实践中,根据目视检查的距离将 0.25～1 mm 的凹坑深度作为 BVID 的标准,如波音公司将 0.25～0.5 mm 的凹坑深度作为典型光线条件下检查距离为 0.127 m 的 BVID 标准。

美国 NASA 的研究表明,在约 40 J 能量的低速冲击下,层合板冲击后压缩破坏应变约为 3000 $\mu\varepsilon$,比冲击前降低了 70%。另外,对于厚度不超过 4 mm 的层合板,造成 BVID 所需的能量水平为 0.6～1.5 J/mm。

研究发现,湿热环境能够减少冲击损伤引起的强度降,这表明在确定复合材料冲击损伤设计值时,不需要考虑湿热环境的影响。

(4) 材料与工艺

第一代碳纤维/环氧树脂复合材料设计值主要由开孔拉伸和冲击后压缩强度决定,设计值徘徊在 4000 $\mu\varepsilon$ 左右,因而提高树脂韧性与冲击损伤容限成为挖掘复合材料潜能、提高设计值的关键,于是研发具有更高破坏应变的碳纤维、韧性更好的树脂成了材料部门努力的方向。研究表明,采用更高韧性的树脂可以提高冲击损伤阻抗和冲击后压缩损伤容限。自 20 世纪 80 年代以来,由中模量碳纤维与高韧性环氧树脂制成的复合材料广泛应用于飞机结构中,并且开展了对纳米材料、混杂纤维复合材料等的探索研究。

提高复合材料面外方向的性能可以改善压缩、冲击后压缩等受面外性能影响的设计值,因此缝纫技术、Z-pin 技术应运而生。自修复材料的探索也是一大创新,结合面外性能加强技术,可使结构中的部分损伤自行修复且整体损伤可控。

成形工艺引起的复合材料性能分散是导致设计值显著低于材料性能均值的主因,因此,改进复合材料工艺,提升材料性能稳定性,能够有效地提高复合材料的设计值。

3. 设计值确定方法的发展

自 1970 年以后,随着先进复合材料在飞机结构中的应用越来越广,波音、空客等飞机公司对复合材料在飞机全寿命周期内出现损伤的情况及其对结构性能的影响进行了深入研究,在设计中逐渐考虑开孔、湿热环境、冲击损伤等因素,最终形成了基于结构完整性的复合材料结构设计方法。

美国麦道公司在研制 F—18 和 AV—8B 时,采用带填充紧固件的开孔小试样研究湿热环境、紧固件挤压应力以及加载方式(单轴和双轴)的影响,进而确定复合材料结构的拉压许用应变,并在盒段试验中考虑了冲击损伤对蒙皮结构设计值的影响。

美国洛克希德公司在研制 L—1011 副翼和垂尾复合材料结构时,考虑了湿热、干冷和室温条件下层合板(含开孔板)拉压性能的差异,研究了目视不可检冲击损伤对压缩强度的影响,并得出了压缩设计值由冲击损伤控制的结论。

英国 BAE 系统公司在研制耐高温军用飞机时,针对 XAC/914C 复合材料,先由试验数据给出层合板力学性能的毯式曲线,再结合失效准则绘制出应变包线,并考虑材料分散性、制造缺陷、冲击损伤、开孔(有/无挤压载荷)以及湿热环境引起的性能下降,最终提出了该材料结构设计值的确定方法。确定拉伸设计应变时,须考虑允许的制造缺陷、非填充孔与 BVID;而压缩设计应变则须考虑环境、填充孔与 BVID 的影响。

美国诺斯罗普公司在复合材料设计值确定方法中,进一步将结构完整性要求作为设计值确定的基本原则。针对复合材料机翼结构,将结构完整性要求分解为静强度、刚度、损伤容限和耐久性,并根据实际情况,用开孔拉伸试验结果确定静强度设计值,用冲击损伤破坏门槛曲线确定损伤容限设计值。

随着对复合材料技术研究的深入与设计、使用经验的积累,设计人员发现结构完整性要求中的损伤容限部分亟待进一步研究,特别是湿热环境和冲击损伤的影响,为此,美国空军赞助了复合材料主结构的损伤容限研究计划,研究结果表明:

① 含 $\phi6.35$ mm 孔的试样试验结果可以覆盖除冲击损伤以外的各种常见制造缺陷/损伤引起的强度降。

② 冲击损伤是最严重的缺陷/损伤形式,可导致压缩强度降低 60%。

③ 含缺陷/损伤层合板具有优异的疲劳性能,考虑其静强度设计值可以覆盖疲劳要求。

④ 考虑冲击损伤引起的强度降之后,可以不必进一步考虑湿热环境的影响。

经过大量的试验研究,比较了 $\phi6.35$ mm 孔、湿热环境、分层和冲击损伤等因素对拉伸和压缩性能的影响,得到了目前工程界普遍接受的确定复合材料设计值的原则:拉伸设计值主要取决于含 $\phi6.35$ mm 孔试样的试验结果,压缩设计值主要取决于含 BVID 试样的试验结果。

至此,基于结构完整性要求的复合材料设计值确定方法已基本形成。但是由于设计值的确定都是基于小试样的试验数据,而小试样在试验过程中的载荷、边界条件乃至环境条件都与飞机结构的真实情况存在差异,为此,还须对其进行更深入的研究。

6.2.4　复合材料结构设计步骤

综合设计思想在复合材料结构设计中的体现非常突出。在部件或结构选材时,就必须同时考虑材料的力学性能、使用环境和工艺性(如树脂的固化温度、固化时间和工艺方法)等因素。因为复合材料结构设计时须同时进行材料设计,所以在设计时既要对部件结构形式、结构布置、几何尺寸进行设计,也要对各部件部分结构的铺层进行设计。在初步设计阶段,应对结构的制造工艺以及结构的可维护性、可修理性和维修费用等进行考虑与评估。

图 6-10 给出了复合材料结构研制的主要工作过程,所涉及的部门和专业较多。首先应明确性能要求和设计条件,然后开展选材、结构布置、层合板设计、连接设计等工作。设计过程中,应视不同阶段开展相应的工艺试验、力学试验和功能试验,其中,如图 6-11 所示的积木式验证方法对保证复合材料结构安全可靠、降低研制风险具有非常重要的作用。

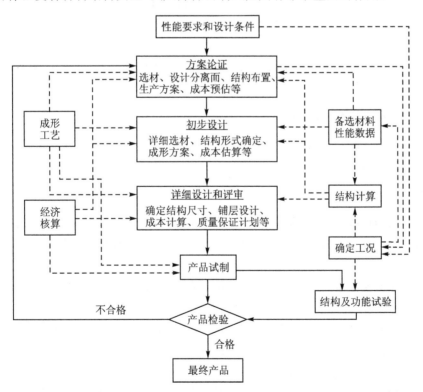

图 6-10　复合材料结构研制工作与流程

设计条件包括载荷情况、环境条件、工艺与生产条件等。载荷情况是指所设计结构承受的

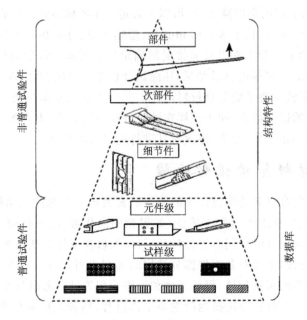

图 6-11　积木式试验验证方法

载荷性质,如静载荷、动载荷、热载荷等。环境条件是指部件使用区域的大气、气象及其他物理、化学环境。工艺与生产条件包括预浸料制作或预制件制作、固化成型、机械加工与装配等方面的设备条件和人员素质。层合板设计包括层合板厚度、铺层方向及比例、铺层顺序设计等。

部件设计包括初步设计与详细设计两部分,须要完成设计分离面和结构形式的确定、结构元件设计、结构细节设计和连接设计等工作内容。

6.2.5　层合结构设计

航空领域所用的复合材料基本结构为层合结构,它们是组成机翼、机身等各部件的最典型结构。层合结构可以分为实心层合板和夹芯层合板。

1. 层合板设计

实心层合板,通常被称为层合板,可制成多种形式,并可采用多种工艺方法成型,可设计性强,在飞机结构中应用非常普遍。层合板设计是复合材料结构设计中最基本、最关键的设计工作,也是复合材料结构设计特有的工作内容。

层合板设计主要包括铺层角、铺层比例、铺层顺序以及总铺层数等四方面的设计内容,它们是根据结构性能要求综合考虑确定的,合理的设计应具有尽量少的总铺层数。层合板设计是基于所选定的铺层材料确定铺层方向,然后根据层合板设计方法确定各铺层的比例和总的铺层数,最后根据层合板的设计原则确定所有铺层的顺序。

根据设计要求的不同,层合板的设计可分为按刚度设计、按强度设计、按稳定性设计、按某些特殊要求(如零热膨胀系数、负泊松比等)设计,以及同时满足多项设计要求的多目标设计。

目前已有多种层合板设计方法,如等代设计法、准网络法、层合板排序法、毯式曲线法、解析法、优化设计法等,它们能满足不同设计要求的需要。这些方法的具体内容可以参阅复合材料结构设计方面的手册与专著。可以相信,随着复合材料在飞机上应用的不断扩大,层合板设计方法还会不断发展和完善。

2. 夹层结构设计

夹层结构通常由比较薄的面板与比较厚的芯子胶合而成,可分为夹层板和夹层盒两类结构,夹层盒结构也叫全高度夹层结构。一般面板采用强度和刚度比较高的材料,芯子采用密度比较小但有一定强度和模量的材料,如蜂窝、泡沫、波纹板等,此外,芯材还应该胶接性能好,与面板的电性能相匹配,避免电偶腐蚀,工艺性能良好,价格低。对于某些特殊构件,要考虑芯子的电性能、导热性能、阻燃、防毒和防烟雾性能等。

夹层结构具有质量轻、弯曲刚度大、抗失稳能力强、耐疲劳、吸声、隔热等优点,因此在飞机和直升机结构上得到了广泛应用。对结构高度大的翼面,蒙皮壁板(尤其是上翼面壁板)采用夹层板取代加筋板,能明显减轻结构质量;对于操纵面等高度小的翼面,采用夹层盒结构能带来明显的减重效果。在航空结构中,复合材料夹层结构普遍采用芳纶纸蜂窝(Nomex 蜂窝)芯子,如图 6-12 所示。

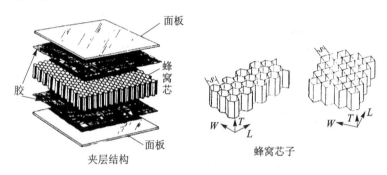

面板
蜂窝芯
胶
面板
夹层结构
蜂窝芯子

图 6-12　蜂窝夹层结构示图

夹层板的破坏模式如表 6-8 所列。实际上,结构发生破坏时,几种破坏模式可能同时发生。此外,夹层结构对低能冲击和湿热环境敏感,且修补较困难。设计时,不仅要对各种可能的破坏模式进行强度分析,还要进行密封防潮等设计。

表 6-8　夹层板的破坏模式

破坏模式	图　示	破坏原因
横向剪切破坏		芯子剪切强度不够,或整个夹层结构强度不够
芯子局部压塌		芯子压缩强度不够,或载荷作用面积太小

破坏模式	图 示	破坏原因
面板破坏		面板强度不够
总体失稳		夹层结构厚度或芯子剪切刚度不够
剪切皱折 总体失稳		芯子剪切模量低,有时由总体失稳引起,夹层板厚度不够
面板起皱失稳		面板薄,芯子压缩强度不够,或原始不平度大;当面板外鼓时,可能板芯连接强度不够
面板格间失稳		面板太薄,蜂窝格子尺寸太大

夹层结构通常用来增加结构弯曲刚度,以获得光滑的气动外形,减少质量,降低噪声,增大或减少某方向的热变换,在强烈的声振中能增加其耐久性。夹层板设计比层合板设计复杂,设计时可参考相应的结构设计手册或专著,也可参考层合板的设计方法。对于全高度夹层结构,由于形状复杂,支持条件也不规则,须要用有限元素法对其进行设计分析。

6.3 复合材料机翼设计

6.3.1 复合材料翼面设计特点

与金属翼面结构设计相比,因为材料性能与制造工艺的明显差异,复合材料翼面设计在选材、分离面确定、结构形式选择、设计方法等方面都有其特殊性。

复合材料比强度、比模量高,疲劳性能好,但脆性通常较高,层间性能低,容易出现分层、冲击等缺陷/损伤,因此,复合材料机翼适合设计成单块式和多腹板式壁板类结构,而不设计成蒙皮刚度非常低的纯梁式结构。

由于复合材料的各向异性,其性能表征量较多,结构性能分析复杂,但同时设计变量也多,设计自由度更大,通过铺层角度与顺序设计容易改变结构刚度矩阵值,特别是弯曲刚度矩阵值,便于进行翼面气动弹性剪裁设计。

复合材料结构是通过模具成型的,不需要像金属那样从材料到结构进行多种串联机械加工,从而取消了金属结构中必需的各种工艺分离面,使结构整体性设计与制造成了复合材料结构设计的一个明显特点,并且是确定机翼设计分离面必须考虑的因素之一。

复合材料在制造和使用过程中可能出现缺陷/损伤,这些缺陷/损伤通常目视不可检,须要用专用仪器设备进行无损检测。为了保证飞机安全,须及时检测结构中出现的缺陷/损伤,并检测其扩展情况。但如果对全机进行高频率无损检测,势必导致飞机出勤率低、经济性差,因此,须对所有的复合材料结构进行损伤容限设计,确保飞机结构在损伤后能够继续使用或安全返航。

复合材料是电的不良导体,机翼一旦被雷电击中,电流无法迅速导走,则会因为电荷堆积导致局部高温,而烧蚀局部结构,所以,必须对复合材料结构进行雷电防护设计。

机翼结构内通常布置有整体油箱,当油箱区表面遭遇雷电击中时,电流受到复合材料的阻止不能迅速向机翼根部扩散,而会沿连接螺栓导入油箱,导致油箱内部钉头部位出现电荷堆积而引起放电火花,因此,必须对复合材料整体油箱进行防雷电、防静电设计。

不同树脂体系复合材料的长期工作温度差别较大,飞机结构所用双马树脂的长期使用温度一般不超过 270 ℃,环氧树脂的使用温度更低。如果结构表面环境温度超过其长期使用温度,则可能出现分层、起"鼓包"等现象,严重的会发生复合材料烧蚀,在结构设计中应给予特别注意。

复合材料具有优异的抗介质腐蚀能力,但由于碳纤维复合材料比大部分金属的电位高 $0.5\sim1.0$ V,有的甚至高 $1.0\sim2.0$ V,在有电解质的条件下,碳纤维复合材料与金属接触形成导电联结,引起电偶腐蚀,加速金属失重、性能下降,因此必须进行防电偶腐蚀设计。

6.3.2　复合材料机翼结构形式

翼面结构是复合材料在飞机上应用最多的一类结构,它包括机翼、尾翼、前翼、襟翼以及操纵面等。由于机翼结构与其他翼面结构基本相同,因此在介绍机翼结构形式的同时,对其他翼面结构一并进行介绍。

根据复合材料的性能和制造工艺特点,蒙皮通常设计成具有一定刚度的层合结构。由于面积大,蒙皮承担的机翼内力也较大,所以复合材料主翼盒大多采用单块式和多腹板式结构形式。其中运输类飞机主要采用单块式结构;战斗机和其他飞行速度大、机动性能要求高的飞机通常采用多腹板式结构;无人机和小型通用飞机等起飞质量小、飞行速度低的飞机,通常采用大展弦比机翼,其蒙皮可设计成夹层板结构,以提高弯曲刚度,但面内刚度较小,此时机翼为梁式结构形式。对于高度小的翼面,采用夹层盒结构能带来明显的减重效果,因此尾翼、前翼、操纵面等通常采用蜂窝夹层盒式结构形式。

单块式结构由蒙皮、筋条、肋和梁共同构成受力翼盒。一般蒙皮较薄,筋条(长桁)较强,多肋,在飞机尾翼的安定面中双梁居多。各元件之间可用共固化或二次胶接做成整体结构,也可以通过机械连接组装成组合结构。如图 6-13 所示的波音 737 水平安定面翼盒即采用机械连接装配。而 A300/A310 的垂尾壁板用的是共固化整体成形技术制造。

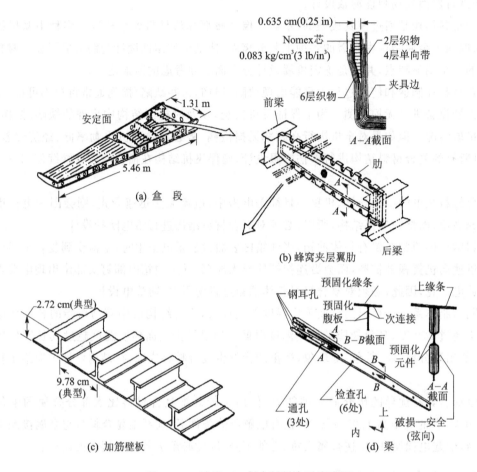

图 6－13　波音 737 复合材料水平安定面

多墙(多梁)式结构能提供上、下蒙皮间较大的形心距离和弯曲、扭转刚度。这种结构形式一般蒙皮较厚,有多个墙(或梁),如图 6－14 所示的欧洲 EAP 战斗机有 11 根复合材料 J 形梁和前、后两根铝合金梁。该结构的一个明显优点是,可将其设计成一侧蒙皮(通常为下翼面蒙皮)与复合材料梁(或墙)共固化成整体件(如图 6－14 所示),然后通过高锁紧螺栓与上蒙皮装配在一起。AV—8B 翼盒段采用了实心层合板蒙皮和正弦波腹板梁,并将整个机翼设计成整体结构,消除了受载很大的对接接头(如图 6－15 所示),有效地减少了装配工作量。

图 6－16 所示的"航行者"大展弦比机翼是梁式结构的一个例子。该机翼主翼盒采用夹层板蒙皮,中间梁以及前、后缘腹板构成了单梁双墙式结构。图 6－17 所示为波音 767 副翼和 F—16 全动平尾结构。波音 767 副翼受载较小,采用蜂窝夹夹层盒式结构,既能保证结构的刚度又可减轻结构的质量。F—16 尾翼采用了碳/环氧蒙皮加内部填充波纹板多墙式结构。

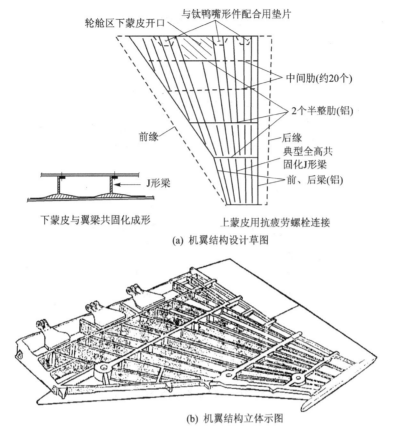

(a) 机翼结构设计草图

(b) 机翼结构立体示图

图 6 - 14　EAP(EF—2000 原型机)机翼结构图

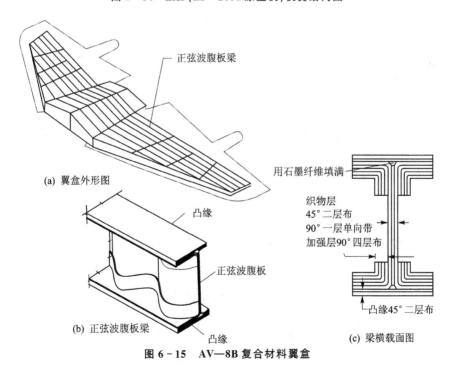

(a) 翼盒外形图

(b) 正弦波腹板梁

(c) 梁横载面图

图 6 - 15　AV—8B 复合材料翼盒

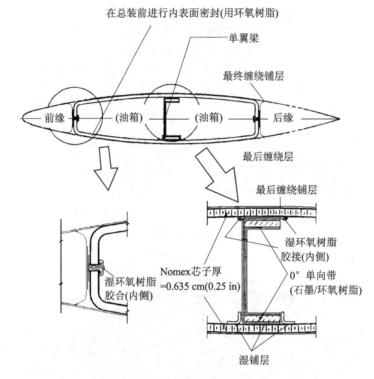

图 6-16 "航行者"复合材料机翼

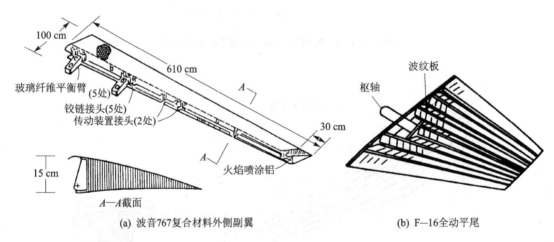

(a) 波音767复合材料外侧副翼

(b) F—16全动平尾

图 6-17 全高度夹层结构

6.3.3 复合材料机翼设计

复合材料机翼与金属机翼在机翼功能、翼形参数、设计要求、受力件和附翼的布置等许多方面基本相同,其最大差异在于前者充分利用复合材料刚度的方向可设计性和弯/扭耦合效应,在满足结构完整性、制造、装配等要求的同时,可使机翼结构在气动载荷作用下,产生有利于空气动力、总体、结构等方面的弹性变形,达到提高飞机性能(飞行品质)、减轻结构质量的目的。下面主要就结构形式选择、分离面布置、主接头设计、蒙皮壁板和整体油箱设计等对机翼部件设计影响大的几个方面的内容进行介绍。

1. 机翼结构形式的选择

复合材料机翼结构形式的选择方法与金属机翼相同。由于复合材料蒙皮适合于气动弹性剪裁设计,因此,复合材料机翼很少采用纯粹的梁式结构,这一点与金属机翼相差较大。机翼结构形式可根据上一节各复合材料翼面结构形式的特点进行选择。

先进战斗机的高机动性要求决定其机翼大都是薄翼形,采用中、厚蒙皮多墙(多梁)式结构的传力布局具有较高的结构效率。同时,多墙式结构能够降低复合材料机翼受冲击损伤的影响,适合气动弹性剪裁设计,也有利于集中主接头连接结构的设计。所以,现代战斗机大多采用多墙式结构形式。

由于机翼受载较大,复合材料抗弹伤能力差等原因,目前一般采用复合材料与金属的混合结构,最主要的梁采用金属材料,其他墙和蒙皮壁板采用复合材料。图 6-14 所示的欧洲 EAP 战斗机机翼采用了前、后两根铝合金梁,其余的梁均是复合材料。F—22 机翼内的梁原设计都用复合材料制造,但打靶试验结果表明,复合材料梁抗 30 mm 口径机炮弹伤能力差,生存力不能满足要求,故而将其中的 3 根主梁改用钛合金,形成金属主翼梁与复合材料中间梁的混合式结构。在制造和设计技术等条件进一步成熟的条件下,机翼也可设计成全复合材料结构。

2. 分离面的确定与对接

与金属机翼一样,复合材料机翼设计分离面的影响因素很多,主要包括使用和维护要求、总体布局要求、质量要求、制造条件的限制等,确定分离面时,应该协调好各种关系,尽量满足这些要求和条件。机翼设计分离面的对接形式与金属结构基本相同,对接接头大都使用金属件,只有载荷传递不大的分离面使用复合材料整体接头,其原因是经常拆卸容易引起复合材料接头损伤,整体接头中纤维曲度很大,不利于载荷的承受与传递。

由于复合材料结构的生产工艺和过程与金属有非常大的差别,因此,复合材料机翼结构的工艺分离面与金属机翼有很大的差异。

纤维增强树脂基复合材料结构成型与材料形成同时完成的特点,使复合材料更加强调整体成形以及设计—制造一体化,须要装配的工艺分离面较少。复合材料翼盒设计与制造时,通常将下翼面蒙皮与辅梁(墙或长桁)共固化整体成形,上翼面蒙皮单独固化成形,然后采用机械连接将两部分装配在一起,EF2000 机翼翼盒就采用了这种结构形式。

3. 机翼与机身对接接头设计

复合材料机翼与机身的对接与金属机翼相同,也分为集中式对接与分散式对接,图 6-14 所示的是集中式对接情况。机翼与机身对接接头是飞机部件的重要受力结构,对其应进行重点设计和必要的试验验证。

复合材料机翼与机身的对接目前大都仍然采用金属接头。机翼主接头一般采用钛合金制造(如果载荷较小,也可采用铝合金),通过紧固件与复合材料蒙皮壁板机械连接。图 6-18 所示为法国"阵风"战斗机结构示图,其机翼与机身对接接头是采用铝—锂合金。对接接头处的复合材料蒙皮壁板和金属接头都处于高应力状态,且两种材料力学性能不同,多钉连接时各钉传递的承载不均匀,设计时要特别小心。

随着复合材料技术的发展,复合材料整体接头已逐渐应用于翼面与机身的对接中。

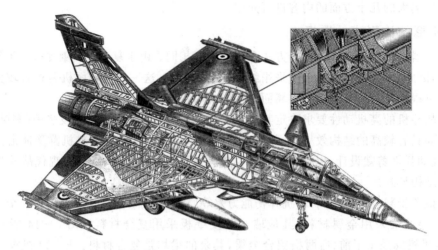

图 6-18 "阵风"战斗机复合材料机翼与机身的对接

图 6-19(a)、(b)所示的某战斗机机翼与机身对接接头,就是将蒙皮壁板中的部分纤维(有的是全部纤维)聚集成几个机翼的对接耳片,除了对接螺栓外,不再需要额外的连接紧固件。图 6-19(c)所示的 Starship 飞机的前翼纤维缠绕在预先固定的金属衬套上,在前翼根部形成承受和传递载荷的耳片与机身对接。该设计避免了螺栓孔切断连续纤维的现象。

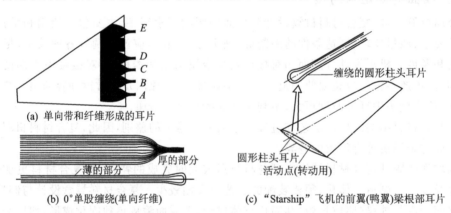

(a) 单向带和纤维形成的耳片

(b) 0°单股缠绕(单向纤维)

(c) "Starship"飞机的前翼(鸭翼)梁根部耳片

图 6-19 与机身对接的复合材料机翼接头

4. 蒙皮壁板设计

复合材料壁板通常是层合结构,主要采用热压成型工艺制造,零件高度整体化。壁板固化成型后,制造工作基本完成,后续加工工作量较少。通过铺层剪裁设计,可实现壁板的强度、刚度、质量、性能及生产性的统一。

复合材料壁板类型很多,按应用部件可分为翼面壁板、机身壁板、舱门壁板等;按形状特征可分为单曲度壁板(如机翼、尾翼壁板)、双曲度壁板等;按结构形式可分为单向加筋壁板、格栅壁板和多腹板结构壁板等。

翼面壁板多数为单向加筋板,壁板上只有纵向加筋,如 A320 襟翼壁板、波音 737 平尾壁板(如图 6-20 所示)等。格栅壁板的纵、横向筋条与蒙皮一起,一次固化成型,结构的整体性好,但制造起来相当复杂。A320 平尾和垂尾壁板就是格栅壁板(如图 6-21 所示)。

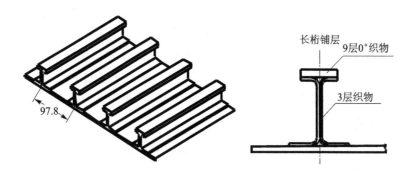

图 6 - 20　波音 737 平尾壁板

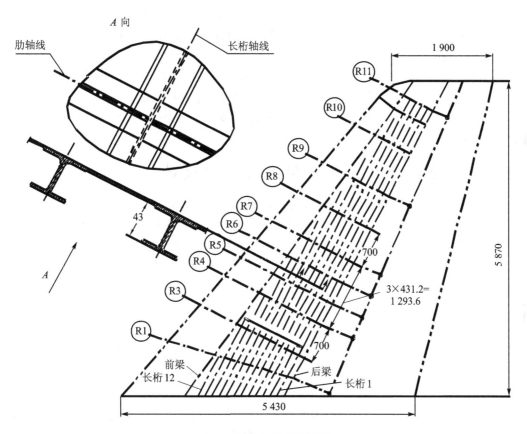

图 6 - 21　A320 平尾壁板

　　对相对厚度较小的翼面结构采用多腹板式结构会有较高的结构效率,AV—8B 复合材料机翼和平尾壁板(如图 6 - 22 所示)、欧洲 EAP 验证机复合材料机翼(如图 6 - 14 所示)都采用这种形式。

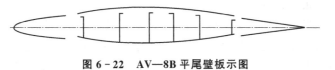

图 6 - 22　AV—8B 平尾壁板示图

选择壁板结构形式时,应从结构布置、强度、质量、工艺、模具和成本等方面进行综合评价,产品的继承性、生产条件和经验也是结构形式选择的重要考虑因素。

壁板结构的设计除应遵循结构设计的一般要求外,还需满足强度要求和稳定性要求。复合材料结构有后屈曲承载能力,但其对疲劳性能的影响须经试验验证,壁板的稳定性限制条件可谨慎使用。在结构设计时,应对不同类型飞机、不同部件,采用不同的屈曲要求。

5. 整体油箱设计

复合材料机翼的整体油箱与金属机翼的布置相同,可是由于材料性能的差异,结构设计中须要考虑的重要细节也存在较大差别。

复合材料整体油箱是指油箱参与机翼总体受力,且其主要部分或全部受力件为复合材料结构。复合材料整体油箱作为主承力结构,必须满足强度、刚度和耐久性等要求,同时还必须满足抗雷电、抗静电和密封等要求。因此,整体油箱设计包含的内容丰富,设计难度较大,是复合材料机翼结构设计的关键内容之一。

复合材料整体油箱密封设计与金属整体油箱基本相同。由于复合材料的导电性远低于金属材料,整体油箱制造工艺复杂,油箱密封、静电防护和雷电防护显得十分重要。

由于复合材料整体油箱的上、下壁板是机翼结构的一部分,因此其雷电防护设计思路及外表面雷电防护方法均与复合材料机体雷电防护相同。

6.3.4 复合材料安定面与操纵面结构设计

飞机安定面包括垂直安定面、水平安定面、固定式前翼;操纵面包括全动水平尾翼、全动前翼、方向舵、升降舵、副翼等。由于安定面与操纵面上的气动载荷较小,内部一般无装载,这给复合材料结构设计提供了有利条件。为了发挥复合材料结构整体性的优势,避开层间易分层、不适合开孔等缺点,RTM、SQRTM(Same Qualified Resin Transfer Molding)成型工艺,z - pin 和缝纫工艺,π 筋条胶接结构等可用于安定面和操纵面结构设计与制造。

多墙式和梁式结构因装配相对简单,并能有效传递集中载荷,因此在垂直尾翼中得到广泛应用。全高度蜂窝夹层结构因质量轻、传力效率高,所以在方向舵、襟翼、副翼、水平尾翼及前翼上得到普遍应用。蜂窝夹层板因其具有良好的稳定性,在高度较大的翼面结构中可用作蒙皮及腹板。波纹板多墙结构因良好的维修性及综合性能,而在水平尾翼上得到应用(如图 6 - 17(b)所示)。

安定面与操纵面结构设计比机翼结构简单,主要结构元件的布置和设计与机翼结构基本相同,这里仅就安定面和操纵面的结构形式、设计特色进行简单介绍。

1. 垂直安定面

垂直安定面除满足强度要求外,更重要的是满足刚度要求,使其具有足够的临界颤振速度,并保证全机的方向安定性。安定面主受力盒一般采用厚蒙皮多墙结构或薄蒙皮梁肋结构。因为垂直安定面处于雷击区,所以必须进行雷电防护设计。

梁式垂直安定面通常采用双梁结构,因为方向舵的悬挂需要一根后梁。

图 6 - 23 所示为某教练机复合材料垂尾安定面翼盒结构示图,它由左、右壁板,4 根纵墙以及 4 个翼肋组成。左、右壁板(各有 1 根长桁)结构参数和铺层是按刚度(弯曲和扭转)要求设计的,其中,长桁采用预先成型二次胶接到蒙皮上,1、4 号墙和 4 个翼肋预先固化后与蒙皮

用钛合金高锁螺栓连接,2、3 号墙预吸胶后与两壁板二次固化成翼盒。各复合材料构件均为层合板结构,材料为 HT3/NY9200。根部 4 对主承力接头和 3 个方向舵悬挂接头为铝合金机加件,用钛合金高锁螺栓连接在翼盒上;碳纤维复合材料前缘和玻璃钢翼尖罩用托板螺帽固定在翼盒上,以便敷设电缆并为翼盒装配提供通路。

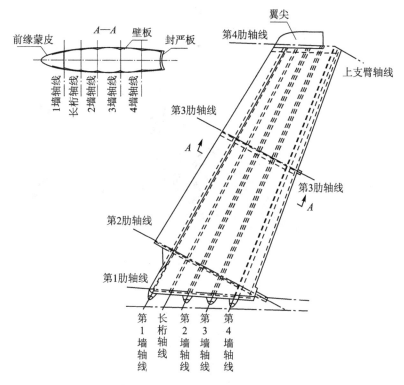

图 6-23 多墙式复合材料垂直安定面翼盒结构布置图

图 6-24 是 A300/A310 梁式复合材料垂直安定面结构图。该安定面由壁板,前、后梁,根部区中间梁,18 个肋和方向舵悬挂支臂构成,材料为 T300/913C 或 T300/F550 织物与单向带。前、后梁为共固化层合板结构,根部为复合材料整体接头。18 个肋中有 9 个是桁架式层合板肋,9 个层合板整体肋。各构件采用钛合金螺栓或铆钉装配。

复合材料垂直安定面通常没有设计分离面。无论是墙式结构还是梁式结构,安定面与机身可以是金属接头连接,也可以是复合材料接头连接。

2. 前 翼

军用飞机的前翼翼型都比较薄,内部一般无装载。因此,无论是固定式前翼还是全动式前翼都可以选用全高度夹层盒结构。前翼位于机翼之前,处于易受雷电击中的区域,因此前翼的雷电防护尤为重要。图 6-25 所示为某复合材料全高度蜂窝夹层前翼结构图。如果考虑经济性和维修性,前翼内部也可采用梁肋或波纹板多墙结构。

利用复合材料的可设计性,可以按照结构的受力特点设计出满足不同需求的结构。用对称非均衡铺层设计前翼蒙皮,可以利用弯—扭耦合效应发挥复合材料的优势,使结构全面满足强度、刚度、气动弹性等要求。

如图 6-26 所示为前翼根部连接结构示图。转轴为钛合金变截面梁,前翼与转轴之间采

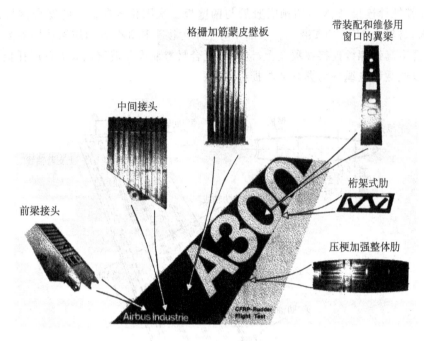

图 6 - 24　A300/A310 梁式复合材料垂直安定面结构

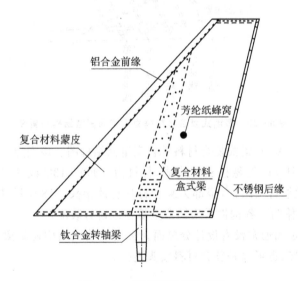

图 6 - 25　某前翼结构布置图

用胶接与抽钉混合连接。

3. 水平尾翼

　　水平安定面与垂直安定面一样,主要有梁式、多墙式和全高度夹层盒的结构形式,结构设计也与垂直安定面基本相同。而现代战斗机大都采用全动平尾,翼内无装载。

　　复合材料在全动平尾上应用最早。1969 年,F—14 全动平尾首先采用硼/环氧复合材料蒙皮,此后的先进战斗机大都采用复合材料全动平尾或前翼。F—22 战斗机全动平尾枢轴材料为碳/环氧复合材料,采用自动铺丝束工艺制造;其长度为 3 m,采用变截面设计,横截面由

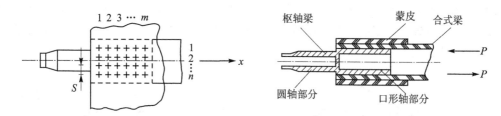

图 6 - 26　前翼与转轴连接示图

圆形变成方形,最厚处 426 层约 65 mm 厚。由于厚度太大,在铺制期间采用分步固化来避免出现裂纹和纤维皱褶。翼面为铝蜂窝芯子夹层壁板,面板材料为碳/双马树脂。

复合材料全动平尾和前翼结构设计的难点为枢轴处参与区的设计与分析,具体包括参与区蒙皮的变厚度设计,以及蒙皮、根肋与枢轴的连接设计。

F—16 水平尾翼为动轴式全动平尾,其结构形式有两种:一是全高度蜂窝夹层结构,二是波纹板多墙结构。图 6 - 27 所示为 F—16 水平尾翼全高度蜂窝夹层结构示图与蒙皮铺层情况,蒙皮为碳/环氧(A5/3501—6)变厚度层合板,转轴梁处最厚共 56 层,向翼尖、前缘、后缘逐步变薄,后缘最薄处为 10 层。

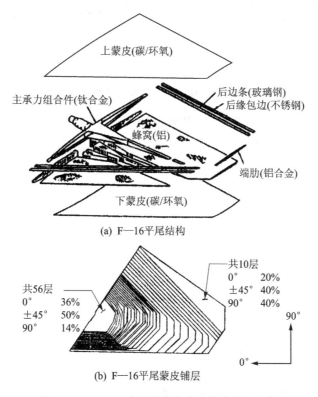

(a) F—16平尾结构

(b) F—16平尾蒙皮铺层

图 6 - 27　F—16 水平尾翼全高度蜂窝夹层结构

转轴梁是平尾的主要构件。由于该方案是全高度蜂窝胶接方案,所以转轴梁选用热膨胀系数与复合材料接近的钛合金,以防止在胶接过程中因热应力而导致变形或断裂。转轴梁装在机身内一段为锥形管,自根肋开始变成"工"字梁与平尾相连。根肋分前、后两段,均由钛合金制成,在与翼面其他结构胶接前焊接到转轴梁上。

图 6 - 28(a)所示是 F—16 飞机水平尾翼波纹板多墙结构方案,它由碳/环氧树脂复合材料蒙皮、铝合金转轴梁与根肋、波纹板(普通墙)、蜂窝夹层前缘组成。图 6 - 28(b)是转轴梁及周边零件示意图,图 6 - 28(c)是翼面结构剖面图。

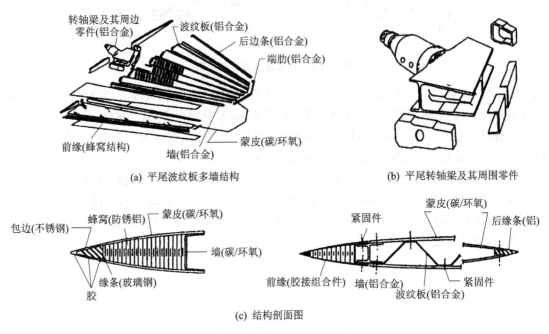

(a) 平尾波纹板多墙结构   (b) 平尾转轴梁及其周围零件

(c) 结构剖面图

图 6 - 28   F—16 平尾波纹板多墙结构方案图

与前一种方案相比,该方案用铝合金代替了钛合金,用铝波纹板代替了蜂窝芯,用铆接代替胶接,这些措施都能大大降低成本并稳定产品的制造质量,也避免了铝蜂窝的腐蚀问题,但这些措施也要付出了质量代价。后期生产的 F—16 飞机,特别是出口型,大都采用这种结构形式。

4. 操纵面

操纵面属可转动翼面,主要承受操纵引起的气动载荷。操纵面一般厚度都很小,其结构有单梁式、双梁式或三梁式,并安排较密的翼肋,使用蜂窝夹层蒙皮,有的则在后部采用全高度夹层盒结构,以提高操纵面的弯曲刚度。先进战斗机翼型厚度小,操纵面常用全高度蜂窝夹层结构。

6.4   复合材料机身设计

6.4.1   复合材料机身设计特点

对于战斗机来说,复合材料机身的设计与尾翼、操纵面和机翼等翼面结构相比,有以下特点:

① 复合材料目前只用于前机身和中机身,不用于后机身。原因是后机身内布置的发动机及尾喷管使后机身温度较高,现在飞机上常用的树脂满足不了要求。机身结构为桁梁、桁条、

隔框和蒙皮组成的半硬壳式结构。为了满足维护需要,机身结构开设较多口盖和舱门。

② 前机身抗扭层合结构闭室、蜂窝夹层舱门、口盖、隔板等一般采用共固化成型,前机身和中机身蒙皮采用复合材料加筋壁板,机身隔框一般采用金属结构。

③ 机身开口处须进行口框补强设计,舱门和口盖与机体结构间采用高锁螺栓、托板螺母、蜂窝镶嵌件、快卸承力锁等多种方式连接。

④ 设备舱设计应满足电磁兼容性要求。

⑤ 为满足雷达隐身要求,常采用 S 形进气道设计。

运输类飞机和无人机机身结构已大量采用复合材料,如波音 787 机身蒙皮及长桁全部采用复合材料(如图 6 - 29 所示),A350XWB 的机身蒙皮也全部为复合材料。通用航空飞行器和无人机甚至用上了全复合材料机身。

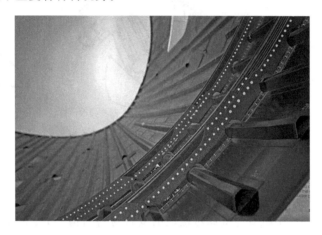

图 6 - 29 波音 787 机身结构

6.4.2 复合材料机身设计

复合材料机身的空间安排、结构布局、设计分离面确定以及受力形式等与金属机身基本相同,但在工艺分离面选取、结构连接、维修性设计等方面与金属机身有较大差异。

复合材料战斗机机身通常采用金属框支持的半硬壳式结构,蒙皮壁板大多采用共固化工艺制成整体件。金属框的使用能够提高飞机的生存力,便于与机翼、尾翼等部件对接。

复合材料结构整体成型和设计—制造一体化的特点,使机身结构的工艺分离面大量减少,紧固件数量、结构质量以及装配工作量大为降低。

1. 战斗机前机身

复合材料前机身设计除满足复合材料结构设计一般要求外,应遵循下列原则:

① 结构按刚度设计。舱门和口盖全部打开、单侧满载为机身扭转严重载荷情况,此时前机身结构应满足刚度要求。在结构上,多采用上、下壁承扭闭室和“工”字形纵梁结构布局,上、下壁承扭闭室按共固化整体成形设计,以提高抗扭刚度,减轻结构质量。座舱强度满足承受座舱内压的要求。

② 舱门、口盖采用蜂窝夹层结构,共固化成形。碳纤维/芳纶混杂面板可提高其抗冲击损伤能力,采用热塑性树脂基体便于舱门、口盖修理。利用纵梁和隔框作为口框不仅可以减少口

框补强增重,也可以防止边缘分层。

③ 尽量避免使用铆钉连接结构,防止连接件电偶腐蚀。

④ 结构的电性能应满足防雷电、防静电和电磁兼容性要求。

⑤ 结构应该具有良好的损伤维修性。

由于前机身承受载荷较小,按刚度进行设计,且结构不复杂,因此 AV—8B 结构改型时,把前机身列为采用复合材料的候选部位(如图 6-30 所示)。前机身侧壁、驾驶舱地板、框腹板等都是由层合板与加强筋共固化成型的整体件。由于采用了整体结构,使原来金属结构的 237 个零件和 6 440 个紧固件相应减少到 88 个和 2 450 个,取得了 24.5％的减重效果。

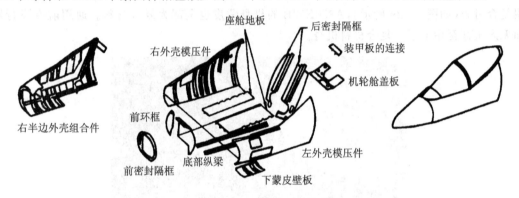

图 6-30　AV—8B 前机身结构图

2. 战斗机中机身

图 6-31 为 EF2000 中机身与机翼对接段的复合材料结构。上、下两块壁板均采用复合材料整体件,材料为 T800/5245(碳纤维/双马树脂)。上壁板由 4 根长桁和 22 个反 J 形周向加强筋与蒙皮共固化成型,长桁通过在蒙皮的铺层间插入定向层制成。为了承受大集中载荷,提高生存力,加强框等蒙皮支持结构仍采用铝合金制造。

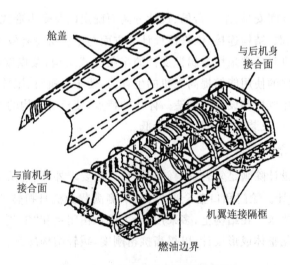

图 6-31　EF2000 中机身结构布置

蒙皮能够承受弯曲、剪切、扭转和局部舱内增压等载荷,并且允许蒙皮在超过使用载荷时发生屈曲。为保证结构的可修理性,层合结构采用直径为 6 mm 的螺栓连接。

3. 客机机身

图 6-32 所示为波音 787 机身整体复合材料结构舱段。该设计有利于降低舱内噪声,并使座舱的设计压差大于现有客机,舷窗面积比 A330 和 A340 大 78%,提高了乘坐舒适度。另外,由于复合材料带来的抗疲劳和耐腐蚀性能的提高,飞机安装了空气加湿及净化系统,使座舱中的湿度高于现有客机,乘坐环境得到了改善。

图 6-32　波音 787 整体复合材料机身中段

与波音 787 不同,A350XWB 机身蒙皮壁板分成 4 块单独制造(如图 6-33 所示),而前者则采用整体复合材料蒙皮壁板结构(如图 6-32 所示)。波音 787 机身蒙皮壁板采用自动铺丝机制造,A350XWB 机身蒙皮壁板采用的是高速铺带机制造。虽然 A350XWB 机身蒙皮壁板整体性没有波音 787 的高,但其装配性和可修理性应该比后者好。

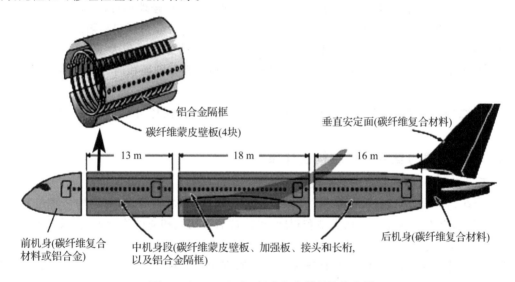

图 6-33　A350XWB 机身复合材料结构布置

6.5　复合材料结构可修理性设计

飞机在使用过程中很难避免损伤,这就要求在结构设计中必须考虑复合材料结构的可修理性,并提供高效的修理方法与技术。

1. 复合材料结构修理的特点和修理容限

对于所有复合材料结构,特别是容易受到损伤的部件,在设计中都应考虑可修理性以及修理技术与方法的有效性和经济性。结构修理要求修理后的结构强度和刚度恢复应尽可能高,结构质量的增加应尽可能小,还应恢复原结构的使用功能,保证原结构的光滑完整。

复合材料结构修理的特点:纤维是复合材料承载的主体,损伤切断的纤维修理不可能重新连接上,而是通过贴补或挖补来恢复纤维的连续承载功能,这是复合材料修理与金属修理的本质区别。复合材料结构可以用钛板、铝板、层合板等补片来修理。

复合材料结构设计中没有考虑修理的部位不可以轻易维修。如果结构设计中没有明文规定,则不可以采用紧固件进行机械修理,因为复合材料对孔边应力集中敏感,损伤区周边制孔可能会导致结构承载能力下降或引起新的损伤。

修理容限是指修与不修、能修与不能修的界限。影响复合材料结构允许损伤门槛和损伤修理极限的因素很多,不同的结构形式、材料体系和飞机类型对比有不同的规定。首先要根据缺陷和损伤的类型,检测出缺陷/损伤的大小和程度,然后比照制定出的生产和使用中允许的缺陷和损伤标准,确定修与不修的门槛。

通常,每种结构都有自身特有的损伤包容能力,这种能力由结构的设计值控制。目前,对于按限制设计应变为 3 000~4 000 $\mu\varepsilon$ 设计的壁板类结构,一般允许损伤门槛为面积当量直径小于 20 mm 的各类损伤。又如 F—18 的修理指南规定,深度小于 0.4 mm 的压痕、面积小于直径为 13 mm 圆的分层、面积小于直径为 19 mm 圆的开胶损伤可不修理。经验表明,F—18 的修理规定偏于保守,但是,应该放宽到什么程度合适,需要由试验来决定。

当缺陷/损伤尺寸超过了一定的量值,结构件修理难于达到修理标准的要求,或经济上成本过高,只能作报废处理,这时的损伤尺寸为修理极限。如波音公司规定缺陷或损伤的范围大于结构件面积的 15% 时应予报废。F—18 规定蜂窝夹层结构分层面积大于 50 mm 直径圆面积、开胶大于 75 mm 直径圆面积,层合板分层大于 75 mm 直径圆面积时,结构不可修理,应予报废。

总之,结构的允许损伤门槛与损伤修理极限要具体结构具体分析,针对性强,不可盲目照搬。

2. 考虑修理的复合材料结构设计原则

对于飞机部件,考虑修理的结构设计原则为:

① 应在结构设计阶段,根据结构的特点和强度、刚度、寿命等要求,对结构修理进行区域划分。各区域有不同的允许损伤类型和程度、可修理的损伤及相应的修理方法,以及不可修理的损伤类型和程度。

② 对于易损部位,设计时应留有修理通道和修理余量,以提供足够的检查空间和使用钻孔、切削、打磨、铆接工具的空间,保证修理后结构仍有足够的强度和寿命。

③ 易损部位的复合材料结构应尽可能采用螺接,而不采用胶接,便于结构受到损伤时易于拆卸、修理或更换。组合件的修理一般比整体件的修理容易得多,因此,在满足结构设计原则的前提下,复合材料构件应尽可能采用组合结构。

④ 使用预浸料修理时,尽可能选用与被修理构件相同的修理材料,如碳纤维复合材料修理碳纤维结构;结构尽可能采用对称铺层。

⑤ 台阶式修理中,每阶不多于 2 个铺层,每个台阶长度不小于 5 mm,一般取 10 mm;修理区表面至少用一层 ±45° 铺层将所有台阶覆盖。

习　题

6-1　与金属材料相比,复合材料主要有哪些优、缺点?

6-2　在复合材料结构设计中,为什么采用应变作为设计量?

6-3　通过资料调研,总结复合材料构件制造的低成本技术,并分析这些技术的应用情况与前景。

6-4　试述目前复合材料设计值的确定方法。

6-5　通过资料调研,分析复合材料设计值的影响因素,提出提高设计值的研究方向。

6-6　目前飞机上的翼面(如机翼、尾翼或操纵面)采用复合材料设计时,如何选择其结构形式?

6-7　复合材料结构设计的主要步骤是什么? 有什么特点?

6-8　复合材料整体油箱有什么特殊问题? 如何解决?

6-9　某复合材料机翼采用 3 墙双闭室结构形式,其结构示图及尺寸如题图 6-1 所示,使用温度最高为 100 ℃。假设机翼翼盒上、下蒙皮壁板以及腹板均采用蜂窝夹层结构,翼盒内为整体油箱。试对该机翼结构提出设计方案,并进行可性能分析或论证。

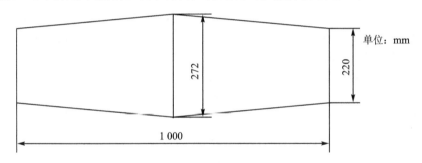

题图 6-1

6-10　与金属机翼相比,复合材料机翼设计有何特点?

6-11　现代战斗机机翼为何多采用多墙式结构形式?

6-12　试述复合材料安定面的结构形式及其与机身的连接形式。

6-13　复合材料前翼常用的结构形式是什么?

6-14　复合材料机翼和机身部件设计分离面的选取与相应的金属部件有何不同,为什么?

6-15　复合材料机身的设计特点是什么? 结合一个具体的实例说明这些特点。

6-16　如何进行飞机复合材料结构可修理性设计?

6-17　以某个机翼为例,总结复合材料部件设计的主要特点。

第7章 起落架设计

起落架是飞机重要的承力部件和地面操纵部件,是飞机起飞、着陆、滑跑、停放和地面操纵所必需的支持系统,是飞机的主要部件之一。目前,大多数飞机采用的是前三点可收放式起落架,其强大的承力支柱将机轮和减震器连接在机体上,并将着陆和滑行中的撞击载荷传递给机体。起落架的核心部件是减震器,用于减小飞机起降过程中的冲击载荷和振动载荷,吸收撞击能量。起落架在飞机起降过程中担负着极其重要的使命,其性能的优劣不但对机体结构受力产生很大的影响,而且还直接关系到飞机的使用安全。

7.1 起落架功用与设计要求

7.1.1 起落架功用

为了完成由地面转向空中以及由空中回到地面的飞行过程,飞机必须具有起飞、着陆装置。起落架就是飞机在地面停放、起落滑跑时用于支持飞机质量、承受相应载荷、吸收和消耗着陆撞击能量的起飞着陆装置。

起落架所要完成的主要任务有以下几个方面:

① 承受、吸收、消耗飞机在着陆和滑跑时的撞击和颠簸能量;

② 完成当飞机停放、起飞、着陆和滑行时在地面上的运行任务;

③ 能够在滑跑和滑行时进行制动,并能在滑跑和滑行时操纵飞机;

④ 保证飞机在滑行、起飞和着陆时的安全以及良好的操纵性和稳定性;

⑤ 对于舰载飞机还要实现弹射起飞/滑跃起飞的功能。

为了完成以上各项任务,起落架必须有相应的装置,来完成其各自的功能。起落架的主要组成部分如图7-1所示,各组成部分的功能如下:

① 支柱:使起落架在放下并锁住时,能承受停放、起落及滑跑时的载荷。

② 减震器:消耗、吸收着陆时的撞击能量。

③ 机轮:减小飞机在地面运动时的阻力,吸收飞机着陆和地面运动时的部分撞击能量。

④ 刹车及转向操纵机构:减小飞机的着陆滑跑距离,保证飞机在地面滑跑、滑行时的减速及转向等操控。

⑤ 侧撑杆:和支柱一起承受飞机起落及滑跑时的载荷。

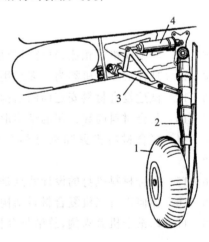

1—机轮及刹车;2—支柱及减震器;
3—侧撑杆;4—收放机构

图7-1 起落架的基本组成

⑥ 收放机构：飞机在空中飞行时,使起落架收入机体内部,减小飞行阻力。

7.1.2　起落架设计要求

起落装置是飞机结构的一个主要受力部件,它的设计直接影响到飞机的使用与安全。因而起落装置设计是飞机设计中非常关键的环节。

起落架设计和飞机机体的结构设计一样,除了要满足结构的强度、刚度以及在预期的安全寿命的前提下质量最小等要求以外,还要满足起落架的使用、维护、经济性和工艺性等要求。但由于起落架是由结构、机构和各种系统共同组成的复杂的部件,因此要按系统工程进行综合设计,以保证各种要求之间的协调与平衡。根据起落架的使用特点,起落架还应满足与它自身功能有关的一些基本要求。

1. 满足起飞和着陆性能的使用要求

必须满足飞机技术要求中对飞机在不同起飞质量和着陆质量下的起飞离地速度和起飞滑跑距离以及着陆接地速度和着陆滑跑距离的要求。因为它是布置起落架、协调刹车装置和减速伞参数的主要依据。

2. 缓冲和减震要求

起落装置应有良好的缓冲和减震性能。在飞机起飞和着陆过程中应能吸收飞机垂直和水平方向的能量,减小着陆过程中的撞击载荷,并尽快消散撞击能量,使飞机在接地后能很快平稳下来;同时还应减小高速滑跑过程中产生的振动载荷。在减震过程中,载荷不应突升陡降,而应变化平缓。

3. 刹车要求

起落装置应有良好的刹车性能,以减小着陆滑跑距离、缩短所需跑道的长度。刹车装置必须可靠有效,最大刹车力与跑道表面粗糙度有关,二者要相互匹配。

4. 收放要求

起落架应在规定的飞行速度下和规定的时间内(一般不大于 10～20 s)收入机身或机翼内。起落装置应便于在飞行时收藏于机体内,以减小飞行阻力,提高飞机的性能。因此,起落装置应有较小的体积和简单可靠的收放机构、锁钩、信号、定向和纠偏机构等装置。此外,还要有应急收放系统,保证在正常收放系统发生故障时起落架能及时放下。

5. 地面稳定性和操纵性要求

起落架在地面滑行,特别是在最大刹车、侧风着陆和高速滑行时,不允许发生不稳定现象;滑跑转弯灵活,转弯半径小,滑跑中不易偏向、倒立或侧翻,不产生前轮摆振现象;而且飞机在滑行、离地和接地时飞机的任何部位都不能触及地面。这些要求与起落架在飞机上的总体配置形式、配置参数及所用轮胎的特性等密切相关。

6. 通过性和漂浮性要求

根据飞机技术要求,结合飞机总体方案设计时飞机最大起飞质量和重心位置来确定起落架位置和选择机轮的数量、大小以及轮胎压力。飞机机轮上的载荷要适合于道面的承载能力,并具有良好的通过性和漂浮性。

由于起落架处于复杂的疲劳载荷作用下,因此,一般要按安全寿命(即疲劳寿命)原理设计,而不按损伤容限原理设计。因为起落架构件多采用高强度材料,其临界裂纹长度小,裂纹从可检出到断裂之间的扩展寿命短,而且有些部位的裂纹检查也比较困难。设计起落架时,要求起落架与机体结构同寿,若达不到这一要求,就必须定期对起落架进行更换。

7.2 起落架布置及地面运动特点

7.2.1 起落架布置形式

飞机出现初期,曾采用过四点式起落架。后来实践证明,只要有三个支点,飞机就可以在地面稳定地运动,因此逐渐开始采用三点式起落架,目前,起落架在飞机上的布置形式主要包括后三点式、前三点式、自行车式和多轮多支柱式起落架几种形式。

前三种形式的起落架应用较早,但随着飞机质量的增加,为了减小机轮对地面的压力,提高飞机的漂浮性,同时考虑到为避免机轮过大难于收藏等因素,目前很多大型飞机开始采用多轮多支柱式起落架。如图7-2所示为美国空军和洛克希德公司联合研制的巨型远程军用运输机C—5A的起落架布置和起落架结构。C—5A采用了4个主起落架和一个前起落架,共5个支柱。前起落架上有4个机轮,每个主起落架上各有6个机轮,全机共28个机轮。

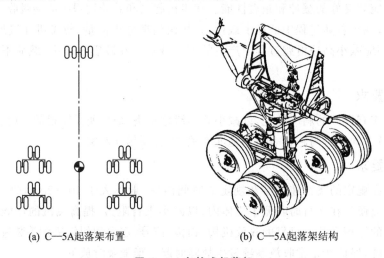

(a) C—5A起落架布置　　　　　　(b) C—5A起落架结构

图7-2　多轮式起落架

7.2.2 起落架布置及地面运动稳定性

1. 后三点式起落架

飞机地面滑跑时,如果由于某种原因,使飞机迎角增大了一个 $\Delta\alpha$,则飞机焦点上就会产生一个升力增量 ΔL。对于后三点式起落架来说,由于主轮位于重心前面,而焦点位于重心后面,所以,飞机升力增量对主轮接地点会产生一个低头力矩,使飞机迎角减小。如图7-3所示。因此,后三点式起落架在地面滑行时总是纵向稳定的。

后三点式飞机在着陆时应尽量三点接地。如果飞机以较大的速度两点接地,由于两个主轮位于飞机重心前面,地面反作用力会对飞机重心形成上仰力矩,使飞机迎角增大,进而使升力增大,此时飞机可能会飘离地面,发生"跳跃"现象。

后三点式起落架在大速度滑跑时,若遇到地面凸起或强烈制动且飞机有倒立的趋势时,如果地面摩擦力 F_x 与惯性力 N 所形成的力矩 $F_x h$ 大于地面反作用力 P_y 与飞机重力 G 所形成的力矩 $P_y a$(如图 7 - 3 所示),则飞机尾部会继续抬高而造成飞机倒立,因此,后三点式起落架着陆时一般不允许强烈制动。保证飞机在刹车时不发生倒立的条件是:

$$P_y a \geqslant F_x h \tag{7-1}$$

对于后三点式起落架,当飞机在地面滑行过程中产生偏航时,由于两主轮位于飞机重心的前面,地面对两主轮产生的侧向摩擦力的合力 F_f,会相对于飞机重心产生一个使飞机偏转角度更大的力矩 $M_{c.g}$,如图 7 - 4 所示。因此,后三点式起落架在飞机滑行时不具备方向稳定性。

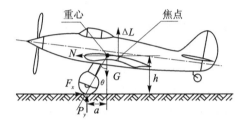

图 7 - 3　后三点式起落架的纵向稳定性

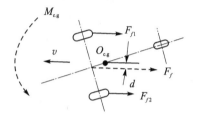

图 7 - 4　后三点式起落架的方向稳定性

为了使后三点式起落架具有方向稳定性,在尾轮上装有尾轮锁,以使尾轮不能自由偏转;当尾轮随飞机偏转而发生侧滑时,会受到较大的侧向摩擦力,由于这个摩擦力位于飞机重心之后,因此,能起到阻止飞机的偏转角增大的作用。

另外,在飞行员操纵不当时飞机也容易打地转。对于飞机在滑行中的偏转,常常是由于两边机轮的阻力不等而引起的。因此,应尽量保持两边机轮和减震器的压缩量相等,防止轮胎爆破;在操纵过程中,要正确地使用刹车,不要在滑行中急转弯;后三点式起落架在滑跑时应锁住尾轮。

2. 前三点式起落架

对于前三点式起落架,如果飞机的焦点位于主轮的接地点之后,则飞机具有滑跑纵向稳定性,如图 7 - 5 所示。如果飞机的焦点位于主轮的接地点之前,则升力增量对主轮接地点所产生的力矩会使飞机进一步偏离原来的状态,因此,此时飞机不具备滑跑纵向稳定性。飞行员应根据这些特点,适当地操纵飞机,使飞机保持两点滑跑状态。

由于前三点式起落架的前轮在飞机重心的前面,且离重心较远,因此不易产生倒立现象。这样飞机着陆时可以采取强烈的制动,因此大大减小了着陆滑跑距离。但需要注意的是,飞机在高速滑跑时前轮可能会产生摆振,因此需要采取防止摆振的措施。

对于前三点式起落架,如果飞机在滑行中偏离了原来的运动方向,就会使主轮向偏离方向产生一个侧向滑动,此时地面就会对主轮产生一个同一方向的侧向摩擦力 F_f,如图 7 - 6 所示。由于主轮位于飞机重心的后面,因此,此摩擦力对飞机重心产生的摩擦力矩 $M_{c.g}$($M_{c.g} = F_f d$),会使飞机产生一个使飞机偏转角减小的恢复力矩,使飞机回到原来的运动方向。因而,前三点式起落架在地面滑行时是具有方向稳定性的。但当前三点式起落架偏转的太厉害时,其方向稳定性也会变差。因为机轮在地面上侧向滑动时,其侧向摩擦系数 $\mu_{侧}$ 与侧滑角 θ 有关。在开始侧滑时,$\mu_{侧}$ 随侧滑角的增大而增大,当侧滑角 θ 超过临界值(约为 $10°\sim12°$)时,$\mu_{侧}$

反而会减小,作用于主轮的摩擦力也就会减小,因此,飞机的方向稳定性就会变差。

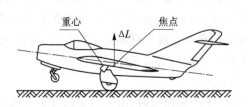

图 7-5 前三点式起落架的纵向稳定性

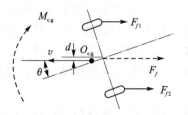

图 7-6 前三点式起落架的方向稳定性

3. 多轮多支柱起落架

多轮多支柱起落架的地面运动特性与前三点式起落架相似,且每个支柱下面都有多个机轮。多轮式起落架中以小车式起落架应用最广,小车式起落架主要由减震支柱、收放作动筒、斜撑杆、摇臂、车架、稳定缓冲器和刹车平衡机构等组成,如图 7-7(a)所示。

小车式起落架的主要特点是:由于机轮较多,当在跑道上遇到不平的凸起或进行刹车时,各轮的工作情况有可能不同,对起落架及机轮受力极为不利,这种情况可以通过稳定缓冲器和刹车平衡机构加以改善。例如,飞机在地面滑跑过程中遇到不平的凸起时,前面的机轮受到撞击后,整个起落架就可能抬起,导致前面的机轮载荷增加,而后面的机轮卸载或抬起;而在飞机大迎角着陆时,由于后轮组先接触地面,后轮组就会受到很大的力。为了平衡前、后轮组的载荷,一般将前、后轮组的车架做成与支柱铰接的形式。但这种连接形式会导致轮架可以绕铰接轴任意旋转,使起落架变成了一个不稳定的运动机构,致使一轮组受力后,另一轮组会受到撞击,并可能使车架来回振动,而且也不利于着陆时车架与地面保持平行。因此,多轮小车式起落架通常需要加装一个车架稳定缓冲器,通过稳定缓冲器的缓冲减震作用,来调节和平衡各轮组的载荷,如图 7-7(b)所示。

为了避免刹车时地面摩擦力产生的力矩使车架绕铰接接头逆时针方向旋转,致使前轮组加载,后轮组卸载。为此须加装刹车平衡机构,如图 7-7(c)所示。该刹车平衡机构由平行于车架 2-3 的拉杆 4-5(与前、后轮组的刹车盘连接)、摇臂 4-6 和刹车拉杆 6-8(与支柱及前刹车盘相连)等组成。刹车盘与轮轴通过花键刚性连接,轮轴穿过 2、3 点与车架铰接。刹车时,摩擦力矩通过后轮刹车机构传到杆 4-5 上,再往前传至摇臂 4-6 和拉杆 6-8。若对 1、2 点取矩,由图 7-7(c)可得

$$S_{6-8}b = 4TH$$
$$S_{6-8}a = 4Th$$

故 $\qquad h/a = H/b \qquad\qquad (7-2)$

式中,S_{6-8} 为 6-8 杆的内力,T 为每个机轮受到的地面摩擦力。从图 7-7(c)可以看出,只有当减震支柱下接头点 1 到前轮轴点 2 的连线与拉杆 6-8 轴线的交点刚好落到地面上时,才满足以上关系式,则刹车时车架不会旋转,轮载均匀分配。不刹车时,4-5 杆没有力的作用,它与车架及前、后摇臂组成四连杆机构,因此不妨碍车架转动。

4. 飞机地面滑行的横向稳定性

当主轮距选择合适时,无论是前三点式起落架,还是后三点式起落架,在地面滑行时横向都是稳定的。

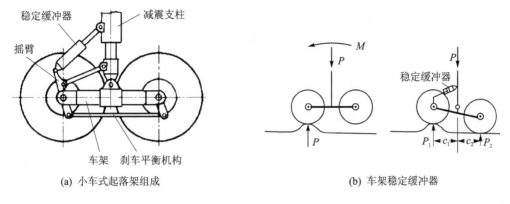

(a) 小车式起落架组成　　　　　　　　　　(b) 车架稳定缓冲器

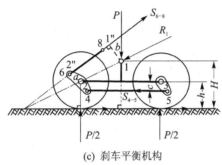

(c) 刹车平衡机构

图 7 - 7　小车式起落架地面运动特性

当机轮上作用有侧向摩擦力 $F_侧$ 时,飞机重心上就会同时产生惯性力 N,使飞机产生一个倾侧力矩,当这个力矩增大到一定程度时,飞机就会有向一侧翻倒的趋势,如图 7 - 8 所示。在飞机翻倒时,只要飞机的重心仍位于主轮接地点的内侧,则当摩擦力和惯性力消失后,由飞机重力所形成的反向力矩会使飞机恢复到原来的状态。因此,飞机在地面滑行时是横向稳定的。

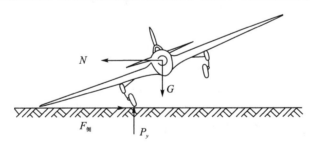

图 7 - 8　飞机在滑行中的横向稳定性

飞机地面滑行时横向稳定性的大小与主轮距和飞机重心到地面的距离有关。主轮距越大,飞机重心到地面的距离越低,飞机就越不容易翻倒。但主轮距太大,则起落架着陆时产生的撞击载荷会使机翼受到的弯矩也很大。飞机重心到地面的距离,主要取决于起落架的高度,而起落架的高度是根据飞机在地面滑行时,飞机的最低部位不致触地等条件决定的。

7.3 起落架主要参数选择

7.3.1 起落架主要参数

1. 前三点式起落架的主要参数

（1）停机角 φ

停机时，飞机纵轴与地平面的夹角称为停机角 φ，如图 7-9 所示。对于前三点式起落架，为了使飞机在起飞滑跑时稍抬前轮就可达到飞机的起飞迎角，其停机角稍小于飞机的起飞迎角，通常为 0°～4°。

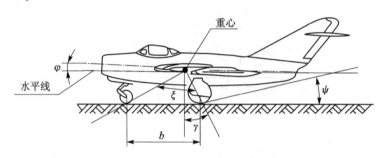

图 7-9 前三点式起落架的主要参数

（2）后坐角 ψ

对前三点式起落架，在停机时，尾部保护座和两边主轮相切的平面与地平面之间的夹角，称为后坐角 ψ（如图 7-9 所示）。它与停机角和机翼安装角之和应不小于着陆迎角，以保证飞机能以着陆迎角接地。

假设机翼的着陆迎角为 α，机翼的安装角为 α_w，则要求

$$\psi + \varphi + \alpha_w \geqslant \alpha$$

故 $$\psi \geqslant \alpha - \alpha_w - \varphi \tag{7-3}$$

（3）防后坐角 γ

为了保证飞机在停放时不致停在后坐位置，通常要规定飞机的防后坐角。防后坐角为停机时飞机重心垂线与飞机尾部保护座接地时飞机重心和两主轮接地点所在平面中间的夹角（如图 7-9 所示）。它比后坐角约大 1°～2°，即

$$\gamma = \psi + (1° \sim 2°) \tag{7-4}$$

γ 太大，前轮会很难离地；γ 太小，可能在尾翼下沉时使尾部触地。

（4）轮 距

轮距是指飞机起落架机轮之间的距离（包括主轮距 B 和前、主轮距 b）。其值是根据飞机在地面滑行时的稳定性要求和机轮上的载荷分布等因素确定的。一般前、主轮距可取机身长度的 0.25～0.35，并保持 $\xi \approx 90°$（如图 7-9 所示）。为了保证在各种情况下机翼不与地面相接触，主轮距应与翼展有关。通常主轮距大小应该在翼展的 15%～30% 左右，而对于在良好的混凝土机场使用的飞机，主轮距可为翼展的 15%～25%。主轮距 B 与前、主轮距 b 的比值一般在 0.7～1.25 之间。

（5）起落架高度

当飞机纵轴处于水平位置时,机身外廓最低点(起落架安装在机身)或飞机重心(起落架安装在机翼)到地面的距离,称为起落架的高度。确定起落架高度的条件是:当轮胎和减震支柱完全压缩时,应保持最低点与地面之间的距离大于 50 mm,同时还要保证必要的停机角。

2. 后三点式起落架的主要参数

（1）停机角 φ

对于后三点式起落架,为了使飞机在三点接地时机翼升力系数最大,停机角与机翼安装角之和应接近于临界迎角,其停机角 φ 约为 11°～14°,如图 7 - 10 所示。

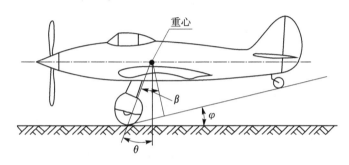

图 7 - 10　后三点式起落架的主要参数

（2）防倒立角 θ

对于后三点式起落架,为了防止飞机在两点滑跑时出现倒立现象,通常要规定飞机的防倒立角。飞机的防倒立角是飞机纵轴在水平位置时,其重心和两边主轮接地点所在的平面与飞机重心垂线之间的夹角 θ(如图 7 - 10 所示)。防止飞机发生倒立的条件是 $\tan \theta \geqslant \mu$,其中 μ 为机轮与地面的摩擦系数,其取值范围为 0.1～0.5,大多数情况下,$\mu = 0.25 \sim 0.32$。因此,θ 的值通常在 14°～18°之间。

（3）前伸角 β

对于后三点式起落架,为了防止飞机在三点滑跑时出现倒立现象,还要规定飞机的前伸角。停机时,飞机重心和两边主轮接地点所在的平面与飞机重心垂线之间的夹角,为前伸角 β (如图 7 - 10 所示)。其值等于防倒立角和停机角之和,即

$$\beta = \varphi + \theta \tag{7-5}$$

对于后三点式起落架,要适当选择起落架的前伸角,并尽量降低飞机重心到地面的距离。飞机主轮的前伸量越大,重心离地面越低,飞机越不容易倒立。但前伸角也不能过大,因为前伸角太大,主轮就越靠前,飞机重心就会相对往后移,这样,会增大尾轮上的载荷,使飞机起飞时抬起机尾困难。另外,前伸量太大,还会使起落架支柱承受的弯矩增大,使起落架的受力状态变得恶劣。

7.3.2　起落架布局设计

在已知飞机总体初步方案及质量的前提下,可进行起落架的布局设计。在此阶段,要确定前、主起落架的位置,前、主轮距,前、主轮的载荷分配以及起落架的高度等参数。

1. 起落架纵向站位的确定

起落架纵向站位的确定要考虑到总体提供的起落架的安装和收藏位置,以及前、主起落架

的载荷分配。具体设计步骤如下：

① 确定飞机平均气动力弦 MAC 在飞机侧视图及平面视图中的位置及飞机重心在 MAC 的前后限位置，如图 7 - 11(a)所示。

② 参考机翼梁和飞机的结构布置，将主起落架布置在最有利于传递载荷的位置上，并确保其位置在 50%～55% 的 MAC 之间，如图 7 - 11(b)所示。

主起落架距飞机重心距离不能太近，必须保证飞机以大迎角着陆时，飞机重心始终在主轮触地点之前。一般要求 $\gamma_1 = 15°$（通过重心后限绘制一条与垂线成 15°的线）。为了避免飞机尾坐，还要求 ψ 角在 12°～15°的范围内。

前起落架布置的应尽可能靠前，前起落架的静态载荷应占飞机总重的 6%～20%。理想的设计是在重心处于后限时，前起落架载荷占飞机总重的 8%，并随着重心的前移增至 15%。

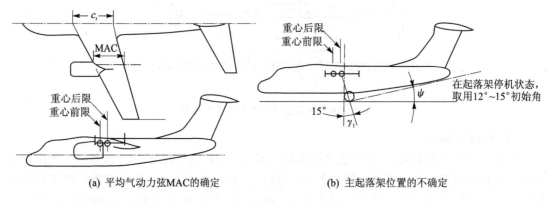

(a) 平均气动力弦MAC的确定 (b) 主起落架位置的不确定

图 7 - 11 起落架纵向站位的确定

2. 前、主起落架的载荷

确定了起落架的纵向站位和重心前、后限后，就可计算起落架的载荷。如图 7 - 12 所示。

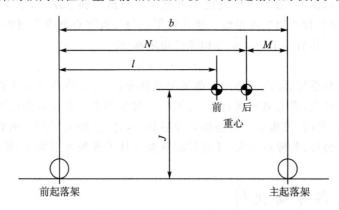

图 7 - 12 起落架载荷的确定

对于前三点式起落架：

$$每个主起落架的最大停机载荷 = \frac{mg(b-M)}{2b}$$

$$前起落架的最大停机载荷 = \frac{mg(b-l)}{b}$$

$$前起落架的最小停机载荷 = \frac{mg(b-N)}{b}$$

式中，m 为飞机最大质量，g 为重力加速度。

3. 主起落架侧向站位的确定

主起落架的侧向布置（两主轮距的确定）影响到飞机的侧翻角和飞机的活动面，如副翼、襟翼、发动机短舱和螺旋桨等与地面的间隙等。

飞机侧翻角 χ 的定义如图 7 - 13(a)所示，它是保证飞机不致沿轴线 1 - 2 翻倒的角度。为了获得良好的侧向稳定性，希望侧翻角越小越好。侧翻角的大小取决于飞机主轮距和飞机重心高度的关系，如图 7 - 13(b)所示。侧翻角的计算如下：

$$\tan \alpha = \frac{B}{b}$$

$$\sin \alpha = \frac{1}{\sqrt{1+(b/B)^2}}$$

$$Y = \frac{D}{\sqrt{1+(b+B)^2}}$$

$$\chi = \tan^{-1}\frac{E}{D}\sqrt{1+(b+B)^2} \tag{7-6}$$

对于中、下单翼飞机，主起落架安装在机翼上，两主轮距离较大，一般都能满足要求。对于上单翼飞机，主起落架多固定在机身上，主轮距较小，因此要检查侧翻角。一般陆基飞机侧翻角不大于 63°，舰载机不大于 54°。

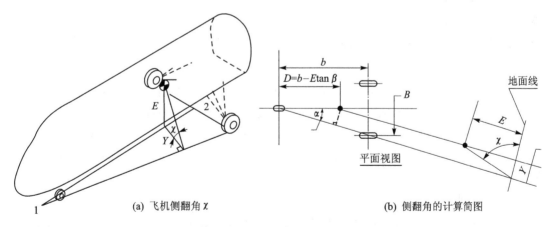

(a) 飞机侧翻角 χ 　　　　　　　　(b) 侧翻角的计算简图

图 7 - 13　起落架侧翻角的计算

4. 起落架高度的确定

起落架高度的确定要考虑到减震器行程的大小、机轮的尺寸以及在减震器全压缩和轮胎全压缩的情况下，飞机结构最低点距地面的距离，同时还要满足飞机侧翻角的要求。

7.4 起落架载荷与结构形式

7.4.1 起落架载荷

飞机设计强度规范中对起落架的外载荷进行了详细的规定。

1. 着陆撞击载荷

飞机降落时可能有三点着陆、两点着陆、甚至一点着陆、侧滑着陆等不同情况,如图 7 - 14 所示。就撞击方向而言,也有垂直撞击、航向撞击、侧向撞击的不同。另外,还需考虑与旋转有关的惯性力矩等。

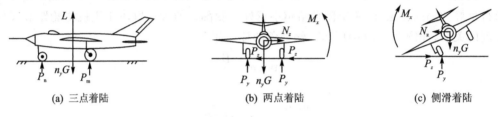

(a) 三点着陆   (b) 两点着陆   (c) 侧滑着陆

图 7 - 14 飞机的着陆情况

2. 滑跑冲击载荷

飞机在起飞着陆的滑跑过程中,由于道面不平或道面上有杂物都会引起对起落架的冲击载荷。在着陆滑跑过程中,还会有由于未被减震装置消散掉的着陆能量引起的振动载荷。在一般情况下,这些载荷比着陆撞击载荷的值要小,但由于滑跑距离长,滑跑冲击载荷反复作用的次数较多,因而对结构的损伤也较大。

3. 刹车载荷

为了缩短着陆滑跑距离,在滑跑过程中需要刹车。这时,机轮上除了受有垂直载荷外,还有较大的水平载荷(轮胎与地面摩擦产生的载荷)。

4. 起转回弹载荷

飞机接地的瞬间,由于地面摩擦力的作用,使机轮在摩擦力的作用下加速旋转,当机轮的滚动速度达到飞机的前进速度时,起转过程结束,起转载荷消失。在起转过程中起落架在摩擦力的作用下产生了一定的变形,因此,当起转过程结束后起落架就有一个回弹的趋势,产生回弹载荷。因为起转和回弹的作用时间很短,所以,在飞机接地速度较大的情况下,起落架的起转回弹载荷也很大。

5. 静态操纵载荷

飞机在地面牵引、地面停放定位时,常用牵引架对起落架进行各方向的推、拉、扭、摆,从而产生静态操纵载荷。在这些情况下常产生较大的侧向载荷和扭转载荷,使起落架受力严重。如果操作不谨慎或比较粗暴,就会对起落架造成较大损伤。另外,飞机在转弯时的侧向载荷对飞机的损伤也是很大的。

6. 停放载荷

飞机通过起落架停放并固定在地面上时,会受到地面大风而引起的载荷。除此之外,起落架还受到其他的特殊载荷,例如:收放过程中作用于起落架收放机构上的载荷;刹车时由于发热所带来的影响,多轮式起落架由于载荷不均而产生的偏心载荷等。

总之,起落架的载荷是多种多样的。强度规范里明确规定了各式起落架的各种设计情况、过载及安全系数值和对应的起落架几何状态。起落架所受的载荷大多是动态载荷,而伴随着机轮的旋转、刹车、减震器的弹性伸缩等又会出现各种振动;另外,起落架要经历多次起落重复受载,因此,应该着重考虑起落架的疲劳损伤、断裂破坏和安全使用寿命等问题。起落架的安全使用寿命应与飞机的安全使用寿命相匹配,通常取为起落架试验寿命的 $1/4 \sim 1/6$,以确保安全。

7.4.2　起落架结构形式

起落架结构形式的选择影响到起落架主要承力构件的受力形式、减震器吸能效果、结构空间和结构质量,以及起落架的收放性能和收放空间等,因此在确定其结构形式时要根据飞机的总体设计要求、起落架安装位置、起落架高度、起落架舱收藏空间等综合考虑。选择起落架的结构形式时应考虑以下设计原则:

① 起落架结构应尽量简单、结构紧凑、质量轻;

② 起落架主要承力构件传力、受力应合理;

③ 如起落架需要收放,应满足起落架收藏位置及收藏空间要求;

④ 满足起落架安装位置和安装高度要求;

⑤ 能较好地适应跑道路面状况,减小滑跑冲击载荷。

目前,起落架的结构形式主要有桁架式、支柱式和摇臂式几种典型类型。不同结构形式的起落架其适应的飞机类型、受力特点、吸能特点和跑道的适应状况也不太一样,选择时应根据具体的设计要求进行权衡。

1. 桁架式起落架

桁架式起落架由空间杆系组成的桁架结构和机轮组成。如图 7-15(a)所示是角锥形桁架式起落架,起落架杆件构成角锥形,固定在翼面和机身上。如图 7-15(b)所示是平面桁架式起落架,起落架的轮轴、两个减震器和两根斜撑杆形成平面桁架,再通过两根后斜撑杆固定住,连接到飞机机体结构上。

桁架式起落架中的杆件只受拉伸或压缩载荷,起落架结构质量较轻。但这种起落架在飞行中不能收藏,限制了它的使用,通常只用在速度不大的轻型飞机或直升机上。

2. 支柱式起落架

支柱式起落架的支柱和减震器合二为一,其中支柱是由外筒和活塞杆套接在一起的减震支柱,既起到承力传力的作用,又起到减震吸能的作用。支柱上端连接在飞机的机翼或机身上,下端直接与机轮相连。

如图 7-16(a)所示为张臂支柱式起落架,多用在小型飞机上。减震支柱用来吸收飞机着陆时的撞击能量,扭力臂用于防止机轮和支柱内筒一起相对于支柱外筒转动。对于张臂式起落架,机轮固定在支柱下端的轮轴上,支柱上端由转轴和收放作动筒固定。

为了减小支柱所承受的侧向弯矩,在支柱上加一个斜撑杆,这样支柱就相当于一个双支点

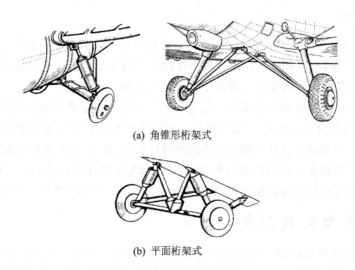

(a) 角锥形桁架式

(b) 平面桁架式

图 7 – 15　桁架式起落架

的外伸梁,使起落架受力更加合理,这种起落架叫撑杆支柱式起落架,在飞机上较为常用,如图 7 – 16(b)所示。对于撑杆支柱式起落架,撑杆以下部分的受力与张臂式起落架类似,但由于撑杆参与受力,撑杆以上部分的受力有所减小。在可收放的起落架中,撑杆往往还作为起落架的收放连杆,或者直接作为起落架的收放作动筒。

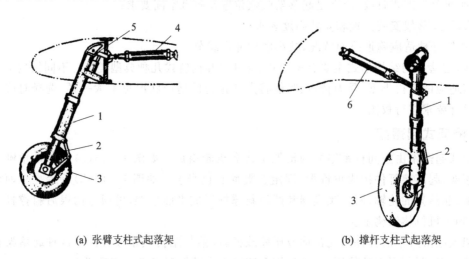

(a) 张臂支柱式起落架　　　　　　　　　　　　(b) 撑杆支柱式起落架

1—减震支柱;2—扭力臂;3—机轮;4—收放作动筒;5—翼梁;6—斜撑杆(兼收放作动筒)

图 7 – 16　支柱式起落架

支柱式起落架的承力特点如下:

机轮上的力直接传递给机身,传力直接,圆筒形的支柱具有较好的抗压、抗弯、抗扭的综合性能,因此质量较轻,尺寸较小。

由于机轮通过轮轴(或轮叉)与减震支柱直接相连,因而不能很好地吸收水平方向的撞击。通常可将支柱向前倾斜一个角度(如图 7 – 16(a)所示),即可对前方来的撞击起一定的减震作用,但这会使支柱在受垂直撞击力时受到附加弯矩。

支柱式起落架的减震支柱本身要承受弯矩,所以它的密封性较差,减震器内部灌充的气体压力也因此受到限制,一般其初始压力约为 3 MPa(30 个大气压),最大许可压力约为 10 MPa(100 个大气压)。因而减震器行程较大,整个支柱较长,质量较大。

由于减震支柱的活动内杆(活塞杆)与外筒之间不可能直接传递机轮载荷引起的扭矩,因此内杆与外筒之间必须用扭力臂连接。

支柱式起落架体积相对较小,比较容易收放,且起落架的垂直减震效果很好。但这种起落架在受到水平撞击时,水平撞击力很难使减震支柱受到压缩,因此减震效果很差。此外,在飞机着陆和滑跑过程中,地面对起落架的反作用载荷通常不通过支柱轴线,因此,在这种载荷作用下,减震支柱要承受很大的弯矩,这样会使活塞杆和外筒接触的地方产生很大的摩擦力,致使减震支柱的密封装置很容易磨损,产生油液泄漏现象,因此不能采用较大的初始压力,同时减震器的工作性能也受到很大的影响。支柱式起落架常用于起落架较长、使用跑道路面较好、水平撞击较小的情况,通常在主起落架上使用较为广泛。

3. 摇臂式起落架

摇臂式起落架的机轮通过一个摇臂(轮臂)悬挂在承力支柱和减震器的下面。根据其减震器位置的不同可分为全摇臂式(简称摇臂式)和半摇臂式起落架。

如图 7-17(a)所示为摇臂式起落架,它的减震器和承力支柱是分开的。减震器的一端用万向接头连接在支柱上,另一端用万向接头连接在摇臂上,因此,减震器只受轴向力,不承受弯矩,因而密封性能好,可增大减震器的初始压力,使减震器的尺寸减小。这种形式的起落架一般用于飞机的主起落架。

如图 7-17(b)所示为半摇臂式起落架,它的减震器和承力支柱合成一体,支柱下端与摇臂铰接,支柱上端在机身或机翼上固定,因此,外筒要承受弯矩,因而活塞杆支点处的摩擦力也较大。这种形式宜在前轮上使用,以便于前轮转弯。

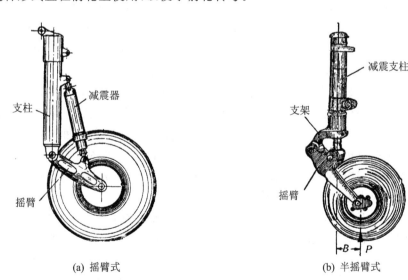

(a) 摇臂式 (b) 半摇臂式

图 7-17 摇臂式起落架

摇臂式起落架的基本受力构件比简单支柱式多了一个摇臂,但不再需要加扭力臂。摇臂前边接头连支柱,中间接头连减震器活动内杆,后边接头连轮轴、机轮。

摇臂式起落架的承力特点如下:

① 摇臂式起落架不仅对垂直撞击有减震作用,而且对前方撞击和刹车等均有减震能力。

② 机轮可随摇臂绕前支点上、下运动,提高了在不平道面上的适应性,减小了过载,改善了起落架的受力性能。

③ 由于摇臂式起落架的减震器连接在摇臂中间部位,通过摇臂传给它的力会比地面作用在机轮上的力大,因而当吸收同样撞击能量时,减震器所需的压缩行程要比支柱式的小,因此可降低起落架长度。

④ 由于减震器两端铰接,只受轴力,不受弯矩,改善了受力性能,因而密封性好,可提高减震器内部的充气压力。一般初始压力可达到 10 MPa,最大许可压力可达到 50 MPa 左右。因此减震器尺寸可做得比较小,起落架的整体高度可以减小。

⑤ 由于摇臂受力大且复杂,交点多,协调关系也多,因此它的构造和工艺均较复杂,质量一般比较重,起落架前后方向的尺寸也将有所增大。

摇臂式起落架在受到水平撞击时,能较好地吸收水平撞击能量。因为当起落架在受到水平撞击时,撞击力对摇臂与支柱连接点所产生的力矩,会使摇臂转动并压缩减震器,从而使减震器较好地发挥作用,以减小水平撞击力,这对于滑行速度较大的飞机是相当重要的。因此,摇臂式起落架在高速飞机上得到了广泛的应用。摇臂式适用于起落架高度较小、着陆速度较大或使用跑道道面状况较差的飞机上。

7.5　起落架减震装置

7.5.1　减震装置设计原则

飞机在着陆时,地面要对飞机产生很大的冲击力。飞机在起飞和着陆滑跑过程中,也会由于地面的不平而与地面发生碰撞使飞机颠簸振动,这对飞机的结构和飞行安全都非常不利。为了减小地面对飞机的冲击力,抑制飞机在滑跑过程中的颠簸跳动,飞机上常采用缓冲装置来减小冲击和振动载荷,并吸收飞机着陆和滑跑时的撞击能量。

飞机起落架的缓冲装置由减震器和轮胎组成,除个别超轻型飞机没有减震器外,减震器已是所有起落架所必备的构件。虽然轮胎也能吸收一部分能量,但仅能吸收减震系统总能量的 10%～15%。某些起落架可以没有机轮、刹车、收放系统等,但都具备某种形式的减震器。减震器的主要作用是在飞机着陆撞击地面时吸收冲击能量,使传到机体结构上的冲击载荷不超过允许值。在吸能过程中,减震器通过来回振荡,把吸收的能量变成热能耗散掉。

减震器设计时应满足以下设计原则:

① 在压缩行程(正行程)中,减震装置应能吸收设计规范要求的全部能量,并使作用在起落架和机体结构上的载荷尽可能小。在压缩过程中载荷变化应匀滑,功量曲线应饱满,以使减震器效率较高。

② 在压缩行程,减震装置所承受的载荷应随压缩量的增大而增大,否则飞机在地面滑行过程中,会受到较大的连续冲击,这样会大大降低飞机的疲劳寿命。

③ 为了减少颠簸或在伸展行程(反行程)中不出现回跳,要求系统在压缩行程中所吸收的能量中的较大部分(一般应有 65%～80%左右)转化为热能消散掉。

④ 在伸展行程,减震器应有必要的能量和伸展压力使起落架恢复到伸出状态,伸展放能

时应柔和,支柱慢慢伸出,而不应出现伸展过快的回跳现象。

⑤ 减震装置要有连续接受撞击的能力。减震器在吸收一次撞击后,应马上恢复到原来的状态,以便接受下一次撞击。减震器完成一个正、反行程的时间应短,一般不能超过 0.8 s。

⑥ 减震装置在吸能过程中,应尽量产生较大的变形来吸收撞击能量,以减小机体所受到的撞击力;同时,减震装置应有较好的热耗作用,尽快地消散能量,使机体受到碰撞后的颠簸跳动迅速停止,使飞机尽快平稳下来。

7.5.2 减震器形式选择

飞机减震器一般有两种类型:一类是由橡胶、弹簧、钢制或复合材料制造的固体"弹簧"式减震器;另一类是使用气体、油液或两者混合(通常称油气式)的流体"弹簧"式减震器。

橡胶、钢弹簧、复合材料和气体作为介质的减震器是主要利用介质变形吸收撞击动能,靠介质内的分子摩擦消耗能量,因此这些减震器的热耗作用很小。

图 7-18 为不同类型的减震器的效率比较。固体"弹簧"式减震器因效率/重量比小,耗散能量少等缺点,在速度较高的现代飞机上基本不再采用。但由于其构造简单、工作可靠、维护要求低、价格便宜等优点,对于某些低速、轻小型飞机或多用途小飞机,若起落架不用收放,此时通过综合考虑和折中平衡也可采用固体"弹簧"式减震器。

气体式减震器因效率/重量比低,耗散能量差,可靠性也较差,目前已不再使用。

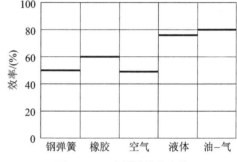

图 7-18 减震器效率比较

全油液式减震器结构紧凑,尺寸小,效率可达 75%～90%,但由于其压力过高,密封困难。另外,温度变化对减震器性能影响也较大,因此限制了它的使用,目前只在少数飞机上(如某些战斗机)应用了全油液式减震器。

油气式减震器效率较高,效率可达到 80%～90%,且具有很好的能量消散能力,因此在高速、大中型飞机上广泛采用。鉴于油气式减震器的优越性能,本章主要针对油气式减震器的设计和工作特性加以介绍。

7.5.3 油气式减震器结构及工作原理

油气式减震器的结构原理图如图 7-19(a)所示。减震器由外筒(上接飞机)、活塞杆(下接机轮)、反向活门和密封装置等组成,内充空气(或氮气)及油液。当飞机着陆接地后,撞击载荷压缩减震器,活塞杆向上运动,使气体的体积缩小,气压随之增大,并吸收撞击动能;与此同时,活塞杆迫使下腔室的油液冲开活门,由活门座上的小孔(阻尼孔)流到上腔,油与小孔发生强烈摩擦,使部分撞击能量转变为热能消散掉,如图 7-19(b)所示。当活塞杆上升到一定位置时,飞机便停止下沉,接着压缩气体开始膨胀,并将飞机顶起。活塞下行,上腔室的油液迫使反行程的制动活门关闭,油液以更高的速度经过活门上更小的孔流向下腔,这样可以消散掉更多的能量,如图 7-19(c)所示。如此一正一反两个行程,即完成了一个工作循环。这样经过若干个循环后,就可将全部撞击动能转化为热能而消散掉,使飞机平稳下来。

油气式减震器的主要特点是利用气体的压缩变形来吸收能量,并利用液体高速流过小孔

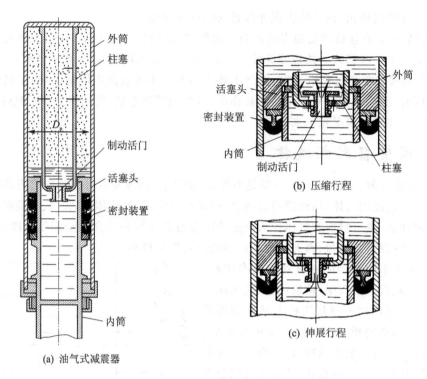

(a) 油气式减震器

(b) 压缩行程

(c) 伸展行程

图 7 - 19　油气式减震器的结构和工作原理

时的摩擦来消耗能量。油气式减震器在工作过程中，气体压力和液体压力都较高，可达几百个大气压，因此对密封的要求比较高。由于油气式减震器的减震性能较好，到目前为止，它仍然是现代飞机上应用最广的减震器形式。

如图 7 - 20(a)所示是一种适合于在地面起伏较大的跑道上滑行的双动式（双气室）油气

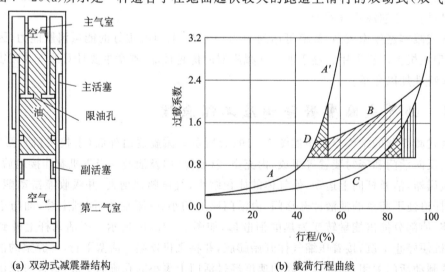

(a) 双动式减震器结构

(b) 载荷行程曲线

曲线 AA' 为假设副活塞被固定时的载荷—行程曲线；曲线 ADB 为双动式减震器的载荷—行程曲线；

曲线 C 为常规单气室减震器的载荷—行程曲线

图 7 - 20　双动式减震器的结构及载荷行程曲线

减震器。这类减震器有两个独立的气室,主气室与一般油气减震器相同,第二气室内填充压力超过起落架所承受的最大静载荷。当载荷使主气室的压力超过第二气室的压力时将开始压缩第二气室,此时相当于增加了气室的体积,使压缩曲线更加平缓,即减震器较软。从图 7 - 20(b)所示的载荷行程曲线可以看出,双动式减震器比具有相同行程和初始压力的单气室减震器能吸收更多的能量,双腔式减震器通常用在垂直着陆速度较大(如舰载飞机)和地面起伏较大的飞机上。

7.5.4 油气式减震器工作特性

1. 油气式减震器的工作特性

油气式减震器的工作特性,是指减震器在工作过程中的载荷变化情况和吸能、耗能情况。油气式减震器载荷的大小,由气体作用力、油液作用力和密封装置等的机械摩擦力所决定;而吸能和耗能的多少,也是由气体、油液和机械摩擦所吸收和消耗的能量来决定。下面分别研究气体、油液和摩擦力对减震器工作特性的影响。

(1) 气体的工作特性

气体的作用力是气体压力与活塞有效面积的乘积。在减震器压缩过程中,活塞的有效面积不变,而气体的压力是随着压缩量的变化而变化的,因此,气体的作用力也是随着压缩量的变化而变化的。在任意压缩位置,气体的作用力 P_a 如下:

$$P_a = pF_e = p_0 F_e \left(\frac{V_0}{V}\right)^n \tag{7-7}$$

式中,p,V 分别为任意压缩位置的气体压力和体积;p_0 为气体的初始压力,对于仅受轴向力的减震器,其值可取为 $80\sim100$ kg/cm^2,对于承受弯矩的减震器,其值可取为 $20\sim30$ kg/cm^2;V_0 为气体初始体积;F_e 为减震器活塞的有效面积;n 为气体的多变指数,随气体在压缩过程中的热交换情况而定,等温过程时为 1,绝热过程时为 1.4。一般情况下,油气式减震器都有一定程度的热交换,其值通常为 1.1~1.2。

因此,减震器压缩过程中气体所吸收的功量 W_a 为

$$W_a = \int_0^s P_a \mathrm{d}S = \int_0^s pF_e \mathrm{d}S \tag{7-8}$$

式中,S 为活塞的压缩行程。

因为 $\qquad F_e \mathrm{d}S = -\mathrm{d}V, \qquad \frac{\mathrm{d}V}{V_0} = -\frac{1}{n}\frac{p_0^{1/n}}{p^{(1/n)+1}}\mathrm{d}p$

所以 $\qquad W_a = -\int_0^s P_a \mathrm{d}V = \frac{p_0 V_0}{n-1}\left[\left(\frac{p}{p_0}\right)^{\frac{n-1}{n}} - 1\right] \tag{7-9}$

将气体压力随行程的变化画成曲线,则曲线下面所包含的面积就是气体所做的功,即气体吸收的功量为 $P_a \sim S$ 曲线下所包含的面积,因此,$P_a \sim S$ 图也叫做功量图。由图 7-21 可知,当气体吸收的功量 W_a 一定时,若 p_0 不变,则 V_0 越大,P_a 越小,S 越大,减震器越软(如图 7-21(a)所示);若 V_0 不变,则 p_0 越小,P_a 越小,S 越大,减震器也越软(如图 7-21(b)所示)。因此,可以通过调节 p_0 或 V_0 来调节减震器的行程和软硬程度。

从图 7-21 还可以看出,气体的功量图中间不够丰满,因此吸能效率较低,且气体只能吸收能量,不能消散能量。当气体压力达到一定值时,吸收的能量还会释放出来,从而使飞机产

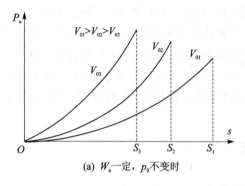 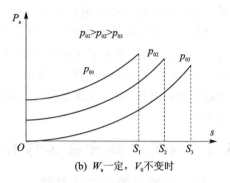

(a) W_a 一定，p_0 不变时 (b) W_a 一定，V_0 不变时

图 7 - 21　气体参数对功量图的影响

生来回的震荡，这对人员、装载和设备等都是很不利的。因此，需加入油液和限流孔装置来达到增加阻尼和耗散能量的目的。

(2) 油液的工作特性

减震器在压缩和伸展过程中，油液要产生一个阻止减震器压缩和伸展的作用力 P_1，这个力也是随压缩量的变化而变化的。根据流体力学的知识可知

$$F_e v_p = \mu f v_1$$

$$p_1 = \frac{1}{2}\frac{\gamma}{g}v_1^2$$

故油液流过阻尼孔时产生的阻尼力 P_1 为

$$P_1 = p_1 F_e = \frac{\gamma}{2g}\frac{F_e^3}{\mu^2}\left(\frac{v_p}{f}\right)^2 \tag{7-10}$$

式中，v_p 为活塞的运动速度；

　　　v_1 为油液流经阻尼孔的速度；

　　　f 为阻尼孔面积；

　　　γ 为油液密度；

　　　μ 为流量系数，$\mu = 0.6 \sim 0.7$，其值与阻尼孔的形状、长度和油液粘性有关，一般由实验获得。

图 7 - 22(a) 为考虑油液阻尼后，在油气式减震器工作过程中，油液和气体共同对减震器的作用力 P_{1a} 随行程 S 变化的功量图。在压缩过程中，由于气体和液体的作用力都是反抗压缩的，因此，P_{1a} 是气体作用力和液体作用力之和，即图中的曲线 adb（图中 acb 为气体作用力随行程变化曲线）；在伸展过程中，气体作用力是推动减震器伸张的，而液体作用力是阻止减震器伸张的，因此，P_{1a} 是气体作用力和液体作用力之差，即图中的曲线 bea。曲线 adb 和 acb 之间力的差值，就是压缩过程中油液的作用力；曲线 bea 和 bca 之间力的差值，就是伸展过程中油液的作用力。

减震器在压缩过程中，气体和油液共同吸收的能量可用面积 $OadbfO$ 表示，其中曲线 $adbca$ 所包含的面积为油液消耗的能量。在伸展过程中，气体放出的能量可用面积 $OacbfO$ 表示，其中曲线 $acbea$ 所包含的面积为油液所消耗的能量，而面积 $OaebfO$ 为飞机获得的势能。因此，减震器在一个工作循环中（即减震器在一个压缩和一个伸展行程），油液所消耗的能量，即为曲线 $adbea$ 所包含的面积。

如果减震器在伸展行程结束时,其压缩量小于停机时的压缩量,那么减震器中气体的压强会因太小而支持不住飞机而受到第二次压缩。由于在每次压缩和伸展行程中都会消耗一定的能量,减震器的压缩量和伸展量一次比一次小,且气体吸收和放出的能量也一次比一次少,直到减震器最后稳定在停机压缩量的位置。如图 7 - 22(b)所示为减震器在整个减震过程中气体和液体的作用力随行程变化的曲线和功量图。

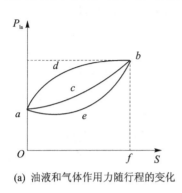

(a) 油液和气体作用力随行程的变化

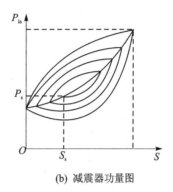

(b) 减震器功量图

图 7 - 22　减震器工作特性

(3) 摩擦力的工作特性

在减震器的压缩和伸展过程中,密封装置与活塞杆之间、承弯减震器活塞杆上下支点处都会产生摩擦力。在压缩过程中,摩擦力是反抗压缩的,而在伸展过程中,摩擦力是阻碍伸展的,因此,减震器在一个工作循环所消耗的能量应为曲线 $iahjbki$ 所包含的面积,其中曲线 $ahjbda$ 和 $aebkia$ 所包含的面积分别为压缩和伸展行程因摩擦而消耗的能量,如图 7 - 23 所示。

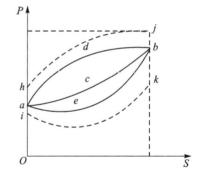

图 7 - 23　考虑摩擦后减震器工作特性

对于设计较好的减震器来说,密封装置在活塞杆上所产生的摩擦力一般约占减震器总载荷的 5% ~ 8%;而对于承受弯矩的减震器来说,在活塞杆上下支点处产生的摩擦力约占减震器总载荷的 5% ~ 10%,其值要比不受弯矩的减震器要大,其密封装置的磨损也不均匀,密封性能较差。为了减小受弯减震器支点处的摩擦力,在设计减震器时,活塞杆上下支点的距离一般较大。

2. 减震器的特性系数

减震器工作性能的好坏,主要表现在其吸收和消耗能量能力的大小,及其在吸能过程中减震器所受载荷的大小两个方面。而这些性能可以通过减震器的特性系数和减震器的性能调节装置加以改善。

(1) 预压系数 n_0

预压系数 n_0 是减震器在完全伸张的状态下开始压缩减震器所需要的力和减震器停机载荷的比值,其值可以用下式表示:

$$n_0 = \frac{p_0 F_e + P_\mu}{P_s} \qquad (7-11)$$

式中,P_μ 为开始压缩时减震器上的摩擦力;P_s 为支柱停机载荷。

由式(7-11)可知,当减震器的停机载荷一定时,预压系数的值越小,减震器就越软,飞机在跑道上运动时的颠簸就会越大;预压系数的值越大,气体的初始作用力也越大,压缩也就越困难,减震器就越硬。因此,预压系数的大小,表示了减震器的软硬程度。在减震器产生同样的压缩量时,预压系数越大,气体产生的初始作用力也就越大,气体吸收的能量就越多,但此时减震器所受到的载荷也就越大,因此,预压系数不能取得太大。

飞机的预压系数一般都小于 1,其值通常为 0.5~1。因为在预压系数大于等于 1 的情况下,在飞机着陆的过程中,当飞机重心到达停机高度时,减震器已伸到头,若此时飞机仍继续向上运动就可能使机轮离地,这对飞机的着陆安全是不利的。如果预压系数比 1 大得多,由于减震器过分刚硬,还可能在地面滑行时起不到减震作用。如果预压系数小于 1,当飞机重心到达停机高度时,减震器还能伸张,因此,较好地避免了飞机接地后重新跳离地面的可能性。预压系数是根据飞机的不同情况确定的:对于起飞质量和着陆质量相差很大的重型飞机,预压系数取得较小;对于小型飞机和歼击机,因起飞质量和着陆质量相差不大,预压系数一般接近于 1。

(2) 效率系数 η

效率系数表示减震器在规定的最大压缩量 S_{max} 和最大载荷 P_{max} 的条件下,吸收撞击能量的能力。效率系数可用下式表示:

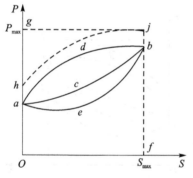

图 7-24　减震器的效率系数

$$\eta = \frac{W_{jmax}}{P_{max} S_{max}} \qquad (7-12)$$

其中,减震器吸收的最大能量 W_{jmax} 可以用面积 $OhjfO$ 表示,而 $P_{max} S_{max}$ 可以用面积 $OgjfO$ 表示,如图 7-24 所示。一般来说,减震器的效率系数为 0.8~0.85。

在同样最大压缩量和最大载荷的条件下,效率系数高的减震器吸收的能量较大,但它在压缩量较小时载荷也较大。不同飞机对减震器的要求不同,对减震器柔软一些的飞机,效率系数要低一些;对于尺寸较小而吸收能量较大的减震器来说,效率系数就应该高一些。

(3) 热耗系数 χ

热耗系数是减震器在一次压缩和伸展过程中,油液消耗的能量 W_1 和密封装置等摩擦消耗的能量 W_μ 之和与减震器吸收的全部能量 W_{total} 的比值,即

$$\chi = \frac{W_1 + W_\mu}{W_{total}} \qquad (7-13)$$

热耗系数越大,则减震器的热耗作用也越大,飞机与地面碰撞时的颠簸跳动就越小,因此减震器的热耗系数应该大一些。但热耗系数太大,就需要在减震器压缩和伸展过程中油液作用力和摩擦力大一些,这样减震器的压缩和伸展速度就会变慢,循环周期就会变长,因此减震器接受下一次撞击的能力就会变差,所以热耗系数也不能太大。一般减震器的热耗系数约为 0.65~0.8。

7.5.5　减震器性能调节

要改善减震器的性能,除了合理选择以上参数外,改变阻尼孔面积是主要的措施之一。飞机在刚开始着陆时撞击猛烈,减震器的压缩速度增加得很快,如果此时阻尼孔的面积较小,油液的作用力就会突然增大,减震器所受的载荷也会突然增大,功量曲线猛增,形成了很大的过载,从而出现一个载荷高峰,减震器所受的载荷可能超过规定的最大值。紧接着由于撞击能量被大量吸收,活塞运动遇到很大阻力,减震器压缩速度迅速减小,减震器所受的力也随之降下来。随后活塞运动的阻力又有所减小,在剩余能量的推动下,活塞运动速度又逐渐增大,减震器所受的力也逐渐大了起来,直到达到行程终点,如图 7 - 25 所示。这样,就形成了减震器在压缩过程中载荷不均,未到最大行程就出现了最大过载的现象,使减震器的功量图不够丰满,从而影响了减震器的效率。

另外,当飞机以较大的速度在地面滑跑时,如果遇到道面上的凸起,当阻尼孔面积较小时,由于飞机来不及向上运动,减震器的压缩速度很大,同样也可能会出现载荷高峰。如果阻尼孔面积较大,虽然能避免峰值载荷,但由于油液的作用力较小,减震器的热耗系数会大大降低。因此,为了取得较好的减震效果,目前大多数减震器,其阻尼孔的面积在工作过程中是可以改变的。下面是改变阻尼孔面积的常用的几种技术手段。

1. 变截面油针

最常用的变油孔装置就是在活塞上加装一个变截面的油针,如图 7 - 26 所示。油针的面积下大上小,在减震器压缩过程中,油针逐渐穿进限流孔,使限流孔的实际面积最初很大,然后逐渐变小。这样,在压缩的初始阶段,油液流过阻尼孔时基本没有流动阻力,而只有气体做功,这段行程称为自由行程。随着压缩量的增大,阻尼孔面积逐渐减小,液体的流动阻力也就会平

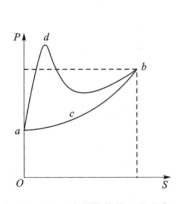

图 7 - 25　减震器载荷不均现象

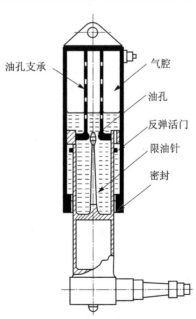

图 7 - 26　变油孔装置

稳地增大。这种减震器不仅能消除峰值载荷,取得较大的热耗系数,还能减小飞机在滑跑过程中所受到的载荷,因此,被现代减震器广泛采用。

2. 单向节流活门

为了增大伸展行程的热耗系数,减小飞机的回弹,通常在减震器中安装一个单向节流活门(或反行程制动活门),使其在伸展行程中堵住一部分油孔,增大在伸展行程中油液的作用力,减小减震器的伸展速度。如图 7 - 27 所示。

3. 自适应起落架

随着飞机飞行速度和飞机质量的不断提高,飞机的着陆撞击能量也越来越大。尤其是对于超声速巡航飞机,一般采用细长机身和薄机翼结构,柔性大,着陆和滑跑时会产生更大的动载荷及振动。由着陆冲击和跑道不平度引起的振动载荷,会造成飞机机体疲劳损伤,使飞机结构的使用寿命大大下降。为了解决以上矛盾,近年来提出的根据减震需要随时改变其缓冲特性的方法,即自适应控制方法,是一条有效的解决途径。

自适应起落架调节缓冲性能的方法包括被动调节和主动调节两大类。

如图 7 - 28 所示是一种被动调节阻尼孔面积的方法,其减震器的结构特点是在阻尼孔的位置安装了一个带锥度的弹簧控制阀,当起落架受到冲击后,弹簧控制阀可以根据油腔压力的大小被动地调整弹簧控制阀的开度,从而调整阻尼孔面积的大小,起到自动调整油液阻尼的作用。

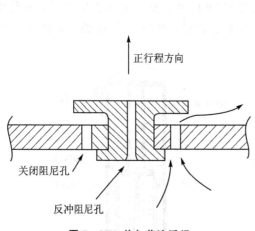

图 7 - 27 单向节流活门

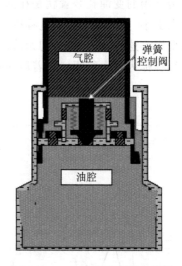

图 7 - 28 自适应阻尼调节装置

缓冲性能的主动调节需要通过主动控制系统来完成。主动控制系统采用有源或无源的可控元件组成一个闭环控制系统,它可以根据飞机的运动状态和当前激励的大小主动做出反应,然后根据输出参数的信息反馈,不断调整系统的刚度和阻尼,从而抑制飞机的振动,使起落架系统始终处于最佳的运动状态。主动控制起落架的最大优点是具有高度的自适应性,缓冲系统的参数在飞机滑行过程中不断进行调整,以获得最好的滑行性能。

主动控制系统通常可分为有源主动控制系统和无源主动控制系统两大类。

有源主动控制系统又称全主动控制系统,通常包括能产生力或力矩的作动器(如油缸、汽缸、伺服电机等)、测量元件(如加速度计、位移和力的传感器等)、反馈控制器和一个为缓冲系统提供连续能量供应的动力源。其工作原理是通过传感器测出飞机滑行时的振动状态,并将测量结果送入计算机,经数据处理后,由计算机发出指令,控制执行机构的输出,从而改变飞机的运动状态,达到减振和隔振的目的,其结构原理如图 7 - 29 所示。

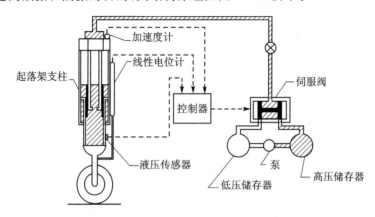

图 7 - 29　全主动控制起落架结构原理

全主动控制起落架具有如下特点:

① 全主动控制起落架可以持续供给和调节能量,因而在控制中产生的力不必依赖减震器中能量的储存。

② 全主动控制系统可以通过改变上下腔的液体压力,得到所需要的阻尼力。

③ 在着陆过程中,起落架传给机体的载荷可大大减小,冲击载荷峰值明显降低。

④ 在滑跑过程中,可使由地面冲击引起的振动载荷始终保持在飞机静态载荷的一定范围之内,提高了乘坐质量,减小了疲劳载荷。

全主动控制起落架可使系统有更好的瞬态响应,更出色的控制与稳定性。它对任何形式的外部激励都能做出快速反应,并能根据外部激励的变化随时使缓冲系统变"硬"或变"软",使其既能对机身起伏的不规则变化显得柔软,又能对飞机的运动控制变得刚硬。由于需要特殊的外部供能单元,全主动控制系统有它固有的缺点,例如它的结构复杂、安装和维修费用较高,以及带来的耐久性和可靠性下降等问题。

无源主动控制系统又称半主动控制系统,它由无源但可控的阻尼和弹性元件组成,其结构原理如图 7 - 30 所示。半主动控制起落架与被动起落架相比相当于增加了一个连续的变油孔,它可根据需要随时改变油孔面积,因此其作用要优于被动起落架的变油孔设计。

半主动控制起落架具有如下特点:

① 具有类似于被动起落架的结构和原理,却有接近于全主动控制起落架的性能。

② 结构简单,操纵方便,实用性强。

半主动控制起落架与全主动控制起落架相比,其优点是工作时几乎不消耗动力、结构简单、经济可靠,因此半主动控制起落架越来越受到人们的重视。

无论是全主动控制还是半主动控制,由于系统的弹性元件既要吸收撞击能量,又要承受机体载荷,因此,调节系统刚度要比调节系统阻尼困难得多。就目前而言,大多数主动控制系统仍是以改变系统阻尼为主,图 7 - 29 和 7 - 30 即为这种调节方式。

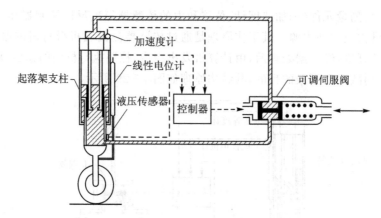

图 7 - 30 半主动控制起落架系统

图 7 - 31 为一个可连续调节系统刚度和阻尼的起落架减震系统示意图。系统由油缸、蓄能器、换向阀和液压伺服阀等元件组成,其中油缸分成两部分,分别用于刚度和阻尼的调节。系统的刚度通过控制换向阀的输入信号脉宽来调节,阻尼则由伺服阀来控制。当伺服阀完全关闭时,油缸便处于闭锁状态,这时可得到完全刚性的系统。当换向阀受脉冲信号交替作用时,便可得到不同的刚度值,连续改变控制信号的脉宽,就可以连续地调节系统的等效刚度。系统的阻尼调节,可以通过改变伺服阀的开度很容易实现。

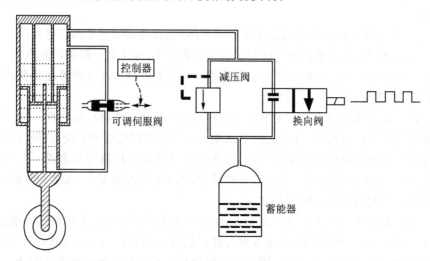

图 7 - 31 可连续调节系统刚度和阻尼的起落架系统

由于这种结构既要对阻尼进行控制,又要附加一套刚度调节系统,因此,结构比较复杂。

主动控制起落架可以大大减小起落架的着陆载荷,改善飞机的滑行性能,因此有很好的发展前景。

7.5.6 机轮和轮胎设计

机轮由轮胎、轮毂和刹车装置等组成,它的作用是用来减小飞机在地面运动时的阻力,吸收飞机在着陆接地和地面滑跑时的一部分撞击能量,同时,利用刹车缩短飞机着陆时的滑跑距离,并使飞机在地面运动时具有良好的机动性。

根据机轮的功能需要,要求机轮在起飞滑跑过程中机轮的滚动阻力小,对地面的压力小,即机轮的通行性能要好。这样就可以使飞机在较短的距离内加速起飞,也可以提高飞机在松软跑道上的适应能力。另外,还要求机轮在着陆滑跑过程中,刹车装置性能要好,以使机轮与地面之间产生的摩擦力尽可能增大,缩短飞机的着陆滑跑距离。由于机轮在滚动过程中,承受交变载荷的作用,且工作温度也较高,因此,还要求机轮有足够的强度和良好的耐疲劳性能。

1. 机轮和轮胎的选择

(1) 机轮的类型与选择

根据机轮轮胎充气压力的不同,通常可以把机轮分成低压机轮、中压机轮、高压机轮和超高压机轮等。

低压机轮:如图 7-32(a)所示,它的初始充气压力为 0.25~0.35 MPa,外形较厚,直径与宽度比较小。这类机轮较柔软,压缩量较大,其轮胎能够吸收较多的能量(约占起落架总吸收能量的 30%~40%)。机轮对地面的压力小,能在较软的土地及草地上顺利起降,机轮的适应性较好。但在吸收同样能量的情况下,其外廓尺寸较大,收藏较困难。多用在低速或轻型飞机上。

中压机轮:如图 7-32(b)所示,其初始充气压力为 0.35~0.65 MPa,承载能力较大,外形也较扁。但地面的适应性稍差一些,对机场道面有较高要求。

高压机轮:如图 7-32(c)所示,其初始充气压力为 0.65~1 MPa,其外形也较扁,直径与宽度比较大,高压机轮的轮胎吸收的能量少(约占起落架总吸收能量的 15%~20%),对地面的压力大,对机场道面要求高,可以在硬的混凝土跑道起降。由于机轮本身受力较大,因此,其使用寿命也较短。这种机轮外廓尺寸小,承载能力大,能较容易收入机体内,多用于高速飞机上。

超高压机轮:如图 7-32(d)所示,其初始充气压力大于 1 MPa,其外形很扁。其特点与高压机轮相似。

在选择机轮时,要根据飞机类型、使用场地条件、机体收藏条件和具体任务要求等来考虑。

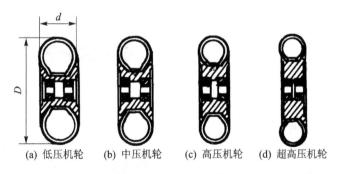

(a) 低压机轮　　(b) 中压机轮　　(c) 高压机轮　　(d) 超高压机轮

图 7-32　机轮的类型

(2) 轮胎的工作特性

飞机上所用的轮胎大多是空心橡皮轮胎,里面充有压缩空气。它是一个比较柔软的弹性体,当飞机与地面撞击时,轮胎能产生很大的变形来吸收撞击能量。飞机轮胎容易受到各种各样的高动载和热载,其失效会造成灾难性的后果。

轮胎常在较高温度和高压下工作,橡胶内的挥发物与空气混合,有时会引起自燃爆破。因此,轮胎内充的压缩气体最好为氮气。轮胎内充氮气也减少了对有关金属零件和轮胎内壁的侵蚀。为了安全起见,有的机轮上还安装了热熔螺塞,当轮胎内温升过高时,能自动放气,避免轮胎产生热爆破。

1) 轮胎的工作特性

当机轮受到径向载荷 P 时,轮胎就会受到压缩,其压缩量 δ 是随着径向载荷的增大而增大的。轮胎在压缩的过程中,其内部容积减小的并不多(当轮胎被压缩到内表面互相接触的位置时,其内部容积只比初始容积减小 15%～20%),因此,内部的气压变化也不大,机轮受到的径向力主要是随着机轮接地面积的增大而增大。轮胎的压缩量随载荷的变化关系,可以用实验曲线表示,这一曲线就是轮胎的工作特性曲线,如图 7 - 33 所示。在图中,A 点表示轮胎的停机压缩状态,作用在机轮上的载荷为停机载荷 P_s,压缩量 δ_s 为停机时轮胎的最大允许压缩量,它通常为最大压缩量 δ_w 的 30%～40%。B 点表示轮胎的最大允许压缩状态,机轮承受的载荷 P_a 为最大允许载荷,压缩量 δ_a 为最大允许压缩量,其值约为最大压缩量 δ_w 的 95%。当飞机的着陆撞击动能等于额定能量时,轮胎压缩量不应超过最大允许压缩量。C 点表示轮胎的最大压缩状态,机轮承受的载荷为最大载荷 P_w,压缩量为最大压缩量 δ_w,此时,轮胎已被压缩到内表面相互接触的位置。在这种情况下,如果继续增大载荷,就容易压坏轮胎,因此一般不允许将轮胎压缩到这种程度。当轮胎被压缩到最大压缩量时,橡皮和轮缘都要变形,因此变形要困难得多。也就是说,此时,虽然机轮的径向载荷增加得很多,但变形量却很小,所以,压缩特性曲线会突然变陡。D 点表示橡皮或轮缘的应力达到弹性极限时的压缩状态,此时机轮的载荷为极限载荷 P_d,压缩量为极限压缩量 δ_d,极限载荷约为最大载荷的 1.4～1.5 倍。飞机粗暴着陆时的撞击动能等于规定的最大能量时,机轮承受的载荷不允许超过极限载荷。

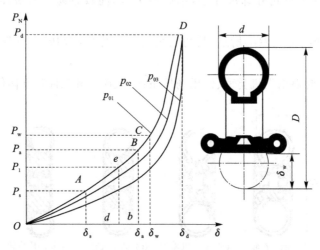

图 7 - 33 轮胎工作特性曲线

不同的轮胎有不同的压缩特性,而同一轮胎其充气压力不同时,其压缩特性也不同,在吸收相同能量的情况下,充气压力 p_0 越高,曲线越陡,压缩量越小,轮胎越刚硬(如图 7 - 33 中 $p_{01} > p_{02} > p_{03}$)。还应注意的是,突然撞击与缓慢压缩时的特性曲线也稍有不同。在同一压缩量下,前者载荷较大,其值一般约比后者大 7%～10%,在粗暴着陆时还会增加到 25%～30%,曲线较陡,这是因为在压缩过程中热交换较少的缘故。

2）轮胎的选择原则

在选择轮胎时，应根据飞机的起飞着陆速度、起落架上的停机载荷、最大使用载荷、机轮尺寸、质量等要求来选择轮胎。考虑到起飞和着陆时飞机前轮会受到额外载荷的影响，因此，前轮应按比停机载荷大的动载荷所对应轮胎的停机载荷来选择轮胎。在有关轮胎的资料上，详细规定了轮胎的各种特性数据，可供选用。

2. 机轮刹车装置

机轮刹车装置的功用主要是用来缩短飞机着陆滑跑距离，此外，飞机在地面滑行时，还可以利用两个机轮不同的刹车力矩，使飞机在地面转弯，从而提高飞机的地面机动性能。现代飞机不仅主轮有刹车装置，甚至在前轮也装有刹车装置。据统计，采用刹车装置可以使着陆滑跑距离缩短为原来的 25%～30%，其减速效果十分明显。

刹车装置一般均装在机轮的轮毂内，通过静、动摩擦件的相互接触，起到刹车制动作用。刹车装置在刹车时应能产生足够的刹车力矩，并获得较高的刹车效率。同时应保证在规定的时间内吸收和消耗完着陆滑跑时飞机的大部分动能。此外，刹车装置还必须具有良好的灵敏性，即刹车与解除刹车的动作要迅速，并且，在高温和高压的工作情况下，应能保持良好的耐磨、抗压性能，而且摩擦系数不应显著降低。

飞机上采用的刹车装置主要有弯块式、软管式（胶囊式）和圆盘式三种类型。弯块式和软管式刹车装置刹车效率相对较低，但由于结构简单、质量轻，目前仍用于一些轻型低速飞机上。圆盘式刹车装置结构紧凑、工作平稳、刹车力矩大、效率高、径向尺寸小，因此在飞机中获得了广泛应用。

如图 7－34 所示为一圆盘式刹车装置。这种刹车装置有两组相互穿插的钢制圆盘，其中

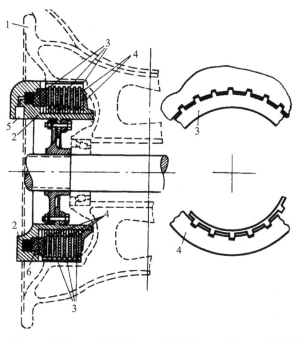

1—轮毂；2—刹车盘；3—旋转圆盘；4—固定圆盘；5—油嘴；6—传压装置

图 7－34 圆盘式刹车装置

一组装在轮毂上,与机轮一起转动,为旋转圆盘;另一组固定在轮轴上,不能转动,为固定圆盘。工作时,两组圆盘都可以沿着轮轴方向移动。刹车时,用冷气、液压或电动力使固定圆盘和旋转圆盘紧紧地挤压在一起,相互摩擦而进行刹车。解除刹车时,压力消失,并靠弹簧张力恢复到原来位置,各圆盘即相互松开。

圆盘式刹车装置质量较大,因摩擦高温产生的热量不易消散,摩擦圆盘容易因过热而翘曲,严重时,甚至相邻的圆盘可能熔焊在一起。近年来,出现了通风的圆盘式刹车装置,其冷却条件有了较大的改善,因而目前不少高速重型飞机采用了这种刹车装置。现在也正在不断研究采用轻质的、热稳定性好的摩擦材料来弥补此类装置的不足。

由于进行刹车(特别是连续刹车和大力刹车)时,刹车装置及其附近部位将产生高温,如刹车钢圈处可达 500 ℃,钢圈的摩擦表面上可达 1 000 ℃,所以,应充分考虑高温对各部件机械性能及化学性能的影响,并要考虑采取隔热和散热措施(如在轮轴上装风扇等)来改善冷却条件。目前,刹车块所使用的材料为金刚砂片,而摩擦圆盘的材料多为在钢片上烧结以粉末冶金摩擦材料,有的在摩擦圆盘上镀有金属陶瓷或镶有铍钢片。另外,碳纤维复合材料的摩擦圆盘也已研制成功并开始使用,它的耐高温性能很好,而且质量仅为钢制圆盘的一半。

7.6　前起落架设计

前起落架的构造在很多地方与主起落架相似,但为了使飞机在地面灵活地转弯,前轮做成了可以左右偏转的形式,这样就出现了一些特殊的问题,比如:自由偏转的前轮有时会使滑行不稳定;收起起落架时,如果前轮受外力作用偏转了一定的角度,就可能无法收进起落架舱;飞机着陆接地时,如果前轮偏转了,就会使起落架的某些构件受力增大;在滑跑过程中,前轮还可能产生左右摆振。为了解决以上问题,在前轮上还安装了前轮转弯机构、纠偏机构和减摆器等,来解决前轮产生的特殊矛盾。

7.6.1　前轮稳定距

对于各种形式的前起落架,为了保证飞机在滑行时前轮运动稳定,都需要前轮具有一定的稳定距。

所谓稳定距就是前轮接地点与偏转轴线的垂直距离 t,如图 7 - 35 所示。当前轮由于某种原因偏转了一定角度 θ 时,作用于前轮的侧向摩擦力 T 会对支柱轴线产生一个恢复力矩,使前轮转回到原来位置。前轮的稳定距 t 必须满足 $t = f + R\sin\alpha > 0$,即地面反作用力的着力点应在支柱轴线延长线的后面。式中,α 为支柱的倾斜角,f 为轮叉的偏心度,R 为机轮半径。

当飞机在硬地面上滑动时,前轮稳定距 t 较小也是足够的。但当飞机在软地面上运动时,地面反作用力的作用点向前移动,会使稳定距 t 减小,如图 7 - 36 所示。前轮陷入地面一定深度,就变为中性稳定,更深则变为不稳定,此时,可能会发生侧向旋转,导致前轮装置损坏。

前轮稳定距还可以保证飞机转弯灵活。如果没有前轮稳定距,飞机转弯时前轮的侧向摩擦力对支柱轴线的力矩就等于零,前轮就不能偏转,只能被飞机带着向一侧滑动,此时飞机转弯就比较困难。

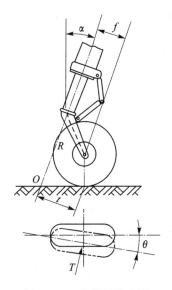

图 7 - 35   前轮的稳定距

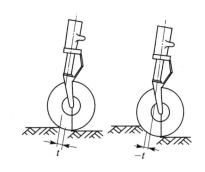

图 7 - 36   道面硬度对稳定距的影响

为了使前起落架获得前轮稳定距,可以采用如图 7 - 37 所示的结构,即可以通过把前起落架支柱安装成斜的(如图 7 - 37(a)所示)或利用轮叉和其他构件将前轮向后伸出一定距离(如图 7 - 37(b)和(c)所示)。有的前起落架有时还同时采用以上两种结构(如图 7 - 37(d)所示)。稳定距随偏转角 θ 的变化而变化,随着机轮的偏转,机轮与地面的接触点会相对前移,此时,稳定距的表达式变为

$$t_{\theta} = f + R \sin \alpha \cos \theta \qquad (7-14)$$

当 $\theta = 90°$ 时,$t_{\theta} = f$。对于图 7 - 37(a)所示的这种情况,由于 $f = 0$,应特别注意当机轮偏转角 θ 太大时,稳定距将会变得很小。因此,应避免使机轮绕支柱偏转太大的角度。飞机上应用最广泛的是图 7 - 37 中的(a)、(d)两种情况,前支柱的倾斜角 $\alpha = 12° \sim 18°$,这样既可以保证

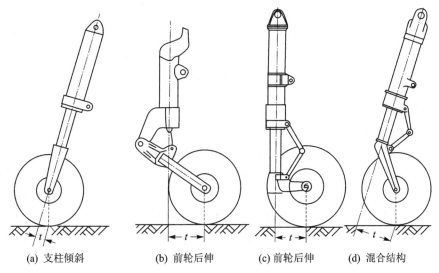

(a) 支柱倾斜   (b) 前轮后伸   (c) 前轮后伸   (d) 混合结构

图 7 - 37   增大前轮稳定距的构造方式

在正常的机场有足够的稳定距,也可以使减震支柱产生的弯矩较小,使得支柱的工作状态良好。

根据实际经验,飞机在正常混凝土跑道或草地上使用时,稳定距值可取 $t=(0.6\sim1.6)R$。稳定距的大小,对起落架的地面运动稳定性和前起落架的受力有很大影响。稳定距太小,地面运动的稳定性不好;稳定距太大,则支柱承受弯矩会大大增加。因此,飞机前轮要选择合适的稳定距。

7.6.2 前轮摆振和减摆装置

1. 前轮摆振

飞机在地面滑跑到一定速度时,如果由于跑道不平、侧风和操纵不当等外力干扰,使前轮偏离前进轴线一段距离 λ_0,由于机轮的弹性和弹性恢复力的作用,使机轮在继续前进时偏转了一个角度 θ_0,同时产生了一个向前进轴线方向靠近的趋势,当恢复到前进轴线时,由于惯性作用,又使前轮偏离前进轴线一段距离 λ_0,如此反复地不断前进,飞机前轮就可能绕着飞机前进轴线不停地左右摆动,使飞机前轮的轮迹呈一条 S 形曲线,这种左右摇摆的振动,称为前轮摆振,如图 7-38 所示。当发生前轮摆振时,机头强烈摇晃,振动会越来越厉害,直至支柱折断,轮胎破裂,并在很短的时间内酿成严重事故。防止前轮摆振最有效的措施是在前起落架上安装减摆器,目前使用的减摆器主要有活塞式油液减摆器和旋板式油液减摆器。这两种减摆器都是利用油液流过节流孔时的热耗作用,消耗前轮摆振的能量,起到防止摆振的作用。

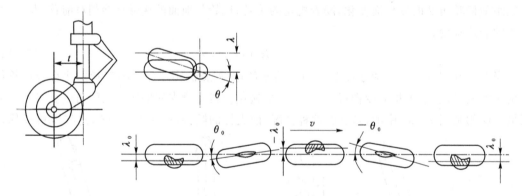

图 7-38 前轮摆振现象

2. 减摆装置

(1) 活塞式减摆器

如图 7-39(a)所示是一种活塞式减摆器,它由壳体、活塞、节流孔和传动装置等几部分组成,壳体固定在支柱上,其内部充满油液,活塞可以在壳体内左右移动,并将壳体分成左右两个工作油室。传动装置的连杆与旋转臂相连,旋转臂卡在活塞中部的缺槽内。当机轮发生摆振时,旋转臂带动活塞左右高速运动,使油液来回挤过节流小孔,产生很大的阻尼力,用来消除前轮的摆振。这种减摆器结构简单、质量轻,但减摆能力较小,一般用在小型高速的飞机上。

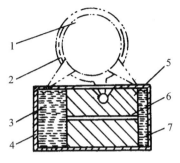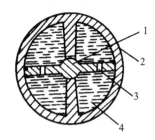

1—支柱；2—旋转臂；3—左工作油室；
4—壳体；5—活塞；6—限流孔；
7—右工作油室

1—旋板；2—壳体；3—限流孔；
4—工作油室

(a) 活塞式减摆器

(b) 旋板式减摆器

图 7 - 39　减摆器的类型

(2) 旋板式减摆器

如图 7 - 39(b)所示是一种旋板式减摆器，它由壳体、固定板、旋板、限流孔和传动摇臂等几部分组成，固定板固定在壳体上，不能转动，活动旋板则通过传动摇臂与前起落架的旋转部分相连。壳体固定在支柱上，其内部充满油液，油液被旋板隔成四个工作油室。当机轮发生摆振时，旋转部分通过传动摇臂带动活动旋板相对于固定板高速转动，使油液来回挤过节流小孔，产生很大的阻尼力，用来消除前轮的摆振。这种减摆器通常装有随温度变化调节节流孔大小的装置，结构较复杂、质量和体积都较大，但其减摆能力较强，一般用在高速大型飞机上。

起落架除摆振外还会出现结构抖振，其频率远高于摆振，它是机身与前起落架在滑行过程中产生的横向振动。设计时应错开机身与起落架的频率，也可以起到抑制抖振的作用。

7.6.3　前轮操纵系统和纠偏机构

1. 前轮操纵系统

飞机的前轮操纵系统主要用于实现飞机在地面的滑行机动和起降控制。一些轻小型飞机可以不装前轮操纵系统，滑行操纵可以使用差动刹车或发动机推力差动，在着陆时，高速阶段可以使用飞机操纵面，低速阶段可以使用差动刹车。现代飞机对地面操纵能力要求越来越高，大部分飞机都是在飞机上通过加装前轮操纵机构来实现对飞机的地面操纵与控制。

前轮操纵控制方式主要有机械式操纵系统、机械—液压式操纵系统、电传操纵系统和数字式电传操纵几种类型。机械式操纵系统主要用在操纵力很小的轻型飞机上，机械—液压式操纵系统广泛地用于民航客机、大型运输机及早期战机上，而电传操纵系统和数字式电传操纵系统是前轮操纵系统的发展方向，有很好的应用前景。

如图 7 - 40(a)所示是机械—液压式前轮操纵系统的结构组成，主要由输入操纵拉杆、差动反馈机构、油液分配机构传动位杆及分配机构、前轮操纵作动筒、旋转筒、扭力臂和轮叉等组成。为了使飞机能在地面灵活转弯，需要使前轮能绕支柱轴线偏转，如图 7 - 40(b)所示的支柱式前起落架，前轮固定在减震支柱活塞杆下部的轮叉上，轮叉通过扭力臂与可绕支柱外筒转动的旋转筒相连。这样,前轮就可以与轮叉、活塞杆、扭力臂和旋转筒等一起绕支柱轴线转动。支柱和旋转筒上装有限动块,用来限制前轮的最大偏转角度。

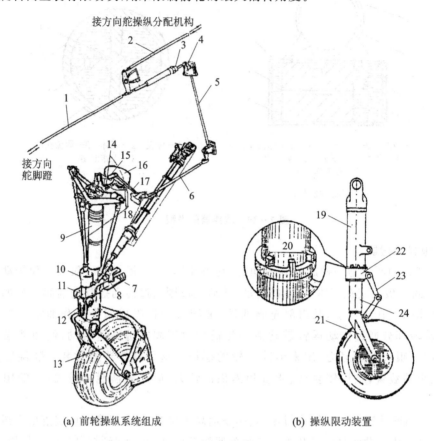

(a) 前轮操纵系统组成　　　　　　(b) 操纵限动装置

1,2—方向舵操纵拉杆;3—弹性拉杆;4—摇臂;5,6,14,17—分配机构传动位杆;
7—前轮操纵作动筒;8—前轮操纵作动筒固定支架;9—缓冲支柱;10—分配机构;11—旋转筒;
12—扭力臂;13—轮叉;15,18—差动机构的输入和输出摇臂;16—差动机构;19—减震支柱;
20—限动块;21—轮叉;22—旋转筒;23—扭力臂;24—活塞内杆

图 7 - 40　前轮操纵系统结构

2. 前轮操纵系统工作原理

下面以苏-27 飞机为例说明前轮操纵系统的工作原理。如图 7 - 41 所示,将操纵系统开关 12 置于"前轮操纵"位置时,系统处于操纵状态。电流接通电动液压开关 14,打开自动供压管路至分流阀的油液通路。在分配机构内,油液经过油滤 9,到达分配转换阀 8 的端部。分配转换阀一边移动,一边压缩弹簧,并打开分配机构的供油通路和回油通路。分流阀 4 与万向轴下部接头 7 之间为刚性连接。随动衬筒 5 与反馈摇臂 3 之间也为刚性连接。操纵方向舵脚蹬时,脚蹬的运动通过传动部分传给分流阀,使其转过相应的角度。此时,作动筒 1 和 20 各有一个腔室通过分配机构与供油路相通,而另一个腔室则与回油路相通。作动筒内的油压力,通过活塞杆、偏转衬筒、扭力臂传给轮叉,使机轮转过与分流阀相同的角度。与随动衬筒刚性连接的反馈摇臂,随机轮一起转动,因而随动衬筒也转过一个相同的角度,隔断供油路和回油路,终止向作动筒供油,机轮便被锁定在偏转状态。为了防止在机轮受到急剧的侧向冲击时作动筒腔室内的压力过大,在系统内装有安全阀 16。

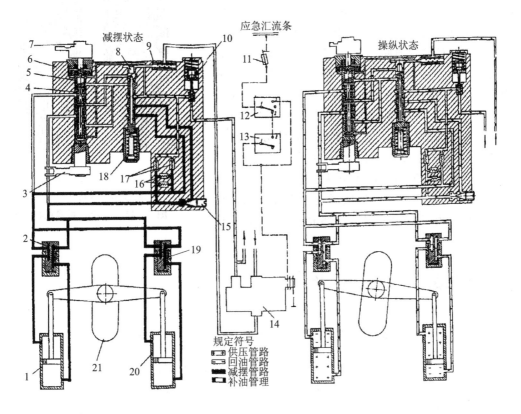

1,20—作动筒;2,19—总管;3—反馈摇臂;4—分流阀;5—随动衬筒;6—分流阀壳体;
7—万向轴下部接头;8—分配转换阀;9—油滤;10—液压补偿器;11—自动保险开关;
12—操纵系统开关;13—终点开关;14—电动液压开关;15—节流阀;16—安全阀;
17—补油阀;18—分配转换阀弹簧;21—机轮

图 7-41 前轮操纵系统工作原理

关断前轮操纵开关,电动液压开关 14 断电,隔断油液流向分配转换阀的通路。在分配转换阀 8 内,阀在弹簧的作用下向上移动,同时也移动了供油路和回油路的位置,使作动筒腔室通过节流阀 15 相通,系统处于减摆状态。当机轮缓慢转动(滑行或牵引过程)时,油液自作动筒的一个腔室流向另一个腔室,流动过程所遇到的节流阻力是很小的,当发生摆动型振动(飞机起飞或着陆滑跑过程)时,液压油流速迅速增大,从而使节流阀的阻力也增大,达到抑制机轮摆动的目的。由于在减摆状态下供油路和回油路均已被分配转换阀隔断,所以分流阀和随动衬筒的偏转对分配机构的工作没有影响。

3. 前轮纠偏机构

由于前轮在地面滑行时要左右偏转,因此不能定位锁死。而在离地后或接地前,有可能前轮因偏转而不在中立位置,这样很可能会在起落架该收起时无法收入起落架舱,并妨碍起落架正常接地。因此,必须加装前轮纠偏机构(中立机构),以保证前轮离地时能保持轮子正对前方而不偏斜。

如图 7 - 42 所示为凸轮式纠偏机构，它安装在前起落架减震支柱的内部，由上、下凸轮组成。下凸轮固定在减震支柱外筒内的底部，不能左右转动，上凸轮的上端与减震支柱的内筒底部贴合，下端与轮叉相连，它可以随支柱内筒一起上下运动。当前轮离地后，在减震器内气体压力的作用下，减震器全部伸出，上凸轮滑入下凸轮内，上下凸轮相互吻合，保持了前轮的中立位置。飞机在地面滑行时，由于地面载荷的作用，减震支柱受到压缩，而使活塞内筒向上运动，上下凸轮脱开，因而不妨碍前轮的地面偏转和操纵。这种形式的纠偏机构简单可靠，应用较广。但减震支柱内部的构造稍复杂些，而且，由于凸轮占据了一部分长度，减震支柱也较长。

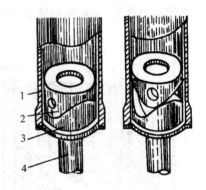

1—外筒；2—上凸轮；3—下凸轮；
4—连接轮叉的连杆
图 7 - 42 凸轮式纠偏机构

7.7 起落架收放机构

7.7.1 起落架收放机构设计要求

为了保证起落架的整体性能，对可收放式起落架还有一些具体的要求：

① 起落架的收放时间要短，小型飞机不应超过 8～12 s，大型飞机不应超过 15～20 s。收放后应有可靠并容易观察的指示系统。

② 保证起落架在收上或放下时都能可靠地锁住，并能使飞行员了解收放的情况。

③ 收放机构必须协调工作，使支柱、舱门等按一定的顺序收放。

④ 应有应急释放机构，当主收放机构发生故障时，可采用应急释放机构将起落架放下。

⑤ 起落架收入飞机的过程中，对飞机重心的影响要小。且收入机体后要有相应的整流措施，使飞机飞行时阻力较小。

为了满足起落架的上述要求，收放机构通常包括收放作动筒、收放位置锁、协调装置以及信号系统等。收放机构通常用高压油液、电力或冷气作为动力，目前以高压油液应用最为广泛，而冷气系统通常作为应急系统来使用。

7.7.2 收放机构设计

随着飞行速度的增大，飞机的气动外形变得越来越重要，如果还采用不可收放起落架，则起落架在飞行中所产生的阻力在飞机总阻力中所占的比例将大大增加，这对提高飞行速度、减小飞行阻力非常不利，因此，现代飞机的起落架大多都是可收放的。

1. 起落架的收放位置

起落架的收放形式通常是对主起落架而言的，因为前起落架和尾起落架体积较小，一般都是向前或向后收入机身即可。现代飞机所采用的收放方式主要有以下几种：

(1) 主轮收入机身

这种方式的起落架所得到的轮距较小，会造成降落滑跑时的不稳定，以及滑行中制动困难。这种方式只适用于带小展弦比机翼的超声速飞机和自行车式起落架的飞机。其优点是机翼不受起落架舱盖的不良影响,机翼表面比较光滑。

(2) 主轮沿翼展收入机翼

由于机翼根部厚度较大,起落架可以沿翼展收入机翼的根部,如图 7 - 43(a)所示;但有时飞机要在机翼根部安装油箱或有其他因素,起落架也可以沿翼展向外收入机翼内,如图 7 - 43(b)所示。这种形式主要用于单发动机的飞机上。

(3) 起落架沿翼展部分收入机翼,机轮收入机身

当机翼很薄时,机轮收入机翼比较困难,因此可以只将支柱收入机翼内,而将机轮收入机身。对于具有小车式主起落架的飞机,由于机轮组尺寸较大,通常也采用这种方式(参见图 7 - 46)。

(4) 主轮沿弦向收入机翼或机翼上的发动机短舱

这种形式多用在双发动机或多发动机的飞机上。因为在这些飞机的机翼上通常都有发动机短舱,有较大的容积来收藏起落架。起落架的收放可以向后收,也可以向前收,如图 7 - 43(c)所示。

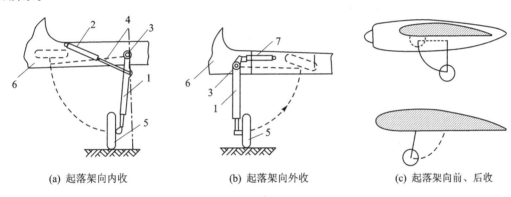

(a) 起落架向内收　　　　　(b) 起落架向外收　　　　　(c) 起落架向前、后收

图 7 - 43　起落架的收放位置

2. 收放机构的形式

收放机构主要采用的是四连杆机构,其典型的运动形式如图 7 - 44 所示。图 7 - 44(a)中,减震支柱 A 相当于摇臂,B 与 C 是一个可折叠的撑杆。在起落架放下时,形成一个受力支撑,在起落架收起时,形成一个连杆和一个摇臂。这种形式由于其结构简单而被广泛用于许多飞机上。图 7 - 44(b)中,减震支柱 B 相当于中间连杆,在放下位置时,A 杆与 B 杆形成一体承受载荷,而 C 杆此时起撑杆的作用。收起时,A 杆逆时针转动,将机轮收起在两连接点一侧。图 7 - 44(c)中的形式与图 7 - 44(b)类似,只是 A 杆的运动方向相反,起落架机轮收起在两连接点之间。这两种形式机轮几乎是垂直地收入上方的轮舱中。当收放作动筒需要被容纳在运动杆系中时,可以采用图 7 - 44(d)的形式。这样各种载荷可以在起落架结构内部平衡,它与图 7 - 44(a)相反,后者作动筒必须被安装在机体结构上。图 7 - 44(e)是一种可以把起落架收入飞机机身或飞艇机身侧部的简单可靠的收放形式。

3. 机轮旋转机构

由于收藏空间有限,有时机轮在收起过程中需要旋转一定的角度才能收到给定的空间内。如图 7 - 45 所示为 P - 40 飞机主起落架的收放机构。在起落架收放过程中,通过一对伞形齿轮的相互啮合,使起落架沿弦向向后收起,同时支柱转动 90°使机轮水平收入机翼内。

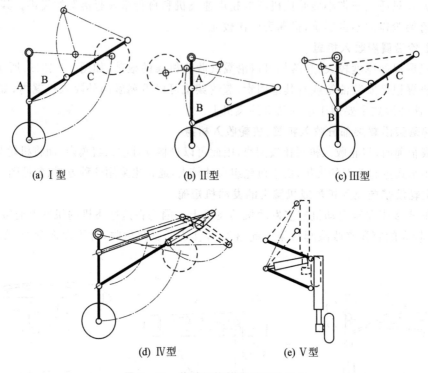

(a) Ⅰ型　　　　　　(b) Ⅱ型　　　　　　(c) Ⅲ型

(d) Ⅳ型　　　　　　(e) Ⅴ型

图 7-44　收放机构的典型运动形式

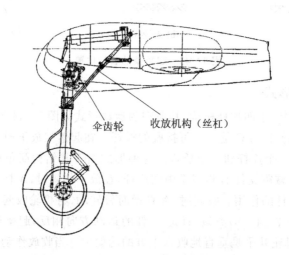

伞齿轮　　收放机构（丝杠）

图 7-45　P-40 飞机主起落架的收放机构

多轮起落架沿翼弦方向收起时,为了减小收藏空间,必须将机轮旋转一定的角度,使轮架平面大致与翼弦平面平行。如图 7-46 所示的多轮起落架,是利用作动筒来操纵机轮组旋转的。作动筒一端铰接在支柱内筒的下部,另一端铰接在轮架上。起落架收起时,收放作动筒推动起落架绕转轴向前收起,同时,转动轮架的作动筒也开始伸长,推动轮架绕其与支柱的铰接点转动一定的角度。

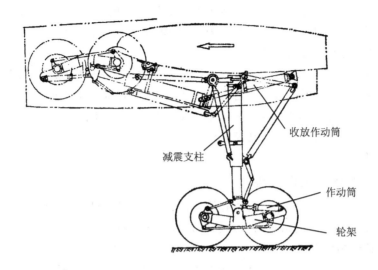

图 7 - 46　小车式起落架收放时轮架的转动

7.7.3　起落架的收放位置锁与信号指示系统

1. 起落架的收放位置锁

当起落架收起或放下以后,需要用收放位置锁将起落架锁紧,以防止起落架在飞行中自动放下和在受到冲击时自动收起。

如图 7 - 47 所示是一种挂钩式上位锁,它是利用摇臂、弹簧和作动筒等机构将起落架上锁

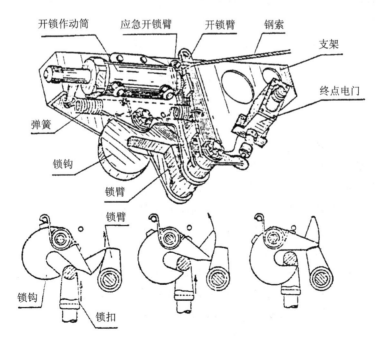

图 7 - 47　上位锁的构造及上锁原理

或开锁。为了确保起落架能安全放下,飞机上的上位锁一般都有应急开锁装置。当高压油液或冷气的开锁装置失灵时,驾驶员可以直接拉动钢锁使应急开锁臂转动,同时带动开锁臂转动,使锁臂脱离锁钩的尾端而开锁。

　　起落架放下以后的下位锁,通常是采用撑杆或收放作动筒锁定的。当起落架放下后,折叠的斜撑杆打开并处在死点位置,在冲击力的作用下,可确保起落架不能收起。此外,还可以用收放作动筒内的钢珠锁直接锁住(其工作原理参见 10.4.3 节中的图 10 - 15 液控单向阀)。当起落架放下时,钢珠将活塞锁在作动筒的外筒上,使活塞杆不能缩入,因此,在外部冲击力的作用下起落架也不能自动收起。

2. 起落架的信号指示系统

　　在起落架完全收起或放下后,需要有信号指示系统给驾驶员和地勤人员发出信息,以便正确地操纵起落架。起落架的信号指示系统可分为以下几种类型:

(1) 机械信号指示系统

　　机械信号指示系统通常由指示杆、钢索和弹簧等组成。起落架通过钢锁带动指示杆运动,当起落架收起时,指示杆缩入机翼或机身内;当起落架放下时,指示杆从机翼或机身内伸处。另外,还可以用装在座舱内的带刻度的机械指示器来指示起落架的收放情况。在起落架的收放过程中,可从指示器上观察到起落架所在的位置。

(2) 电气信号指示系统

　　电气信号指示系统是利用信号灯来指示起落架位置的一种信号设备。信号灯装在座舱内,红灯亮时,表示起落架已收好;绿灯亮时,表示起落架已放好。信号电路由终点电门控制,当起落架收好以后,终点电门被开锁摇臂压住而接通电路(见图 7 - 47)。电气信号必须在起落架完全到位后才能指示,否则可能会在着陆时因起落架没有锁好而造成飞行事故。

(3) 警告设备

　　有些飞机还装有着陆放下起落架的警告设备,以提醒飞行员在着陆前放下起落架。

习 题

　　7 - 1　起落架的设计要求是什么?

　　7 - 2　起落架的总体布局如何确定,起落架的主要参数怎样选择?

　　7 - 3　支柱式起落架的承力结构和受力特点是什么?

　　7 - 4　摇臂式起落架的承力结构和受力特点是什么?

　　7 - 5　什么是前起落架的稳定矩?如何确定起落架的稳定矩?

　　7 - 6　为什么会产生前轮摆振?减摆装置有哪些?

　　7 - 7　试分析油气式减震器的工作特性。

　　7 - 8　油气式减震器设计需要确定哪些参数?试总结油气式减震器的设计过程。

　　7 - 9　机轮包括哪些类型?机轮刹车装置需要计算哪些参数?

　　7 - 10　起落架收放机构的要求和收放形式有哪些?

第8章 飞机动力装置设计

飞机动力装置系统是指包括发动机和实现发动机在飞机上安装、使用和可靠工作的系统和装置的总称。本章所论述的飞机动力装置不包括发动机及其附件,因选择发动机等工作均在飞机总体设计中完成。在部件设计阶段飞机动力装置设计主要是安装和固定发动机,保证飞机飞行时发动机能稳定可靠地工作,使飞机具有足够的能源,以及飞机飞行性能达到规定的使用、战术技术指标要求。因此,动力装置系统中除发动机、发动机附件和机匣以外,其他各系统和装置均为本章所指的飞机动力装置。由于篇幅限止本章主要介绍进排气系统、发动机安装系统和供输油系统。

8.1 飞机动力装置概述

8.1.1 动力装置功用和组成

动力装置应保证飞机在所飞行范围内发动机能稳定和可靠地工作。动力装置由下列几部分组成:

① 进排气系统,包括进气系统和排气系统,即进气道、进气调节系统、排气系统、反推和矢推装置等。

② 发动机安装系统,用于安装和固定发动机的框架、空间杆系结构、机身部件上承力接头、发动机吊舱等。

③ 燃油箱和供输油系统,包括滑油系统和通气系统,以及油箱、泵及各附件管路系统。

④ 发动机及其部件的外部冷却系统。

⑤ 发动机操纵系统。

⑥ 发动机启动与补氧系统。

⑦ 发动机防火与灭火系统。

动力装置各组成部分根据发动机差异和飞机要求有所不同,例如,有的飞机装有辅助动力装置。

8.1.2 动力装置设计依据与要求

动力装置设计时以下列基本数据为依据:飞机用途和基本性能,飞机的质量,发动机的基本性能等。这些基本数据在设计时应满足下列要求:

① 动力装置特性和机体特性相匹配,以保证目标函数最大(或最小),从而能更完善地满足对所设计飞机提出的战术要求或使用要求。

② 动力装置引起的附加阻力最小。除降低动力装置本身阻力外,应使发动机短舱和进排气系统与机体的干扰阻力最小。

③ 进气系统及排气系统设计应与发动机匹配,使其具有较高的总压恢复能力,在使用范

围内应保证发动机工作正常。

④ 发动机推力轴线位置应尽量减少对飞机操纵安定特性的影响。

⑤ 应保证发动机的使用维护方便,在发动机区有适当口盖或舱门,以实现发动机的快速装拆和日常维护。

⑥ 发动机连接接头质量轻,有足够强度和刚度。连接部位有减振阻尼装置,以吸收发动机振动能量。

⑦ 应保证安全防火。发动机舱应有火警和灭火系统。当发动机发生火情时应不会威胁到油箱、乘员和机体主要受力结构。

⑧ 防止吸入地面异物,保证发动机安全。

动力装置由多个分系统组成,各个系统均有个自的功能,各系统之间差别较大,因此在各系统设计时应提出各自的设计要求。

8.1.3 动力装置的特点

发动机是飞机的心脏,应将发动机的安全可靠工作放在首位,因此需要一系列具有特殊功能的复杂系统来确保发动机正常工作。动力装置设计与其他部件设计略有不同,具有下列特点:

① 动力装置是保证发动机在飞机上安全可靠工作的系统。因此,该系统在设计时既要满足发动机特性要求,又要满足飞机特性要求,当发生矛盾时应综合考虑采用最佳方案。

② 动力装置安全可靠性直接影响发动机安全可靠性,进而影响飞机的安全性,因此对动力装置可靠性要求应放在首位。

③ 发动机的安装和固定装置不但要保证发动机工作时推力轴线符合设计要求,而且要保证在使用维护时便于装卸和调整。

④ 动力装置涉及面广、系统较复杂,各个系统的功用和设计要求差异较大,系统设计涉及气动设计、结构强度设计、管路系统设计和隔热、防振和防火等设计。动力装置设计与其他部件设计关系密切,故设计时应考虑与各部件之间的协调关系。

⑤ 各个分系统除了应做地面性能和强度试验外,还应做地面和空中联合试验以保证工作可靠性。

8.2 飞机进气道设计

8.2.1 进气道性能参数和设计要求

进气系统是推进系统的重要组成部分,进气系统是要以高的效率向发动机提供足够量的空气。进气系统与发动机不仅在气动方面相互匹配,并且作为推进系统产生推力,因此必须重视进气系统设计。

气流在流经进气道的时候会因摩擦、分离和热交换等原因受到滞止,总要产生压力损失,一般定义为进气道出口气流平均总压 p_{ex} 和自由流总压 p_0 之比为总压恢复系数 σ,

$$\sigma = p_{ex}/p_0 \qquad\qquad (8-1)$$

总压恢复系数 σ 为衡量进气道工作效率即进气道性能的重要参数之一。

进气道出口流场畸变是衡量进气道性能的另一重要参数。进气道的畸变是指压气机进口平面处的总压不均匀，它以进气道出口流场中最低总压值与最高总压值（或平均总压值）之间的相对差别来衡量。进气道流场畸变实际上是进气速度的畸变，速度变化会导致压气机叶片的迎角变化。畸变严重到一定程度，将会引起叶片失速而导致发动机的喘振，从而减小发动机喘振裕度，畸变过大将会影响飞机的安全。

进气道的阻力是进气道性能参数之一，它包括外罩阻力、附加阻力、放气阻力和排除附面层产生的阻力等。附加阻力是在进气道质量流量比（即进入进气道的自由流管面积 λ 与几何口面积 S_c 之比）小于 1.0 时产生的，如图 8-1 所示。这时进口前有部分空气溢出口外，溢流使流管弯曲而产生阻力，称溢流阻力。溢流经过弯曲的外罩表面时增速，在唇口外罩上产生吸力，在亚、跨声速时溢流量较大，唇缘吸力可将溢流阻力抵消 30%～40%。当唇缘设计得圆钝形时，甚至可抵消全部溢流阻力。

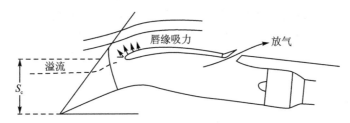

图 8-1　进气道溢流阻力和唇缘吸力

为保证进气道性能应满足下列要求：

① 以最高的总压恢复和稳定而均匀的气流提供发动机所需的流量，即尽可能高的总压恢复系数，压气机进口处的速度场均匀，在各种使用工作状态下都能稳定地工作。同时，畸变参数符合发动机要求。

② 进气道与机体的综合设计应保证高质量的进口流场、低的飞机阻力，对于军用飞机来说还应满足隐身性能的要求以及避免武器发射引起发动机喘振和停车。

③ 进气道和发动机应具有良好的相容性，在飞行范围内飞机应具有良好的机动性。

④ 避免复杂的进气道调节和控制系统，尽量减轻进气道系统的质量和降低成本。

⑤ 注意安全性，防止外来物进入进气道损伤发动机。

⑥ 进气流量应留有一定余量，以备将来发展。

8.2.2　亚声速进气道设计

1. 亚声速进气道的基本形式

(1) 皮托管式进气道

该进气道是一种口朝前开的简单不可调的扩散式进气道，如图 8-2 所示。在亚声速下它的特性较好，可以达到接近 100%总压恢复值。

(2) NACA 平贴式进气道

该种进气道也称埋入式进气道。该进气道总压恢复性能较差，目前只用在引入冷却空气或辅助动力装置的进气口上。

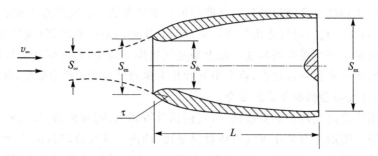

图 8 - 2 亚声速进气道

2. 进气道主要参数确定

在确定进气道主要参数时首先要确定设计状态,进气道设计点与飞机重要飞行状态相对应,如最大飞行速度状态或巡航状态。按设计点的要求选定进气道的参数和设计的进气道,使进气道在该飞行状态处于最佳工作状态,工作效率高,但在选择进气道参数时还需兼顾非设计点的情况。

(1) 进口面积 S_{en} 和喉道面积 S_{th} 的确定

根据质量守恒定律

$$m_B = S_\infty v_\infty \rho_H = S_{en} v_{en} \rho_{en} \tag{8-2}$$

式中, m_B 为发动机的空气流量,由发动机特性给定;

v_{en} 为进气口处的气流速度;

v_∞ 为进气道前方气流速度;

ρ_{en} 为进气口处的空气密度;

ρ_H 为进气道前方空气密度。

进气口面积 S_{en} 可表示为

$$S_{en} = \frac{m_B}{v_{en}\rho_{en}} \tag{8-3}$$

进气道进口处速度用气流的相对速度 $\bar{v}_{en}$ 来表示, $\bar{v}_{en} = v_{en}/v_\infty$ 表示气流在进气道进口前面被阻滞和压缩程度, $\bar{v}_{en}$ 越小则气流在进气口处减速增压的比例越大。 $\bar{v}_{en}$ 一般为 $0.3 \sim 0.7$ 左右,较小的 $\bar{v}_{en}$ 值对应较长的、弯曲的进气道,较大的 $\bar{v}_{en}$ 值对应吊舱式进气道。在初步设计时可取 $\bar{v}_{en} = 0.5$ 。

对于高速运输机要考虑下述两点设计要求:

1) 爬升和巡航高速使用状态的设计要术

该飞行状态要求最大限度减小阻力,故要求进气道外表面流速尽可能小,则要求质量流量比(S_∞/S_{en})在其他设计要求允许时尽可能接近 1,以便使驻点接近进口前缘。在这种飞行状态下,进气道外部的表面流速是临界参数。此时,对进气道内部形状也有一定要求,因为气流的最大速度出现在喉道区的进气道壁面附近。为了防止在进气道壁面出现强激波,经验表明,平均喉道马赫数 Ma_{th} 应为 $Ma_{th} < 0.8$ 。喉道处面积 S_{th} 与喉道马赫数 Ma_{th} 之间的关系为

$$S_{th} = \frac{q_m \sqrt{T_t}}{p_t}\left[Ma_{th}\left(1 + \frac{\gamma-1}{2}Ma_{th}^2\right)^{\frac{\gamma+1}{2(1-\gamma)}}\sqrt{\frac{\gamma}{R}}\right]^{-1} \tag{8-4}$$

式中，q_m 为给定的质量流量，也就是当 $Ma_{th}=1$ 时的质量流量；

　　　γ 为比热比；

　　　T_t 为总温；

　　　p_t 为总压；

　　　R 为普适气体常数。

　　在高喉道马赫数时，质量流量的微小变化对喉道马赫数有强烈的影响。例如，当相对质量流量比（q_m/m^*）$=0.995$ 时，质量流量比的增量为 $\Delta W=1\%$，将引起 8% 的喉道马赫数增量 ΔMa_{th}。

　　现代运输类飞机巡航速度接近 $Ma=0.8$。当 $Ma_{th}=0.8$ 时，根据质量守恒定律式（8-2），质量流量比（S_{en}/S_{th}）等于收缩比 C.R. 的倒数（$1/(S_{en}/S_{th})$），而驻点正好在前缘。故对于高速飞机而言，喉道面积应使马赫数小于 0.8，在任何飞行状态下都不能在喉道附近产生局部激波，否则会使总压恢复系数 σ 急剧下降。

　　2）起飞和初始爬升阶段的设计要求

　　低速飞行时，质量流量比要大得多。这将使最大表面流速发生在进气道内部接近喉道的区域。例如，当 $Ma=0.2$，喉道马赫数 $Ma_{th}=0.76$，仰角 α 在 $0°$ 至 $25°$ 之间时，峰值马赫数 Ma_{LOC} 在 1 至 1.44 之间。

　　最大喉道马赫数是低速情况的临界参数，因为在起飞和初始爬升阶段所需的发动机质量流量最大。因此，限制喉道马赫数是确定进气道面积的主要设计要求。如果突破了对喉道平均马赫数的这一限制，进气道的总压恢复以及与此相关的发动机效率将大大下降，如图 8-3 所示。如果设计最大喉道马赫数为 $Ma_{th}=0.78$，当喉道马赫数再增加 2.5%，那么进气道将完全壅塞。

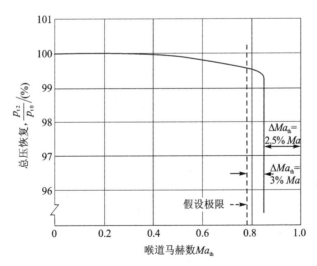

p_{t2}—进气道出口处总压；p_{t0}—进气道进口处总压

图 8-3　进气道总压恢复与喉道马赫数的关系

（2）进气道唇口外形

　　进气道唇口部分的剖面形状对进气道的性能也有较大的影响，应以不产生气流分离、保证气流平滑地流动的唇口外形为好，其前缘的曲率半径 r 可按下面的经验公式来选定：

$$r = (0.04 \sim 0.05)\sqrt{S_{en}} \qquad (8-5)$$

(3) 进气道形状和长度

进气道形状和长度,要根据发动机在机身内或吊舱中的部位安排情况和对进气道内壁扩散角及收敛角的要求而定。为了保证气流在流动过程中不产生分离,要求其内壁的半扩散角不能大于 $4° \sim 5°$。假如管道要转弯和弯曲,则管道横截面面积变化应平滑过渡,最后一段管道轴线应与压气机轴线重合,此段长度不能小于 $(0.5 \sim 1.0)D_E$,其中 D_E 为发动机的最大直径。

(4) 附面层隔道

如果进气道在机身两侧,为避免附面层中气流进入进气道,应适置附面层隔道。初步设计时,隔道的间隙可按距机头每米不小于 10mm 的标准来确定。

8.2.3 超声速进气道设计

1. 超声速进气道的基本形式

亚声速进气道在超声速飞行时会在进气道前产生正激波,进气道的总压恢复系数降低,阻力增加。但对飞行马赫数低于 1.6 的飞机,选用此种进气道结构简单,质量轻;在亚声速和跨声速阶段可取得较高的总压恢复值。

超声速进气道根据飞机设计要求和总体布置,其基本形式有两类:二元进气道和三元进气道。按波系位置的不同,进气道可分外压式、内压式和混合式三种,如图 8-4 所示。

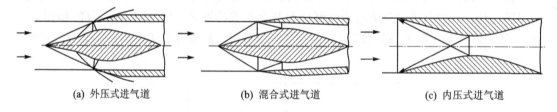

(a) 外压式进气道 (b) 混合式进气道 (c) 内压式进气道

图 8-4 超声速进气道不同形式

(1) 外压式进气道

外压式进气道的超声速压缩过程原则上都是在进口处进行的。当马赫数 $Ma > 1.6$,为了使进气道达到更高的总压恢复,会采用多重激波的进气道构造,这时超声速扩压过程的效率由激波系的总压恢复确定。故外压式进气道的调节系统简单,质量较轻,但气动阻力稍大一些,效率稍低一些。目前超声速飞机上主要采用此种形式。

(2) 内压式进气道

内压式进气道是一个先收缩后扩张的管道。在理想情况下,超声速来流在收缩段内减速,至喉道达到声速,在扩张段内变为亚声速。此时,喉道截面积 S_{th} 与捕获面积 S_e 之间关系为

$$S_{th} = q(\lambda_\infty)S_e \qquad (8-6)$$

式中,$q(\lambda_\infty)$ 为自由流状态的空气动力函数。$q(\lambda_\infty)$ 值随 λ_∞ 减小而增大,故要求喉道截面积应做成可变的。内压式进气道效率最高,但难于进入设计状态(难启动),需要很复杂的调节系统,故目前还未得到实际的应用。

(3) 混合式进气道

混合式进气道是上述两种形式的组合,其设计方法是引入管道内多重激波和它们的反射流使流动减速;另一方面设计可变几何内部喉道,内部喉道产生一种稳定形式,提供一种实用

的启动方案。这种形式是为了减小外部阻力,同时又缓和内压式的启动难问题。但混合式进气道的代价是边界层抽吸,从而引起推力损失,并对工作状态的变化和各种干扰很敏感,当迎角的变化很大或开关加力燃烧室时均会影响进气道工作。但它可以在一个较宽的马赫数范围内提供高的总压恢复和低的外部阻力。这种进气道已在 $Ma=2.5$ 以上飞机上采用,例如波音 70 超声速轰炸机和 SH—71 高空高速侦察机。但"不启动"问题仍是这种进气道的一个问题,故进气道设计和调节都较复杂。将三种超声速进气道的性能以飞行马赫数为函数作图(如图 8-5 所示),可明显表示其适用范围。

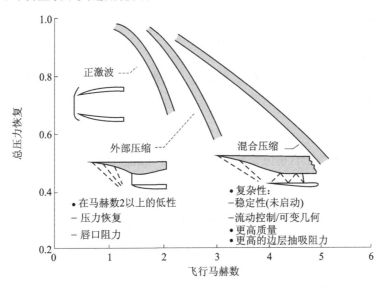

图 8-5　超声速进气道的性能随飞行马赫数变化图

2. 进气道主要参数确定

(1) 总压恢复系数

超声速进气道在气流流动中主要损失有激波损失、涡流损失和摩擦损失,而主要是激波损失。因此,总压恢复系数主要取决于波系结构中的总压恢复系数 σ,故进气道设计成多个斜激波的进气道可获得较高的总压恢复值。

$$\sigma = (0.9 \sim 0.95)\sigma_{jw} \quad (8-7)$$

式中,$\sigma_{jw} = \sigma_1\sigma_2\cdots\sigma_n = \prod\limits_{i=1}^{n}\sigma_i$,其中,$\sigma_i$ 为气流通过一个激波时的总压恢复系数,$\sigma_i = p_{ti+1}/p_{ti}$。斜激波的数目越多,则 σ 值越大,如图 8-6 所示。在设计时应根据设计要求确定波系。实际飞机设计中进气道进口波系最多达到四波系。对飞行马赫数大于 2 的飞机常采用三波系,如苏—27、米格—23。波系太多,会使结

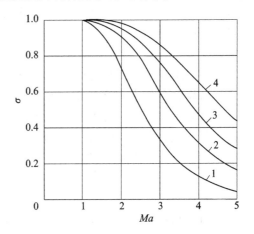

1—直激波;2—单级二波系;3—双级三波系;4—三级四波系
图 8-6　σ 与波系的关系

构复杂,调节困难。

(2) 进口面积 S_{en}

进口面积确定问题实际上是进气道设计点的选择问题。当设计点确定以后,进口面积为

$$S_{en} = \frac{KG_{red}\sigma}{242q(\lambda_\infty)\varphi_{cr}} \tag{8-8}$$

式中,K 为冷却流量比,从进气道引冷却流量等所需空气流量的百分比;

G_{red} 为发动机换算空气流量,kg/s;

σ 为进气道总压恢复系数;

$q(\lambda_\infty)$ 为自由流状态的空气动力函数;

φ_{cr} 为进气道临界质量流量比。

进气道的工作特性可用流量系数 φ 来衡量。流量系数 φ 是实际进入进气道的空气流量 m_B 和可能的最大流量 $m_{Bmax,0}$ 之比,即

$$\varphi = \frac{m_B}{m_{Bmax,0}} \tag{8-9}$$

流量系数在数值上等于自由流管截面积 S_s 与进气道进口面积 S_{en} 之比:

$$\varphi = \frac{S_s}{S_{en}} \tag{8-10}$$

进气道临界质量流量比 φ_{er} 当设计状态下,斜激波和正激波均在进口流动截面时,则 $\varphi_{er}=1$。

进口面积 S_{en} 是指进气口处包括调节锥在内的总面积,即在进口截面处的直接进气的管口面积与调节锥横截面积之和。

当设计状态下斜激波均聚焦于唇口处时,且正激波也位于进口流动截面,则进气道临界质量流量比可取 $\varphi_{er}=1$。

(3) 喉道面积 S_{th}

对于内压式和混合式进气道,以及含带内收缩的外压式进气道,在内管道紧接进口之后不远处有一最小截面,称为"喉道"。进气道在喉道之后为扩散型。

喉道设计非常重要,在超声速工作状态下,喉道设计必须满足启动要求;在亚、跨声速工作状态下,喉道设计必须做到在满足发动机流量要求下不出现堵塞现象,并使内管道总压损失尽可能小。

1) 超声速工作状态下的喉道设计

当飞行马赫数增大时,波系中空气的增压比将提高,在喉道处的空气压力和密度将提高,这需要减小喉道面积,反之将增加喉道面积 S_{th},因此,超声速飞行时,当飞机加减速过程中,不能因喉道面积 S_{th} 过小而把结尾正激波推出进口外。喉道在调节板(锥)调节 δ_i 角时,同时改变喉道面积,喉道面积应满足下式要求

$$S_{th} \geqslant \frac{\varphi_{max}q(\lambda_\infty)S_{en}}{0.98\sigma_s} \tag{8-11}$$

式中,σ_s 为进口前斜激波和进口处正激波的总激波的总压恢复系数;0.98 是考虑喉道处边界层的影响系数值;

φ_{max} 为进气道最大流量系数。

式(8-11)在计算中假定喉道马赫数为 1.0。在计算最小启动喉道面积时,结尾正激波正好位于进口平面上,此时,只要设计喉道面积等于或大于此最小启动喉道面积,进气道就能自动启动。如果不能满足启动要求,正激波推出进口外,进气道性能就会恶化。

2)亚、跨声速工作状态下的喉道设计

喉道设计应满足发动机要求的喉道面积,即

$$(S_{th})_{red} = \frac{K_1 \sigma_d G_{red}}{242 q(\lambda_{th})} \tag{8-12}$$

式中,K_1 为考虑喉道边界层抽吸和冷却流量的放大系数;

σ_d 为喉道后亚声速扩压器中的总压恢复系数,可近似取 0.95;

G_{red} 为发动机换算空气流量;

$q(\lambda_{th})$ 为喉道处的平均密流函数,理论上是 1.0,考虑喉道边界层影响,一般取 0.95。

式(8-12)是发动机要求的最小喉道面积,实际设计喉道面积必须等于或大于此面积,不然进气道就会处于超临界工作状态,喉道也会堵塞,造成性能恶化。在实际设计中,为了最大可能地提高亚、跨声速时进气道总压恢复系数,必须将喉道面积设计得比上述要求大得多,以充分减小喉道马赫数 Ma_{th},从而减小内管道的损失。在亚、跨声速时,进口前没有激波损失或者损失很小,进气道性能主要是喉道马赫数的函数。如果喉道马赫数 $Ma_{th} < 0.8$,则可使 σ_d 达到 0.98 以上。

(4) 可调进气道参数选择

在设计工作状态时,发动机所需的空气流量与进气道所提供的空气流量相等,流量系数 φ 为最大值,接近于 1。此时,进气道处于最佳工作状态,其 σ 值也最大,进气道处于临界工作状态,进气道外面的斜激波与进气口前缘相交。

当发动机的转速减小时,所需空气流量减小,多余的空气会使进气道内压力升高,将唇口的正激波向外推形成脱体激波,在唇口外造成溢流,此时称为亚临界状态(如图 8-7 所示),亚临界状态时 σ 值变化不大,但附加阻力增大。当发动机转速增加时,进气道所提供的进气量不足,而超声速气流时 φ 值不可能大于 1,唇口正激波被吸入扩散段内,此时称为超临界工作状态(如图 8-7 所示),在这状态下,进气道 σ 值迅速降低。此时需要对进气道调节。

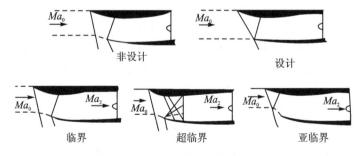

图 8-7　超声速进气道的流动状态

在超声速进气道中设置调节板(二元进气道)或调节锥(三元进气道),用以控制进气道的激波系,改变喉道面积和控制溢流量。进气道进口波系调节很复杂,直到目前为止,实际设计的飞机进口波系最多达到四波系。如苏—27 战斗机,最大飞行马赫数为 2.35,进气道的压缩表面设计成三级楔板形式,第一级楔板固定不动,楔板角为 6°,第二级和第三级相互间是固定连接，形成一个可活动的前板，该前板相对于第二级的前缘可转动，以调节第二级压缩角，相对于第一级表面从 −5°变到 +14 度°，第三级相对第二级夹角为 7°，但固定不变。

超声速进气道要将气流减速到发动机迎面为亚声速马赫数时，最简单的方法是采用超声速扩压器，利用单个正激波来使流动减速。但对低超声速马赫数 $Ma>1.6$ 以后，采用正激波减速效率变低，产生总压损失过大。因此必须采用一系列的斜激波通过外部压缩斜面或圆锥来减速流动，即外部压缩进气道。

8.2.4 进气道与机身的一体化设计

现代超声速战斗机要求能在亚声速、跨声速和超声速状态下进行机动飞行，并具有良好的巡航效率。故进气道在飞机上的布局及所采用的形式对飞机的性能和使用影响很大，因此，在飞机总体气动布局和进气道设计时，对进气道系统和机体进行恰当的一体化设计已是一个关键性问题。为了提高进气道的性能和适用性，最佳的进气道和机体一体化设计应具有下列特定的目标：

① 相对于进气道前缘的入射气流倾角减至最小，应将均匀的高压力恢复的气流输入进气道。

② 防止边界层进入进气道，使其他部件对流场的干扰或损坏减至最小程度。

进气道在飞机上的布置多种多样，主要有机头进气、机身两侧进气、机身腹部进气、机身背部进气和机翼边条下进气等，进气道在飞机上不同布置情况下，总压恢复系数随迎角变化，尤其在超声速时变化更大。

各种形式进气道具有下列特点：

1. 机头进气形式

早期的超声速战斗机进气道常采用此形式，其优点是进口流场不受机体干扰，进口流场均匀，进气道设计简单，小机动范围内的进气道性能较好。其缺点是进气道占用了大部分前机身容积，设备舱安排困难，不能利用机体的有利屏蔽作用，大迎角时进气道特性差。

2. 机身侧面进气形式

这种形式进气道克服了机头进气形式的缺点，但其迎角特性和背风一侧进气道的侧滑特性差。前机身形状对进气道入口平面流场环境的品质有很大影响，特别是前机身下部形状和曲率，根据分析和实验得出增大机身下部的圆角可改善大迎角机动时进气口处流场。而方形机身则进气道唇口分离严重，在喉道处有很大的气流分离。有侧滑时，机身下部圆角加大可以减轻侧洗的影响；大迎角时圆形机身引起的向外侧洗较小；机动飞行时可减小进气口内侧壁上的分离。从紊流和畸变指数来看，也以圆形机身最好。由此可见，机身外形的细微差别对进气道的性能有相当大的影响，进气道性能和进气道与机体综合设计关系密切。

在两侧进气道中，从空气动力方面看，最有效的是水平配置斜板的二元进气道。亚声速时总压恢复系数和气流的均匀度特性均较高。当 $Ma>2$ 时，机身侧表面和下表面可能产生气流分离，所谓的"涡面"现象。当产生"涡面"时进气道内总压恢复系数突然下降和气流不均匀度突然增加，迎角增大时分离更严重。如将进气口下移，可使开始产生"涡面"的迎角增加。假如将整个斜板转动能排除"涡面"现象。

3. 机身腹部进气形式

F—16 飞机采用与机身外形一致的、简单的、固定几何形状的正激波进气道，进气口位于机头后 3.9 m 的机身下侧。由于利用了机头的屏蔽,使飞机在飞行包线范围内机动飞行的所有迎角和侧滑角组合情况下提供较均匀流场,提高了飞机机动性。其他飞机也证实,当机身腹部进气道的进气口安排在座舱下部,或距机头一定距离,均可得到较满意的气流特性。

4. 机身背部进气形式

该形式进气道可降低进气道的雷达散射面积,有利飞机隐身性能。但飞机有迎角飞行时,机翼和机身的超声速膨胀,使进口气流的激波损失增加,且分离气流进入进气道,对发动机工作稳定性很不利。例如美国 F—107A 试验机试飞时,由于分离气流进入进气道造成发动机喘振,进气道管壁产生多处裂纹。以后研究表明,可采用边条来防止机身侧面的边界层进入进气道,边条的几何形状要仔细设计,否则在大侧滑角时可能不起作用。故目前背部进气只在亚声速和跨声速范围内具有可比性。

5. 机身边条下或翼下进气形式

进气道布置在边条下,可利用条边的屏蔽作用,使进气道在有迎角时保持良好性能。如米格—29、苏—27 飞机进气道在迎角增大到最大值时仍具有高的特性,但在负仰角下难以达到满意性能。对这类边条设计要求较高,要使飞机在整个飞行包线范围内,对边条外形、边条与机身结合处泄除边界层的间隙以及边界层的隔道均要仔细设计。

进气道布置在机翼下,主要利用机翼屏蔽作用,在方向上有更为稳定的局部速度场。但在负仰角和有侧滑角时进气道特性变坏。这种形式进气道一般用于多发动机的旅客机或运输机上,例如"协和"号。

由上述分析可知,各种形式的进气道均存在优缺点,在设计时必须与机体进行综合设计,并考虑机体局部参数影响,才可设计高性能进气道。

8.3 排气系统设计

8.3.1 排气喷管功能和要求

排气喷管的功能是将发动机燃气的压力热能有效地转变为排气的动能,使发动机以最高的效率,最小的能量损失产生最大的推力。喷气发动机的推力是喷管反作用推力和发动机进气阻力之差,与动力装置的经济性密切相关。故对排气喷管的基本要求如下:

① 在飞机的飞行使用范围内,排气喷管都能够与发动机工作很好协调和匹配,始终保持较高的效率。为了获得最佳推力,应使高压燃气在喷管中得到完全膨胀,即喷管面积的变化要使燃气达到安全膨胀。故喷管设计应保证喷管落压比和出口面积比有较大的变化范围,从而保持高的内推效率。

② 喷管设计影响机身(或短舱)后体的修形,即影响后体的阻力(尾阻和底阻)。如果尾喷管与机身尾部配合得不好,底阻可能达到飞机总阻力的 30%,致使飞机性能急剧变坏。因此喷管设计应使飞机底阻降低,尾部表面外形平滑,气流压力场均匀。

③ 对军用飞机应采用抑制红外辐射的排气管。

④ 排气噪声是飞机噪声的主要来源,喷管应具有抑制噪声的能力。

8.3.2 尾喷管设计

尾喷管设计应使发动机具有最高的效率,最小的能量损失产生最大的推力。发动机的总推力 F_g 可表达为

$$F_g = m_9 v_9 + (p_9 - p_0)S_9 \qquad (8-13)$$

式中:m_9 为喷管出口处质量流量;

v_9 为喷管出口处速度;

p_9 为喷管出口处静压;

p_0 为自由流静压;

S_9 为喷管出口处面积。

式(8-13)右边的第一项为动量推力,第二项为压力推力。对于亚声速喷管,如果 $Ma_{ex} < 1$,则喷管气流 p_{jet} 等于喷管外环境静压 p_0,即 $p_{jet} = p_0$,此时喷管流动为完全膨胀,产生最大推力。

1. 喷管的工作特征参数

燃气在喷管中处于膨胀的过程,燃气经过喷管后降压、降温和增速。表征尾喷管工作特征的参数如下:

(1) 膨胀比 π_j

燃气在喷管进口处的总压 p_{0j} 与所在高度大气压力 p_∞ 的比值称为膨胀比 π_j,又称喷流压力比 NPR

$$\pi_j = \frac{p_{0j}}{p_\infty} = \mathrm{NPR} \qquad (8-14)$$

膨胀比表示燃气进入喷管时压力势能的大小,也就是说燃气膨胀能力的大小。膨胀比与发动机的工作状态,飞机的飞行高度和速度有关。当飞机在亚声速巡航时喷管的膨胀比很小,基本上不需要扩散段,喷管进口面积 S_{en} 和喉道面积 S_{th} 之比,$S_{en}/S_{th} = 1.0$,但在超声速阶段,尾喷管的膨胀比随飞行马赫数的增大和发动机由不加力到最大加力状态而迅速增大,喷管进口面积 S_{en} 和喉道面积 S_{th} 之比可增大一倍。为了使喷流得到完全膨胀需要对喷管进行调节。如果在飞机全部飞行范围内,尾喷管都能采用无级的连续自动调节系统,则有可能使尾喷管始终保持最高效率。

喷管喉道存在一个 NPR 临界值 $(\mathrm{NPR})_{crit}$,当 $\mathrm{NPR} > (\mathrm{NPR})_{crit}$,则 $Ma_{th} = 1$。此时,喷管喉道速度为声速时即产生壅塞,此时喉道的静压为总压的 50%。这时必须调节喷管。

最佳喷管面积比计算式为

$$\frac{S_{th}}{S_{ex}} = \frac{Ma_{th}}{Ma_{ex}} \left[\frac{1 + \dfrac{r-1}{2}Ma_{ex}^2}{1 + \dfrac{r-1}{2}Ma_{th}^2} \right]^{\frac{r+1}{2(r-1)}} \qquad (8-15)$$

式中,r 为燃气的比热比;

Ma_{th} 为喷管喉道处马赫数;

Ma_{ex} 为喷管出口处马赫数。

当喷管落压比超过临界值时 $Ma_{th} = 1$,Ma_{ex} 可按下式计算:

$$\frac{p_{0\mathrm{j}}}{p_{\infty}}=\left(1+\frac{r-1}{2}Ma_{\mathrm{ex}}^{2}\right)^{\frac{r}{r-1}} \tag{8-16}$$

式中，$p_{0\mathrm{j}}$ 为喷管进口燃气总压；

$\quad$ p_{∞} 为喷管出口环境压力(或当地大气压力)。

为了得到最佳喷管面积比，必须采用控制系统，这样一来就要增加重量了。

(2) 喷管总压比(品质参数)

尾喷管的滑流中，静压必须连续，喷管进口处比焓 h_{en} 与出口处比焓 h_{ex} 相等，则 $h_{\mathrm{en}}=h_{\mathrm{ex}}$。喷管中由于摩擦和激波损失，流体总压会降低，即 $p_{\mathrm{ex}}<p_{0\mathrm{j}}$，喷管总压比定义为品质系数：

$$\pi_{\mathrm{n}}=\frac{p_{\mathrm{ex}}}{p_{0\mathrm{j}}} \tag{8-17}$$

(3) 尾喷管的绝热效率 η_{j}

喷管中的等熵膨胀得到的动能为喷管的理想动能，在尾喷管出口处，实际排出每千克燃气所得到的动能在理想绝热条件下排出每千克燃气所能得到的理想动能之比称尾喷管的绝热效率 η_{j}，即

$$\eta_{\mathrm{j}}=\frac{v_{\mathrm{ex}}^{2}/(2g)}{v_{\mathrm{exl}}^{2}/(2g)}=\left(\frac{v_{\mathrm{ex}}}{v_{\mathrm{exl}}}\right)^{2}=\phi_{\mathrm{j}}^{2} \tag{8-18}$$

式中，v_{ex} 为实际的排气速度；

$\quad$ v_{exl} 为无任何损失情况下理想状态的排气速度值；

$\quad$ $\phi_{\mathrm{j}}=v_{\mathrm{ex}}/v_{\mathrm{exl}}$ 为尾喷管的速度系数。速度系数 ϕ_{j} 是衡量尾喷管内气流动能损失大小的主要参数。对于推力的影响可用相对推力损失系数 $\Delta\bar{p}$ 来表示，$\Delta\bar{p}$ 可表示为

$$\Delta\bar{p}=\frac{1-\phi_{\mathrm{j}}}{1-\dfrac{v}{v_{\mathrm{exl}}}} \tag{8-19}$$

式中，v 为飞行速度。

随着飞行速度的提高，ϕ_{j} 对 $\Delta\bar{p}$ 影响越大，图 8-8 表示 $\phi_{\mathrm{j}}\sim\Delta\bar{p}$ 关系。当 ϕ_{j} 减小 5% 时，在 $Ma=1.2$ 时，推力下降 8%；而 $Ma=2.2$ 时，推力下降 14%。

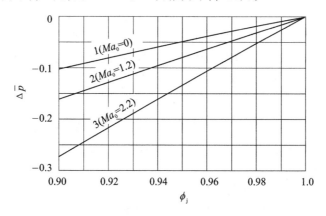

图 8-8 推力损失 $\Delta\bar{p}$ 与速度系数 ϕ_{j} 关系

(4) 喷管性能参数 π_n 和 η_n 之间的关系

对于绝热流动的喷管,这两个性能参数 π_n 和 η_n 之间的关系为:

$$\eta_n = \frac{\left\{NPR\left(\frac{p_0}{p_9}\right)\right\}^{\frac{\gamma-1}{\gamma}} - \pi_n^{-\frac{\gamma-1}{\gamma}}}{\left\{NPR\left(\frac{p_0}{p_9}\right)\right\}^{\frac{\gamma-1}{\gamma}} - 1} \quad 或 \quad \eta_n = \frac{\{NPR\}^{\frac{\gamma-1}{\gamma}} - \pi_n^{\frac{\gamma-1}{\gamma}}}{\{NPR\}^{\frac{\gamma-1}{\gamma}} - 1}(p_9=p_0) \quad (8-20)$$

图8-9为式(8-20)对于完全膨胀喷管($p_9=p_0$)的曲线图。

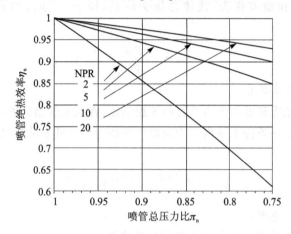

图8-9 处于完全膨胀状态($\gamma=1.3$)喷管的排气性能图

(5) 落压比 π_R

尾喷管出口处燃气的总压 p_{ex} 和出口处的外界环境压力 p_0 之比称落压比 π_R,即

$$\pi_R = p_{ex}/p_0 \quad (8-21)$$

落压比表示燃气通过尾喷管时实际的膨胀程度,是表示尾喷管工作特性好坏的参数。当燃气在尾喷管中完全膨胀时,此时喷管面积比完全符合环境气压要求;如果喷管面积比小于完全膨胀时的必须值,会有高的出口压力 p_9,当射流离开喷管后,出口面上的膨胀波系会调节出口压力至环境压力,此状态称不完全膨胀;如果喷管面积比太大,出口处静压会低于环境气压,此状态称为过渡膨胀。当过渡膨胀较轻时,喷管出口唇部会产生斜激波,流体经过斜激波后出口压力将降至环境压力。当过渡膨胀较强时,会增强激波,甚至导致激波进入喷管。因此,喷管不处于完全膨胀时,排气损失增加。在尾喷管的形式选择、几何参数确定和调节系统设计时,要保证燃气在喷管内得到完全膨胀。

2. 尾喷管形式

亚声速飞机一般采用固定不变收敛喷管,按巡航效率来选择喷管的出口面积。$Ma<0.7$时喷管中喷出气流对机身外表的压强分布没什么影响。因此,综合喷管具有简易性和质量轻的优点,采用此种形式较合理。

目前,超声速或高亚声速飞机为了使发动机在不同飞行马赫数和飞行高度以及在加力和不加力状态均能保持较高的效率、减小性能损失和降低外部阻力,发展了多种喷管形式。

(1) 可调收敛—扩散喷管

对于 $Ma \geqslant 2$ 飞机上多采用几何形状可变的收敛—扩散喷管(C—D喷管),这种 C—D喷管的面积比可以随着飞机的飞行速度和高度变化(即喷管落压比)而一直保持接近于最佳值。

(2) 引射喷管

引射喷管可以将冷却加力燃烧室外壁的发动机旁路空气引射到引射喷管外罩内,形成一层"气垫",使发动机从收敛喷管排出的未完全膨胀的高压燃气,在外罩内沿这层气垫进一步膨胀到接近出口环境压力,从而增加推力。该形式也是超声速飞机上常用的喷管形式,尤其对需要大量冷却空气的加力式涡轮喷气发动机。

(3) 中心锥式喷管

沿轴线前后移动中心锥改变喷管出口面积,基本上属于可变面积收敛喷管,使发动机在部分推力工作状态和最大推力工作状态之间得到较好的匹配。

(4) 等熵单膨胀板

使喷管内喷流保持等熵状态,在喷管的上面或下面安装一个单膨胀板(也称推力膨胀面),从喷管排出的不足膨胀喷流在单膨胀板上继续膨胀,以达到接近完全膨胀的程度,大大提高飞机的推力。

喷管的形式选择和设计直接影响到推力,而且喷管的形成和在飞机上安装形式对后体阻力影响较大。因此,评定排气喷管性能的综合指标是推力减阻力参数。

3. 尾喷管对机身后体的影响

飞机后体包括尾喷管、机身尾段和尾翼等,在第 4 章中介绍了飞机后体的一体化设计,本节介绍尾喷管对后体阻力影响。

喷管的喷流对周围的流场和机体有两种作用,一种是类似固体将外界气流挤出,另一种是吸入一部分外界气流。在亚声速时,收敛喷管或未完全膨胀的收敛—扩散喷管喷出的喷流将发生膨胀,并且从外部吸入一部分气流。喷流对后体表面的压力有明显的作用。在超声速时基本没有吸入外流的现象,但喷流的膨胀在喷口和喷流表面产生一系列激波,对邻近的表面将产生影响。后体外形不同喷流产生不同作用。在飞行马赫数为 0.8～0.98 时,对于长细比大的后体因收缩段上未发生分离,由于底部喷流作用,压差阻力迅速减小。当膨胀比继续增大,喷流膨胀对收缩段的后部产生压力,使压差阻力继续下降。对于小长细比的后体,在收缩段上已产生分离,阻力显著增大。当膨胀比增加时,由于喷流分离区的抽吸作用而使压差阻力增大。

对于双喷管后体的中间底部稍凹进于喷口平面情况,在不加力状态下,喷流一般使底部产生负压(即形成阻力);在加力状态下,对于通常的膨胀比,喷流使底部产生负压,当膨胀比增大,底部作用正压(即推力);在亚声速以及不加力的跨声速时,底部不同位置的压力相差较大,喷流干扰较复杂。

双喷管间距,不论是露出后体或者包在后体内的,都是窄间距的喷管—后体阻力比宽间距低。亚声速的不加力状态,喷管包容在后体之内时,宽间距的喷管—后体阻力低,但在亚声速最大加力时,宽间距的后体,表面面积大,摩擦阻力大,两喷管之间整流处理不好会使阻力增加,因此从阻力观点看,采用窄距较好。

非加力状态超声速巡航时,由于喷管的收缩角很大,喷管与后体的不利干扰最为严重,阻力也很大,虽然比亚声速时阻力稍低,但损失达 20%～30%。根据实验可知,在最佳膨胀比时,喷管内部性能损失只有 1%～3%,绝大部分的性能损失是由于不加力喷管的外部阻力引起的。

以上分析均是针对轴对称喷管进行的。对于单发飞机,轴对称喷管可以令机身外形得到更流线的过渡,所以比非轴对称喷管有更高的推力和减阻性能。对于双发飞机,非轴对称喷管可以和后机身外形进行更好的综合设计,取消两发动机之间整流,消除底部面积。非轴对称喷管在亚声速和跨声速以及加力和非加力状态均比轴对称喷管的要好,特别在跨声速时,非轴对称喷管—后体的推进/气动性能要提高约 17%。

喷管与后体结合处外形将影响阻力。当喷管伸出机体时,喷管与后体结合处采用圆弧或曲线外形可使气流在结合处和缓转折,消除吸力峰值,可使阻力降低 4% C_{Dmin} 左右,因此,保持喷管与后体连接处的外形曲线为光滑流线是非常重要的。

8.3.3 反推力和矢量推力装置

自 20 世纪 80 年代开始对下一代战斗机的性能提出更高的要求,要求设计先进的多功能喷管,即具有推力矢量和反推力功能喷管。

推力矢量是指发动机除为飞机提供前进推力外,还可以提供部分或全部发动机内部推力来代替常规飞机俯仰、偏航、横滚的舵面或其他装置产生的外部气动力来进行飞行控制,即将发动机的推力进行矢量化。采用改变发动机尾喷管喷射角方向来改变推力矢量方向称为内推力矢量;采用在原喷管外加导向板来改变推力方向称为外推力矢量。

1. 采用推力矢量技术的效益

(1) 突破失速障,实现大迎角过失速机动

过失速以后各气动操纵面失去气动力控制飞行的效能,此时利用推力矢量对失速后的飞机进行控制和操纵。

(2) 增强敏捷性和机动性,提高作战效能

利用推力矢量、操纵舵面和机动襟翼对飞机实现直接力控制,从而增强飞机敏捷性和机动性,进行近距格斗和非常规机动,如过失速机动、纯侧滑机动、快速机头瞄准、"眼睛蛇"机动和"柯比特"机动等。

(3) 增加升力

升力增加原因主要有两方面:

① 推力矢量在升力方向的分量使得升力增加。

② 当二维喷管安置在机翼后缘附近时,推力矢量除在升力方向的分量外,还有喷流对升力面干扰所产生的诱导升力。这种有利干扰一部分有利于减少机翼上的分离,作用类似附面层控制,另一部分是对升力面流动的有利影响,类似增大了环量,这种作用有时称之为"超环量"。一般来说,二维喷管的宽高比大,诱导增升的作用也强。在负迎角和小迎角时,矢量推力的增升因子很大,矢量推力产生的总升力为推力在升力方向分量的三倍以上。在迎角 $\alpha \geqslant 3°$ 以后,增升因子趋于常数,接近于 2,即矢量推力诱导升力等于矢量推力升力分量。矢量推力诱导升力是喷流对升力面干扰而产生的,喷口距机翼后缘的距离对矢量推力诱导升力大小有影响,当喷口距机翼后缘无穷远时,矢量推力诱导升力将消失。

(4) 扩大飞行包线

由于矢量推力不但增加升力,并且提供大迎角失速后附加纵向操纵力矩,可以在更低马赫数和更高高度飞行,因此扩大了飞行包线,例如 F—15 飞机安装矢量推力后的 F15S/MTD 扩大空战包线。

（5）提高飞机的隐身性能

从飞机后部看，发动机的排气系统是 RCS（雷达反射面积）的主要贡献部件。影响雷达回波强度的主要因素为喷管和加力燃烧室的空腔大小，以及进入空腔的入口大小和形状。非轴对称喷管有沿视线方向阻挡雷达波作用，而使红外信号具有方向性。另外，非轴对称喷管的喷流截面周边长度大于轴对称喷管的，在喷口侧壁和拐角处由于局部压力梯度可能产生旋涡，因此喷流与更多的外流掺和而降低红外线信号强度。

（6）改善起落性能

采用矢量推力后使起飞着陆滑跑距离缩短，在实现战斗机短距起落要求所付出质量和推力代价最小。如对典型的 3000 m 跑道，采用反推力装置，在干燥气候时着陆滑跑距离可缩短 40％，在潮湿跑道上该值可减少 60％。在结冰跑道上的正常着陆滑跑距离为干燥跑道的 3.2 倍，但采用反推力装置后着陆滑跑距离不变。目前民机的飞行速度不断增加，质量增加，着陆滑跑距离增加，刹车装置不可能将飞机减速，因此大多数旅客机的发动机上都装有反推力装置。

2. 二维矢量推力喷管的参数选择

（1）宽高比

二维喷管的宽度 b 和高度 h 之比称宽高比 $AR = b/h$，宽高比增加会使推力损失加大，但宽高比增加可提高隐身性能、增加矢量推力诱导升力。不同宽高比 AR 在不同迎角时矢量推力诱导升力系数 C_{Lr} 不同。如在 $\alpha = 8° \sim 26°$ 范围内，推力矢量偏角 $\delta_v = 20°$，AR = 27 喷管的 C_{Lr} 比 AR = 3.6 的大 150％，在机翼开始失速时 C_{Lr} 基本保持不变，即使在深失速后仍比小 AR 喷管的高。

（2）二维喷管的偏角 δ_v

二维喷管的偏转角 δ_v 对喷管—机翼—机身组合体的升力、力矩和阻力影响，如升力增量由两部分组成，一是矢量推力的升力分量，二是矢量推力引起机翼的诱导升力，随 δ_v 增加此部分升力比例增加。矢量推力引起的阻力增加也是由两部分组成，一是矢量推力因喷管偏转使水平方向推力损失（相当阻力增加），另一是矢量推力引起诱导升力带来的诱导阻力。矢量推力引起的诱导升力和矢量推力的升力分量均在尾部，会因此引起很大的纵向力矩。而力矩增加又会带来配平阻力增加。矢量推力带来的升力增大是否能够改善飞机的性能则必须与其产生的阻力和力矩一起考虑，只有考虑推力损失的配平极曲线有了改进，矢量推力才能改善飞机的性能。

在飞机上应用矢力推量技术必须具备下列条件：

① 飞机和发动机必须电传操纵，只有采用主动控制技术后，飞机和发动机才能匹配联合工作，充分发挥矢量推力技术特点。

② 要求飞机推重比 $F/G > 1.2$，则发动机的推重比 $F/G_发 \geqslant 10$，其中 F 为发动机推力，G 和 $G_发$ 分别为飞机和发动机重力。

③ 飞机具有一定的操纵稳定性，如 $Ma = 0.1$，$\alpha = 70°$ 时飞机有足够的俯仰、偏航操纵功率。

④ 在低速大迎角、高空或大转弯速度等情况下发动机能正常工作并有控制能力。

由此可见，推力矢量技术应用必须进行飞机—气动—控制—发动机综合设计技术。

8.4 发动机安装

发动机在飞机上布置和安装方案在飞机总体设计时已确定。本节主要从各类发动机特点和安装位置不同等方面介绍发动机安装。发动机在飞机上有多种安装方案,有翼装式、翼下吊挂式、机身内固定式和后机身吊挂式等四种。发动机安装的功用是以合适的安装形式和结构,将发动机安装在飞机上,使发动机在各种使用环境和飞行状态下都能正常工作,并将发动机工作时所发出的推力(或拉力)有效地转变为飞机飞行的动力。

8.4.1 发动机安装基本要求

发动机在飞机上的不同安装方案,其安装要求基本相同,对于机外安装发动机短舱时,短舱与机体或机翼的干扰阻力要小、短舱本身阻力要小,对于机内安装发动机时,进气道和发动机位置要机内其他设备和结构进行空间协调问题。其他主要要求如下:

1. 气动外形和结构方案要求

发动机安装应尽量小地影响机翼气动特性、使引起的附加阻力和干扰阻力最小,与机身、机翼结构协调和传力路线合理,空间布置符合机身外形设计要求。

2. 使用维护要求

对于安装在机身内、外的发动机,可以通过足够数量的可拆卸口盖或整流罩来保证发动机舱的可达性。发动机的安装位置应便于接近,特别是安装高度不能太高,以便维修人员接近与拆装。对于安装在机身内的发动机,应可以通过脱开后机身的方式来解决发动机的更换问题。发动机架装配系统应力求简单,能快速拆卸和更换发动机。

3. 防火要求

所有的发动机、辅助动力装置、燃油、加热器和其他飞行中使用的燃烧装置,如涡轮发动机的燃烧室、涡轮和尾喷管等,都必须用防火墙、隔热罩或者其他相应的耐热装置与短舱或机身的其他结构部分隔开。

防火墙或隔热装置必须保证不使可燃气体、液体或者是火苗从发动机短舱漏进飞机其他部位而造成危害。防火墙和隔热罩上的所有开口,都必须用防火垫圈、衬套或防火密封接头等封严。防火墙及隔热罩均采用耐热和抗腐蚀性能好的材料。

4. 推力轴线要求

发动机推力轴线的位置应尽量减少对飞机操纵安定特性的影响。较理想的情况是发动机推力轴线通过飞机重心。

5. 降噪要求

发动机噪声场的高声压作用,使处于该噪声场的发动机短舱机体结构发生疲劳开裂,即所谓声疲劳。声疲劳引起的结构破坏虽然带有局限性(仅在高声压区域),但结构疲劳扩展会造成其他结构损坏。

6. 抗坠毁要求

发动机短舱与机翼或机身的连接应具有足够的强度以免被甩脱。在起飞和着陆的典型坠落事故中,发动机短舱应能承受撞击的载荷而不易断裂破坏。燃油箱周围的主结构不致变形过大,不会引起任何较为严重的漏油发生。

发动机短舱内的各种设备和线路(易燃的液体管路、电气设备和电缆)的安装,应尽量降低发动机短舱与地面撞击时引起着火的危险性和防止灭火喷嘴损坏和变形。

7. 防振要求

活塞式发动机和涡轮螺旋桨发动机由于螺旋桨的不平衡性以及活塞汽缸引起的不均匀性,产生的加载到固定支架上的振动载荷。因此,必须在发动机与发动机架之间、发动机架与短舱或机体之间安装一种特殊形式的减振装置,以最大限度地降低直至消除振动。

8. 最小质量要求

发动机固定应保证在足够强度的情况下,安装结构的质量最小。

8.4.2　发动机在飞机上的安装

发动机固定到机翼或机身上,需采用专用框架、空间焊接杆系结构及其他能使发动机与飞机机体可靠连接的结构,这些发动机固定结构的形式由发动机型号及其在飞机上的放置的位置来决定。

发动机有 6 个自由度,为解决发动机固定的问题,至少应需要 6 个约束。为提高动力装置的生存性,固定发动机的约束数量可经常增加。这些约束点通常分布在与发动机纵轴垂直的两个平面内,并且发动机主固定接头分布在重心附近,辅助接头可离重心远些。发动机固定件的载荷大,因此使用高强度钢。

1. 发动机固定接头上的载荷

作用到发动机固定接头上的载荷有推力、质量力和反作用力矩,这些载荷的大小和方向与发动机型号、发动机在飞机上放置位置、飞机的机动特性等有关。

此外,还有发动机短舱上气动载荷。当飞机侧滑时产生的侧向气动力可在固定短舱的挂梁构件中引起很大的侧向力。当飞机粗暴着陆、在不平的土跑道上滑行、固定发动机的各部件振动时,作用到发动机上的过载很大,固定接头的载荷也很大。

2. 活塞式发动机的固定

活塞式发动机一般采用发动机架来实现固定。发动机架是一个框架结构,支持并连接发动机至机身或短舱上。发动机架与机体固定接头带有橡胶减震器。发动机架一般采用钢管做成的星形支架,如发动机外面装有一个可拆卸的外罩,则维修人员可以接触到发动机及其附件等各个部分,以便检修。直列式活塞发动机架可以由加强板、焊接钢管或其他材料做成。发动机架往往制成独立单元,以便迅速从支撑结构上拆装、搬运、维修和更换。

3. 涡轮螺旋桨发动机的固定

(1) 翼装发动机的布局

翼装发动机的布置大致可选择翼上安装、翼下安装等几种形式。对于发动机装在机翼上方的翼上布局形式来说,由于发动机位置较高,在起飞着陆时,地面尘土对动力装置的影响小,与机翼的连接简单,不占据襟翼的位置,但对机翼的升力和阻力有不利的影响,检查维护较不方便。此外,翼上布局的发动机短舱可兼作起落架舱用。对于翼下布局形式来说,使用维护方便,但地面尘土对发动机的影响较大。另外,还有翼前安装等其他布局形式。发动机布局应根据不同飞机的不同要求,视情况来做具体选定。

(2) 主要受力构件的布置

一般螺旋桨发动机的安装采用支撑方式,早期发动机尺寸较小在短舱内安装,并有充分的空间安放起落架。发动机通过空间桁架梁固定在短舱上;发动机短舱安装在机翼上。由于螺旋桨的不平衡性,涡轮螺旋桨发动机在其固定接头上也会产生振动载荷,因此,在接头处均装有橡胶减震器,以减少固定接头上的振动载荷,降低结构中的疲劳应力,并可提高机组成员和乘客的舒适度。

4. 涡轮喷气发动机在机翼上的固定

(1) 机翼发动机短舱布局

机翼发动机短舱有三种基本布局形式:翼根埋入式、翼下贴合式和翼下吊挂式。从阻力的特性看,发动机的安装以翼根埋入式的性能最好,几乎不付出或者只付出很小的阻力代价,单发停车时引起的偏航力矩很小。因而在早期的大型飞机中,翼根埋入式是一种很流行的发动机安装形式,如英国的"彗星"号旅客机、"火神"号轰炸机,苏联的图—16 轰炸机等。但这种发动机安装形式破坏了翼根结构受力的整体性,减小机翼载油量,而且发动机靠近机身对安全性不利等。此外,现代大型飞机多采用大推力的涡扇发动机,直径很大,这种发动机安装形式不再适用。

对于发动机短舱头部伸出机翼前缘的翼下贴合式布局,由于机翼前缘附近吸力峰高,压力变化大,干扰阻力最大。此外,短舱截面为圆形(或椭圆形),与机翼结合面为锐角,很容易导致分离。如果将短舱后移,使进气口处于机翼前缘之后,并将短舱改为矩形截面,与机翼下表面成直角相接,这种贴合式后短舱安装能够在机翼下部形成正压,产生有利干扰,提高升阻比。当然,此种机翼发动机短舱布局形式只能在机翼根弦比较长的大型飞机上才能实现。后短舱贴合式经常为大型飞机采用,例如美国的轰炸机 B—1,英法联合研制的超声速运输机"协和"号和苏联的超声速运输机图—144 等。

翼下吊挂式是现代大型民用飞机最常采用的发动机安装形式。这种形式的升力一般比后短舱贴合式的升力要低。但在民用飞机上得到广泛应用最主要的原因是它可以很容易地换装不同型号的发动机。不同航空公司常常采用不同型号的发动机,而且在飞机使用期间,常常有新型先进发动机出现,吊挂式很容易实现发动机的改装。翼下吊挂式便于在后机身开舱门,有利于大型客机旅客登机。此外,这种形式的发动机维护起来也较为方便。

发动机短舱安装在机翼上表面的安装形式也开始得到应用。虽然这种形式与机翼的干扰很复杂,可能导致分离和强激波,但由于飞机设计的特殊要求而得到应用。美国短距起落军用运输机的原型机 YC—14,将发动机短舱以贴合式固定在机翼前上部,主要利用发动机喷流产生高的环流升力,达到短距起落性能。美国的低噪声研究运输机 QSRA 也是采用类似的短舱布局,利用机翼的遮蔽减小发动机对地面的噪声。

虽然机翼上各种发动机短舱布局形式在气动力上可以分出高低,但各种可能的形式都得到采用。这说明一种布局形式的确定要综合考虑各方面的因素,其中最主要是飞机的设计要求和使用维护要求。在飞机气动布局时,要对各种可能的发动机布局形式的优缺点作仔细的分析,以便全面权衡取舍,不能因为一种布局形式暴露出某些缺点就轻易放弃,要分析原因,采取改进措施。下面重点介绍翼吊布局。

(2) 喷气发动机的翼吊布局特点

翼吊布局主要用于亚声速的喷气运输机和轰炸机上。这种布局形式的发动机来流直接,不受飞机其他部件干扰,进气效率高、流场好;发动机、短舱、吊挂的质量与飞行中机翼上的气动载荷方向相反,对机翼起卸载作用,可以降低翼根弯矩、减轻机翼质量;后掠机翼前伸式翼下吊舱有利于防止颤振;通过在吊挂内安装防火墙,可将机翼与发动机有效地隔开、安全性较好;吊舱离机身较远,且短舱声学处理及控制发动机噪声技术较为成熟、方便,能有效地降低传至客舱的噪声;反推力装置的应用相对于其他布局形式更为方便;发动机可达性好,维修检查方便;换装其他型号的发动机较方便。

但是,翼吊布局也有些不容忽视的缺点。吊挂、短舱的存在使机翼无法"干净",设计得不当会在很大程度上影响机翼的气动特性,特别是引起较大的干扰阻力;吊挂的存在影响前缘增升装置的连续性,为克服起飞、着陆时升力面不连续引起的升力损失,要采取专门措施;为避开发动机尾喷流的影响,机翼后缘装置(襟翼、副翼)要做专门处理;发动机停车时偏航力矩较大,为平衡此力矩要求较大的方向舵尺寸或偏度,会增大阻力;对下单翼布局,由于发动机短舱离地较近,在地面开车、滑跑时易吸入异物损坏发动机;起飞、着陆时飞机如有倾侧,短舱易碰地;如要保证足够的离地高度、往往要增加主起落架高度,从而带来质量增加和其他问题。

发动机短舱相对于机翼的布局是否合理,对整个飞机的阻力会产生很大的影响。从翼吊布局飞机的统计数据看,四发飞机的内侧发动机短舱一般位于 $30\%\sim37\%$ 半展长处,外侧发动机一般位于 $55\%\sim67\%$ 半展长处,双发或混合式三发飞机的发动机短舱位于 $33\%\sim38\%$ 半展长处。具体的发动机展向位置应和机翼平面形状、特别是有后缘和(或)前缘延伸的机翼平面形状转折处的位置、前后缘增升装置和副翼、扰流板的布置等统筹考虑而定。展向位置对阻力的影响与具体的短舱、吊挂、短舱与机翼的相对位置以及机翼布局等有密切关系,要根据风洞对比试验的结果而定,难于做出一般性的结论。

发动机短舱相对于机翼的弦向位置包括前伸量 X 和下沉量 Z 两方面,如图 $8-10$ 所示。弦向位置对飞机的气动特性影响很大,NASA 及世界各大飞机公司都做了大量试验研究,得出了各自认为最好的设计准则或经验。大体上,如图 $8-10$ 所示,当 $X/c \geqslant 0.2$ 时,增大 Z/D 值对飞机的阻力影响较小;相反,当 $X/c < 0.2$ 时,则适当减少 Z/D 值的布局,对飞机的阻力影响较小。其中 c 为机翼的弦长,D 为发动机短舱最大直径。

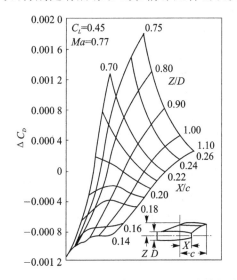

图 8 - 10　吊舱相对机翼位置对飞机阻力的影响

发动机短舱与机翼相对位置的主平面图中发动机短舱轴线相对于顺气流方向的偏角 β,在典型巡航状况下阻力增量 ΔC_D 随发动机短舱轴线偏角 β 有少许影响,在小的负 β(即内偏)时阻力最小,更大的内偏或较小的外偏均使阻力增大。研究表明,短舱轴线内偏 $2°$ 比不内偏或内偏角更大阻力要小。发动机轴线相对于机翼弦线的安装角取决于气动(减少巡航状态安装阻力)和总体(保证进气道唇口最低离地高度、飞机俯仰和倾侧角组合中发动机短舱不碰地等)诸因素的权衡。一般认为,在飞机巡航姿态发动机轴线应该与来流一致以减少阻力,但实际上最小附加阻力发生在小的正迎角时,短舱的存在使升力有所损失,但损失量随迎角变化并不剧烈,而且升力损失最小的迎角与最小阻力迎角基本一致。

(3) 短舱和吊挂的外形设计

翼吊布局短舱外形设计,首先碰到的是采用全外涵短舱还是短外涵短舱的问题。最佳短舱布局取决于风扇涵道比、飞机航程和起飞特性需求、发动机巡航推力与起飞推力比,巡航高度和第二阶段爬升梯度也有一些影响。最终要根据飞机在给定质量下的航程(或直接使用成本,或整个系统的成本)等评定目标来选择。第一代低涵道比涡扇发动机几乎全用长涵道短舱,而高涵道比发动机以短涵道短舱为宜;中等涵道比则各有千秋,要根据各公司的设计经验、试验设备等其他情况综合考虑而定。

与机翼结合部位的短舱外形收缩角 θ_{BT} 对短舱、吊挂与机翼之间的通道气流状况有很大影响。收缩角过大容易产生气流分离;在较高的巡航马赫数下收缩角过小又容易产生气流过渡加速,甚至造成激波使阻力急剧增加。波音公司的经验是短舱收缩角不宜超过 13°,而空客公司推荐范围为 11°~15°。

吊挂外形对短舱与发动机间的干扰有影响。剖面类似普通翼型的吊挂,气流经过吊挂的加速同时会引起机翼下表面气流加速。当吊挂最厚位置与超临界机翼最厚位置重合时,不但引起升力损失,而且其后的逆压梯度将引起分离。因此,如将吊挂表面的曲度减小或做成平面,吊挂最大厚度位置后移与机翼最大厚度错开,或将吊挂后缘伸出机翼后缘,以避免挂架引起气流过度加速都会减小吊挂与机翼的干扰。此外,有适当弯度的吊挂比对称剖面吊挂可使巡航阻力减少 1% 左右。

(4) 吊挂结构及其与机翼的连接

发动机吊挂的设计,应能承受发动机在各种使用情况下产生的载荷,并在保证结构有足够的刚度、强度下尽可能地轻;吊挂的翼型要薄,外形要求严格;结构的生存力强,制造、安装、使用和维护方便。

图 8-11 所示的翼下吊挂结构,基本上是由两个上梁和两个下梁组成的盒式悬臂梁。侧面的两块蒙皮传递垂直的剪切载荷,下面的一块蒙皮承受大部分横向剪切载荷,并用作防火墙。前后托架处的隔框将发动机的载荷传递给吊舱结构,再通过上梁与机翼前梁连接的主接头和隔框把吊舱的载荷传递给下翼面,并利用阻力支柱把下梁的载荷传给翼盒结构下表面。另一种设计方案是向后延长吊挂的盒形结构,使其向后越过机翼前梁,直到后吊挂接头处。这种设计虽然加重了吊挂结构,但减轻了因连接吊挂所增加的翼盒质量,并且消除了下翼面连接区潜在的某些疲劳问题。

发动机吊挂在机翼前梁上的接头承受垂直和横向载荷以及扭矩,并在前梁下方用一个连接接头承受推力载荷,在吊挂后端通过翼盒结构下表面的接头承受垂直载荷和横向载荷。

(5) 吊挂与发动机的连接

吊挂与发动机连接的一种形式是发动机的前安装点(发动机前架)传递前后方向载荷、横向载荷和垂直载荷,后支座(发动机后架)能传递横向载荷、垂直载荷和扭矩,如图 8-12 所示。

5. 涡轮喷气发动机在后机身上的固定

对于战斗机而言,涡轮喷气发动机一般均安装在机身内的固定,在机身结构一节中已经作了

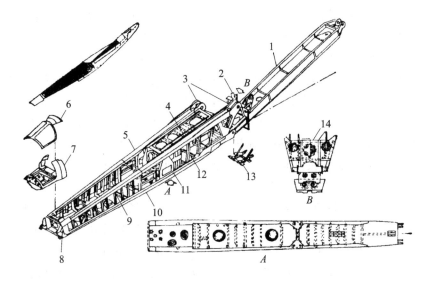

1—阻力支柱；2—隔框；3—机翼吊挂主接头；4—上肋；5—上梁；6—检修舱口；7—系统接口舱；
8—发动机前托架隔框；9—下肋；10—下梁；11—发动机后托架隔框；12—框架；13—加强件

图 8 - 11　L—1011 飞机的吊挂结构

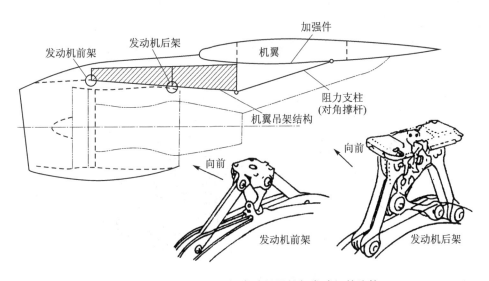

图 8 - 12　L—1011 飞机发动机吊舱与发动机的连接

介绍，具体内容见第 4.3 节。将发动机安装在机身尾部是亚声速喷气客机的常规布局之一，三种典型的发动机短舱布局形式中，发动机安装在后机身两侧的布局在旅客机中最为典型常用。

　　为了改善 T 形尾翼发动机短舱布局的大迎角纵向力矩特性，短舱相对于机身的位置应前移，这有利于避开大迎角时短舱涡流对平尾的有害干扰。但是，适航规章要求，当涡轮盘及叶片损坏后一旦穿透短舱，决不能打到机身的密封客舱内。这项要求在总体布置上体现为首级涡轮转子叶片以向前 5°的角度甩出时不能碰到机身后气密舱的球面承压框。由此决定了尾吊布局短舱的最前位置。为了同时保证这两种要求，导致了后机身的加长，使短舱与机翼间的相对距离也增大（但短舱与尾翼的相对位置不变，这样可以尽量减少大迎角时短舱对平尾区涡流场的改变，又不影响原有的力矩特性）。这一距离的增大，有利于大迎角时机翼的洗流和短舱与吊挂的涡流在平尾区的叉开,从而改善了深失速状态下的力矩特性。例如,这一距离 DC—9—30 比 DC—9—10 加长了 1.6 m,前者的大迎角力矩特性有了明显的改善。

尾吊发动机短舱的安装设计主要是考虑尽可能获取最大的气动效益和减少不利的影响。短舱的侧向位置,主要是要考虑发动机短舱、吊挂和机身间的干扰阻力。这种干扰阻力主要产生在机身和短舱间吊挂的下部收缩扩散流道内,它们是由于扩散段附面层分离、高速时因流道内达到声速所产生的波阻以及激波诱导附面层分离所产生的阻力。这些干扰阻力与机身、吊挂和短舱三者外形间的协调以及流道的面积变化关系较大。MD—82飞机设计时采取的主要措施有,通过试验选取短舱和机身间的最佳最小距离(即吊挂的最小宽度),MD—82吊挂最小宽度为 315 mm。

发动机短舱的俯仰安装角,主要考虑巡航状态机翼下洗场中进气道唇口应基本对准来流方向,以提高巡航时的进气效率,减少唇口分离损失。因此,该安装角应根据在高速巡航条件下机翼在发动机短舱处所产生的下洗以及机身对该区域的下洗来确定。

为了降低单发停车造成的偏航力矩,设计上通常将短舱轴线向内(即尾部向外)偏一角度,以减少发动机推力线与重心间的力臂。但有时为了达到另外的设计目的,可使这一角度设计成相反的方向,即短舱尾部向内。例如,MD—82飞机为了降低单发停车状态下方向舵在正常操作情况下的操纵力、增加机身尾部附面层内的压强、减少机身底部的阻力,发动机短舱轴线向外偏 1°(DC—9—30 为 2°)。

发动机与机身(或吊挂)的连接及其结构形式如图 8-13 所示。每台发动机都通过三个支

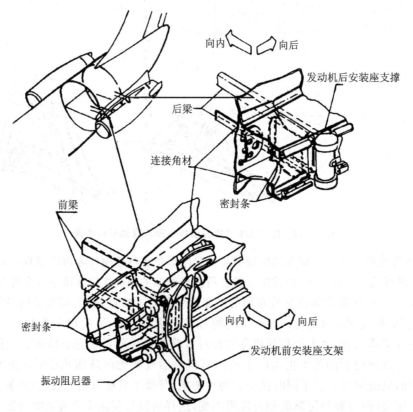

图 8-13 侧装式发动机在后机身的安装

点与发动机吊挂的前后梁相连接。发动机安装平面分为前安装面(压气机中间机匣安装平面)和后安装平面(涡轮机匣安装平面)。发动机前安装支架上有两个锥孔为主安装点(前安装点)连接孔,锥孔内装有减振器;发动机后安装点支撑上的锥孔为辅助安装点连接孔,锥孔内也装有减振器。为了更有效地阻止发动机振动向吊挂结构的传递,安装点上还设计布置有振动阻尼器。

8.5　燃油系统

8.5.1　燃油系统设计要求

1. 飞机燃油系统的特点

现代飞机的燃油系统有以下特点:

① 载油量增大:由于载油量的不断增大,使得载油量和可贮油空间的矛盾越来越突出,因此目前多采用整体油箱来解决上述矛盾。整体油箱不但减轻了飞机质量,还便于维修。

② 供油安全性:为了增加供油安全性,通常一个油箱安装两个增压泵,采用双泵制和多余度设计。

③ 避免死油:燃油中含有水分,会集聚在油箱底部,水中含有微生物,对油箱有腐蚀作用,所以目前多用引射泵,在供油时不断抽吸油箱底部的含水燃油。

④ 压力加油:这种加油方法是利用地面动力源,通过飞机的专门加油接头将油压入,该方法既节省人力,又能缩短加油时间。

⑤ 通气装置:为了保证加油、抽油和供油工作正常,避免损坏油箱,在燃油系统中要设置通气装置。

⑥ 应急放油系统:如果飞机的最大起飞质量在最大着陆质量的105%以上,为了保证紧急降落安全,应设置空中应急放油系统,放油到最大着陆质量为止。

飞机的燃油系统中,油箱的数目较多,管路比较复杂。飞机在飞行中燃油大量消耗,而油箱又难以全部安装在飞机重心附近,所以在燃油过程中飞机重心可能会发生显著移动,对飞机的平衡会产生较大的影响。

2. 燃油系统的设计要求

飞机燃油系统的功用是储存燃油,并保证在规定的任何状态(如各种飞行高度、飞行姿态)下,均能按发动机所要求的压力和流量向发动机持续不间断地供油。此外,燃油系统还可以完成冷却飞机的其他系统、平衡飞机、保持飞机重心于规定的范围内等附加功能。

燃油系统的总体设计要求如下:

① 燃油系统应保证飞机在允许的各种地面和飞行条件下,不间断地、有效地向发动机供油。

② 在所有规定的装载情况和飞行状态下,燃油系统应以最简单的用油顺序保证从满油到油尽时的重心不超过飞机重心要求的范围;燃油的输送和管理应是自动的,同时应具有手控能力。

③ 所有燃油箱在地面应能用重力加油和压力加油两种方法加满燃油;所有燃油箱在地面

应能完全地排放出燃油。

④ 所有的机内油箱和机外油箱中的总燃油量均应能进行测量和指示,供油箱的油量应能进行单独测量和指示。

⑤ 在驾驶舱应能实时了解燃油的消耗状况。

燃油系统除了以上基本要求外,还要满足工作可靠、寿命长、防火安全、质量轻、外廓尺寸小、结构简单、维护修理方便、控制精确和生产工艺性好等一般要求。

8.5.2 燃油系统原理图

现代飞机尤其是超声速飞机的燃油系统,是由大量的相互联系着的分系统组成的一个复杂的整体。这些分系统主要包括:燃油箱分系统、供油和输油分系统、通气增压分系统、地面加油和放油分系统、空中加油和应急放油分系统、油量测量指示分系统、惰性气体及抑爆分系统、散热器燃油的输送及回油分系统等。在燃油系统内部,以及燃油系统与飞机其他系统之间有着大量的功能及结构联系。在设计过程中,要求对各种不同的系统原理图及设计方案进行研究和分析比较,并采取折中方案,以得到一个合理的优化设计方案。

在初步设计阶段,就要拟定燃油系统原理图。原理图应反映出燃油系统内部、以及燃油系统与飞机其他系统之间的功能及结构联系,如油箱组成及位置、燃油输送方式、燃油控制顺序、油箱增压通气、加油和放油系统、倒飞装置以及相应的管路和附件等。

在设计燃油系统原理图时首先要根据总体设计要求确定选用几套燃油系统协调工作,比如,有两台发动机的飞机可选用左、右发动机供油,并在燃油系统的管路上装有连通开关,因此,当某一系统或发动机发生故障时,只要把连通开关打开,就可以由一个燃油系统同时向左、右发动机供油,或者由两个燃油系统同时向一个发动机供油。

燃油系统原理图的设计应从以下几个方面考虑:

1. 燃油箱的布置

首先根据飞机的型别、结构和受热状况确定油箱类型,即确定是采用整体油箱、软油箱、独立油箱或副油箱,并根据供油需要将油箱分组,如可把油箱划分成主油箱、备用油箱和机翼整体油箱等,然后再确定各个油箱在飞机上的位置。

飞机上燃油的质量约为飞机起飞质量的 30%～60%(在没有燃油的情况下,燃油系统总质量一般占飞机总质量的 2% 左右),随着飞机质量的增加,所需燃油量也越来越大,对飞机燃油的布置也越来越困难。为了充分利用机翼的内部容积,现在大部分飞机都采用机翼整体油箱结构。运输机机翼厚度比较大,油箱通常都对称地安装在机翼内。在燃油消耗过程中,燃油对称地按顺序输送,因此飞机重心位置的移动量较小。另外,在飞机飞行时,由于燃油的重力与飞机升力方向相反,因此还可以使机翼部分卸载,减轻机翼结构的受力。

在歼击机上,由于机翼结构的容积较小,大量的燃油是配置在机身里面的。机身油箱相对较高,能充分地用完燃油。小型薄机翼飞机,油箱也通常安置在飞机机身内,为了减小燃油消耗对飞机重心的影响,油箱应尽量安置在机身的中部。

歼击机和轰炸机等机种为了增大航程可以在机外悬挂副油箱,副油箱的燃油用完,或虽未用完,但在战术需要时可以操纵抛弃。后掠角较大的飞机,副油箱一般设置在机身或机翼的下面;后掠角较小的飞机副油箱通常装在机翼的翼尖部位。

现代喷气飞机的用油量很大,油箱较多,输油管路比较复杂,一般把油箱串联和并联起来组成一个油路系统。机动性较好的飞机,通常在靠近发动机处有一个直接与它相连的消耗油箱,其他油箱的油先用泵送到消耗油箱,然后再从这里送到发动机。这种输油方法从消耗油箱到发动机的管路较短,当飞机作机动(特技)飞行时,燃油的惯性力对输油所造成的不良影响不太大。

图 8 - 14 所示为米格—21 燃油系统的设计原理图,它具有现代各种用途飞机燃油系统所

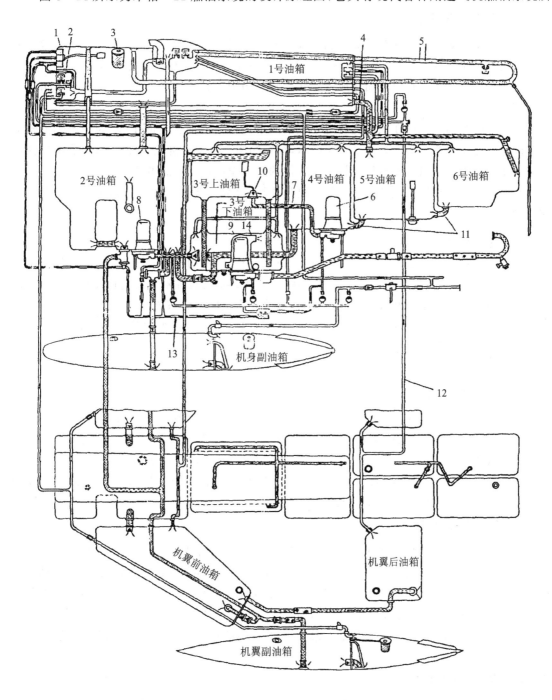

图 8 - 14　米格—21 燃油系统原理图

具有的主要分系统和附件。该机机身内设有6个油箱,分成三组:3号油箱为供油箱(消耗油箱),1、2号油箱为前组,4、5、6号油箱为后组。机翼内有4个整体油箱(2个机翼前油箱和2个机翼后油箱)。另外还有1个机身副油箱和2个机翼副油箱。图中11是油箱连通管,10是单向活门。

2. 通气增压系统

通气系统应确保所有油箱及油箱舱与大气相通,这样在所有机动飞行期间能防止过大的压力作用于油箱的内、外壁。燃油系统的通气管应最终与各个油箱的通气口相连,通气管路设计时要避免各组油箱互相串联而造成的相互影响。图中5是通气管,它保证了各个油箱都与大气相通。

增压系统是为了保证在大高度状态下燃油泵不出现空穴而稳定的工作,为此给燃油施加一定的压力是十分必要的。如图8-14所示,油箱的增压由发动机压气机提供,机翼整体油箱和副油箱的燃油靠来自发动机压气机增压气体的压力输送到2号油箱,图中的12是由发动机压气机向油箱输送加压空气的增压导管。机身油箱、机翼油箱和副油箱的增压压力由限流孔和安全活门来保持其规定值。

3. 供油系统

发动机供油系统由燃油管、油泵和阀门等组成,用于向发动机分配燃油。每组油箱都配有相应的供油泵,用于提供燃油传输所需要的压力,并将燃油通过输油管路输往发动机。每个供压泵都有自己各自的电门和独立的电路控制,以确保当其中一套系统出现故障时,不影响发动机的工作。图8-14中的8、6为两个供油泵,它们将燃油从前、后组油箱输送到3号油箱;再由3号油箱的供油泵9供给发动机。另外,在3号油箱,即供油箱中还备有倒飞活门14,保证飞机作负过载飞行时,发动机仍能正常工作。

4. 输油控制系统

输油控制系统由管路及附件组成。它主要靠相应的活门自动控制,保证各油箱按给定的耗油顺序输油,以便满足飞机重心位置变化的要求。发动机启动后,根据预先设定好的输油顺序首先消耗第一组油箱的燃油,当燃油消耗到一定程度后,再由控制活门顺序打开其他组油箱的供油泵,消耗其他油箱的燃油。图8-14中的输油控制部分由输油控制导管13、通气安全活门2和各油箱专用浮子活门1组成。

5. 压力加油系统

压力加油系统是使燃油在压力作用下,经过系统的管路和阀门分配到各油箱。设计时要根据油箱的位置和飞机的结构确定加油方式、油箱加油顺序和加油口位置,并设计好各油箱之间的加油管路。飞机的每个翼面上一般都有压力加油间和重力加油口,在每个油箱内都装有加油油面控制阀,当燃油达到最大容量时,自动停止加油。在图8-14中,机身1号油箱上设有可以在重力加油方式下为油箱加油的总加油口3;副油箱的加油需单独进行,4是给燃油箱加油的导管;7是输油导管。

6. 应急放油系统

应急放油系统由燃油管路、阀门、放油套管及套管操纵机构组成。设计放油系统时要安排好放油管路和放油套管的位置,以及放油顺序。一般每边机翼各有一根可收放的放油套管,以供应急放油使用。当所有放油阀都打开时,除了预定的应急供油外,其余所有燃油都应放出机体外。

8.5.3　燃油系统主要分系统

1. 发动机供油和输油系统

(1) 供油和输油系统设计要求

供油和输油分系统由油泵、管路、控制阀和信号器等组成。常用的油泵有离心式叶片泵和喷射泵。供油和输油分系统的设计要求如下:

① 供输油泵的压力流量特性,要根据油泵的位置、供输油管路特性、惯性阻力和燃油的饱和蒸汽压来确定,以满足发动机所需的燃油流量和压力或输油流量要求。油泵的功率需根据供输油的流量和压力及泵的效率通过计算确定。

② 供油系统应保证在地面和各种飞行条件下,不间断且有效地向发动机供油。

③ 超声速飞机在长距离超声速飞行中,燃油应可用来冷却无线电电子装置及其他装置。

④ 单发动机飞机的供油系统应提供除用于冷却和燃油驱动附件所需的流量外,还应提供发动机在最大燃油消耗率下的流量。双发动机或多发动机飞机的供油系统应提供交叉供油所需要的最大流量。

⑤ 发动机燃油进口的流量和压力决定发动机的性能,在供油管路上应设低压警告系统。

⑥ 应具有零和负过载下的供油能力,战斗机在全油门状态保持负过载的飞行时间一般要求为 $3\sim10$ s,在部分油门状态则可为 $15\sim30$ s。

⑦ 供油系统在丧失动力(泵或增压动力)的情况下,要考虑抽吸供油能力。

⑧ 为了在地面维护和飞行中应急切断发动机的供油,在供油管路上应设关断开关。

(2) 发动机供油系统

发动机供油系统是由燃油箱及发动机的数量及其在飞机上的配置来确定的。

在单发动机或某些双发动机的飞机上,常采用由一个消耗油箱供油的系统。在图 8-15(a)所示的系统中,发动机由一个增压泵来供油。安装在发动机前的封闭开关,是供发动机供油时防火用的,或者在更换发动机时,供密封导管之用。

由其他油箱向消耗油箱输油,可用输油泵或在气体压力作用下来实现。当燃油箱位于发动机油泵之上、飞机飞行高度不大和对发动机的供油量较小时,可采用重力供油的方法。

当发动机分散布置时,通常采用几个消耗油箱的供油系统,其中每个消耗油箱只保证向一个发动机供油,或保证向一组发动机供油,如图 8-15(b)所示。在这种系统中,装有带连通开关 8 的连通管路,当其中一个消耗油箱发生故障时,任意一个发动机的供油仍可得到保证。

机动性较高的飞机的消耗油箱数目应尽量少一些,因为要在负载荷或失重状态下保证发动机供油,就得在每条增压管路上采用专门的设备或蓄压油箱,这就明显地增加了结构质量。

设计发动机供油系统时的主要问题是,保证燃油系统的高空性和在负载荷以及失重状态下向发动机不间断地供油。为此,需要确定增压泵(如图 8-15(a)中的 2 和图 8-15(b)中的 7)的增压压力。

为了保证在各种飞行状态下连续地向发动机供油,增压泵所需的增压压力 Δp_H 与发动机所需供油量 Q 之间的关系应满足:

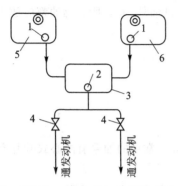 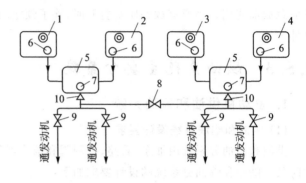

1—转输泵；2—增压泵；3—消耗油箱；　　　　1,2,3,4—1,2,3,4号油箱；5—消耗油箱；6—输油泵；
4—封闭开关；5—1号油箱；6—2号油箱　　　　7—增压泵；8—连通开关；9—封闭开关；10—单向活门

(a) 一个消耗油箱的供油系统　　　　　　　　　(b) 两个消耗油箱的供油系统

图 8 - 15　消耗油箱的供油系统

$$\Delta p_H = \frac{\rho Q^2}{2f^2}(1 + \sum \xi) - p_H + p_{\min} + \Delta p_K \pm \Delta p_g - \Delta p_s - y\rho g \qquad (8-22)$$

式中，ρ 为燃油密度；

　　　f 为连接消耗油箱和发动机导管的截面面积；

　　　$\sum \xi$ 为整个管路流动阻力系数的总和，可由实验方法和查手册确定；

　　　p_H 为与高度 H 对应的大气压力；

　　　$p_{\min}$ 为发动机离心泵的最小允许压力；

　　　Δp_K 为离心泵防汽蚀的压力储备；

　　　Δp_g 为连接增压泵和离心泵管道中的惯性压力损失，$\Delta p_g = \rho g n l$，其中，g 为重力加速度，n 为过载系数，l 管道长度；

　　　Δp_s 为油箱的剩余压力；

　　　$y\rho g$ 为油箱中的油柱压力，其中 y 为油面高度。

由式(8 - 22)即可根据发动机所需的流量求出增压泵的增压压力。

(3) 燃油输送系统

飞机的燃油输送系统一般包括主输油部分、辅助输油部分和平衡输油部分。主输油部分是把燃油由分散配置在飞机各处的顺序油箱经过导管输向消耗油箱，然后再输往发动机用油部分。辅助输油部分是保证用完导管和油箱中的剩余燃油。平衡输油部分是用来保证飞机所必需的平衡力矩。

1) 输油方式

在飞机用油过程中，为了保证飞机的平衡和安定性要求，飞机重心位置的变化应在规定的范围之内，因此要有严格的用油顺序，其主要的输油方式有以下三种：

① 顺序输油

这种方法是把配置在各处的顺序油箱按一定的先后顺序使用，即先用某个油箱的部分或全部燃油，然后再用另一个油箱的全部或部分燃油，并依次排好用油顺序。用油顺序可以由人工操纵，也可以用自动控制来保证。

② 比例输油

比例输油是指系统中所有油箱或部分分散配置的油箱同时输油,各部分的输油量按一定比例关系(如 1∶1 或 2∶1 输送,输油比例由均流器或比例输油器来保证)。

当油箱与飞机重心对称布置时,为了使飞机重心不变,应当在保持前、后油箱耗油量相等的情况下进行耗油,同时,每个油箱的耗油量应与发动机的耗油量成比,即

$$W_\circ = \frac{n_1 W_e}{n_2} \qquad\qquad (8-23)$$

式中,$W_\circ$ 为每个油箱的耗油量;

$\quad W_e$ 为发动机的耗油量;

$\quad n_1$ 为由一个消耗油箱供油的发动机的数目;

$\quad n_2$ 为向一个消耗油箱同时输油的油箱数目。

当燃油相对于飞机重心成非对称布置时,燃油的消耗可按以下规律连续不断地成比例地进行,即

$$W_{o1} = \frac{x_2}{x_1} W_{o2} \quad 或 \quad W_{o1} = \frac{V_1}{V_2} W_{o2} \qquad\qquad (8-24)$$

式中,W_{o1} 和 W_{o2} 分别为前、后油箱的耗油量;

$\quad x_1$ 和 x_2 分别为前、后油箱距飞机重心的距离;

$\quad V_1$ 和 V_2 分别为前、后油箱的燃油容积。

③ 平衡输油

对于亚声速运输机,耗油重心的允许变化范围限制在平均气动翼弦的 5%～7%,而歼击机则限制在平均气动翼弦的 1.5%～3% 之内。飞机在飞行过程中,可通过输油顺序调节系统自动保持所需重心的变化。对于超声速飞机,在跨声速和超声速的过渡飞行阶段,飞机的焦点变化较大,为使飞机有更好的飞行性能,可使飞机的重心位置作相应的变化,平衡输油就是改善飞机重心位置的一种输油方式。为此,要在飞机上设置专门的平衡油箱和油泵等附件。如图 8-16 所示为协和号飞机的平衡输油原理,当进入超声速飞行时,平衡燃油被输到后油箱,当进入亚声速飞行时,后油箱中的燃油可输到前油箱或中油箱,在长时间巡航飞行时,也可将前油箱的燃油转输到中油箱中已被发动机消耗的部分燃油容积处。

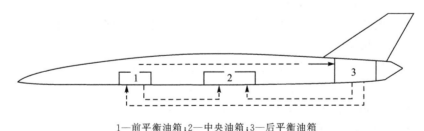

1—前平衡油箱;2—中央油箱;3—后平衡油箱

图 8-16 平衡输油原理

2) 输油动力

燃料供给系统输油的动力有燃料重力、油泵和压缩气体三种形式。

① 重力输油

重力输油是早期飞机曾采用的输油方式,它是将油箱安装得高一些,让燃料依靠本身的重

力自动向下流出。这种方式结构简单,但在飞机做机动飞行产生负向过载时(如倒飞)无法保证供油,因此不适应现代飞机的需要。

② 油泵输油

油泵输油是最常采用的一种输油方式,它工作可靠,便于实施自动控制,因此被广泛应用。飞机燃油系统中所使用的油泵,应在压力不太高(不大于 $2\sim3$ 个大气压)和进口增压不太大的情况下,能保证 $0.3\sim100\ \mathrm{m^3/h}$ 甚至更大的燃油流量。由于容积泵(齿轮泵、柱塞泵)在同样质量和外形尺寸的情况下,流量和转速比叶片泵小,因此,在燃油系统中通常采用叶片泵。但叶片泵的效率较低,低转速时压力低,对抗汽蚀性能要求高,调节性能较差。叶片泵可分为离心泵和轴流泵,且以离心泵应用较多。

③ 压缩气体输油

压缩气体输油是将具有一定压力的压缩气体通入密闭的油箱,把燃油从油箱中压出。压缩气体通常来自发动机的压气机或发动机的废气,以及灌装在气瓶里的二氧化碳或氮气。采用压气机增压,当空气消耗量很大时,会使发动机功率大大降低;若采用二氧化碳或氮气输油,则需要较大的气瓶和相应的其他设备,结构比较复杂,质量也较大。因此,压缩气体输油也有一定的局限性。

2. 油箱通气增压系统

(1) 通气增压系统设计要求

在燃油不断消耗的过程中,油箱中空出来的空间需要用空气或其他气体来填充,否则,油面上的气压就会越来越小,当管路中燃油的压力随大气压力降低到一定程度时,发动机燃油泵就会产生空隙现象,供油量将大大减小,严重时会损坏油箱,致使供油中断,甚至空中停车。燃油系统的这种特性称为空隙特性。由于它一般发生在高空,因此又叫燃油系统的高空性。燃油系统中的增压通气系统就是为了使油箱内油面上的气压大于外界气压,保证飞机在各种飞行状态下正常向发动机供油,并防止薄壁外壳油箱变形和结构损坏的系统。

通气增压分系统由调压装置和管路组成,设计要求如下:

① 通气管路的设计与布置应考虑发动机的耗油量、输油箱的输油量、加油时的加油量、飞行过程高度速度变化、空气进入油箱的最大流量、输油系统及加油系统失效后的排油能力等因素。通气系统的布置应防止各组油箱互相串通。

② 增压系统应设置一个独立的主泄压装置和副泄压装置,以防止油箱超压而破坏。

(2) 通气系统的组成

通气系统由冲压通气口、通气管、通气浮子活门、通气油箱和余油管等组成。

通气油箱位于翼尖处,不专门装油,主要用于安置通气口和连接通气管。通气口多为埋式,位于翼尖通气油箱下表面,如图 8-17 所示,其工作原理是利用空气冲压来提高油箱内油面的压力。由于采用埋式结构,机翼气动外形好,飞行阻力小,冲压平稳。

通气浮子活门是控制外界大气与油箱内空气连通的附件,外界大气从通气口进入通气油箱后,再经通气导管和通气浮子活门进入燃油箱。如图 8-18 所示为通气浮子活门,其作用是当油面达到一定高度时,浮子浮起,使活门关断。

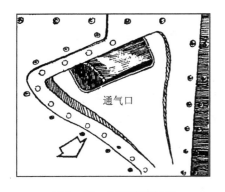

图 8 - 17　燃油箱通气口

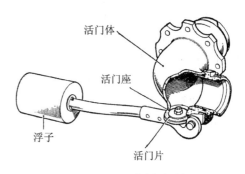

图 8 - 18　通气浮子活门

(3) 燃油通气装置的形式

燃油通气装置有开式和闭式两种形式。

1) 开式通气装置

油箱与大气直接相通的通气装置叫开式通气装置,如图 8 - 19 所示。该通气装置是一根从油箱接出来的通气管,通到通气油箱的通气口处,最后与大气相通。采用开式通气装置的油箱,当飞行高度增加到一定程度时,由于大气密度很小,油面上的气压便不能保证燃油供给系统可靠地向发动机供油,所以此种通气装置一般只能用于升限较低的飞机上。

2) 闭式通气装置(增压通气装置)

在飞机升限较高时,一般采用闭式通气装置,如图 8 - 20 所示。闭式通气装置的油箱不与大气相通,而把来自发动机压气机或气瓶中的压缩气体通过增压通气管引入油箱,对其进行增压,从而提高油箱内油面上的气压。油箱内油面上的气压由装在管路中的安全活门控制。当油面上的气压大于外界气压一定数值时,安全活门即被顶开放气,以免油箱因压力过大而爆破。在飞机急剧俯冲,外界气压迅速增大时,为了引入部分外界空气,使油箱不致被压坏,一般还通过一个单向活门与通气管相连。

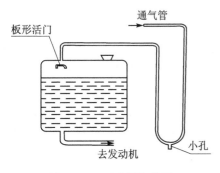

图 8 - 19　开式通气装置

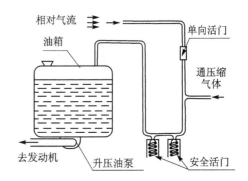

图 8 - 20　闭式通气装置

在燃油系统中,机身油箱往往不止一个,如果每个油箱都单独设置增压空气的通气管路,则各油箱内油面上的气压可能不相等,从而造成各油箱输油不均匀,影响飞机平衡。在这种情况下,机身上各油箱的通气管都是相通的,它们从一个共同的通气总管引入增压空气,油箱内的增压压力由同一个增压安全活门来控制。由于机身油箱大都采用金属硬油箱或橡胶软油箱,因此,油箱内的气压不宜过大,通常控制在 0.02 MPa 左右。

在某些顺序油箱或某些不宜安装油泵而靠增压气体来输送燃油的燃油系统中,可采用严格规定压力差的组合式增压系统。它通过合理地选用减压阀、通气嘴、安全活门、单向活门等来控制各油箱的压力差。在图 8 - 21 所示的增压系统中,油箱 10 是首先被消耗的油箱,它可以利用压缩气体将燃油从油箱 10 压入油箱 3,因此通气嘴 6 和 7 之间必须保持一定的压力差。由于油箱 10 内的燃油大量消耗,通气嘴 6 应比通气嘴 7 具有较小的流体阻力,以补充油箱 10 消耗的压缩气体。

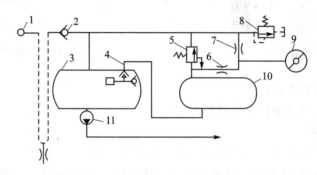

1—空气接收器;2—单向活门;3—消耗油箱;4—活门;5—增压安全活门;6、7—通气嘴;
8—整个系统的安全活门;9—压缩空气源;10—首先被消耗的油箱;11—增压泵

图 8 - 21　具有安全活门和通气嘴的组合式增压系统

当油箱 10 内的压力增大到高于允许的正常值时,安全活门 5 打开,并保持着油箱之间的设计增压压差。油箱 10 中的燃油一旦用完,油箱 3 中的油位便开始下降,在此瞬间,活门 4(浮子式活门)打开,增压空气则向整个系统供气,并控制油箱 3 中的燃油供给。

为了保证燃油系统的正常供油,油箱增压系统所提供的压力应不小于式(8 - 22)所要求的增压压力。

3. 加油和放油系统

(1) 加油和放油系统设计要求

飞机燃油系统的加油方式分为敞开式加油、地面压力加油和空中加油三种形式。敞开式加油也叫重力加油,是在油箱上部的加油口加油,这种方式简单可靠,但加油时间较长,且麻烦费力,通常作为加油的辅助方式。空中加油能提高飞机起飞时的有效载荷、增加航程,但飞机增加了辅助加油设备,飞行员也必须要进行专门的空中加油训练,费用较高。现代飞机应用最多的还是地面压力加油方法,压力加油是利用地面动力源,从飞机的专门加油口密封而迅速地将油压入到各组油箱中去。这种加油方法既省人又省力,加油时间又短,安全可靠,因此得到了广泛的应用。

地面加油和放油分系统由加油口、控制阀、通气阀、信号器和管路等组成。地面加油和放油系统的具体设计要求如下:

① 机上重力加油口的位置应根据油箱的连通情况选择合理的位置。

② 地面压力加油的压力取决于加油车的性能,通常加油压力为 0.343 MPa±0.034 MPa。

③ 加油系统应具有向任何一个(或一组)油箱加油或不加油的能力。当有多点加油口时,应具有单点向全机加油的能力。

④ 压力加油系统应设置两套独立的自动切断加油的加油控制装置；当一套控制装置失效时,仍能正常加油。

⑤ 飞机的放油是根据飞行任务及燃油系统维护工作的需要而设计的。一般利用机上的供油泵、输油泵与地面放油设备结合进行。

(2) 压力加油设备

地面压力加油设备通常包括压力加油接头、压力加油总管、压力加油活门、浮子电门、浮子安全活门、放沉淀活门、压力加油操纵及指示板等附件。

压力加油接头通常装在机翼前缘或起落架舱内,并装在比较容易接近的部位。压力加油接头是用于地面加油车向飞机燃油系统压力加油的自封接头。当地面加油车油泵工作时,压力油顶开接头内的活门及弹簧,即可向飞机加油。如图 8 - 22 所示为波音 747—400 飞机的加油系统布置图。

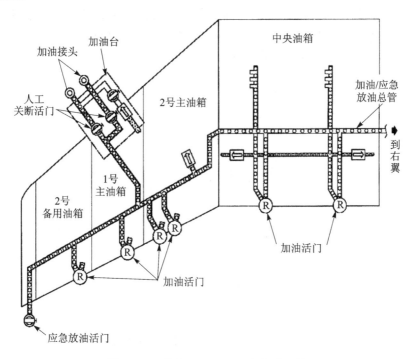

图 8 - 22　波音 747 - 400 飞机加油系统

压力加油活门由薄膜、活门板、电磁活门和限流孔等组成。需要加油时,接通所要加油油箱的电磁活门。加油车来的压力油,从加油接头进入,流过限流孔,经薄膜和电磁活门流至出口,并将活门板顶开,使燃油流入所需要加油的油箱内。

浮子电门的功用是当油箱加满油后,浮子电门工作,使加油活门线圈断电,加油活门自动关闭。浮子安全活门用于在压力加油时,如果油箱内燃油量已达到规定值,而压力加油活门由于某种原因不能关闭,则当油面继续升高到一定高度时,浮子安全活门自动关闭加油口,以免损坏油箱。

放沉淀活门位于油箱较低部位,用于排放油箱内的沉淀物和水分以及剩余燃油。

压力加油操纵及指示板位于压力加油口附近,其上设有油量选择旋钮、油量表、总电源电门等。加油时首先打开总电源电门,接通电源,转动油量选择旋钮,当油量表指到所加油量时,浮子电门断开加油活门,完成加油工作。

(3) 放油设备

1) 地面放油设备

维护工作中,常常需要从燃油系统中放出沉淀物,有时还需要放出部分或全部燃油。因此,燃油系统中设有地面放油设备。

地面放油设备包括放油开关、放油螺塞、放沉淀物的开关等。一般飞机在通往发动机的总输油管路上设有放油开关,用来放掉机身油箱内的燃油。在各个油箱的下部设有放油开关,用来放掉各油箱内的燃油。机翼油箱内的燃油可拧开其底部的放油螺塞放掉。燃油系统各油泵的下部或两个油箱之间的连通管下部还设有放沉淀物的开关。

2) 空中应急放油设备

现代飞机的起飞质量比着陆质量大得多,如果起飞后即发生故障或由于其他原因而必须马上着陆,此时飞机的燃油消耗还很少,着陆质量会大大超过规定值。另外,飞机带着燃油强迫着陆也比较危险。为了保证飞机能安全着陆,有些飞机上装有空中应急放油设备。如图 8-23 所示是波音 777 飞机的应急放油系统布置图。

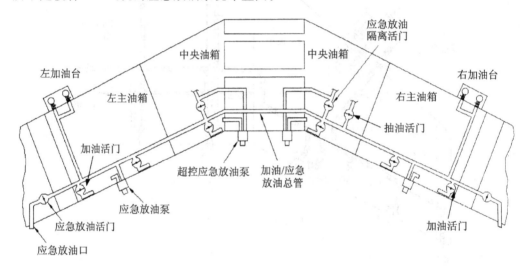

图 8-23 波音 777 飞机应急放油系统

在装有空中应急放油设备的飞机上,飞机的座舱仪表板上装有应急放油电门,它可以通过发动机加力燃油泵,经安装在发动机上的应急放油附件从尾喷口进行应急放油。

4. 飞机燃油指示系统

燃油指示系统可用来随时反映飞机的用油情况和剩余油量,以便驾驶员确定飞机在空中的飞行时间和动作。对地面维护人员来说,可以通过燃油指示情况来判断燃油系统的工作是否正常。飞机燃油指示系统由燃油量指示系统、燃油低压指示系统、燃油温度指示系统及油尺等组成。

(1) 燃油量指示系统

燃油量指示系统的功用是在驾驶舱内或加油处显示燃油量并控制压力加油。整个系统由油量选择器、油量显示器、油量传感器和补偿传感器等组成。如图 8-24 所示为某运输机燃油量指示系统。整个系统由一套标准电子模块(SEM)、座舱燃油量显示器(CDU)、油量选择显示装置(LSDU),电容式油量传感器、补偿传感器和故障隔离探测器组成。全机共有 22 根油量传感器(中央翼油箱内 6 根,左、右主油箱内各 8 根)、3 根补偿传感器(左、右主油箱,中央翼油箱内各 1 根)。SEM 是一台信号处理机,用来接受来自各油箱内的油量信号,并进行处理,使油量信息以数字形式显示在驾驶舱内的 CDU 上和加油控制板处的 LSDU 上,微处理机具有自动监控所有测量功能的能力,在发生故障时它将显示受影响的油箱,燃后选用备份通道,恢复正常动作。CDU 是一套固态电路装置,受 SEM 控制,提供各油箱油量,总油量和飞机总重的数字显示。

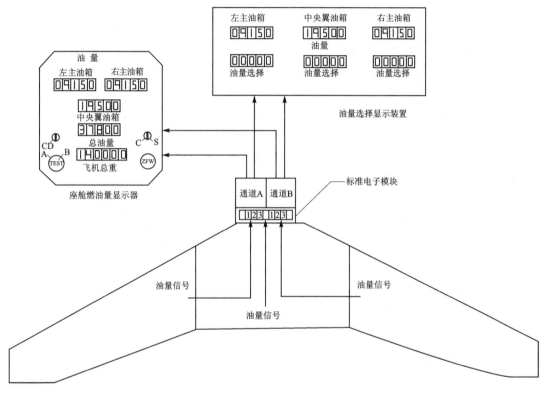

图 8 - 24　飞机燃油指示系统

各油箱内的电容式传感器感受油箱内的油量,产生电信号输入到 SEM。该信号在求和网络中相叠加并平衡。当油箱油量变化时,输入 SEM 的信号使求和网络失去平衡,合成信号被加到加法器上,直到重新建立零点。这一信号经过处理,电路再次平衡,最终信号输入 CDU及 LSDU,成为新的油量显示。如果燃油介电常数随温度而改变,油量传感器发出的电信号便发生变化,补偿传感器发出的电信号也成比例地变化,补偿由于油量传感器发出的电信号变化引起的 SEM 电路中的变化,从而使误差得到修正,提高系统测量和指示精度。

(2) 飞机燃油低压指示系统和燃油温度指示系统

飞机燃油低压指示系统是当燃油增压泵出口压力低于规定值时,在驾驶舱内提供燃油低压指示。燃油温度指示系统指示油箱内的燃油温度。通常由装在油箱内的感温棒感受温度变化。

8.5.4 燃油消耗顺序控制

现代飞机燃油系统油箱很多,很难将它们都装在飞机重心附近,在燃油消耗过程中,可以利用燃油消耗顺序控制系统,保证机上燃油消耗时飞机的重心保持在给定的范围内。燃油消耗顺序控制系统通常包括供油箱和各油箱中的燃油消耗监控部件。这些部件随着油箱中燃油按指定程序消耗,适时开启油泵或相应一组油箱的压力控制管路,该油箱中的燃油在油泵或来自压气机的压力作用下输送给供油箱,再进入发动机。

例如,在米格—21的燃油系统中(见图8-14),3号油箱是供油箱,它与所有其他油箱以连通器的形式相连。1号油箱的燃油靠重力自由流入前、后油箱。浮子活门1控制着1号油箱消耗的油量,随着1号油箱燃油的减少,油面下降,利用浮子活门1和通气安全活门2依次控制副油箱输油活门和机翼整体油箱的放气活门,靠来自发动机压气机的增压压力将这些油箱的燃油输出。副油箱和机翼整体油箱的油量消耗完毕时,则又开始消耗1、2号油箱的燃油;待1、2号油箱的燃油输完,再开始消耗4、5、6号油箱的燃油;4、5、6号油箱用完时,3号供油箱的燃油继续消耗。

根据控制原理的不同,常用的用油顺序的控制方法有以下几种。

1. 用浮子活门控制用油顺序

如图8-25所示是浮子活门控制的工作原理。活门a安装在消耗油箱壁上,另一油箱A向消耗油箱输油的管路直接与活门上的接头相连,浮子在消耗油箱内用来控制活门的开闭。当消耗油箱的油面高于位置Ⅰ时,浮子浸在油液内,在浮力的作用下将活门保持在关闭位置。当油面下降到位置Ⅰ时,浮子随油面下降,自动把活门打开,油箱A内的油就可输入消耗油箱。同样,浮子b可控制油箱B的用油。

在维护过程中,必须保证浮子的密封性,浮子活门不能装反,杠杆不能被卡住,否则会破坏供油的正常顺序。

2. 用回油管控制用油顺序

如图8-26所示是用回油管控制用油顺序的工作原理。在飞机起飞时,接通输油泵电门,将B油箱的油不断地输送到A油箱中去。此时,装在A油箱内的回油管还处在油面之下,B

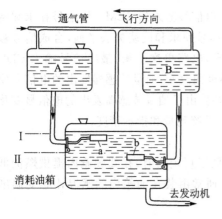

图8-25 用浮子活门控制用油顺序

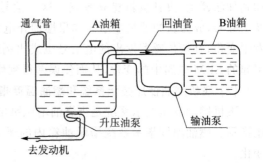

图8-26 用回油管控制用油顺序

油箱又没有单独的通气管,所以 B 油箱被输油泵抽空的空间被从回油管流回的油填满,发动机只消耗 A 油箱的油。当 A 油箱的油面下降到回油管口以后,A 油箱的油不能再从回油管流回 B 油箱,发动机便开始消耗 B 油箱的油。

3. 用油面传感器控制用油顺序

如图 8-27 所示是电感式油面传感器控制用油顺序的示意图。图中的三个消耗油箱内分别装有三个油面传感器 A、B、C,用来控制各消耗油箱升压油泵的工作。飞机起飞时,升压油泵 a 开始工作,将第一个油箱的油输往发动机,随着第一个油箱油面的下降,传感器 A 的浮子 1 沿导杆向下移动,当燃油进一步消耗使浮子 1 降到线圈 1 内时,线圈 1 的电感发生变化,接通升压油泵 b 的电路,同时把升压油泵 a 切换到大功率工作状态,此时,由于油泵 a 的转速较高,出口压力大于油泵 b 的出口压力,所以第二个油箱的油不能输出。当第一个油箱的油用完后,油泵 a 的出口压力急剧下降,第二个油箱随即向发动机供油。当第二个油箱的油用掉一小部分时,传感器 B 的浮子 2 下降到线圈 2 内,使线圈 2 的电感发生变化,断开升压油泵 a 的电路。同样,浮子 3 和浮子 4 的工作原理和浮子 1 和浮子 2 类似。当浮子 5 下降到线圈 5 内时,此时油箱内的余油已达到临界状态,油量警告灯预警。因此,利用传感器 A、B、C 可以起到控制用油顺序的作用。

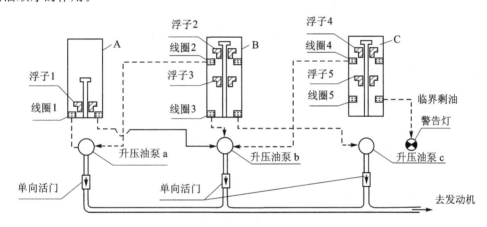

图 8-27　电感式油面传感器控制用油顺序

4. 油泵出口压力不同控制用油顺序

各油箱均用相同的油泵,在每个油泵的出口处设置不同工作压力的单向活门,则出口压力低的单向活门的油泵先供油。左右发动机燃油管路通过交输活门互联,通过该活门可以将任一油箱内的燃油直接供给两台发动机,如图 8-28 所示。

5. 油泵工作压力不同控制用油顺序

不同油箱用不同型号油泵,在同时打开各油泵工作时,出口压力较大的油箱先供油。

在以上的各种用油顺序控制方法中,第 4 种和第 5 种控制方法主要通过不同的设定压力控制单个油箱的开启和关闭;而第 1 种和第 3 种控制方法可以通过浮子活门控制几个油箱之间的用油顺序;第 2 种用油控制方法通过油箱本身的结构控制两个油箱(或几个油箱)之间的用油顺序。在选择用油控制方法时,可以根据它们的工作原理,选择适当的控制方法。

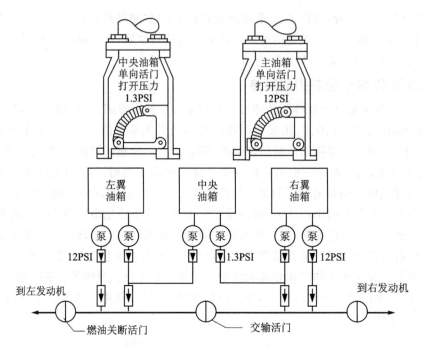

中央油箱单向活门打开压力1.3PSI

主油箱单向活门打开压力12PSI

左翼油箱

中央油箱

右翼油箱

泵 泵 泵 泵 泵 泵

12PSI 1.3PSI 12PSI

到左发动机 到右发动机

燃油关断活门 交输活门

图 8-28 波音 737-300 飞机用油顺序控制

8.5.5 燃油箱与燃油管路设计

1. 油箱的类型及选择

飞机上的油箱按其结构可分为用橡胶制成的软油箱、用金属制成的硬油箱、用机体结构元件构成的整体油箱和副油箱四大类。

随着飞机吨位、航程和续航时间的不断增加,飞机的载油量也日益增大。为了增大载油量,减轻飞机质量,现代飞机普遍采用整体油箱结构,这种结构可以充分利用机翼(或机身)空间,使全机油箱数量显著减少。整体油箱主要设在机翼(或机身)结构内部,将机翼或机身结构密封起来,形成一个不可拆的整体。

在机翼的中央翼部分,有时会被展向翼梁隔成几个相对独立的空间。在这些部位可以布置一些可拆卸的软油箱。这些软油箱数目可变,便于做成各种形状,不用时可以随时拆下。需要注意的是软油箱主体材料是橡皮和卡普隆布,在使用温度方面受到一定的限制。

硬油箱要根据结构空间所围成的形状设计,因此在布置上受到了限制,通常布置在空间相对较大的机身内。硬油箱作为一个可拆卸的独立的结构,形状相对比较规则,装油量和用油量都容易控制,维修也比整体油箱方便,但增加了结构连接的质量。

一些歼击机和轰炸机通常还外挂一些副油箱,用来进一步增大航程。有关油箱的选择与布置可参阅本章的8.5.2"燃油系统原理图"中的相关内容。

2. 油箱的设计

(1) 油箱的设计要求

油箱设计时应满足以下几个方面的基本要求:

① 油箱应有足够的容积,燃油系统应在各种工作状态下油箱内燃油不允许溢出。

② 在任何飞行状态下和飞行姿态下,油箱都应保证正常供油。在最大飞行高度时要保证一定的燃油泵入口压力;在负过载或倒飞的情况下,油箱仍能保证向发动机正常供油。

③ 如果系统不设置热交换器,那么油箱的散热能力应能保证系统油温不超过最高的允许值。

④ 油箱的加油口和放油口应配置合理,保证油箱能沉淀杂质,分离油液中溶解的空气。

⑤ 油箱应有油量指示系统和防超压安全措施,以防止燃油溢出和油箱破坏。

⑥ 油箱设计应满足强度、刚度要求。

下面以目前最常用的整体油箱和硬油箱为例,介绍一下油箱的结构特点。

(2) 整体油箱

整体油箱也叫结构油箱,它的主要优点是可以充分利用机体的内部容积,增大储油量,并减小系统的质量。但它对机体结构的密封性要求较高,制造和维护比较困难,而且不易检查维修。近年来,由于整体板件和夹层结构日益发展,以及密封技术不断提高,整体油箱在飞机上得到了广泛的应用。

机翼的整体油箱一般由前梁、后梁、上壁板和下壁板以及端部密封翼肋组成,如图 8-29 所示。在靠近翼根附近翼肋的底部,设有单向阀挡油板,这样在机翼油箱的内侧,就形成了一个储油舱。单向阀只允许燃油向内侧流动,当某一侧机翼下沉时,它们能阻止燃油向外侧流动,以确保飞机在各种飞行姿态下,均能保持燃油泵浸在燃油内,并向发动机正常供油。

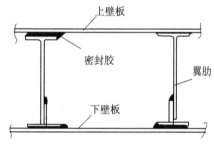

图 8-29　整体油箱结构

每边机翼的上翼面都有一个重力加油口,位于翼尖通气油箱的内侧,在无压力加油设备的情况下,可用来向机翼油箱加油。油箱内侧较低部位设有排放沉淀阀,用以排放油箱内的沉淀物及剩余燃油。

在设计和制造整体油箱时,存在的主要困难就是整体油箱的密封问题。整体油箱的密封方法根据飞机的结构形式的不同而不同,同时还要考虑机翼在飞行中可能产生的力及变形。对位于高热区的整体油箱,还要考虑到结构的热应力。

整体油箱的结构,根据飞机结构所采用的材料不同,既可以焊接,也可以铆接。整体油箱的各个元件与蜂窝壁板的连接,还可以采用胶接。

焊接的机翼整体油箱结构的密封性,主要由装配中的焊接质量以及采用密封胶涂在焊缝上的办法本保证。如果在结构中出现很小的缝裂,则可用密封胶涂在整个整体油箱的内表面上,以保证整体油箱的密封性。

铆接结构的整体油箱,其密封性是靠专用的铆钉并在两相邻表面之间放置密封材料的办法来保证的。如图 8-30 所示为整体油箱的密封形式。

(3) 硬油箱

如图 8-31 所示,硬油箱由壳体和带孔的隔板组成,壳体一般由防腐能力较强的铝锰合金板件冲压焊接而成,由于油箱下部受力较大,因此壳体下部做得较厚。隔板一般用强度较大的硬铝板件制成,以增大油箱的刚度和强度,减小飞机机动飞行时油液的晃动。油箱壳体上有加油口、输油嘴、放油螺塞和通气嘴等。加油口位于油箱顶部,内有滤网,并用密封盖盖紧。如果

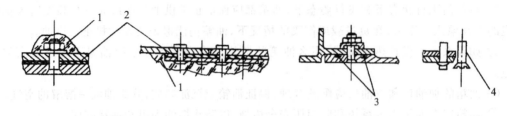

1—表面密封;2—层间密封;3—密封胶条;4—过盈铆钉

图 8-30 整体油箱的密封形式

密封不严,不仅燃油容易渗出,而且由于油箱漏气,还会使系统输油量减小,高空性变差。输油嘴在油箱下部,有些油箱的输油嘴还插入油箱内,使沉积在油箱底部的杂质和水分不致流入输油管路。

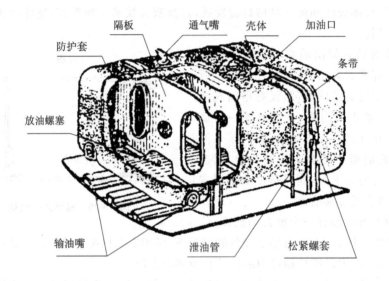

图 8-31 硬油箱结构

在油箱的设计过程中,应尽量避免使燃油管路接头、油泵和倒飞油箱、安装口盖、放油开关、通气接头、注油口、沉淀槽、油量表等遍布于油箱的整个表面,而要集中于二至三个部位上。这样可减少可拆卸壁板的数量,使结构简单,使用方便。

加油口安装在油箱的上部,其密封性能是由密封圈和由耐油橡皮制成的垫圈来保证的。当油箱装得过满时,为了排除油箱中溢出的燃油,加油口上设有带接管嘴的专门排油孔。

某些军用飞机在作机动飞行时,可能需要倒飞。这时油箱翻转过来,燃油离开箱底,因此必须采用倒飞油箱才能顺利供油。如图 8-32 所示是一种配重式倒飞油箱的结构示意图。在正常情况下,配重下沉,活门浮起,油泵通过支管 M 将油源源打出,向发动机供油,如图 8-32(a)所示。飞机倒飞时,燃油和配重都下沉,活门将管道关闭,管道 N 与燃油接通,油泵仍可把油打出供发动机使用,如图 8-32(b)所示。飞机倒飞的时间不能太长,一般不超过半分钟,此时油箱的存油量不能太少,至少应占倒飞油箱中总油量的四分之一,否则就不能保证油箱可靠的工作。

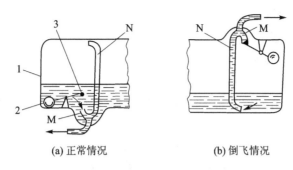

(a) 正常情况　　　　　(b) 倒飞情况

1—油箱；2—配重；3—活门

图 8 - 32　配重式倒飞油箱结构示意图

3. 油箱的计算

(1) 油箱容积的确定

油箱的容积 V_o 可由下式确定

$$V_o = \frac{m_o}{\rho} + V_t + V_a + V_c + V_d \tag{8-25}$$

式中，m_o 为燃油质量；

　　ρ 为燃油密度；

　　V_t 为温度改变时燃油膨胀所需用的油箱上面空间的可用容积；

　　V_a 为油箱内部配件、泵、油量表等的容积；

　　V_c 为油箱壁的容积；

　　V_d 为油箱外表面和飞机结构元件之间的空间容积。

(2) 油箱壁厚的确定

油箱壁厚的确定应根据不同的油箱形状，在油箱处于最大增压压力的条件下，根据耐压薄壁容器进行计算。如果油箱为圆柱形，则油箱的壁厚 δ 为

$$\delta = \frac{p_{max} D}{2\sigma} \tag{8-26}$$

式中，p_{max} 为最大增压压力；

　　D 为油箱外筒内径；

　　σ 为油箱材料的许用应力。

(3) 油箱增压压力的确定

油箱的增压压力主要取决于燃油泵的技术要求和管路的阻力特性。其计算公式可按式(8-22)进行计算。

(4) 油箱的散热计算

油箱的散热表面积 S 可按下式进行估算：

$$S = \frac{H}{K T_{max}} \tag{8-27}$$

式中，H 为需要油箱散掉的热量；

　　K 为油箱散热系数，当通风条件差时 $K=7\sim10$，当通风条件良好时 $K=13\sim15$，当有冷却风扇时 $K=20\sim23$，当有循环水强制冷却时 $K=95\sim150$；

T_{max} 为系统允许的最高温升。

4. 燃油系统的管路设计

(1) 燃油管路的设计原则

燃油系统的管路,敷设在全机各个部位,管路很长,工作环境也较严酷,高温区、高振动区、外露部位均有,有些导管还需经常拆卸。要设计出可靠性高、维修性好、质量轻、寿命长的管路系统应遵循以下设计原则:

① 管路设计应满足燃油系统的设计方案及功能要求,导管材料和壁厚的选择应与其工作压力、介质流量相适应,既要有足够的强度又要使系统质量最轻。

② 导管的选用应与其使用环境相适应。高温区、高振动区、常拆卸及外露部位应采用不锈钢导管。导管的间隙及导管支撑形式应与其工作条件相一致。

③ 导管应与其相连的接头材料及连接形式相适应,使导管组件具有良好的密封性、抗震性和耐疲劳性能,提高其使用寿命。

④ 在管路设计中应尽可能采用永久性连接接头并少分段。在可拆卸接头部位应保证较好的可达性和足够的操作空间。

(2) 导管直径的确定

当导管中的液体流量 Q 一定时,导管内径 d 可由导管截面的液体平均流速 v 确定:

$$d = 4.08\sqrt{\frac{Q}{v}} \tag{8-28}$$

(3) 导管壁厚的计算

根据两向应力的薄壁圆筒表达式,导管壁厚 δ 可按下式计算:

$$\delta = \frac{pd}{2[\sigma] + 0.8p} + C \tag{8-29}$$

式中,d 为导管内径;

p 为导管的工作压力,主要取决于燃油泵的技术要求;

σ 为导管的许用应力;

C 为安全余量,其值可按表 8-1 确定。

表 8-1 不同管径安全余量的推荐值

导管外径/mm	6	8	10	12	14	16	18	20	22	25
C/mm	0.06	0.08	0.10	0.12	0.14	0.17	0.18	0.19	0.21	0.24

(4) 管路的敷设

合理敷设管路可降低系统的复杂性,减轻质量,并可使损坏和泄漏减至最低程度。燃油管路应具有与飞机机体结构相当的使用寿命,并具有足够的强度、可靠性,而且便于更换和维修。

在管路的布置中应尽量避免使导管穿越电气设备、热总管或其他热源区。如导管必须靠近某一超过系统规定的最高温度的局部热源,则应采取有效隔热、局部冷却或其他保护措施。凡是安装在持续燃烧的热源、发火源附近的燃油管路或燃油设备,均须由防火墙、防火罩或防止油液着火的相应装置加以保护。

在设计安装导管路线时,全尺寸样机或数字化电子样机是一种理想的协调工具,它可以用来确定管路最佳的走向、弯曲段位置、连接形式以及最佳的支撑部位。

　　导管在原型机或电子样机上协调的目的是最终确定导管实样。协调后的管路应符合飞机图样和技术条件的要求,并使导管的安装应力减小到最低程度。

习　题

　　8-1　动力装置一般由哪几部分组成?

　　8-2　如何选择亚声速进气道和超声速进气道的形式和主要参数?

　　8-3　超声速进气道为了提高非设计状态的性能,可以采用哪些调节方案?

　　8-4　进、排气系统的主要性能参数是什么? 如何估算?

　　8-5　后机身、尾翼和喷管系统综合设计时应考虑哪些问题?

　　8-6　作用在发动机固定接头上的载荷有哪些? 在不同的发动机安装结构形式中,这些载荷是如何传递给机体结构的?

　　8-7　发动机安装的基本形式和要求有哪些?

　　8-8　燃油系统的设计要求是什么? 燃油系统包括哪些分系统?

　　8-9　如何设计燃油系统原理图? 燃油系统原理图包括哪些内容?

　　8-10　如何确定油箱的增压压力?

　　8-11　燃油的输油方式有哪些? 各有何特点?

　　8-12　用油顺序控制方法有哪些? 如何选择控制方法?

　　8-13　燃油箱有哪些类型? 整体油箱有何结构特点?

第9章　飞行控制系统设计

飞机飞行控制系统是用来传递操纵指令,使飞机各操纵面按指令的规律偏转,产生气动操纵力和力矩,实现各种飞行姿态的稳定控制。因此,它在很大程度上影响飞机性能和飞行安全。本章首先介绍飞行控制系统的发展历程和设计要求,然后分别介绍机械飞控系统、电传飞控系统和自动控制系统设计,最后简要介绍飞控系统的发展方向和趋势。

9.1　飞行控制系统概述

飞行控制系统由把驾驶员的操作指令传递到飞机相应操纵面上所涉及的所有部件组成,包括驾驶员指令传感器、飞控计算机、伺服作动器、飞机运动传感器及控显装置等。是十分关键的机载设备,它同飞机结构、气动等总体技术密切相关。飞行控制系统对飞机的作战性能、可靠性和生存性有诸多影响。

9.1.1　飞控系统发展历程

高品质的飞控系统是飞机实现安全飞行和完成飞行任务的重要保证。飞行控制系统的发展(如图9-1所示)总是与飞机设计技战术指标的提高相适应,在解决各阶段性能问题的过程中不断完善、革新,反过来又促进飞机平台的革命性飞跃。伴随着飞机性能的提高,飞控系统在控制手段、对象、方式及系统配备等方面发生了巨大变化,大约经历了以下四个阶段。

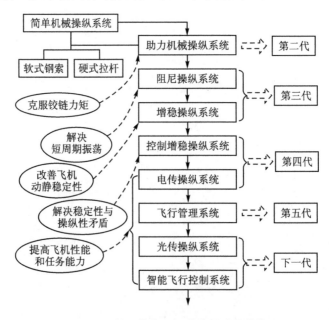

图9-1　飞控系统与飞机的发展过程的关系

1. 20 世纪 50 年代以前的简单机械飞行控制系统和可逆助力飞控系统

这个阶段的飞控系统是借助钢索或拉杆直接操纵舵面的,飞行员通过杆力和杆位移直接感受舵面气动力的变化,控制飞机的运动,如图 9 - 2 所示。高速和重型飞机上首先采用了可逆助力飞控系统,舵面气动载荷大部分由液压助力器来克服,只有一少部分传到驾驶杆上去,使飞行员有操纵量的感受,如图 9 - 3 所示。

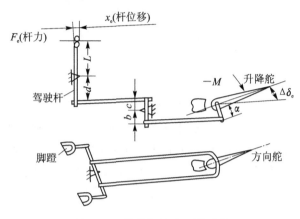

图 9 - 2　简单机械式飞控系统

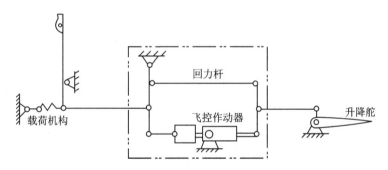

图 9 - 3　可逆式助力飞控系统

2. 50 年代初期至中期的不可逆助力飞行控制系统

伴随着超声速飞机及全动平尾的出现,舵面铰链力矩及其变化范围很大,借助可逆助力系统难以实现对飞机的操纵。因此出现了不可逆助力飞行控制系统,如图 9 - 4 所示。这个阶段飞控系统的舵面铰链力矩全部由作动器克服,驾驶杆上施加的力仅用于克服传动机构的摩擦力,与飞行状态无关,驾驶员也无法从杆力的大小来感受飞行状态的变化。为给飞行员提供合适的驾驶杆力,设置了载荷感觉器,同时配置调整片效应机构提供配平功能,这种人工感力虽然在移动舵面时是不需要的,但在操纵飞机时给驾驶员提供适当的操纵品质还是必要的。美国的 F—86,F—104,B—727 以及苏联的米格—19 等均装有此类系统。这是第一次切断驾驶杆与舵面的直接联系,有效提高了舵面操纵效能,是飞控系统发展的第一次变革。

3. 50 年代中期到 60 年代的增稳系统和控制增稳系统

由于飞行包线不断扩大,高空高速飞行阻尼明显变小而出现动不稳定,纵向和横侧向的短周期振荡严重影响了飞机的操纵性能。为了提高飞机的稳定性和改善飞机的阻尼特性,将人

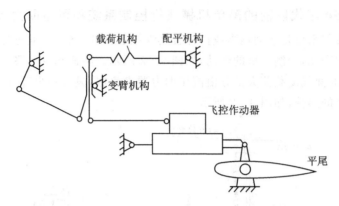

图 9-4 不可逆式助力飞控系统

工操纵系统与自动控制结合,将增稳系统引入到人工操纵系统中,形成具有稳定功能的全助力操纵系统,图 9-5 为纵向增稳飞控系统原理图。当反馈信号为速率时,改善飞机运动的阻尼比(纵向短周期阻尼比、滚转阻尼比、荷兰滚阻尼比);当反馈信号为加速度或迎角、侧滑角时,改善飞机运动的固有频率。可根据需要,同时采用多种反馈信号以及通道间的交联(如横-侧向通道交联)。

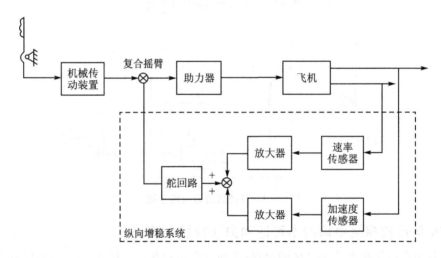

图 9-5 纵向增稳飞控系统框图

增稳飞控系统在提高飞机阻尼和动稳定性的同时,降低了飞机的操纵灵敏性。为有效解决稳定性与操纵性的矛盾,在增稳系统基础上,发展成了控制增稳系统,其原理如图 9-6 所示。该系统是在增稳系统基础上增加一个杆力传感器和一个指令模型构成,将驾驶员操纵驾驶杆的指令信号变换为电信号,经过一定处理后,引入到增稳系统中,作为增稳系统的指令输入信号来控制舵机运动。整个系统由机械通道、电气通道和增稳回路组成。控制增稳系统既增加飞机的安定性,又提高了操纵反应能力,装有此类系统的飞机有 F—14,F—15 和米格—21 等。控制增稳系统的引入,有效解决了高空高速飞机的稳定性与操纵性之间的矛盾,扩展了飞行包线,成为飞控系统发展的第二次变革。

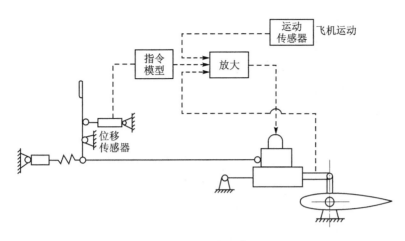

图 9-6　控制增稳系统原理图

4. 60 年代至今的电传飞控系统

随着飞行控制技术、计算机技术的迅速发展,模拟式和数字式电传飞控系统(Fly-by-wire,简称 FBW)诞生了,该系统中取庞大的机械杆系操纵系统,大大提高了系统的操纵精度,另外系统采用了余度技术,使得其具有更高的安全可靠性和较低的故障率(四余度 FBW 故障概率可达 10^{-8} 次/飞行小时)。

电传飞控系统由操纵机构(驾驶杆或盘、脚蹬)、人工感觉系统、飞行控制计算机、飞行控制传感器、飞行控制作动器等组成,与飞机其他系统综合可实现更多的功能。电传飞控系统的主要特点是形成闭回路控制。常规的机械飞控系统,驾驶员控制的是操纵面的偏度,凭驾驶员对飞机响应的感觉来掌握操纵量。而电传飞控系统,由于驾驶员控制的是飞机的响应,因此能获得满意的飞行品质。为了保证安全,电传飞控系统一般都备有模拟式电传或直接电气连接或机械式备份系统。图 9-7 为带机械备份的电传飞控系统示意图。

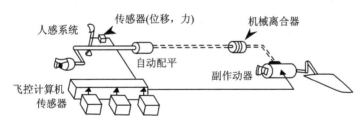

图 9-7　带机械备份的电传飞控系统

20 世纪 70 年代以来,主动控制技术(ACT,Active Control Technology)在飞机设计中逐步得到应用,飞机设计概念也发生了质的变化,在飞机设计过程中,飞控系统的设计已由过去的被动过程转变为主动过程,如图 9-8 所示。新设计概念下的飞行器称为随控布局飞行器(CCV,Control Configured Vehicle)。

以电传飞控系统为基础的主动控制技术可以实现控制增稳、放宽静安定性、自动配平、飞行边界限制、直接力控制、自动驾驶、阵风减缓、机动载荷控制、主动颤振抑制等功能。放宽静稳定性使飞行载荷降低,有利于降低结构质量。CCV 为了完成非常规机动,通常需要进行多

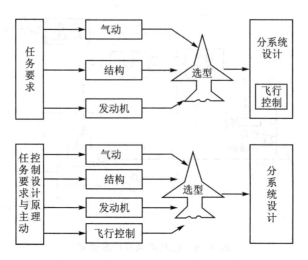

图 9-8 主动控制技术(下)与传统飞机设计方法(上)的比较

操纵面的协调控制,这种复杂控制只能由电传飞控系统来完成。电传飞控系统与火控系统、导航系统、推力矢量控制、飞行管理系统交联构成航空综合控制一体化,全面提高飞机性能是飞行控制系统发展的必然趋势。数字电传飞行控制系统和主动控制技术已经广泛应用于国外第四代战斗机(如 F—16,F—18,苏27)和先进的民航客机(如空客 A320/A330/A380,波音 777/787 等)。它们也是国外第五代机(F—35,F—22)飞行管理系统的核心组成部分。数字电传飞行控制系统去掉了驾驶杆到舵机之间的机械传动机构,飞行员操纵指令完全以电信号的形式直接传输到舵机伺服控制回路,不仅较好地克服了机械操纵系统的固有缺陷,还方便地实现了主动控制功能,这是飞控系统发展的第三次变革。

我国军机在电传飞控系统领域具有较好的研究基础和工程实践。20 世纪 80 年代自行设计了 J8 Ⅱ 飞机 ACT 验证机,先后实现了模拟式电传、数字式电传、放宽纵向静稳定性等功能;完成了歼—10 系列飞机电传飞行操纵系统设计,实现了多项主动控制功能。歼轰—7 飞机采用的数字式飞行操纵系统是我国自行研制的,自动飞行功能齐全,并且具有较强的控制增稳能力。此后我国新研制的战斗机和运输机也都采用电传飞控系统。

5. 飞控系统发展趋势分析

飞控系统的发展趋势主要体现在空客公司和波音公司的技术发展路线上。表 9-1 和表 9-2 分别表示了空客飞机和波音飞机飞控系统的技术发展特点。两个系列飞机发展的共性特征是已经逐步由机械/液压助力操纵系统发展为电传飞行控制系统,其主要差异是采取的操纵机构形式不同(空客飞机采取侧杆形式、波音飞机仍沿用中央操纵杆形式)。在系统架构方面,为满足高安全性的需求,两个系列飞机虽然采取了不同的物理架构形式。但从功能上,均体现了功能综合的共性特征,自动飞机控制已经与电传操纵控制集成在一个电子部件内。为满足高安全性要求,均采取了非相似余度配置。此外,多电技术的功率作动器也开始采用。

表 9 - 1　空客公司飞控技术发展路线

型　号	飞控系统	技术特点
A300	经典飞行控制	机械操控＋自动驾驶仪
A320	电传飞行控制＋机械备份	俯仰轴、横滚轴全权限电传控制,航向机械控制＋增稳; 侧杆; 2 个升降舵副翼计算机、3 个扰流片/升降舵计算机、2 个增稳计算机、独立自动驾驶仪计算机; 水平安定面机械备份
A380	电传飞行控制＋电功率备份,无机械备份	3 轴全权限电传控制; 3 个主飞控/导航计算机、3 个辅助飞控计算机; 独立的电备份控制系统,采用电静液作动器(EHA,Electro-hydro-static Actuator)和电备份液压作动器(EBHA,Electric Back-up Hydraulic Actuator)技术

表 9 - 2　波音公司飞控技术发展路线

型　号	飞控系统	技术特点
波音 737	经典飞行控制	机械操控＋自动驾驶仪
波音 777	电传飞行控制＋机械备份	3 轴全权限电传控制; 3 个飞控计算机和 4 个模拟式作动器控制电子(ACE,Actuator Control Electronics),独立自动飞行控制计算机; 水平安定面机械备份,部分扰流板机械备份控制
波音 787	电传飞行控制＋电功率备份,无机械备份	3 轴全权限电传控制; 3 个飞控计算机、4 个 ACE 和 19 个远程电子单元(REU,Remote Electronic Unit)组成; 计算机集成自动飞行、大气/惯导数据处理等功能; 水平安定面电力驱动控制

综上所述,典型飞控系统技术发展趋势体现如下:

① 信息传输方面,从"机械"到"电传",即从机械操纵飞行控制向电传操纵飞行控制发展。

② 系统架构方面,从"集中"到"分布",即从集中式的正常控制、备份控制和作动器控制方式到正常控制、备份控制和作动器控制采用物理/功能上的分布式网络架构方式。

③ 功能扩展方面,从"独立"到"耦合"到"一体化",即从功能分离的主飞控和自动飞行向功能耦合的主飞控/自动飞行综合,随后进一步向控制/信息管理一体化平台方向发展。

④ 功率作动方面,从"机械"到"液压"到"多电/全电",即驱动方式由机械驱动到液压驱动,进一步向多电/全电驱动方式发展。

9.1.2　飞控系统设计要求

为了满足飞行安全性和完成飞行任务的目标,飞行控制系统的基本任务包括下列四类:

1. 改善飞行品质

改善飞行品质包括:

① 固有运动特性,如改善俯仰、滚转和偏航通道的固有阻尼特性和固有频率特性能。

② 操纵(控制)特性,改善飞机对操纵输入信号的响应特性。

③ 扰动特性,主要是改善飞行器对大气紊流的相应特性。

④ 大扰动的控制问题,例如,针对一侧发动机停车或者抛投载荷引起的大扰动对飞行安全和飞行品质的影响进行控制。

2. 协助航迹控制

使飞机按照预定航线飞行,实现飞行状态的控制。

3. 全自动航迹控制

例如无人机的全程全自主飞行控制。

4. 监控和任务规划

当飞行员的反应速度和能力不能胜任多种参数的观测和协调控制时,飞行控制系统能支撑飞行员完成艰巨的飞行任务。例如在恶劣气象条件下的着陆和地形跟踪,或者在失速范围的机动飞行。

综上所述,高品质飞行控制系统是现代高性能飞机实现安全飞行和完成复杂任务的重要保障,是飞机设计技术中不可或缺的重要环节。飞机飞控系统除了应具有足够的强度和刚度并满足质量轻、制造简单、维修方便、生存性好等一般要求外,其设计要求还包括以下几个方面:

① 涉及飞行品质的要求。指有关飞机的动态特性,即稳定性、操纵性和机动性,以及阵风敏感性的要求。

② 涉及飞机对飞行环境的适应性要求。指飞机对全部飞行活动的适应性要求。包括起飞、巡航、进场和着陆控制等方面的主要要求。随着航空飞行器的空天一体化,飞行器向高超音速和近空间的发展,飞行环境面临更大不确定性,给飞控系统的适应性带来新的挑战。

③ 通过控制手段改善飞行性能的要求。例如应用主动控制技术扩大战斗机的飞行包线,而在民机领域,飞行控制系统是改善飞行品质和飞行性能的关键技术,例如机动载荷控制和放宽静稳定性要求等。

9.1.3 飞控系统设计方法

飞行控制系统是一个复杂的大系统,系统的研制可以用图 9-9 所示的 V-模型描述。飞行控制系统设计过程是一个分阶段的开发过程。其工作程序是在设计阶段将功能需求逐步分解,之后在验证过程中逐步测试这些需求。V-模型左边是设计过程的详细设计要求,右边是系统集成步骤。V-模型中间部分描述的是检验和确认的测试活动。设备制造和软件生产在V 的底部发生。综合工作按 V-模型右边的描述从下到上执行,当所有功能测试成功完成以后,集成步骤完成。

飞行控制律的设计和确认是飞控系统设计的重要部分。控制律开发与飞行控制系统开发同时存在,并且与上述过程类似。控制律的设计过程是一个非常复杂的多学科开发过程,简化飞行控制律设计过程如图 9-10 所示,有 4 个主要的迭代回路。

① 离线设计:定义控制系统结构和飞行控制律结构及参数,调节使之满足期望的操纵品质和闭环性能规范。设计结果的稳定性和性能主要利用线性系统分析技术和非线性仿真估计。

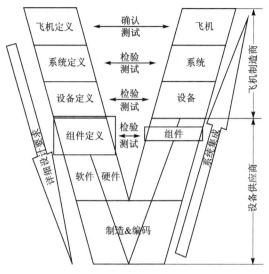

图 9 - 9　飞控系统设计过程的 V-模型

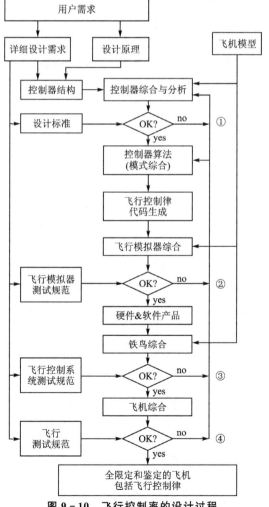

图 9 - 10　飞行控制率的设计过程

② 人在回路中仿真：评估有人驾驶增稳飞机的操纵性能和操纵问题。

③ 铁鸟试验：飞行控制律硬件实现的验证，确保在真实条件下能够正确操作。

④ 飞行试验：确认飞控系统设计满足源于用户需求的飞机规范。飞行试验是检验系统是否满足要求的最终环节。

由于现代飞机飞行控制系统的复杂性，飞行控制律设计不可能一次完成，需要多次反复迭代并通过试飞进行最后调整。飞行控制系统除了应根据飞机所完成的飞行任务需要选择合适的控制结构外，还必须利用一定的控制系统设计方法，确定控制律中各信号的传动比完成控制律设计。

9.2　机械飞控系统设计

根据指令来源，飞机飞控系统可分为人工飞控系统(MFCS，Manual Flight Control System)和自动飞控系统(AFCS，Automatic Flight Control System)两类。人工飞行控制系统与自动飞控系统的差异如表 9-3 所列。人工飞控系统主要是传输驾驶员的控制指令或形成和传输驾驶员控制指令的增强指令，从而实现飞行操纵功能，机械飞控系统、电传飞控系统皆属于人工飞控系统。自动飞控系统由电、机械和液压部件组成，是产生和传输自动控制指令，通过自动或半自动航迹控制提供辅助驾驶功能的飞控系统。

表 9-3　人工飞行控制系统与自动飞控系统的差异

项　目	人工飞控系统(MFCS)	自动飞控系统(AFCS)
机械联接	驾驶杆与舵面之间有机械联接	无机械联接(发展初期以机械联接作为备份)
余度配置	基本余度	3 或 4 余度
操纵装置	驾驶杆和脚蹬，有舵面响应反馈或回驱	侧杆(暂且保留脚蹬)，无反馈或回驱
控制方式	自动控制或人工控制	自动/备份/直接链控制
控制权限	自动控制有限权限，人工驾驶全权限	在飞行包络范围内全权限

本节主要介绍机械飞控系统布置，电传飞控系统和自动飞控系统布置见 9.3 和 9.4 节。

飞控系统布置中应考虑的主要因素有：

1) 静态特性，分为：① 机械特性，包括间隙、刚度、质量、不平衡力、摩擦力、启动力；② 系统特性，包括杆力—杆位移特性(含预载力)、传动比、力臂自动调节机构调节规律、非线性传动特性、最大杆力、最大杆位移、配平范围、配平速度、操纵面最大偏度、操纵面最大偏转速度、工作权限。

2) 动态特性，包括阶跃响应、频率响应、系统稳定性与稳定裕度、驾驶杆对伺服作动器工作的响应。

9.2.1　机械飞控系统传动系数和传动比

传动系数和传动比是飞控系统的两个重要的设计参数。它们直接或间接表示了驾驶杆(或脚蹬，下同)位移和舵面角位移之间的关系、杆力和舵面铰链力矩之间的关系。

1. 飞控系统的传动系数

飞机俯仰、滚转和偏航三个飞控系统各有各自的传动系数和传动比。现以俯仰飞控系统为例来说明飞控系统的传动系数的含意。

驾驶杆移动的距离,简称杆位移,又称为杆行程。它与舵面的偏转角(角位移)应有一定的对应关系,这个对应关系是用传动系数 K_z 来表示的。所谓"传动系数 K_z"是指舵面角位移(输出位移)$\mathrm{d}\delta_z$ 与杆位移(输入位移)$\mathrm{d}W_z$ 的比值,即

$$K_z = \frac{\mathrm{d}\delta_z}{\mathrm{d}W_z} \qquad (9-1)$$

根据图 9-11 中符号的正负规定,传动系数 K_z 始终为正值。驾驶杆力 F_z 与舵面的铰链力矩 M_j 也有一定的对应关系。若不考虑飞控系统的摩擦力,驾驶员操纵驾驶杆所做的功应等于克服铰链力矩使舵面偏转所做的功(图 9-11),即

$$F_z \mathrm{d}W_z = -M_j \mathrm{d}\delta_z \qquad (9-2)$$

其中,铰链力矩 M_j 的符号规定为,使升降舵向下偏转的铰链力矩为正,反之为负;杆力的符号规定为,前推为正,后拉为负。由此可得传动系数的另一表示式为

$$K_z = -\frac{F_z}{M_j} \qquad (9-3)$$

当杆力的单位为 N,铰链力矩的单位为 N·m 时,传动系数的单位为 1/m。

从以上两个公式可以得知:传动系数一方面表示单位杆位移时舵偏角的偏转量;另一方面又表示克服单位铰链力矩时所需的杆力大小。显然,飞控系统的传动系数越小,当驾驶杆移动一定行程时,舵偏角的偏转量就越小,克服单位铰链力矩所需的杆力也越小。从克服舵面铰链力矩来看,则希望传动系数越小越好,这样就可以用较小的杆力来克服较大的铰链力矩。但是,传动系数不是根据最大铰链力矩和杆力来确定的,而是根据规定的最大舵偏角和最大杆位移来确定的,并在最大杆位移的情况下保证最大舵偏角符合规定的要求。

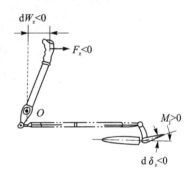

图 9-11　传动系数

2. 飞控系统的传动比

这里将研究摇臂的力传动比 n_i 和整个系统传动比 n 之间的关系。应用式(9-3)和力矩平衡关系,还可得到研究系统的传动系数 K 和传动比 n 成正比的关系。根据升降舵的传动图(如图 9-12 所示)可计算出各个摇臂的传动比 n_i(第 i 级摇臂的从动臂有效半径与主动臂有效半径之比),然后便可计算出整个系统的传动比 n。

$$n = n_1 n_2 n_3 n_4 n_5 = \frac{r_2 \cos \alpha_1}{r_1} \frac{r_3}{r_3 \cos \alpha_1} \frac{r_5}{r_4 \cos \alpha_2} \frac{r_7}{r_6} \frac{r}{r \cos \alpha_3} \qquad (9-4)$$

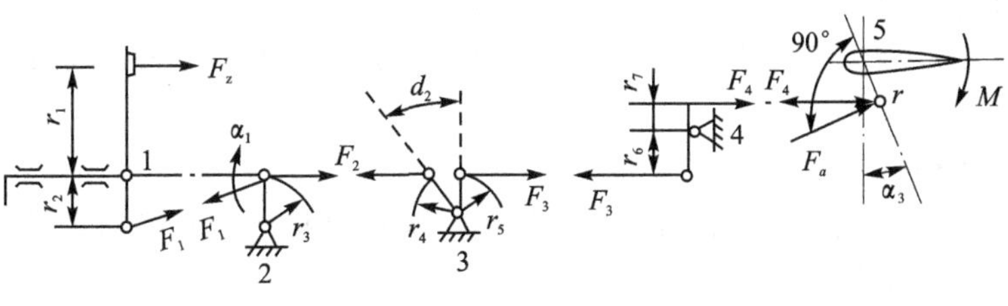

图 9-12　飞控系统的传动图

其中 α_2 和 α_3 是为了使升降舵偏转产生差动而选择的。式(9-4)为飞控系统在中立位置时的传动比。如果驾驶杆位置发生变化,那么各个摇臂的有效半径都会发生变化,因此,传动比 n 是一个变量,是驾驶杆位移的函数。

9.2.2 机械飞控系统组成与工作原理

1. 中央操纵机构

中央操纵机构由手操纵机构(驾驶杆或驾驶盘)和脚操纵机构(脚蹬)所组成。某机中央操纵机构如图 9-13 所示。

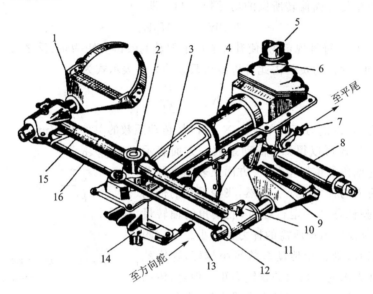

1—脚蹬;2—转轴;3—盖板;4—安装座;5—驾驶杆;6—外套;7—拉杆;8—副翼载荷机构;9—副翼操纵摇臂;
10—定位销;11—侧支臂;12—调节杆;13—拉杆;14—方向舵操纵摇臂;15—后连杆;16—前连杆

图 9-13 中央操纵机构

(1) 手操纵机构

手操纵机构用于驾驶员对飞机进行俯仰和滚转操纵,俯仰和滚转操纵时要求相互独立,互不干扰。手操纵机构应具备行程调节与限动装置。

常规手操纵机构有杆式和盘式两种,如图 9-14 所示。不论哪种形式都要操纵两个舵面(升降舵和副翼),机构设计要保证飞机纵、横向操纵的独立性,即单独操纵升降舵时副翼不应偏转,单独操纵副翼时升降舵也不应偏转。杆式操纵机构比较简单,适合飞行员一只手操纵驾驶杆而另一只手操纵油门手柄,多用于机动性较好而操纵力小(或有助力器)的飞机。盘式构造较复杂,但可通过增大驾驶盘来减小副翼操纵力,多用于机动性要求较低的中型和大型飞机。

(2) 脚操纵机构

脚操纵机构用于驾驶员对飞机方向舵的操纵。脚操纵机构应具备行程调节、限动装置以及脚蹬踏板前后位置的调节装置。

脚操纵机构根据转轴的布置分为立轴式和平轴式两种(如图 9-15 所示),可根据座舱布

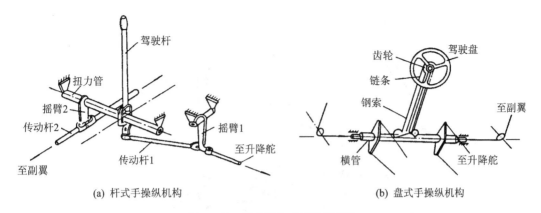

(a) 杆式手操纵机构　　　　　　　　(b) 盘式手操纵机构

图 9 - 14　杆式和盘式手操纵机构

置、结构情况以及驾驶员、设计者的习惯选择。操纵时,要求脚蹬平动并左右差动。左右脚蹬踏板施力点的间距一般为 400～600 mm,依具体结构情况及要求确定。立轴式脚蹬安装在平行四边形机构上,脚蹬前后移动时无转动,构造简单、操纵方便,一般与杆式操纵配合使用。平轴式摇臂支点固定在平放轴上,通过增大与脚蹬连接的摇臂来获得足够的力臂,脚蹬间距小,多与盘式手操纵机构组合。

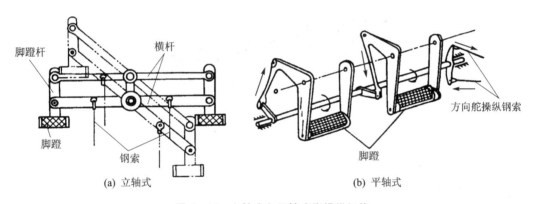

(a) 立轴式　　　　　　　　　(b) 平轴式

图 9 - 15　立轴式和平轴式脚操纵机构

2. 力臂调节器

力臂调节器又称变臂机构,用于改变飞控系统的传动比和杆力特性,以适应较大飞行范围内操纵性的要求,多用于纵向飞控系统。

图 9 - 16 是力臂调节器的工作原理图,其壳体的固定轴 A 连接于机身上,壳体接耳 B 通过线系和驾驶杆相连,AB 即为其主动臂的半径。活动臂 CD 在壳体内可以上下移动,上端 C 与通向舵面的拉杆连接,下端 D 与载荷机构的活动杆相连,AC 即为它的从动臂半径。活动臂 CD 的移动是由电动机构操纵的,而电动机的正反转向(相应 CD 上下移动)是由感受飞机速压和静压变化的膜盒来控制的。活动臂伸出到最大位置时,臂值 AC 最长,系统传动比最大,此为大力臂状态;当活动臂缩到最小位置时,臂值 AC 最小,系统传动比最小,此为小力臂状态。

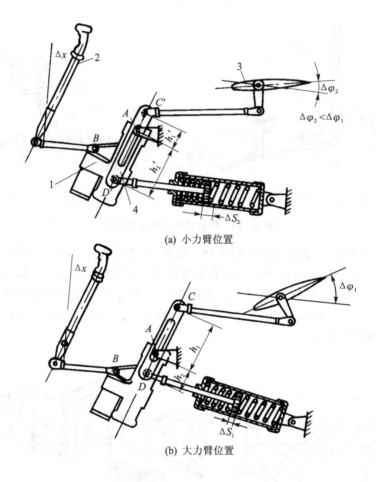

(a) 小力臂位置

(b) 大力臂位置

1—力臂调节器；2—驾驶杆；3 水平尾翼；4—活动臂

图 9-16 力臂调节器的工作原理

3. 非线性机构

飞机飞行包线的扩大，使操纵面效率变化极大，在设计上为了保证飞机操纵性指标的要求，除采用变臂机构外，使用非线性机构也是一种比较简便的方法，即在驾驶杆（盘）、脚蹬中立位置附近，单位杆（盘）、脚蹬位移对应的操纵面偏度较小，以便精确操纵，而在杆（盘）、脚蹬最大工作行程处又对应操纵面的最大偏度。三轴操纵系统均可使用非线性机构。

非线性机构有三种类型，即低副非线性机构——连杆式非线性机构（如图 9-17 所示）、高副非线性机构——齿轮式非线性机构（如图 9-18 所示）和滑尺式非线性机构（如图 9-19 所示）。连杆式非线性机构的结构较简单，工艺性好，磨损小，可实现非对称的非线性特性，但设计方法较复杂。齿轮式非线性机构的结构较复杂，齿轮加工工艺要求高，存在齿轮传动间隙，易磨损，但设计方法较简单，结构紧凑。滑尺式非线性机构在结构上与齿轮式相近，但取消了齿轮，避免了齿轮带来的加工工艺和工作平稳性方面的缺点。

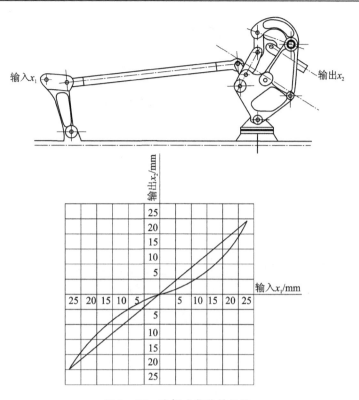

图 9 - 17　连杆式非线性机构

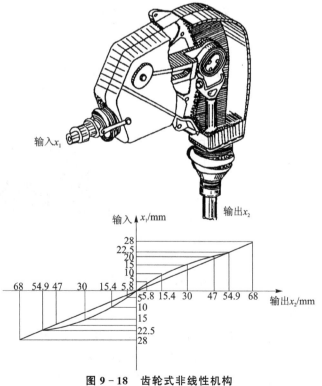

图 9 - 18　齿轮式非线性机构

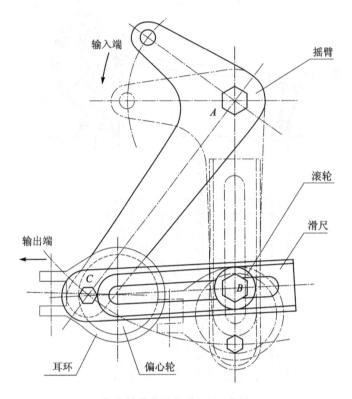

1. A、B、C 为固定在壳体上的铰接点,壳体未示出;

2. 偏心轮与滑尺在结构上是固接的

图 9 - 19　滑尺式非线性机构

4. 换向接头

硬式线路中利用换向接头在较小的空间内实现传动方向的 90°角的变换,如图 9 - 20 所示。换向接头由活动支架、内摇臂、外摇臂及壳体组成,结构紧凑,工作可靠。

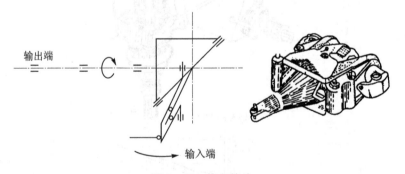

图 9 - 20　换向接头

5. 机械合成机构

机械合成机构用于不同轴飞控系统间机械传动的交联(如差动平尾、升降副翼、襟副翼、副翼与方向舵联动等)和自动控制系统与人工飞控系统的机械交联。

双摇臂式合成机构(如图 9 - 21 所示)结构简单、质量较轻,但当输入端 1 或 2 偏离中立位置时,对应输入位置 2 或 1 的传动比将有所变化。平行四边形式合成机构(如图 9-22 所示)不存在上述问题。

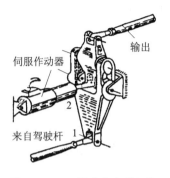

图 9-21 双摇臂式合成机构

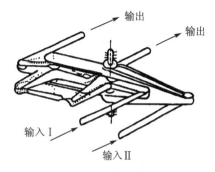

图 9-22 平行四边形式合成机构

6. 载荷机构

由于在超声速飞机上装了无回力助力飞控系统,驾驶员操纵的是助力器的分油活门,因而感受到的只有很小的摩擦力。为此在飞控系统中安装了载荷机构,向驾驶员提供操纵力感觉,三轴飞控系统均可应用。

对载荷机构的基本要求是:载荷机构加于驾驶杆的力应与舵偏角(或杆位移)分段成正比,当驾驶杆和舵面在中立位置时,拉力应为零。同时还应保证当放松驾驶杆时,驾驶杆能自动回到配平位置。

载荷机构有弹簧载荷机构(如图 9-23 所示)、液压载荷机构(如图 9-24 所示)、气动载荷机构等类型。可根据需要将载荷机构力—行程特性设计成线性的、非线性的、多梯度的和带预载的,等等。通常使用弹簧载荷机构,因其结构简单、工作可靠,但弹簧的设计与加工需要一定的实践经验。多梯度、单梯度、预载则应根据需要选定。

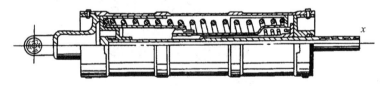

图 9-23 多梯度(带预载)弹簧载荷机构

7. 配平机构

用于消除驾驶杆(盘)力或脚蹬力,以减轻驾驶员较长时间非机动飞行时的疲劳。人工配平系统由配平机构、控制按钮和中立位置信号灯组成。电动配平机构是双向工作的电动机构,一般配平机构的壳体铰接在机体结构上,运动部分与载荷机构的摇臂相连,如图 9-25 所示。也可以将配平机构串联在线系中,但会增加飞控系统的运动质量和传动间隙。配平机构还可接受来自自动控制系统的指令,作为辅助的伺服作动器。

8. 操纵作动器

操纵作动器是飞控系统控制操纵面的执行机构。操纵作动器类型的选用,取决于飞机结构与空间情况,还取决于系统的布局。应尽量采用具有支撑结构位移反馈的和输出位移传感

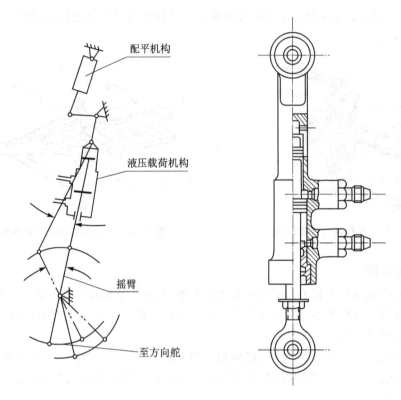

图 9-24 液压载荷机构

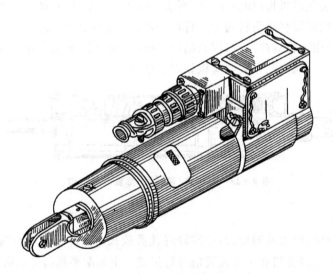

图 9-25 电动配平机构

器在作动器内部的操纵作动器。

（1）机械指令液压伺服作动器

机械指令液压伺服作动器,即液压助力器,由配油装置和作动筒组成,其输入指令和输出都是机械位移。图 9-26 给出了一种典型的液压助力器原理图,助力器由滑阀 3、活塞 8 及作动筒 7、AOB 摇臂等组成。滑阀呈"哑铃"型,带有两个圆柱形凸肩的轴,而凸肩的宽度几乎与阀套上的环槽宽度一样,活塞 8 与活塞杆头部 5 连成一体,所以活塞杆运动时头部亦动。
AOB 摇臂铰支于头部 O 的支座上,它的一端 B 通过拉杆 4 与驾驶杆连接,这样,驾驶杆偏转
时,助力器的输入量是 B 点的位移 x_i;输出量是带动舵面偏转的活塞杆位移 x_t。

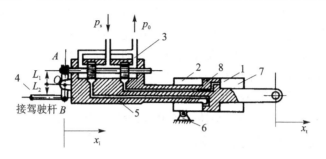

1,2—作动筒内腔;3—滑阀;4—拉杆;5—活塞杆头部;6—支座;7—作动筒;8—活塞

图 9 - 26　液压助力器工作原理图

中立位置时,AOB 摇臂处于垂直状态,阀芯两凸肩分别遮住 1,2 腔的油路,于是外筒的两
腔都不与进口油路相通,助力器处于静止状态。当拉杆 4 向有运动,头部不动,那么摇臂 AOB
只能绕 O 点沿逆时针方向转动一个角度。于是滑阀阀芯被向左拉动到一定位置,便打开了通
向外筒两腔油路。进油路与外筒 2 腔相通,回油路与 1 腔相通,从而活塞两边的压力差迫使活
塞向右运动;此时固定在头部 5 的 O 点亦向右运动,有趋势拉动 AOB 绕 B 点顺时针转动。如
果这时输入杆停止不动,则当头部拉动 AOB 顺时针方向重新转到垂直位置,阀芯凸肩重新把
1,2 油路遮盖,当不再进油和回油时,活塞也停止不动,所以助力器可以保证活塞杆位置(包括
位移、方向和速度)与前面输入杆相对应。

因为进油压力 p_s 很高,作用在作动筒 1,2 腔的压力形成的压差通过活塞杆带动舵面偏
转。同时此压差作用在外筒上,经外筒上的安装支点 6 传到机体结构,并不传到前面的飞控系
统中去,故驾驶员在操纵时,实际上只需要克服很小的滑阀摩擦力。

显然,要使活塞运动就必须使阀芯偏离中立位置,打开油门。由于活塞杆的运动,必然落
后于输入杆的运动,通常把这一差值叫作助力器的跟随误差。误差愈小,助力器跟随性愈好,
但这个差值又是助力器工作所必需的。

综上所述,为保证液压助力器工作,必须有以下几个组成部分。

① 分配机构(滑阀)。起分配油路和改变滑间开度作用,从而改变活塞运动方向和活塞运
动速度。此外还起功率放大作用,只要阀门有很小的开启就能引入油流使活塞两腔产生很大
的压差。

② 执行机构(活塞、活塞杆及头部)。该机构将液压能转换为机械能带动负载运动。

③ 反馈机构(AOB 摇臂)。正是由于 AOB 与头部相连,使活塞运动的同时返回去减少阀
门的开度,使舵面随输入杆停止在所需位置上(这种输出量返回到输入中去的作用称反馈)。
AOB 既起操纵作用又起反馈作用,因而被称为操纵反馈摇臂。

(2) 电气指令液压伺服作动器

电气指令液压伺服作动器由电液伺服阀、主控阀和作动筒组成,接受电气指令,输出机械
位移,用作自动控制系统、增稳系统、控制增强系统的独立执行机构,通过机械合成机构与机械
飞控系统交联。电传飞控系统的余度式操纵作动器也属于此种类型。

（3）机械—电气指令液压伺服作动器

机械—电气指令液压伺服作动器又称复合式伺服作动器,由电液伺服阀、配油装置(主控阀)和作动筒组成,可单独或同时接受机械指令和电气指令,输出机械位移。电气指令液压伺服作动器、机械—电气指令液压伺服作动器的电气指令工作状态必须与伺服放大器(电子部件)结合,形成闭合回路才能工作。伺服作动器按作动筒的数量分单腔、双腔和多腔伺服作动器。双腔或多腔作动器又有串列式伺服作动器和并列式伺服作动器。一般电液伺服阀、配油装置(主控阀)与作动筒在结构上综合为一个整体,也有与作动筒在结构上分开的。

除了液压式操纵作动器外,还有电动式操纵作动器。为了提高操纵作动器的生存性,近年研制了自主式操纵作动器,即操纵作动器自备电机、液压泵和贮油装置。

9. 稳定与控制增强系统的计算部件

计算部件有模拟式和数字式两种类型。计算部件的功能是接受传感器馈送的飞行状态和飞机运动参数的电气信号,经控制律运算,向伺服作动器发出指令。

10. 稳定与控制增强系统的传感器

（1）速率传感器

具有弹性和阻尼约束的单自由度陀螺,利用陀螺的进动性,感受飞机运动角速率,并输出与飞机运动角速率成比例的电气信号,用于稳定飞机的运动,增加阻尼和改善稳定性。

（2）加速度传感器

利用具有一定质量的物体在加速度作用下产生的惯性力,在弹性和阻尼的支撑作用下产生位移,并输出与飞机线加速度成比例的电气信号,用于提高飞机的稳定性和过载限制。

（3）迎角、侧滑角传感器

利用气流在飞行体(传感器的风标或探头)上、下表面的压差与迎角(侧滑角)变化的关系来测量飞机迎角(侧滑角),输出与迎角(侧滑角)成比例的电信号,用于提高飞机的安定性和迎角(侧滑角)限制。

（4）大气数据传感器

包括静压传感器和动(全)压传感器,输出与压力成比例的电气信号,以计算飞行高度、马赫数、速压等参数,进行高度、马赫数、空速控制,并用于对控制律进行增益调节,以适应整个飞行包线。

9.2.3 机械飞控系统各组件的布置

机械飞控系统在飞机上的布置,应根据信号传递关系、性能要求、工作环境与条件要求、可靠性与维修性、生存力等综合考虑安排。

1. 飞控系统线路类型选择

（1）软式线路

软式线路主要由钢索、滑轮、扇形轮、鼓轮、支座、防护装置、松紧螺套和张力调节器等组成。钢索只能承受拉力而不能受压,因此必须用两根钢索构成回路轮流受拉工作。滑轮用来支持和改变钢索运动方向。松紧螺套用来调整钢索的预加张力。钢索张力调节用以补偿由于外载荷和周围气温变化产生钢索张力的变化。软式线路的优点是结构简单、体积小、质量稍轻、通过性好、传动间隙小;缺点是刚度较小,摩擦力较大,钢索受拉易伸长,操纵灵敏性差,维修性较差。

(2) 硬式线路

硬式线路主要由传动杆、摇臂、导向件和支座等组成。传动杆又称拉杆,用于传递操纵力。拉杆长度和杆径的设计除满足尺寸要求外,还要考虑失稳和防共振要求。摇臂除支持传动杆外,还有放大或缩小力、位移、运动速度及改变传动杆运动方向的作用。导向滑轮用以支持传动杆,增加传动杆的稳定性。硬式线路的优点是刚度大,摩擦力小,维修性好,可以承受拉力和压力,变形小,舵面不易引起振动,具有较好的操纵灵敏性;缺点是结构较复杂,体积较大,质量稍重,传动间隙大,设计时应注意共振问题,而且不像钢索那样容易绕过飞机内部设备和装置。

有许多飞机采用软式、硬式相结合的混合式线路(如图 9 - 27 所示),以综合利用软式、硬式线路的优点,限制其缺点的影响。通常是系统前段,即飞行控制作动器(助力器)以前用软式线路,或者是座舱内及座舱附近采用软式线路,也有的在机翼内采用硬式线路、在机身内采用软式线路。一般对于舵面气动力较小的低速飞机和对机动性要求较低的运输机,多采用软式线路或混合式线路。现代歼击机以及操纵灵敏度较高的一些飞机,多采用硬式线路。

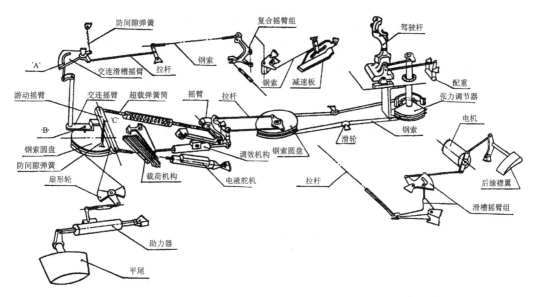

图 9 - 27 F—5E 混合式平尾飞控系统

2. 各分系统安排

1) 驾驶杆(盘)、脚蹬按人机工程的要求确定各有关参数。

2) 纵向与横向配平按钮安排在驾驶杆手柄上。

3) 方向舵配平按钮安排在左操纵台上。

4) 交臂机构手动开关一般位于左操纵台上。

5) 载荷机构应尽可能靠近驾驶杆(盘)、脚蹬。

6) 配平机构的安排有两种:

① 作为载荷机构的支撑件,中央操纵机构的配平位置是不固定的;

② 位于载荷机构与伺服作动器之间的系统线路中,中央操纵机构的配平位置是固定的。

7) 飞行控制作动器应尽量靠近操纵面,最好与操纵面直接连接。

8) 变臂机构与非线性机构应安排在中央操纵机构与伺服作动器之间。

9) 具有增强系统的机械飞控系统应尽量采用复合式伺服作动器。

10) 弹簧载荷机构可安排在变臂机构之前,也可安排在变臂机构的执行机构工作杆的另一端(非通向操纵面的一端)。后者在改变驾驶杆到操纵面传动比的同时,也改变杆力特性。

11) 速率传感器应位于机体结构一、二次振型的波腹处。

12) 加速度传感器应位于机体结构一、二次振型的波节处,或位于飞机重心处或驾驶员座椅处。

13) 迎角、侧滑角传感器风标、探头的位置由风洞试验确定,并须经过风洞试验和飞行试验校准。

14) 大气数据传感器应尽可能靠近空速管。

15) 电气指令液压伺服作动器、机械—电气指令液压伺服作动器的伺服放大器,应尽量与增强系统的计算部件综合在一个机箱内,并安装在工作环境良好(避免高温、振动、油、水和灰尘)的部位。飞行控制计算机一般应布置在座舱与操纵面作动器之间。

3. 机械飞控系统传动线系中各分系统间传动比的安排

在飞控系统设计中,驾驶杆(盘)、脚蹬至操纵面的系统总传动系数是由总体与操纵稳定指标要求确定的,在满足系统总传动系数的前提下,分系统传动比与传动系数的分配对飞控系统性能产生重要的影响,关系到系统、部件刚度、质量、间隙和摩擦力等的分布及影响,应予以认真考虑和安排。

① 操纵作动器至操纵面的传动系数应尽量小,使操纵面系统的固有频率要求容易得到满足,而系统与结构付出较少的质量代价,并可降低对结构、系统刚度、间隙的要求,尤其是对作动器的支撑刚度、间隙要求可降低。

② 驾驶杆(盘)、脚蹬至操纵作动器之间的杆系,应尽量安排较长的线路,处于大传动比状态。这样,处于大传动比各线路的间隙、刚度反映在驾驶杆(盘)、脚蹬上的间隙值较小,刚度值较大,且大传动比线路承受较小的载荷,对整个系统的减重是有利的。但是,大传动比线路的质量反映在驾驶杆(盘)、脚蹬上的量值会加大。

③ 操纵作动器的传动比一般是 1,也可以根据需要将传动比安排成大于 1 或小于 1。

4. 系统布置中的维修性与可靠性考虑

① 各分系统和杆系应便于检查、装拆、可达性要好,杆系需检查的部位应尽量少。

② 应尽量避免通过高温区和振动区。

③ 各分系统和杆系应不易受到沙尘、雾、油和水的浸染。

④ 有利于提高系统和部件的生存性。

9.3　电传飞控系统设计

20 世纪 60 年代中期,随着计算机和微处理器小型化以及现代控制理论和余度技术日趋成熟,使得去掉控制增稳飞控系统中的机械杆系、增大增益、将操纵权限扩展为全权限,从而构成电传飞控系统成为可能。电传飞控系统对飞机稳定性和操纵品质的作用,体现在:

① 提高飞机的飞行性能和机动性。

② 提供大迎角和大过载条件下的好的操纵稳定性。

③ 提供满意的杆力特性。

9.3.1　电传飞控系统组成与工作原理

1. 系统组成

电传飞控系统的基本特点是飞行员不直接控制舵面,而是直接给定飞机的运动响应,舵面只是闭环控制系统里的中间变量,这是与机械杆系飞控的本质区别所在。

为阐述电传飞控系统的工作原理,这里借用 YF—16 纵向电传系统方块图来说明。YF—16 电传飞控系统纵向通道方块图如图 9 - 28 所示。该电传飞控系统功能包括控制增稳、自动配平、自动调参、飞行边界限制、放宽静安定性补偿等。系统控制律由几种典型回路构成,现分述如下。

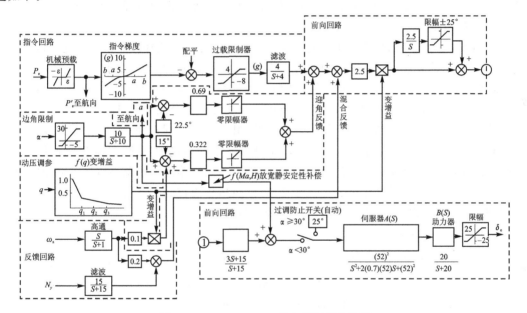

图 9 - 28　YF—16FBW 纵向控制律方块图

(1) 电信号指令回路

电信号指令回路是将电传系统驾驶杆的运动通过四余度杆位移或杆力传感器变成电信号。回中特性的要求应设定驾驶杆有一定的预载力,即杆力超过预载力后才有位移指令输出。载荷机构提供的杆力—杆位移关系是非线性的,驾驶杆指令信号通过非线性校正后指令的飞机过载是线性的,经此校正后可保证在小杆力操纵时不出现过灵反应,而在大机动操纵时不致杆力过大而笨重。

电信号指令与座舱内配平轮的电配平信号叠加进入过载指令限制器。配平轮的用途是调节电气零位,也可供飞行员进行配平修正。

过载限制器之后的一阶滤波器是缓冲飞行员的急骤操纵,避免液压作动器速率饱和而中断了俯仰速率和过载反馈。它对防止飞行员诱发振荡也有积极作用。该环节又称电指令模型,它的输出代表了预定的飞机响应。

（2）前向回路

滤波器输出后的控制指令经与迎角限制信号、法向过载和俯仰速率混合反馈信号综合后进入前向回路的自动调参环节。它随着速压的增大连续地降低系统开环增益，以期补偿舵面效率变化对系统增益的影响。它不仅起到了机械飞控系统力臂调节器的作用，而且对闭环系统的操纵性和稳定性的设计综合具有重要影响。

调参后的信号进入比例加积分控制器，这是自动控制理论中常用的方法。比例通道用于加快响应；积分通道用于消除稳态误差，构成一阶无静差系统，使驾驶杆每一位置都对应一确定的法向过载值。积分通道的限幅值等于舵面偏度的最大值。

随后是相位超前网络，或称超前一滞后网络，用以保障系统的稳定和响应品质。校正网络之后通常是结构滤波器（这里未示出），用以滤掉机身一阶弯曲频率和大于该频率的全部信号。

在图 9 - 28 所示的相位超前网络之后是一个加法器，它综合来自迎角传感器的放宽静安定性补偿信号。之后是过调防止开关，防止伺服器和助力器超极限呈开环工作状态。

（3）反馈回路

电传系统的控制增稳功能是由前向回路和反馈通道构成的闭环回路来实现的。构成闭环控制的主反馈信号是法向过载，它由加速度传感器测得。该信号首先通过一个一阶滞后滤波器，用以滤掉加速度计的噪声干扰信号。法向过载信号与俯仰速率反馈信号叠加后与杆指令信号综合构成闭环控制。法向过载反馈主要用以形成过载指令控制和过载限制。

俯仰速率也是纵向电传飞控系统的重要反馈，其主要作用是改善飞机短周期运动的阻尼比。YF—16 纵向电传所用俯仰速率信号首先进入一个一阶高通网络，又称洗除网络。该网络只敏感俯仰速率的变化。经高通网络后的信号分二路，一路经速压调参后进入迎角限制器；另一路与过载信号叠加混合反馈到电信号指令综合口，构成控制增稳反馈回路。

迎角反馈经限幅器后进入迎角限制器进行迎角限制。

2. 系统工作原理

F—16 飞机是世界上第一架现役的电传飞控系统飞机。图 9 - 29 为 F—16A 飞机的电传飞控系统原理图，该系统是在 YF—16 飞机基础上研制而成的，是模拟式四余度电传飞控系统，无机械备份系统。F—16 飞机电传飞控系统具有如下特点：

① 纵向放宽静稳定度，以提高飞机的机动性。

② 三轴控制增稳可提供精确的控制和极好的操纵品质。

③ 具有双故障安全故障等级，以提供高度的安全性和任务的成功概率。

④ 全电传飞控系统为改善操纵品质提供了很大的灵活性。

⑤ 能够自动限制迎角，如此便可允许飞行员无顾虑地发挥飞机的最大能力，而不必担心由于疏忽造成的失控。

⑥ 机内具有自检能力，以最短的停飞维护时间保证电传飞控系统处于良好的飞行准备状态。

图 9 - 30 为四余度模拟式电传飞控系统原理图，它由 A，B，C，D 四套完全相同的单通道电传飞控系统按一定关系组合而成。图中表决器/监控器是用来监视、判别四个输入信号中有无故障信号，并输出一个从中选择的正确的无故障信号，如果四个输入中任何一个被检测出故障信号后，系统就自动隔离这个故障信号，不使它再输入到后面的舵回路中去。当四套系统都正常工作时，驾驶员操纵杆经传感器 A，B，C，D 产生四个相同的电指令信号，分别输入到相

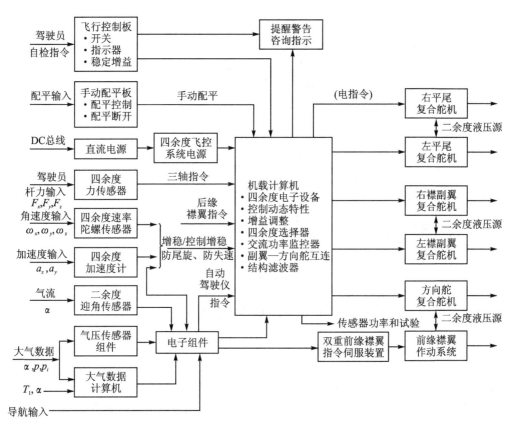

图 9－29　F—16A 飞机电传飞控系统原理图

应的综合器/补偿器、表决器/监控器中,通过四个表决器/监控器的作用,分别输出一个正确的无故障信号加到相应的舵回路,四个舵回路的输出通过机械装置共同操纵一个助力器,使舵面偏转,以操纵飞机作相应的运动,如果某一个通道中的杆力传感器或其他部件出现故障,则输入到每个表决器/监控器的四个输入信号中有一个是故障信号,此时由于表决器/监控器的作用,将隔离这个故障信号。因此每个表决器/监控器按规定的表决方式选出工作信号,并将其输至舵回路。于是飞机仍按驾驶员的操纵意图作相应运动。如果某一通道的舵回路出现故障后,它本身能自动切断与助力器的联系(因舵回路是采用余度舵机),这样传输到助力器的工作信号仍是一个正确的无故障信号。同样,如果系统中某一通道再出现故障,电传飞控系统仍能正常工作,而且不会降低系统的性能。由此可见四余度电传飞控系统具有双故障工作等级,故它又称为双故障/工作电传飞控系统。

综上所述,电传飞控系统可定义为:驾驶员的操纵指令信号,只通过导线(或总线)传给计算机,经其计算按预定的规律产生输出指令,操纵舵面偏转,以实现对飞机的操纵。显然它是一种人工飞控系统,其安全可靠性是由余度技术来保证的。

需要说明的是,电传飞控系统可分为模拟式和数字式两种,其中数字式电传飞控系统是飞行控制系统的主要发展方向。这是因为后者相对前者具有以下优点:具有高度的灵活性,易实现多种逻辑运算和电子综合化;能够实施复杂控制律,修改控制律也很方便;容易与自动驾驶仪、火力控制系统、导航和火力控制系统交联。

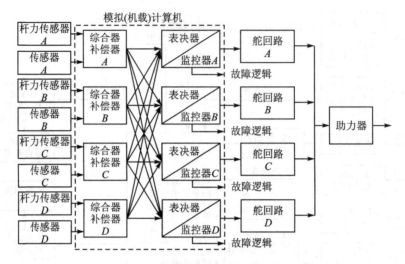

图 9-30 四余度模拟式电传飞控系统原理图

9.3.2 电传飞控系统可靠性与余度技术

电传飞控系统的应用全面提升了新一代飞机的飞行性能,但也面临系统自身安全性和可靠性的挑战。安全可靠的电传飞行控制系统已经成为现代高性能飞机的标志之一。

通常用飞机损失(即指飞控系统处于 V 级工作状态)概率来表示飞行安全可靠性指标。若以美国军用规范 MIL—F—9490D 为例,由飞控系统故障引起的飞机最大损失概率 Q 应为:

对Ⅲ类飞机　　　　　　　　　$Q < 5 \times 10^{-7}$ 架每次飞行

对Ⅰ,Ⅱ,Ⅳ类飞机　　　　　　$Q < 100 \times 10^{-7}$ 架每次飞行

飞行安全可靠性指标通常是以飞行小时为单位来计算的。美国空军十年的统计资料表明,Ⅲ类飞机每次飞行的时间约为 6.7 h;Ⅳ类飞机(如 F—4)每次飞行时间约为 1.6 h,由此可得

对Ⅲ类飞机　　　　　　　　　$Q < 0.82 \times 10^{-7}$/飞行小时

对Ⅰ,Ⅱ,Ⅳ类飞机　　　　　　$Q < 62.5 \times 10^{-7}$/飞行小时

目前,世界各国均定 1.0×10^{-7}/飞行小时作为电传飞控系统的可靠性指标。但单通道电传飞控系统的故障率只有 1.0×10^{-3}/飞行小时,其可靠性与传统机械操纵系统相比差距较大。在现有技术条件下,元器件的可靠性的指标是一定的,系统的可靠性指标提高有限。只有采用余度技术才能有效地提高飞行控制系统的安全可靠性,满足相关需求。

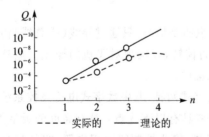

图 9-31 多余度数目与最大损失率间关系图

根据可靠性理论计算,系统的多余度数目 n 与最大损失率 Q 间的关系,如图 9-31 所示。由图可知,若电传飞控系统具有四余度,则故障率可满足要求。正因为它的可靠性不低于不可逆助力飞控系统,所以电传飞控系统得到迅速发展。

所谓采用余度技术就是引入多重(套)系统来执行同一指令,完成同一项工作任务,通过多

重配置系统的软硬件资源并进行有效管理,从而提高系统的任务完成率,降低系统的失效率,实现整个飞机完好性和出勤率的有效提升。多重系统也称余度系统。图 9 - 32 是四余度系统简图。由图可知,杆力传感器、速率陀螺、加速度计和计算机均有四套。此外,这种系统应满足如下三个条件:

① 对组成系统的各个部分具有故障监控、信号表决的能力。

② 一旦系统或系统中某部分出现故障后,必须具有故障隔离的能力。

③ 当系统中出现一个或数个故障时,它具有重新组织余下的完好部分,使系统具有故障安全或双故障安全的能力,即在性能指标稍有降低的情况下,系统仍能继续承担任务。

同时满足上述三个条件的多重系统称为余度系统。采用余度系统的目的是为了增加系统的可靠性,其实质是通过消耗更多的能源来换取高的可靠性。

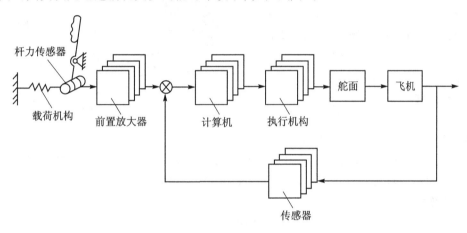

图 9 - 32　四余度电传飞控系统简图

9.3.3　电传飞控系统组成及其布置

1. 电传飞控系统的新部件

电传飞控系统仍沿用了机械飞控系统的部分构件,如驾驶杆(盘)、脚蹬、弹簧载荷机构、配平机构、电液伺服作动器、飞行控制传感器等,但由于电传飞控系统的特点,上述构件中有一部分设置了余度和自监控等。此外,还相应地发展了一部分适用于电传飞控系统需要的新构件。

(1) 侧驾驶杆

侧驾驶杆是一种小型驾驶杆,手柄外形与尺寸与常规驾驶杆的类似,只是杆体部分大大缩短,置于驾驶员右侧,与左侧的油门杆相对应,实现对飞机进行俯仰和滚转控制,如图 9 - 33 所示。侧驾驶杆分位移型与力型两种。在电传飞控系统中,侧驾驶杆并未完全取代中央驾驶杆(盘)。是使用中央杆(盘)还是使用侧杆,应根据驾驶员的意见和座舱布置情况来确定。

(2) 力型脚蹬

外形与结构同常规脚蹬,只是弹簧载荷机构的力梯度很大,而脚蹬行程很小。

(3) 飞行控制计算机

有数字式飞行控制计算机和模拟式飞行控制计算机两种类型。除计算部件外,可将飞行控制作动器的电子部件(伺服放大器和监控模型部件)、电源综合在飞行控制计算机机箱内。

飞行控制计算机的机箱除了应满足安装和尺寸要求外,还应进行热设计、强度、刚度和减震设计。

对具有模拟式备份系统的数字式电传飞控系统,可将模拟式计算机、数字式计算机、飞行控制作动器电子部件、电源等综合在一个机箱内。飞行控制计算机应选择技术成熟、工作可靠的芯片、元器件和电路。

数字式计算机的软件分控制律软件和非控制律软件两大部分。控制律软件应便于修改。软件应用汇编语言、高级语言或两类语言混合编写。软件语言的选用原则是成熟、可靠、简捷。

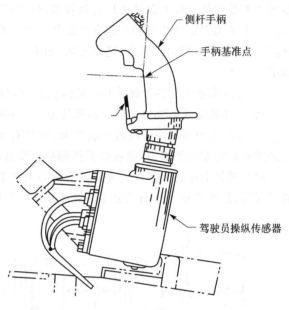

侧杆手柄

手柄基准点

驾驶员操纵传感器

图9-33 侧驾驶杆

(4) 阻尼器

阻尼器可产生与操纵机构(驾驶杆或盘、脚蹬)偏转速度成正比的操纵力(阻尼力),以保证驾驶杆(盘)、脚蹬系统的阻尼要求,并对驾驶员的剧烈操纵动作起阻滞作用。阻尼器有液压阻尼器、涡电流阻尼器等类型,但座舱内不宜采用液压阻尼器。

(5) 转换机构

具有机械备份系统的电传飞控系统应使用转换机构,可实现正常与应急工作模态的转换。对转换机构的基本要求是在转换过程中,电传控制和机械控制可以同时输入,互不干扰,转换后,两套系统互不产生影响,仅传递一套系统的运动,转换应在规定的时间内完成。

(6) 余度飞行控制作动器

余度飞行控制作动器的工作原理、基本结构与机械式飞控系统的电液伺服作动器的相同,但其电气部分是余度的,机械、液压部分也必须是余度的,在接受余度的电气指令后,作动器具有均衡和监控功能。

(7) 余度配平机构

余度配平机构具有余度驱动装置和余度配平控制信号,一般用于纵向系统。

(8) 具有多重(余度)工作触点的余度开关、按钮

(9) 余度飞行控制传感器

余度飞行控制传感器包括驾驶员操纵传感器(LVDT/RVDT)、迎角传感器、侧滑角传感器、加速度传感器、速率传感器、大气数据传感器等。多数传感器具有自检和在线监控功能。

2. 电传飞控系统各组件在飞机上的布置

电传飞控系统在飞机上的安装示意图,如图9-34所示。

① 人工感觉系统应与驾驶杆(盘)、脚蹬直接相连。

② 飞行控制计算机应分为两个或两个以上机箱,机箱之间应有一定距离(如1.5 m),以提高系统的生存力。

③ 速率传感器,同一轴各通道传感器相对测量轴的距离应尽量一致,以防止出现过大的

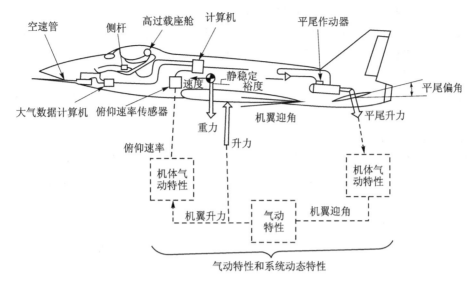

图 9 - 34 电传飞控系统在飞机上的安装示意图

通道间误差;各轴各通道传感器可组装在一个 LRU 内;对放宽静稳定性飞机,速率信号反馈影响飞行安全,也可以分装在两个 LRU 内。应按要求保证 LRU 的安装精度,并便于检查、调整。速率传感器应布置在机体一、二次弯曲振型的波腹处。

④ 加速度传感器,原则上与速率传感器要求一致,应布置在机体一、二次弯曲振型的波节处,或飞机重心处或驾驶员座椅处。

⑤ 电传飞控系统的电缆布置,各通道应尽量分散。电缆和部件应避免不利环境(如高温、振动、沙尘、油液浸染等)的影响。

⑥ 电传飞控系统电缆和部件的布置应考虑到飞控系统本身及其他电子、电气设备的电磁兼容性。

⑦ 其他各部件的布置要求同机械飞控系统各部件。

9.4 自动飞控系统

当飞机装备电传飞控系统后,已没有独立的自动飞控系统,这时的自动控制仅属于电传飞控系统的一个工作模式。自动飞控系统包括自动驾驶、驾驶杆(盘)操纵、自动油门控制、结构模态控制及类似控制功能,产生和传输自动控制指令,通过自动或半自动航迹控制提供辅助驾驶功能,或自动控制飞机对扰动的响应。自动飞控系统的功能要求,在有关规范中已有具体的规定。

9.4.1 自动飞控系统与人工飞控系统的综合

1. 与机械式飞控系统的综合

自动控制系统与机械式飞控系统通过伺服作动器、驾驶杆和配平机构综合(交联)。自动控制系统的硬件与软件是独立的(复合式伺服作动器除外)。

(1) 自动控制系统通过伺服作动器与机械式飞控系统综合

伺服作动器有复合式与独立式两种。复合式伺服作动器是自动控制系统与机械式飞控系统共用一个执行机构,具有交联简便、系统简单、总体质量和体积较小的优点,但作动器本身结构复杂、体积大。独立式伺服作动器(副作动器)是自动控制系统专用的,它与机械式飞控系统的飞行控制作动器(助力器)在结构上是分开的,安排在飞行控制作动器(助力器)的上游。自动控制系统的运算部件向独立式伺服作动器发送电气指令信号,伺服作动器的机械位移输出驱动机械式飞控系统的飞行控制作动器(助力器)。

系统的交联方式有两种,串联式与并联式。串联式的独立式伺服作动器作为可伸缩拉杆串联在机械式飞控系统的线路中(如图 9-35 所示)。这种综合形式结构简单,质量代价小,但系统运动质量大。并联式通过机械合成机构进行综合(如图 9-36 所示),结构较复杂,质量较大,系统运动质量较小。

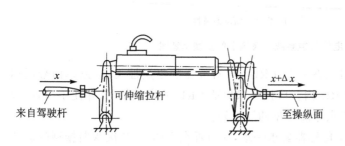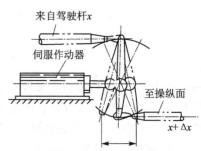

图 9-35　串联式交联　　　　　　　　图 9-36　并联式交联

(2) 自动控制系统通过驾驶杆(盘)与机械式飞控系统综合

由驾驶杆控制自动控制系统工作模态的通断,以及实现人工超控。

(3) 自动控制系统通过配平机构与机械式飞控系统综合

自动控制系统利用配平机构进行自动配平,实现中立速度稳定,或弥补自动控制系统伺服作动器工作权限的不足,当需要大的自动控制权限时,就利用配平机构作为伺服作动器的补充。

2. 与电传飞控系统的综合

可以综合利用电传飞控系统的硬件,并在软件中设置自动控制系统各工作模态的模块。利用飞行控制计算机计算可自动飞行控制系统的控制律。利用飞行控制传感器为自动控制系统提供部分信号。利用飞行控制作动器作为自动控制系统的执行机构。

在数字式飞控系统中没有自动控制系统的专用硬件,其各种工作模态和功能是依靠软件实现的。自动控制系统与电传飞控系统的综合是依靠电气信号的综合实现的。

9.4.2　自动控制系统组成与工作原理

1. 驾驶杆(盘)

在适用的操纵力和机动范围内,驾驶员能通过驾驶杆(盘)保持操纵飞机的全部机动能力。为此,可以自动切断自动控制系统转为人工操纵,也可以在机动飞行时仍保持接通自动控制系统。

驾驶杆(盘)操纵形式有开关型和比例型两种类型:开关型是当驾驶员操纵飞机进行机动飞行时,暂时断开自动控制系统;比例型则使自动操纵按比例反应驾驶员施加在驾驶杆(盘)上的控制指令。

2. 计算部件

计算部件接受传感器及各种控制装置的信号,按一定的程序、逻辑进行控制律计算,并向伺服作动器发出指令。计算部件有模拟式和数字式两种(旧式自动控制系统曾使用机电式计算部件),模拟式计算机有专用的计算机或运算插件。

3. 伺服作动器

自动控制系统的执行机构在接受计算部件的指令后,通过伺服作动器驱动操纵面(独立式)或直接驱动操纵面(复合式)。

独立式伺服作动器有电液伺服作动器和电动伺服作动器等类型,一般多采用复合式伺服作动器。

4. 操纵传感器

操纵传感器用于感受飞机的飞行状态和运动参数,继而向计算部件输出电气信号,以控制飞行航向、航迹角和滚转角。

① 速率传感器;
② 加速度传感器;
③ 迎角、侧滑角传感器;
④ 大气数据传感器。

9.4.3　自动控制系统各组件的布置

1. 伺服作动器

① 独立式伺服作动器应尽量靠近飞行控制伺服作动器,布置在人工感觉系统之后,通过传动比安排使伺服作动器上游系统的阻抗大于下游系统的阻抗,以保证伺服作动器工作时驾驶杆(盘)及脚蹬没有明显的反应(反传力幅值小于相应操纵力的最小启动力的一半)。

② 应尽量采用复合式伺服作动器,以减轻质量、便于维修、减小反传力。

2. 计算部件

① 应布置在便于维修、检查及调整的部位。
② 尽可能在结构上与人工飞控系统的计算部件或计算机综合在一起。

3. 操纵传感器

① 为避免结构模态耦合,速率传感器、加速度传感器分别布置在机体结构一、二次振型的波腹和波节处。
② 迎角、侧滑角传感器风标、探头的位置由风洞试验确定,并须经过校准。
③ 大气数据传感器应尽可能靠近空速管,并注意动态响应和压力损失。
④ 综合利用人工飞控系统(包括稳定与控制增强系统、电传飞控系统)的飞行控制传感器。

9.4.4 自动控制系统的维修性设计

维护性是飞机的一个重要特性,直接决定飞机的出勤率、维护便捷性和经济效益。功能完备的飞控系统应具备系统维护功能和机内自测试(BIT,Built in Test)能力,可以实现故障隔离和快速定位。采用自动维护设计,如舵面的自动调零、换件测试、安全性测试,可以尽可能地避免人为维护带来的操纵失误,在提高安全性的同时,也可以有效地降低飞机的运营和维护成本。典型的维护操作流程如图 9-37 所示。采用模块化的维护设计能够显著减少维护、实现延迟维护,并向机组维护人员提供便捷的快速维护。

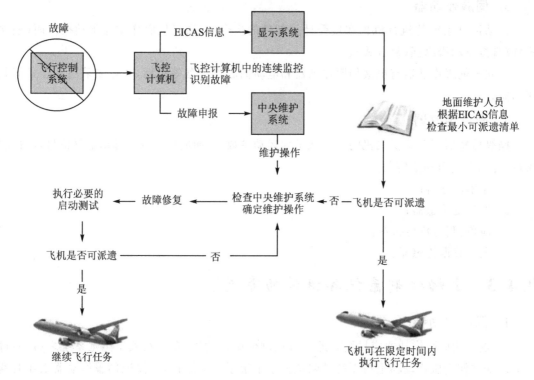

图 9-37 飞控系统维护操纵流程

9.5 主动控制技术

在 20 世纪 70 年代初,当模拟式四余度电传飞控系统作为飞机主飞控系统代替不可逆的助力机械飞控系统时,出现了一种用附加在电传(主)飞控系统上的某些飞行控制系统来提高飞行品质的飞机,被称为随控布局飞机(CCV)。随控布局飞机应用了主动控制技术(ACT)。主动控制技术是从飞机设计角度出发,在飞机设计的初始阶段就考虑到电传飞控系统对总体设计的影响,充分发挥飞机控制系统潜力的一种飞机设计技术。从控制角度出发,ACT 是在各种飞行状态下,通过机载计算机根据飞行员及飞机运动传感器的指令,按预定程序控制相应操纵面,使作用在飞机上的气动力按照需要变化,从而使飞机性能达到最佳,并使其制造成本和使用费用降低的反馈控制技术。

主动控制技术和传统的飞机设计方法的区别是:常规方法设计飞机的程序都是根据任务

要求,在总体布局设计时,考虑气动力、结构强度和发动机三大因素,并在它们之间进行折中以满足任务要求,这样为获得某一方面的性能就必须在其他方面作出让步或牺牲。例如为实现良好的气动稳定性就必须在尾翼的质量和阻力方面作出代价。折中之后就确定了飞机的构形,再经过风洞吹风后,对飞机的各分系统(其中包括飞行控制系统)提出设计要求。这里飞行控制系统和其他分系统一样,处于被动地位,其基本功能是辅助驾驶员进行姿态航迹控制,使飞机具有良好的操纵品质,它对飞机的构形没有直接影响。而主动控制技术则打破了这一格局,把飞行控制系统(电传操纵系统)提到和上述三大因素并驾齐驱的地位,成为选形必须考虑的四大因素之一,而且在选形过程中起积极作用,当其他三大因素在折中过程中出现矛盾,如为了提供足够的升力要求大的机翼面积而使质量和阻力增加进而要求更大的发动机推力的矛盾时,可以通过放宽静稳定度来解决。在飞机的初始设计阶段就考虑全时间、全控制权的电传操纵系统的作用,综合选形,选形后再对飞行控制系统以外的其他分系统提出设计要求。这样,由于飞行控制系统对飞机的选形产生了直接影响就可以放宽对气动力、结构和发动机方面的限制,依靠控制系统主动提供人工补偿,于是飞机控制由原来的被动地位变为主动地位,充分发挥了飞行控制的主动性和潜力,因而人们把它称为主动控制技术。

主动控制技术的基本功能包括:放宽静稳定度、直接力控制、机动载荷控制、阵风减载、乘感控制、颤振主动抑制以及在此基础上延伸出来的综合飞行/火力控制、综合飞行/推力控制和综合火力/飞行/推力控制。

9.5.1 放宽静稳定度

飞机的纵向静稳定性太大或太小对操纵性都是不好的。纵向稳定性太大则操纵费力,飞机不灵敏,飞机的机动性差;太小飞机又过于灵敏,不易控制杆位移量。根据使用经验,在飞机的使用重心位置情况下,亚声速飞行时,轻型战斗机的最佳静稳定度是 $m_z^{c_y} = -(3\sim5)\% c_A$。重型轰炸机和运输机的静稳定度的绝对值不小于 $10\% c_A$。

按这种要求设计的飞机,对亚声速飞行而言,稳定性和操纵性均比较满意。但在超声速飞行时却遇到问题,由于超声速时飞机焦点大幅度后移,稳定度可能增大 3~4 倍(绝对值),飞机的配平阻力大大增加而使升力损失增加。对于有尾翼歼击机来说,这种升力损失一般为最大升力的 10%~15%,因而法向过载受到限制,机动性差。对于无尾翼歼击机来说,这种升力损失更为严重,如"协和"超声速客机在超声速飞行时由于配平阻力太大而采用移动重心法来减少配平阻力。该机的前后机身各有一个平衡油箱,在超声速飞行时,向后油箱输油使飞机重心后移以减小稳定度;在亚声速飞行时,又向前油箱输油使飞机重心前移以保持稳定。因此,要求这种输油系统必须十分可靠才能保证安全。

这些问题的存在不仅给飞机设计带来困难,同时也使飞机性能降低,飞机设计师们试图用放宽静稳定度来解决这一问题。

对于普通飞机,在亚声速飞行状态必须具有自然稳定性,全机焦点必须在重心稍后的某个距离(即静稳定度所允许的范围),这时翼身升力所产生的负俯仰力矩(机头向下的力矩),由平尾的向下载荷来平衡,尾翼的升力从翼身升力中减去,因而使总升力减少,降低了升阻比。而放宽静稳定度的飞机,对静稳定度的限制放了,焦点可以很靠近重心也可以重合,甚至移到飞机重心的前面(即 $m_z^{c_y} \geqslant 0$),飞机的稳定度变得很小或不稳定,飞行中主要靠主动控制系统

(即增稳和控制增稳系统)自动控制相应舵面,以保证飞机的稳定性。这时要求一种较小的甚至向上的平尾载荷去平衡翼身的正俯仰力矩(机头向上的力矩)的增量(由于阵风等引起的),尾翼的升力和翼身升力方向一致,这样便合成一个较高的总升力,增加了升阻比。

在超声速状态,无论普通构形的飞机还是放宽静稳定度的飞机,都具有作用在飞机重心之后的翼身升力矢量(焦点在重心之后,即 $m_z^{c_y} < 0$),因此都是静稳定的。但因为放宽静稳定度的主动控制飞机的重心比普通飞机的重心更靠后,这样为配平由于翼身升力引起的负俯仰力矩所需要的尾翼向下载荷比普通飞机要小,因而就可以使尾翼的尺寸和质量大大减少,而且在超声速状态也具有较高的升力。

概括起来,放宽静稳定度所获得的效益主要是:提高升阻比,减轻结构质量,更重要的是可以大大提高战斗机的机动性。

图 9 - 38 表示气动焦点位置随马赫数的变化,常规飞机和放宽静稳定度飞机重心后移所形成的稳定裕度的关系。常规飞机在亚声速状态下具有最小的正稳定裕度,当飞机进入超声速飞行状态时,由于焦点有相当大的后移,因此产生很大的正稳定裕度,其结果是增加需要更大的平尾面积来操纵飞机,增加了飞机质量和机体阻力。而主动控制飞机在亚声速是具有负的稳定裕度,在超声速时又比普通飞机具有更小的正稳定裕度,这样可以降低飞机的质量和阻力。

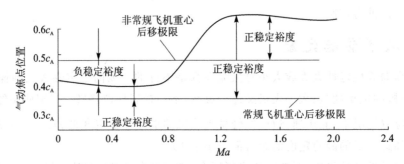

**图 9 - 38   气动焦点位置随马赫数的变化与常规飞机和
放宽静稳定性飞机重心后移所形成的稳定裕度的关系**

图 9 - 39(a)表示 F—4 战斗机采用放宽静稳定度技术对飞机起飞的影响,图中虚线表示没采用放宽静稳定度时的飞机总重,实线表示在飞机设计的初期就考虑放宽静稳定度,使发动机的尺寸减小所带来的效益,当静稳定度为 $-12\%\bar{c}$ 时,飞机起飞总重可减少 8%,所需发动机推力可减少 20%,如果再加上机动载荷控制的效果可使设计总重减少 18%。图 9 - 39(b)表示各部件质量减少的情况。

F—16 飞机采用放宽静稳定技术后,当中心位于 $38\%\bar{c}$ 时,与重心处于 $25\%\bar{c}$ 处普通飞机相比,在 9000 m 高度和最大推力条件下,转弯速度增加了 $0.75 \text{ /s}(Ma = 0.9) \sim 1.1 \text{ /s}(Ma = 1.2)$,马赫数从 0.9 增加到 1.6 的加速时间缩短了 1.8 s,马赫数为 0.8,0.9 和 1.2 时的法向过载 n_z 分别提高了 $0.2g,0.4g$ 和 $0.6g$。升阻比在亚声速时可提高 8%,在超声速时可提高 15%。

飞机的放宽静稳定度一般可由两种不同的方法来实:

① 加配重(在后机身或尾翼上)使飞机重心后移;

② 加水平鸭翼使焦点前移。这种飞机由于静稳定度降低所以在亚声速飞行中是不稳定

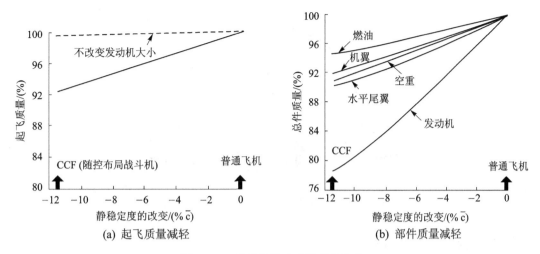

图 9 - 39　放宽静稳定度的质量收益

的,这种不稳定性使飞行不安全,为此需要进行人工补偿,并保证它与常规操纵的飞机相比具有同样的安全可靠性。这种人工静稳定补偿必须由全时间、全权限的电传操纵系统来完成。这种电传操纵系统就是控制增稳系统和余度技术相结合的产物。

9.5.2　机动载荷控制

机动载荷控制是主动控制技术的基本功能之一。机动载荷控制就是根据飞机的过载情况,靠操纵面的偏转来改善机翼升力沿展向的分布。对机动性强的飞机,靠操纵面的偏转尽量保持沿翼展的椭圆形分布,以减小机翼的诱导阻力,控制气流分离,推迟抖动,提高机动过载。大型飞机(运输机、轰炸机)则使升力尽量移向翼根,以获得较小的翼根弯矩。改善机翼升力沿弦向的分布,可获得较小的扭矩,从而减轻机翼结构质量,改善疲劳特性。

机动载荷控制的目的,对于大型(轰炸、运输)飞机和歼击机是不同的。对于大型飞机是提高其巡航经济性;对于歼击机则是提高其机动性。

以 NB—52E 轰炸机为例,它用机动载荷控制减小机翼根部弯矩的方法是:把内襟翼换成快速动作的机动襟翼,又在原有副翼外侧增加一对可以同时对称偏转的外侧襟副翼。当作机动飞行时,左右内侧机动襟翼下偏,使机翼内段升力增加,而左右外侧襟副翼同时上偏,使机翼外段升力减小,并保持净增加的升力能满足机动飞行的要求。由于机翼压力中心向内翼段移动,翼根的弯矩就可以减小。据计算,翼根弯矩可减小 10%～15%,机翼结构质量至少减轻5%,可使航程约增加 3%。其内侧机动襟翼和外侧襟翼都是由机动载荷控制系统主动控制的。

歼击机的机动载荷控制,目的在于提高飞机的机动性。飞机机动性的指标,一是沿飞行航迹的加速性能和减速性能。改善减速性能主要是靠增加飞机的阻力来实现,因此在飞机上设置减速板;提高加速性能主要靠减小飞机的阻力和增大发动机的功率来实现,最经济的方法是减小阻力。机动载荷控制是要在飞机机动飞行时,使机翼升力呈椭圆形分布,如图 9 - 40 所示,F—4 飞机使用机动载荷控制,控制前缘襟翼使机翼的机动载荷呈椭圆形分布,以降低阻力,并控制气流在机翼前缘的分离以推迟抖振,提高法向过载。

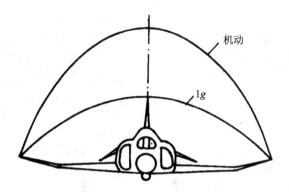

图 9 - 40 F—4 飞机使用机动载荷控制以降低阻力

9.5.3　直接力操纵

直接力操纵就是在不改变飞机飞行姿态的条件下,通过操纵一些操纵面直接提供附加升力或侧力,使飞机作垂直方向或侧向的平移运动来改变飞机的航迹,即所谓作"非常规机动"飞行。对于运输机和轰炸机来说,可以保持正确的着陆航迹,或提高侧风着陆的能力;对于歼击机来说,可以提高机动性,或提高航向的精度和投放空地武器的命中率。通过飞控系统控制律对飞机的运动(线位移和转动,沿 X 轴的线位移除外)进行解耦,利用多个操纵面的协调偏转,产生以下七种非常规机动状态。

① 直接爬升:属直接升力控制。迎角不变,控制法向加速度,直接控制飞机的垂直航迹。

② 机身俯仰指向:属直接升力控制。飞机航迹不变,改变迎角,控制飞机的俯仰姿态。

③ 垂直平移:属直接升力控制。飞机的俯仰姿态不变,控制飞机的垂直速度。

④ 机翼水平转弯:属直接侧力控制。侧滑角为零,控制飞机的侧向加速度,进行无坡度的水平航迹变化。

⑤ 机身偏航指向:属直接侧力控制。飞机航迹不变,改变侧滑角,控制飞机的偏航姿态。

⑥ 横向平移:属直接侧力控制。飞机航向不变,控制飞机的横向速度。

⑦ 机动增强:直接爬升与常规俯仰控制相结合,实现机动增强的纵向控制。通过垂直前翼和方向舵可实现机动增强的横向控制。

上述几种功能对军用飞机的战术使用产生重大影响。现在已有部分功能被应用,大部分功能尚处于试验研究阶段。有些功能对机动能力的增量是很有限的,如垂直平移的法向过载增量约为1,机身俯仰指向的稳态俯仰角约为±4°,机身偏航指向可使飞机左右侧滑约为 5°,机翼水平转弯的侧向加速度约为 $0.8g$,横向平移的平移速度约为 80 km/h,侧向过载约为 0.9。

以下主要介绍直接升力操纵。

在常规飞机上,驾驶员要改变飞机在其对称平面内的航迹时,所需升力的大小是靠改变机翼的迎角而得到的。例如对前上方目标进行跟踪时,用常规操纵的方法是这样的:驾驶员除加大油门外,还须向后拉驾驶杆,使平尾后缘向上偏转一个角度(因而在平尾上产生一个向下的气动力增量),在这瞬间飞机就下沉,飞机损失了高度。同时,这个气动力增量对飞机重心的力矩使飞机抬头,加大了迎角,产生了升力增量,当飞机迎角加大到一定程度时飞机才开始上升,并继续转动,改变了飞机的俯仰角。由此可见,飞机对于驾驶员的操纵反应有一定的时间滞后,并且先掉高度然后上升,而且由于迎角增大,阻力增加,飞行速度必然下降。

随控布局飞机的直接升力操纵与常规的间接升力操纵大不相同。下面将以 YF—16CCV 为例来介绍直接力操纵的基本原理和控制方式。

直接升力操纵系统可以组成三种纵向运动状态(如图 9-41 所示),即:

A_n——直接升力运动状态;

a_1——俯仰指向运动状态;

a_2——垂直平移动运动状态。

直接升力运动状态特点是在迎角不变的情况下,控制直接升力系数,因而直接而且迅速地控制飞机的垂直航迹(如图 9-41(a)所示)。这种运动方式适用于投射空对地武器后的快速拉起,或在空战中,在不增大迎角的拉起的情况下,可达到较大的加速度。这是最受重视的一种纵向非常规机动的飞行状态。

要想产生直接升力使飞机上升,首先把状态选择开关指向 A_n 状态,向后扳动驾驶手柄上的力按钮,可以输出指令驱动左右襟副翼对称向下偏转,产生向上直接升力和低头俯仰力矩,同时产生一个辅助信号使平尾自动协调向上偏转,产生向下附加升力和上仰俯仰力矩,在这两种力矩互相平衡的情况下,飞机可以保持原有的姿态,并在净余的直接升力作用下,飞机作上升过载曲线运动。与常规纵向操纵相比,它没有高度损失,没有滞后,也不降低飞行速度。

俯仰指向运动状态的特点是在法向过载增量和法向加速度为零的条件下即不改变飞机航迹角的情况下,控制飞机的俯仰姿态,如图 9-41(b)所示,这种运动方式能迅速构成导弹和航炮的射击条件,在战术攻击方面具有广阔应用前景。

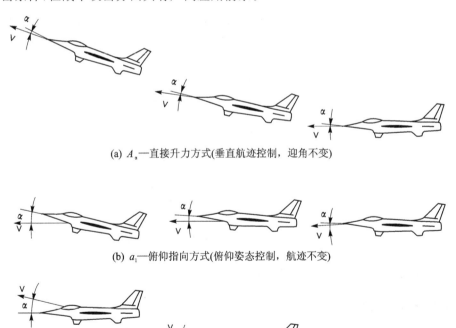

(a) A_a—直接升力方式(垂直航迹控制,迎角不变)

(b) a_1—俯仰指向方式(俯仰姿态控制,航迹不变)

(c) a_2—垂直平衡方式(垂直速度控制,俯仰姿态不变)

图 9-41　三种纵向运动

运动的选择开关位于专为直接力操纵而设置的操纵台上。直接力操纵的力按钮位于侧置驾驶手柄的顶端(如图9-42所示)。当需要进行那一种运动状态时,即把选择开关转到那种运动状态,然后推动力按钮。前后推动力按钮,发出指令,驱动襟副翼对称偏传;左右推动力按钮,发出指令,驱动垂直鸭翼偏转(也可由脚蹬来实现这种操纵)。

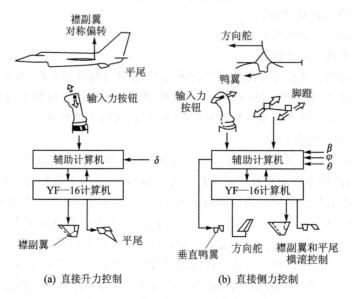

(a) 直接升力控制　　　　　(b) 直接侧力控制

图9-42　直接力操纵装置的示意图

垂直平移运动状态的特点是在不改变飞机俯仰姿态,即俯仰角为常数的情况下,控制飞机的垂直速度。这种运动方式适用于微小的垂直位置的修正。例如,在编队飞行或滑翔时,对航迹进行调整的过程中常采用这种操纵方式。

随控布局飞机的直接侧力可以由推力转向产生;最有效的方法是在机头腹部安装两个并列的垂直鸭翼(如图9-43所示)。当垂直鸭翼与方向舵协调偏转时就可以直接产生侧力。

图9-43　安装在机头部位的前置水平和垂直鸭翼

9.5.4　阵风减载与乘感控制

1. 阵风减载控制

飞机在大气中经常遇到各个方向的气流,气流强度大的叫阵风,表现为确定性的风速变化,典型的是水平阵风及垂直阵风。飞机在这种不平静大气中飞行会产生过载。阵风减缓是利用主动控制技术来减小阵风干扰可能引起的过载,以达到减小机翼弯曲力矩和结构疲劳的目的。

阵风减载实际上是直接力控制在扰动运动中的应用,即通过偏转相应的操纵面,产生一个大小相等,方向相反的升力变化来抵消阵风的影响。由于是直接力控制,在飞机上必须有相应的操纵面,例如机翼上可快速调节的襟翼或者副翼,原则上也可以利用机翼上的扰流片。这些操纵面必须有中立点,以便既能产生正的升力变化,也能产生负的升力变化。为了保证抑制阵风的效果,还要求上述操纵面有较好的的动态响应特性。

阵风减缓技术在很多飞机上已经得到了成功应用。例如,A320 飞机的阵风减缓系统利用副翼和外侧扰流片的对称偏转来实现。图 9 - 44 为 A320 飞机的阵风载荷减缓系统功能原理图。当传感器测量到机身的法向过载 n_z 比驾驶员操纵给定的 n_{zc} 值大 0.3 时,副翼和外侧扰流片将以很高的调节速度 200 °/s 做卸载调节偏转,该偏转至少保持 0.5 s,然后减速收回。操纵面偏转角度与法向过载 n_z 成正比,副翼和扰流片调节偏转角度最大分别为 10 °和 25 °,副翼和扰流片偏转造成的俯仰力矩由升降舵偏转来平衡。A320 上的阵风减缓系统使得阵风造成的附加载荷减小了 15%,而机翼结构质量减小了 200 kg,大大提高了系统的安全裕度。

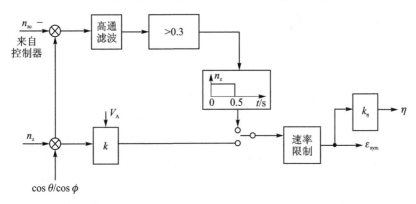

图 9 - 44　A320 飞机的阵风载荷减缓系统功能原理图

2. 乘感控制

对于机身细长而挠性大的高速飞机,若遇到周期性的阵风,机身发生弹性振动时,不仅会使乘员感到不舒服,甚至还会影响驾驶员完成任务的效能,这就是所谓乘坐品质问题。乘感控制又称乘坐品质控制,是指通过飞控系统偏转相应的操纵面抑制结构变形和振动,改善乘坐品质,延长机体结构的疲劳寿命。

试验表明,通常在垂直振动过载超过 0.1g 时,乘客会感到不适;当超过 0.2g 时,判读仪表困难;当超过 0.5g 并持续几分钟后,驾驶员就会担心飞机出事故而改变飞行高度和速度。横向过载的允许值约为垂直过载的一半。这些因素对低空突防的战斗机来说尤为严重。因为低空飞行时突风较强,机体因颤振和颠簸厉害而造成振动过载。

B—1 飞机就是以低空突防为主要进攻方式的变后掠翼飞机,其驾驶舱位于细长机身的前端。在低空时,由于大气扰动会引起机身结构的挠性振动,使得驾驶员感觉不适而影响正常操纵,为了解决这一问题而安装了乘坐品质控制系统。在驾驶舱下方的机身上增加了一对下反角为 30°的前置鸭翼,如图 9 - 45 所示。偏转角可达±20°。当它们对称偏转时,气动力的水平分量互相抵消而形成垂直控制力;当差动偏转时,垂直分量互相抵消而形成水平控制力。这两种操纵方式可分别抑制机身的垂直和侧向的弹性振动,从而可以实现乘坐品质控制。

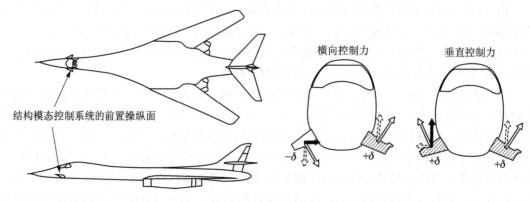

图 9-45   B—1 飞机乘坐品质控制系统示意图

9.5.5   颤振主动抑制

飞行中的飞行器是一个复杂的气动弹性系统。当机体弹性振动时,将产生附加气动力。结构变形与附加气动力耦合作用,有时会产生阻尼作用,有时会产生激振作用。当由气动弹性振动引起的耦合使得变形振动的振幅增大到危险程度时,称这种气动弹性振动为颤振。这种变形发散后会导致结构损坏,严重时几秒钟内引起灾难性破坏。

为了防止颤振,常规的办法是提高结构刚度,提高结构抗颤振的能力,结果使机体结构质量增大,影响飞机性能。颤振主动抑制采用人工阻尼来实现颤振的主动抑制,通过在机翼上安装适当的操纵面,同时布置相应的传感器来感知颤振信息并产生协调控制指令协调,偏转这些操纵面产生气动力,以此抵消因振动变形引起的气动力。通常颤振抑制的操纵面可使用机翼的前、后缘襟翼或副翼,传感器可使用迎角传感器或加速度传感器。

颤振主动抑制是主动控制技术中难度最大的一项功能。颤振主动抑制的原理是,用传感器感受所要控制的翼面的扭转和(或)弯曲振动,把信号按选定的控制规律加以放大,并进行相位补偿,通过舵机去偏转一个或几个操纵面,使之产生有利于抑制翼面颤振的空气动力,从而达到抑制颤振的目的。

颤振控制系统的工作内容是颤振模态的测量、控制规律的确定和控制力的产生。颤振控制系统控制对象的动力学模型不是飞机的运动方程,而是机翼的气动弹性模型。为了实现颤振抑制功能,对系统有如下要求:

① 由于振动频率极高,对操纵面及伺服机构的调节速度及频带要求很高。

② 要求传感器的测量精度高,频带宽以及能够精确反应机翼的弹性振动模态。为了感受不同模态的运动,传感器的安装位置要精心设计。

③ 要设计一个好的控制率,能够兼顾飞机在不同阵型下的颤振抑制。

由于颤振影响飞机的飞行安全,所以对飞行控制系统的可靠性提出很高的要求。目前,比较保守的做法是,通过飞控系统对颤振的抑制作用,取消颤振临界速度的设计裕量,从而减轻翼面结构质量,对具有多种外挂方案的歼击机也可减轻结构质量。

9.5.6   综合控制系统

控制综合化以及控制与管理的综合化是电传飞行控制系统之后,飞行控制技术发展的一个重要方向。飞机综合控制技术充分考虑和利用系统对机体、发动机和武器系统的控制作用及其相互影响,对全机控制功能进行一体化自下而上的综合设计,使得飞机能够最大限度地发挥其性能潜力,以满足新的技战术指标和能力需求。

1. 综合飞行/推力控制

长期以来,飞机上的飞行控制系统与推力系统是彼此独立的,必要时由飞行员适当协调。近代飞机具有推力矢量和反推特性的发动机,且进气道为变几何形状,推力和气动力之间有一定程度的耦合作用。发动机/进气道/机身之间严重的耦合作用将使系统产生发散的横向振荡,不稳定的荷兰滚和长周期振荡,甚至可能出现发动机熄火故障。因此,有必要综合考虑飞行控制和推力控制,抑制耦合作用对飞机稳定性、控制和性能的影响。

综合飞行/推力控制(IFPC)系统是在利用主动控制技术提高飞机性能的基础上发展起来的。20 世纪 40 年代,仅利用机械飞行操纵系统和机械液压控制的简单涡轮喷气发动机。50 年代,利用加力燃烧涡轮喷气发动机、加力燃油流量控制器、主燃油控制器和控制增稳系统。60 年代,利用可变几何形状进气道、涡轮风扇喷气发动机和飞行控制驾驶仪与大气数据计算机。70 年代起走向综合化,某些飞机上采用自动油门控制和发动机的电子控制;此后,电传操纵系统与主动控制技术的采用使系统之间的综合容易实现,综合飞行/推力控制系统进入试飞阶段。例如试飞 F—111,验证了自动油门控制与发电机数字控制系统的交联;YF—12 综合控制计划实现了自动驾驶仪、自动油门以及进气道的数字控制;试飞 F—15 验证了 IFPC 技术概念及其可行性。80 年代,美国根据 DMICS(综合控制系统设计方法)计划试飞 F—15B 和F/A—18,验证了 IFPC 技术及其可行性,完成了短距起落、地形跟随/回避、空—空格斗机动性、空—地攻击机机动性和超声速巡航的 IFPC 系统建模、控制律设计、仿真和评价。此后又进行了改型 F/A—18 的 IFPC 技术验证。验证表明,IFPC 扩大了飞行包线,提高了飞行性能,特别是低速着陆性能和高空性能。在 20 世纪 80 年代后期还开展了 YF—22 的 IFPC 验证工作。通过这些研究计划,综合飞行/推力控制技术进入了工程实用阶段。矢量推力的应用研究把 IFPC 技术推向一个新的高度。目前,带有矢量推进的综合飞行/推力控制系统已经成为 5 代机的标准配置,是保证其具有高敏捷性、过失速机动能力和舰载型短距起降能力的主要支柱。

总之,IFPC 技术应用于未来先进战斗机不仅可大大提高飞机的作战效能,而且可减轻飞行员的工作负担。对未来具有低空突防能力的歼击轰炸机来讲,IFPC 技术更是至关重要。

图 9-46 为典型的综合飞行/推力控制系统的原理图。系统的工作过程大致为:计算机接受飞行员根据飞行任务发出的指令,并接受飞机的迎角、侧滑角、速度、加速度、发动机进气道压力比和进气整流锥位置等信号;经计算,向飞行控制系统发出操纵指令,操纵飞机的相应控制面,使飞机按预定姿态和航向飞行,同时向发动机发出控制信号,改变进气整流锥位置和油门大小,飞机的推力,从而使飞行控制与推力控制融为一体,达到综合控制的目的。

2. 综合飞行/火力控制

综合飞行/火力控制系统是利用主动控制技术的战斗机,加上具有解耦能力的飞行控制和火力控制系统所产生的自动控制信号,提供快速目标跟踪解算并改善射击目标和投放武器的精度。美国开展综合飞行/火力控制(IFFC)系统的研究较早。20 世纪 70 年代中期就以 F—106 飞机为模型进行火/飞—I(FIRE FLY—I)的原理性研究,此后又进行了火/飞综合仿真研究计划,开展火控系统—F—15 和 F—16 飞机—飞控系统—飞行员数学模型的综合仿真试

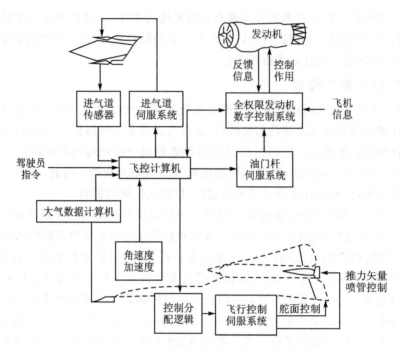

图 9-46　综合飞行/推力控制系统原理图

验,验证并评价综合飞行/火力控制的效率。1981 年 3 月,首次试飞并评价 F—15B 飞机的综合飞行/火力控制系统。此外,美国空军、海军和 NASA 联合制定了"先进战斗机技术综合(AFTI/F—16)计划",将数字式控制增稳、电传操纵、主动控制、多模态控制和综合飞行/火力控制等多种技术用于 F—16,进行飞行试验和验证。1982 年 7 月,试飞并验证了三余度数字式飞行控制系统。1985 年 4 月,试飞并验证了自动攻击系统。仿真结果表明,综合飞行/火力控制技术的应用大大提高了飞机作战效能:空—空命中率提高两倍,首次攻击时间缩短一半,射击机会增加三倍。机翼非水平机动投弹精度提高一倍,在地面高炮攻击下的生存率提高四倍。

　　图 9-47 为综合飞行/火力控制系统的简化结构示意图。由图可见,系统主要包括目标及其位置与运动信号、火力控制系统、飞行控制系统、火力控制系统与飞行控制系统之间的耦合器、控制对象(飞机)、飞机状态变量传感器和估计器、武器投放机构和显示装置等。系统工作原理为:通过机载火力控制雷达或前视红外/激光跟踪器确定目标的运动参数(距离、速度、加速度和方位),通过机载传感器测出飞机的飞行状态(马赫数、高度和姿态)信号,根据这些参数

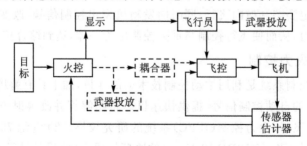

图 9-47　综合飞行/火力控制系统简化图

与信号计算目标的未来位置,自动生成投放(或发射)点及到达投放(或发射)点前的飞行轨迹信号并通过平显向飞行员提供操纵和状态显示,同时送入飞行/火力控制耦合器形成控制指令,传入飞行控制系统,操纵飞机跟踪目标进行自动攻击。这里,飞行员或轰炸员只起监控作用,工作负担大大减轻。

3. 综合飞行/火力/推力综合控制

美国从 20 世纪 80 年代初就开始了综合火力/飞行/推力控制(IFFPC)系统的研究。IFF-PC 一体化设计基于各项先进主动控制技术,更完善地综合飞行、火力、推力、导航及航空电子等子系统,飞机总体性能将得到大大提高。耦合器和控制器是这种综合控制系统的核心,如图 9-48 所示。

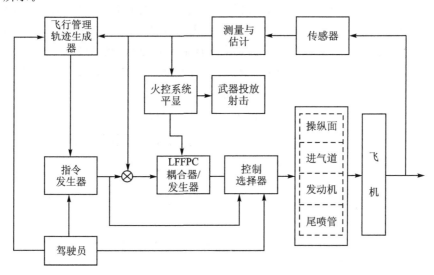

图 9-48　飞行/火力/推力综合控制系统

4. 飞行管理系统

军用飞行管理系统由航空电子系统的导航控制计算机、飞控系统(包括飞行控制计算机和自动驾驶计算机)、中央大气数据计算机以及自动油门控制系统等综合而成。各个计算机根据专业功能或所包含的数据分配任务,其主要部分是自动驾驶仪和自动油门控制系统。具有双余度传感器信号源的双余度自动驾驶计算机向四余度飞行控制计算机提供指令。飞行管理系统向自动驾驶计算机提供飞机滚转角、高度和速度指令。导航控制计算机完成导航与到达时间的控制。

军用飞行管理系统的基本模态是根据导航任务确定的,主要包括:

① 组成导航任务的各个航线段的计划巡航高度与巡航速度。

② 水平导航、垂直导航、速度导航和到达时间控制的不同组合,实现自动高度控制、自动速度控制和到达时间的控制。

③ 爬升/下降模态实现到达指令高度的控制。

④ 自动进场下滑道跟踪模态。

⑤ 自动改平模态。

9.5.7　智能自主控制技术

经过多次局部战争中的成功表现,无人机在军事领域的应用得到了世界各国的普遍关注。伴随着无人机系统技术的发展,无人机自主控制技术也在不断更新。自主性一直是无人机,特别是无人作战飞机投入实际应用的技术基础,并一直被美国列为优先发展的关键技术。

从控制理论的角度,无人机的自主性是指无人机在非结构化、非预知或动态不确定性环境和战场态势中,存在约束和自身故障的情况下,不依赖或极少依赖外部操纵人员而完成预设目标的能力。从这个意义上,无人机的自主控制系统必须采用人工智能、自动控制、运筹学和信息理论相交叉的多元智能控制结构。

无人机自主控制技术研发和应用需要相关领域技术发展来支撑,同时也受到社会因素(包括经济、政策、法规、可接受性)等因素的约束。以无人作战飞机(UCAV,Unmanned Combat Air Vehicle)为例,实现其自主性所需的主要支撑技术可分为态势感知技术与不确定条件下的规划和决策技术两大类,如表 9 - 4 所列。表 9 - 4 中绝大部分内容都要依靠智能算法和仿人脑计算机来实现,这种系统的实现仍有很长的路要走。

表 9 - 4　UCAV 自主控制支撑技术

态势感知技术	不确定条件下的规划和决策技术
• 三维映射 • 传感器和数据耦合 • 自然语言学习 • 自适应和自学习 • 图像理解 • 人—机协同	• 基于行为的智能 • 路径规划 • 多实体控制 • 系统自组织 • 规划和控制体系结构 • 高级推理 • 数学编程 • 层次化分解

无人作战飞机运行体系主要由无人作战飞机机群、地面控制站和通信数据链三部分组成。一种战役级多机协同作战的无人作战飞机控制、决策和管理系统结构如图 9 - 49 所示。图 9 - 49 所示的系统结构上半部分是无人机群任务控制体系结构。任务控制分为三个层次:第一层次负责有人机/无人机协同作战的顶层任务规划;第二层负责无人作战飞机任务规划、任务分解和资源调度;第三层是任务控制站和操作员,直接管理分配给本站的无人机编队和单机的运行,负责对他们的监视、干预和功能授权。

图 9 - 49 的下半部分是无人作战飞机平台系统结构。由任务管理系统(MMS)和增强的飞行器管理系统(EVMS)两个物理层组成机载可变权限自主控制系统,它由决策层、组织层、协调层和执行层四个层次组成,如图 9 - 50 所示。这种系统结构的主要特点是:

① 智能控制系统的分层递阶结构,各层次权限和任务明确。

② 任务载荷和任务管理与飞行器松耦合,便于一机多用和一机多型。

③ 增强的飞行器管理系统与飞行器紧耦合,构成基本飞行平台。

④ 开放的自主性水平,随着技术发展的成熟度,逐步提高自主运行能力。

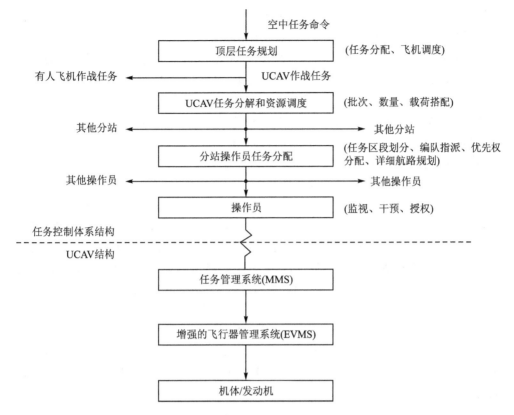

图 9-49　无人作战飞机控制、决策和管理系统结构

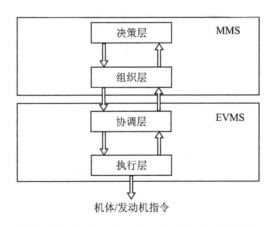

图 9-50　可变权限自主控制系统分层递阶结构

9.6　飞行器新技术与飞控系统的发展

　　飞控技术的首先源于飞行器技术发展的新需求。随着航空飞行器向新构型(如无尾、飞翼、变体)、高超声速、高隐身化、无人化(各类无人机)和近空间(高度从 20 km 至 40 km)发展,飞行器的空天一体化趋势明显;战争多元化、复杂化,从平台对抗演变成体系对抗,基于多信息融合的资源分配、任务规划和指挥决策促进飞行器控制、决策与管理一体化和计算、通信和控

制的一体化的趋势日见明显。飞行器技术发展的新需求为创新性飞行器布局、创新性控制作用、创新性控制概念、理论和方法的研究提供了广泛的机遇。

飞行控制技术的发展经过电传飞行控制技术、主动控制技术和综合控制技术的开发和应用,已经与气动力、结构和发动机控制技术形成交集。以往多学科交叉分析与设计往往停留在飞机总体设计阶段,综合考虑气动力、结构、动力装置和飞行控制技术来保证先进飞机平台性能。未来飞行器的新需求、新布局、新控制作用使得气动力、结构、动力装置和飞行控制耦合更紧密,动力装置不仅提供动力,还产生重要的控制作用,不同控制作用之间存在有利的和不利的相互影响,多轴控制力矩引起高度耦合。于是,多学科交叉分析与设计不再停留在飞机总体设计阶段,还会深入到控制系统设计和实现层次。

主动流场控制是飞行控制技术重要的创新和挑战。从开发理念来看,基于智能材料和结构的控制技术是控制学科和材料学科在飞机开发中首次出现的技术交集。近年来,随着材料科学与流体技术相结合产生出多种新型控制装置,用来取代传统的气动舵面用于飞机的飞行控制。这些控制装置可划分为两大类:第一类基于智能材料和结构(如形状记忆合金或聚合物),在外部激励下自身变形产生控制力和力矩;第二类是分布式安装的微小型激励器,它们对局部流场产生干扰或冲击来改变整个流场的气流分布,达到流场控制的目的。

这里主要介绍创新的气动效应面控制技术和无偏转机构的矢量推力控制技术。与现有的飞行控制系统相比,这两种系统都具有分布式的体系结构、全新的组成部件工作机理与特性,以及飞机的典型非线性、时变的动力学特性。这些都给系统和分系统的分析、设计、综合与验证带来新的挑战。

9.6.1 创新的气动效应面控制技术

创新气动效应面可以分为两类(如图9-51所示),一类是偏转型效应面,另一类是非偏转型效应面。偏转型效应相对更为成熟,已在不同的飞机上经过飞行验证。根据致动机构的原理不同,这类飞行器又可分为电/液动力致动的刚性气动效应面和形状记忆合金驱动的柔性变形效应面。前者与常规气动效应面的主要区别在于采用了新的位置和形状布局,适用于未来无尾飞机的控制要求,研究较多的是前体涡控制面和全动翼尖。形状记忆合金驱动柔性效应面原理示意图如图9-52所示。通过对效应面上、下布置的形状记忆合金(SMA,Shape Memory Alloy)网线施加不同的电流,不同的热效应导致上表面和下表面不同的形状记忆效应,可以有效地控制翼面的偏转角度和方向。在非偏转效应面中,类似的驱动机构所采用的基本原理也是形状记忆合金,只是沿整个机翼剖面的变形,没有独立效应面的偏转,更利于隐身效果。

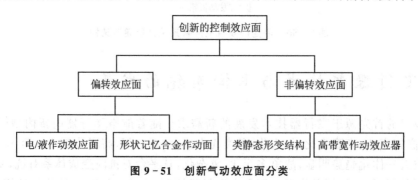

图9-51 创新气动效应面分类

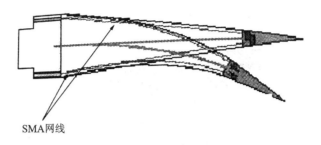

SMA网线

图 9 - 52　形状记忆合金(SMA)效应面

20 世纪 90 年代末,NASA Langley 研究中心重点研究了微小型气流作动器的集合阵列所形成的效应器取代传统控制舵面,构建具有一定可行性的新型飞行控制方案,如图 9 - 53 所示。实验飞机采用 Lockheed Martin 公司的 ICE 飞机,采用翼身融合的无尾布局,在机翼控制效率最高的部位布置微小型喷流作动器阵列,依靠这种效应器控制局部流场,达到取代相应部位舵面偏转的控制效果。

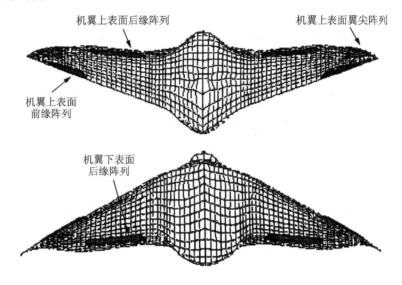

机翼上表面后缘阵列　　机翼上表面翼尖阵列

机翼上表面前缘阵列

机翼下表面后缘阵列

图 9 - 53　微气流作动器阵列布局

9.6.2　射流矢量推力技术

传统上形成矢量推力控制主要有可偏转喷管(如 F—15SMTD 和 F—22)及可偏转燃气舵(如 X—31 和 F—18HARV)两种方案。它们统称为机械式矢量推力技术,这类技术的主要问题:系统为作动器和传动机构付出的质量代价高;机械系统结构复杂、成本高,维护性差;喷管偏转对隐身性能产生不利影响。这些因素使得研究人员寻求无外部运动部件的矢量推力技术。目前采用较多的是基于冲击效应的喷流方案,如图 9 - 54 所示。沿喷管扩张段周边开二次气流槽(或孔排),把二次气流直接射入主喷流,产生一个倾斜的冲击波(二次气流功率足够大)或声速波干扰面(所需二次气流功率小)。这种波面将使主喷管偏离二次气流槽壁的方向,产生矢量推力。

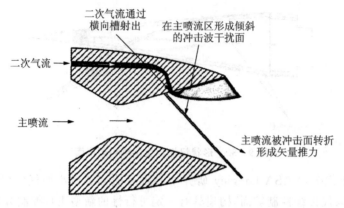

图 9-54　冲击效应射流矢量推力技术原理图

习　题

9-1　飞控系统的发展经历了哪几个阶段？飞控系统有哪些类型？

9-2　飞控系统设计要满足哪些基本要求？

9-3　飞控系统中的线路敷设有哪几种形式？各有何优缺点？

9-4　说明飞控系统中传动系数和传动比的含义。

9-5　机械飞控系统包括哪些主要部件？各有何功能？

9-6　说明电传飞控系统产生的背景,电传飞控系统为什么要采用余度技术？

9-7　说明电传飞控系统的组成与功能。

9-8　说明自动控制系统与人工飞控系统及电传飞控系统的综合形式。

9-9　自动控制系统有哪些主要组成部分？在飞机上的布置应遵循哪些原则？

9-10　什么是主动控制技术？主动控制技术对随控布局飞机可以带来哪些作用？

第 10 章　飞机液压系统

飞机飞行过程中,很多可运动的部件需要操纵系统来完成。对于初级教练机和农用飞机等小型飞机,操纵载荷较小,在对机轮刹车、襟翼收放等进行操纵时,通常可以采用冷气系统来完成。对于现代高性能飞机,随着飞机质量、飞行速度、机动性能等要求的提高,操纵载荷和舵面载荷及舵偏角速度越来越大,操纵过程中需要的功率、速度、刚性等要求也越来越高,所以飞机上大部分部件运动功能的实现都需要采用液压系统来完成。如起落架收放、主轮刹车、前轮转弯、飞行主操纵面与辅助操纵装置的传动等都是由液压系统来操纵的。

10.1　液压系统组成与工作原理

10.1.1　液压系统功用与特点

1. 液压系统的功用

飞机液压系统是指飞机上以油液为工作介质,靠油压驱动执行机构完成特定操纵动作的整套装置。

液压系统可分为两类:液压传动系统和液压控制系统。液压传动系统以传递动力和运动为主要功能;液压控制系统是以液压控制与换能元件为主要控制元件构建的控制系统,通过控制各种阀门改变液压油的流向,从而推动液压缸做出不同行程、不同方向的动作,使液压系统输出满足特定的性能要求,完成各种设备不同的动作需要。

液压系统在现代飞机上是一个非常重要的功能系统,在起落装置和飞行操纵系统中得到了广泛的应用,具体包括:

① 主操纵面:升降舵、副翼、方向舵、鸭翼等。

② 辅助操纵面:机翼前缘襟翼、后缘襟翼、缝翼、扰流片。

③ 通用系统:起落架收放、刹车、前轮转弯、减速板、减速伞、进气道调节等。

④ 专用系统:舰载机机翼折叠、着陆拦阻钩收放等。

2. 液压系统的特点

液压传动质量轻、体积小,输出的力和力矩大,操纵效率高,动态与静态稳定性好,动态响应快,控制范围宽,且油液本身有自润滑的作用,运动机件不易磨损,因此,在飞机各操纵系统中起着重要作用。

(1) 液压传动的具体优点

① 在功率相同的情况下,液压传动比电传动的体积小,质量轻。

② 机械特性好,工作平稳,换向冲击小,便于实现频繁换向。

③ 调速范围大。低速运动平稳,易实现无级变速。

④ 反应灵敏,动作迅速,控制精度高。在大功率控制系统中,更能发挥其优越性。

⑤ 有很大的功率放大系数,即利用液体的高压,控制放大元件只需输入很小的功率,就可输出很大的力。

⑥ 液压元件已大部分实现了系列化、标准化、通用化。

(2) 液压传动的具体缺点

① 由于同时存在机械摩擦、液体摩擦和泄漏,效率较低,并产生热量。

② 因油有泄漏和弹性变形,传动精度较差。

③ 液压元件结构复杂,制造精度高,成本高。

④ 发生故障后不易检查和排除,要求维修人员的技术等级较高。

⑤ 在液压控制系统中液压信号的传递较电信号为慢,信号的转换也不如电信号方便。

⑥ 液压能源由专用的、分散的设备组成,能量传递很不方便,管路连接麻烦。

为保证液压系统工作可靠,特别是提高飞行操纵系统的液压动力源的可靠性,现代飞机上大多装有两套(或多套)相互独立的液压系统,而且在很多情况下,各套液压系统同时具备多项相同职能。为了进一步提高液压系统的可靠性,系统中还应并联应急电动泵和冲压空旋涡轮泵,当飞机发动机发生故障导致液压系统失去能源时,应急电动泵或冲压空旋涡轮泵启动,从而保证液压系统能继续工作。

10.1.2 液压系统组成

目前,液压系统的组成一般有两种分类方法:一种是按组成系统的液压元件的功能来划分;另一种是按组成整个系统的分系统功能来划分。

1. 按液压元件的功能划分

组成液压系统最主要的液压元件一般有如下所述的四种。

① 能源部分:主要指液压泵和蓄能器,其作用是将电动机或发动机产生的机械能转换成液体的压力能。

② 执行部分:其作用是将液体的压力能转换为机械能,包括液压作动筒和液压电机。

③ 控制调节部分:即各种阀门,其作用是调节各部分液体的压力、流量和方向,以满足工作的要求。

④ 辅助装置:除上述组成元件之外的其他元件都称为辅助元件,包括油箱、油滤、散热器、蓄压器、导管、接头及密封件等。

图 10-1 所示为一基本液压系统的组成示意图。图中通过液压油泵(能源部分)从油箱(辅助装置)中吸油加压,经管路传到方向控制活门(控制调节部分),然后,按操纵控制要求改变进入动作筒的进油与回油方向,从而使动作筒(执行部分)产生相应的运动。当管路中的压力过高,系统压力超过规定的工作压力时,安全活门打开,将系统与回油路接通,保护系统安全。

2. 按组成系统的分系统功能划分

从系统功能的观点来看,液压系统可分为两大部分:

① 液压源系统:液压源包括泵、油箱、油滤、冷却系统、压力调节系统及蓄能器等。液压源系统的作用是用来产生工作系统所需要的压力、流量,并对系统的压力进行限制,解决散热等问题。

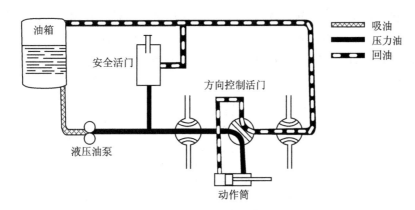

图 10-1 基本液压系统组成示意图

② 工作系统(或液压操作系统):其作用是利用液压源系统所提供的液压能完成工作任务。利用执行元件和控制调节元件进行适当地组合,即可产生所需要的运动,如飞机起落架的收放运动、前轮转弯等。

综合以上两种分类方式,液压系统主要由动力元件、执行元件、控制元件和辅助元件(附件)几大部分组成。除了以上的结构元器件以外,液压油也是液压系统不可或缺的重要组成部分。

10.1.3 液压系统工作原理

液压系统是以液压油作为工作介质,以静压力和流量作为特性参数,来实现能量的转换、传递、分配和控制的。它能够弥补驾驶员体力的不足,利用流体可以传递压力的特性来完成特定的传动动作,推动飞机的某些构件工作。

如图 10-2 所示是液压系统的传动与控制工作原理图。电机、发动机或其他动力带动油泵旋转,并从油箱吸油加压后将液压油输送至液压控制组件;驾驶员由电门或操纵手柄等操纵设备发出操纵指令或操纵信号后,经过综合放大装置作动控制组件,使其按操纵信号控制压力油的压力、流量及流向,控制后的压力油作动传动装置,输出机械动力传动负载;负载位移信号回输反馈至液压控制组件(机械反馈信号)或综合放大转换装置(电反馈信号),管路传感器信号同时回输到驾驶舱显示器,做功后压力降低的油液流回油箱。

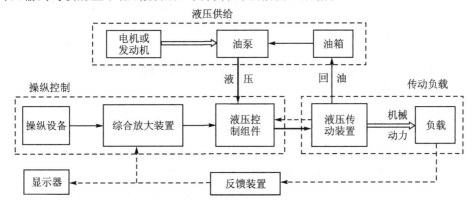

图 10-2 液压系统工作原理

下面以飞机起落架的前轮转弯操纵系统为例,说明液压传动与控制系统的工作原理。

图 10-3 是机械——液压式前轮转弯系统的工作原理图。前轮转弯系统由转弯手柄(手轮)和脚蹬、传动机构、比较机构、转弯计量伺服活门、转弯作动筒、压力补偿器和拖行解压(旁通)活门等组成。

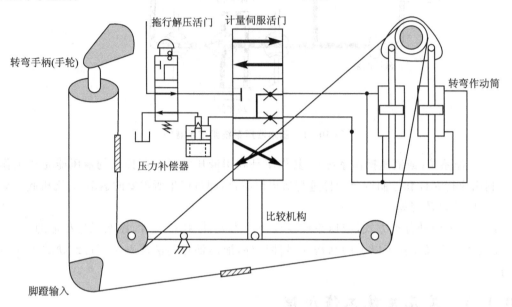

图 10-3 前轮转弯液压操纵系统工作原理图

进行前轮转弯操纵时,驾驶员通过转弯手轮(手柄)或方向舵脚蹬输入转弯信号,通过钢索(拉杆)将转弯操纵信号传递到转弯计量伺服活门,并通过比较机构移动转弯计量伺服活门,将液压动力输送到转弯作动筒,驱动前轮转弯。前轮转动时,转弯套筒上的反馈钢索将机轮位置信号反馈给转弯计量伺服活门,当机轮达到指令位置时,比较机构将计量伺服活门移动到中立位置,停止向作动筒供压,作动筒将机轮保持在当前位置。计量伺服活门移动到不同位置可以使压力油通往前轮转弯系统的不同管路(左转弯或右转弯管路),从而实现手轮或脚蹬对前轮的伺服控制。

压力补偿器可以保持转弯系统回油管路的压力稳定在一定范围内,当没有系统输入时,可确保转弯作动筒保持在现有位置。当有外力转动前轮时,拖行卸压(旁通)活门打开,将作动筒的两端接通,从而对转弯系统内的部件起到保护作用。

10.2 液压系统设计要求与设计参数

10.2.1 液压系统的设计要求

根据 HB—5949—86《飞机Ⅰ、Ⅱ型液压系统设计、安装要求》的规定,要求液压系统及其附件应设计成能在飞机结构允许的所有条件下正常工作,其中包括加速度、角速度、零过载、负过载、飞机可能做出的任何飞行姿态、结构变形、振动或其他环境条件等引起的作用力或状态。液压系统应尽可能保证在作战状态,或因其他缘故损坏液压系统中任何两个导致丧失油液或压力故障的情况下，不至于造成全部丧失飞行操纵能力。液压系统还应保证飞机在正常起飞和着陆时，能提供足以满足《有人驾驶飞机飞行品质规范》规定的保证安全操纵的最低要求的能力。对于不同类型的飞机，应根据型号特点设计相应的液压系统，并对余度技术、安全性及可靠性评估、维修准则、战场生存力评估、经济性评估等进行综合考虑。为了提高系统的工作可靠性和生存力，现代飞机一般设置两套或三套完全独立的液压系统，大型客机甚至设置四套完全独立的液压系统。此外，有的飞机还设置应急能源。

在设计液压系统时，应满足以下各方面的要求。

1. 使用要求

飞机上应用液压系统的部件很多，不同的部件可能有不同的使用要求。如起落架收放、襟翼收放和减速板的收放等，就需要液压传动系统，它们只要求完成一位或多位的收放动作，传动系统要求能源提供的流量变化要小；而飞机上的平尾、副翼和方向舵助力操纵、前轮转弯机构等，则需要液压伺服系统，它们要求作动部件跟随操纵指令而动作，液压伺服系统要求供压能源恒压。

为保证飞机飞行安全，液压系统对操纵部件应提供最可靠的保证。一些对飞行安全影响比较大的操纵，除正常操纵外还应备有应急操纵能源。为保证助力操纵系统工作，其能源应不仅要和其他系统分开，而且要有多套能源，并采用多余度配置。

2. 温度要求

液压油应具有良好的粘温性、低温性和氧化安定性。我国常用 YH—10 和 YH—12 两种航空液压油是石油基液压油，民用客机由于对抗燃要求较高，所以多采用磷酸酯类合成液压油。此类液压油低温粘度较大，高温粘度较小，具有异味和一定毒性，只适宜在 $-40\ ℃\sim$ $99\ ℃$ 温度范围下工作。为了适应系统温度不断提高的需求，还可以采用耐高温的抗燃合成液压油。

3. 压力要求

在液压系统中，对压力等级也有相应的要求。在 20 世纪 90 年代以前，我国飞机采用的压力以 21 MPa（3000 psi，1 psi≈7 kPa）为主。研究结果表明减小液压系统附件和管路体积和减轻质量的最佳压力为 28 MPa（4000 psi）～35 MPa（5000 psi），目前很多国家都相继采用了 28 MPa 的航空液压系统。现代大型客机使用的飞机液压系统的压力一般为 21 MPa 或 35 MPa，工作介质一般为阻燃磷酸酯基液压油。

4. 流量要求

液压系统应能在飞机全包线范围内、飞机所有飞行状态下提供所有液压功能所需的流量；在故障状态下能安全改平并返航着陆。液压系统的流量控制包括：向飞控系统优先供压，保障收放系统的良好的速度控制，保证在发动机低转速时向刹车系统提供充分的流量。

5. 载荷要求

作用在作动装置上的外载荷包括质量力、空气动力、上锁力、开锁力、转动轴承和密封装置产生的摩擦力及粘性阻尼力等。在进行液压系统设计时，要求液压系统要有较好的行程—载荷曲线。曲线的形状与作动装置设计有密切关系，如果系统的曲线形状很特殊（如图 10 - 4 曲线 I 所示），作动装置就会设计得很笨重；如果曲线形状比较合理（如图 10 - 4 曲线 II 所示），在两个作动装置所做的功都是一样的情况下,作动装置就会设计得很轻巧。因此,在分析系统所受的载荷后,如果载荷曲线形状不合理,可以通过改变作动部件和作动装置间传动机构参数的办法,来获得比较合理的载荷曲线。

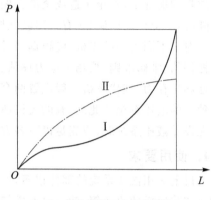

P—作动载荷;L—作动行程

图 10 - 4 行程—载荷曲线

6. 性能要求

飞机总体设计对各作动部件所提出的性能要求是液压系统设计的主要原始依据。飞机总体设计对液压系统作动部件提出的性能要求主要包括:作动部件的行程(或转角)、运动速度和加速度范围、作动部件的位置误差和同步动作的时间误差等。

7. 质量和空间要求

液压系统的质量指标一般要控制在全机总质量的 1% 左右,有时会稍稍超过这个控制数字。据统计,液压系统多增加 1 kg 质量,则飞机就要增加 3～15 kg 质量。减轻质量对飞机液压系统来说有重要的意义。空间要求也是飞机液压系统设计的特点之一,它对系统参数设计、系统在飞机上的布局及作动装置的结构有较大的影响。

8. 可靠性要求

为了提高系统的可靠性,在满足系统功能的前提下,应尽量简化设计方案,减少零部件、元器件的规格和数量;在设计全过程应充分运用故障模式分析和故障树分析的方法,尽量消除各种故障模式或使其减少到最低程度;尽量采用成熟技术,扩大继承性,采用成熟的可靠性工程设计;尽量实施标准化、系列化和统一化设计;对安全可靠性要求高的成品、附件和子系统可采用冗余技术;任何一个子系统或附件的单一故障不得造成其他子系统或附件的故障;应保证两个系统压力丧失时,仍能可靠地转至应急系统工作;尽量减少或消除环境因素对系统、元件、附件可靠性的影响;避免能引起错误装配或安装的设计。飞机液压系统的故障概率应保证在 $10^{-9}\sim10^{-7}$/飞行小时以下。

9. 清洁度要求

液压元件不仅要保证其工作性能,还要保证其清洁度要求。若将清洁度不符合要求的元件装入系统后,在系统油液的冲刷和机械振动等的作用下,元件内部固有的污染物会从粘附的表面脱落而进入油液中,使系统受到附加污染。此外,元件内部的固有污染物往往是造成元件初期损坏或故障的主要原因,如导致零件表面划伤、控制孔堵塞和运动件卡死等。因此,应对液压系统的清洁度进行严格控制。

在设计液压系统之前除了要对上述要求进行深入研究外,还要对这些要求进行合理性与可行性分析。

10.2.2 液压系统原理方案设计

液压系统原理方案设计的过程中,一般可以同时提出能满足总体要求的几种系统原理方案。选择一个好的系统原理方案,是设计出高质量液压系统的基础。方案设计是液压系统的顶层设计,影响液压系统研制的全过程。此阶段的主要工作目标是确定液压系统原理方案图、确定液压系统包括流量在内的全部技术参数、确定成品附件的技术要求。

液压系统原理方案设计阶段的主要工作包括:

1) 进行液压系统的组成分析,拟订液压系统结构功能框图。

液压系统的组成分析是系统方案设计的重要内容,主要工作是配置液压系统的余度数(包括正常系统和应急系统)及各功能子系统的布局,分析时要充分考虑以下内容:

① 确定液压系统的余度数,各套系统应尽量做到完全独立,系统间不应相互串油。

② 尽可能做到有一套液压系统专用于飞控系统,飞控和飞行安全功能部分应有余度设置、压力优先。

③ 应急液压系统应尽量做到能源独立、结构独立、管路独立,应急转换简单、可靠、快速,除非采取特殊安全措施,用于飞控系统的应急液压系统不应与其他子系统交联。

④ 系统和各子系统的故障不引发其他系统和子系统的关联故障。

液压系统结构功能框图主要是用方块图的形式表示出液压系统的总体组成和各组成之间的相互关系,如全机的主液压系统包括几套系统、各系统之间的相互关系、各功能子系统(如液压油箱空气增压系统、起落架收放系统、襟翼收放系统、前轮转弯系统、主轮刹车系统、发动机应急顺桨停车系统等)都操纵哪些部件以及应急系统和能源配置等,如图 10-5 所示为 A320 飞机液压系统的结构功能框图。

A320 飞机的主液压系统包含三个相互独立的液压系统(没有液压油的交换),分别称为绿系统、黄系统和蓝系统。每一系统都有各自的液压油箱(引气增压)。三个系统的正常工作压力均为 21 MPa(3000 psi),冲压空旋涡轮作动时为 18 MPa(2500 psi)。主液压系统可保证液压系统供压的所有机构和装置正常工作,备份液压系统可供应急放下襟翼和主轮应急刹车。当主系统发生故障时,备份系统的油泵打出来的压力油也可以直接到主系统中,以保证主系统所有机构和装置工作。

绿系统由左发动机驱动泵(EDP,Engine Driven Pump)供压,黄系统由右发动机驱动泵供压,蓝系统由电动泵(EMP,Electric Motor Pump)供压,当发动机工作时这三个主系统自动供压。三个系统主泵通常设置为开机自动启动,在无电的情况下,手动泵作为应急动力对货舱门进行控制。

绿系统主要提供液压动力给起落架(包括前轮转向操纵)、正常刹车、左发动机反推、部分飞行操纵系统、动力转换组件等。黄系统主要提供液压动力给货舱门、备用刹车、右发动机反推、部分飞行操纵系统以及动力转换组件等。蓝系统为备份系统,其冲压空旋涡轮(RAT,Ram Air Turbine)在飞机失去电源或者发动机全部故障时,通过与其连接的液压泵为蓝系统提供应急压力,此外,RAT 也可通过恒速电机/发电机为飞机提供部分应急电源。系统中的双向动力转换装置(PTU,Power Transfer Unit),在绿、黄两个液压系统之间机械连接,当一个发动机或 EDP 发生故障,导致两系统压力差大于 3.5 MPa 时,PTU 自动启动,为故障系统提供压力。优先阀在系统低压情况下,切断重负载用户,优先维持高优先级用户(如主飞控舵面)压力。

2) 确定系统压力级别和液压系统温度型别。

3) 根据飞机飞行控制操纵面的最大铰链力矩、偏转角速度和可能的飞行机动动作,估算飞控系统所需的液压功率,根据其他液压子系统的负载和速率要求,估算这些子系统所需的液压功率,并根据所有液压子系统可能的复合情况和发动机工作状态,再参照原准机或同类飞机

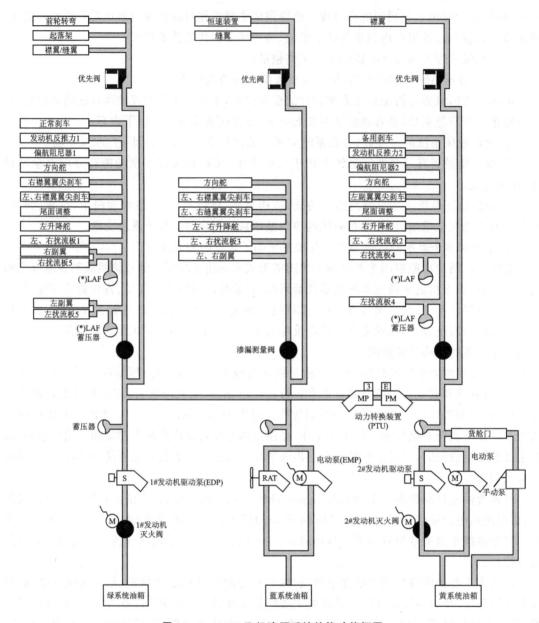

图 10 - 5　A320 飞机液压系统结构功能框图

的数据,确定液压系统(包括正常液压系统和应急液压系统)油泵的额定流量。

4)进行系统温度估算,选定液压系统工作液。

5)进行液压油箱容积和油箱增压压力计算,确定油箱形式和增压方式。

6)进行蓄压器参数计算。

7)根据系统结构功能框图,参考过去各种机种,特别是原准机或同类飞机,初步提出系统质量指标和进行重心估算。

8)绘制液压系统各功能子系统原理图。

液压系统原理图是在系统结构功能框图的基础上进行进一步细化,在图上标明系统的主要组成及其工作原理,但不要求详细绘出系统管路间的连接关系。如图 10-6 所示为 A320 飞机液压油箱空气增压子系统的原理图。为了防止液压系统的油箱产生气穴现象,需要使飞机油箱的压力保持在一定值(如 0.35 MPa)以上,A320 飞机采用的是来自发动机的压缩空气对油箱进行增压。油箱内压力油与空气间没有隔膜,增压过程中产生的多余气体会自动经溢流阀排出,从而来保证油箱中的正常压力。

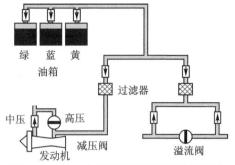

图 10-6　A320 液压系统引气增压原理图

10.2.3　液压系统主要设计参数

液压系统的主要参数包括系统的压力、流量和温度等。

1. 液压系统压力级别的确定

液压系统的压力级别是系统的最基本参数之一,是液压系统和附件设计的重要原始依据。合理地选取液压系统压力级别对系统性能、研制成本、研制周期都有重要意义。飞机液压系统压力级别是指系统主压力控制装置断开压力的公称值。

随着飞机的发展,液压系统传递动力增加,与此同时飞机又对液压系统的质量和体积提出了更苛刻的要求,这迫使液压系统向高压化方向发展。但随着压力的增加,当压力超过一定值时,由于各元件受力过大,反而使系统的总质量增加。另外,压力过大还会带来材料、工艺、密封和高温等方面的很多问题,因此,液压系统工作压力的提高也是受到技术水平限制的。因此,液压系统压力级别的选取应根据型号的特点和飞机的技术要求,以求得飞机和系统的性能、质量、成本、周期综合效能最佳。表 10-1 为一些常见的军用飞机和民用飞机选用的液压系统的压力级别。

表 10-1　某些军用飞机和民用飞机液压系统的压力级别

飞机类型	机　型	液压系统压力级别
歼击机	F—15	21MPa(3000 psi)
	F—16	21 MPa(3000 psi)
	F—18	21 MPa(3000 psi)
	歼—11	28 MPa(4000 psi)
	F—22	28 MPa(4000 psi)
民用客机	波音 737	21 MPa(3000 psi)
	A320	21 MPa(3000 psi)
	ARJ21	21 MPa(3000 psi)
	C919	21 MPa(3000 psi)
	"协和"超声速飞机	28 MPa(4000 psi)
	A380	35 MPa(5000 psi)
	波音 787	35 MPa(5000 psi)

从减轻飞机质量的角度来看,适当提高液压系统的工作压力对减轻飞机质量是有利的。液压系统质量减少 1 kg,可以使飞机结构质量减少 4 kg,或者使飞机承载能力提高 15 kg。表 10-2 为以 21 MPa 作为基准压力,提高系统工作压力后液压系统重量体积的变化情况。

表 10-2　工作压力的提高与液压系统质量、体积变化的关系

压力提高情况	从 21 MPa 提高到 28 MPa	从 21 MPa 提高到 35 MPa	从 21 MPa 提高到 56 MPa
质量降低	2.46 %	12.2 %	30%
体积减小	13.8 %	28.3 %	40 %
采用材料	钢和合金钢	钢和合金钢	钛合金

对于应急液压系统,其压力确定需依据应急状态下的操纵面铰链力矩及其与正常状态铰链力矩的比值,以及飞控作动筒的形式(单腔或双腔)而定。一般应急液压系统的压力设计与正常液压系统一样。但在使用双腔飞控作动筒时,应设计成使应急液压泵的零流量压力略低于主液压泵的最大全流量压力,使应急液压泵虽然启动,但不输出有用功。这样可以避免可能出现的应急液压泵和主液压泵同时向飞控作动筒的一个腔提供功率的情况。

2. 系统流量的确定

在系统压力级别确定之后,流量问题实际上是系统的功率问题。流量确定是系统方案设计中重要而困难的课题。确定系统流量应注意如下问题:

① 液压系统的流量应在满足用户功率需求下留有约 10%～15% 的余量,以避免计算误差造成被动和型号改进改型对流量需求的增加。

② 在确保安全和确保飞控等关键用户的前提下合理均衡各功能子系统对流量的需求,尽可能使各系统的功率接近,以减少成品的规格,减小技术难度。

③ 要全面分析各子系统工作状态、对应的发动机转速、执行机构的动作速度,以便较准确地确定各子系统的需求流量。

④ 全面分析系统的内部渗漏情况,尤其是大量采用伺服控制子系统的液压系统更重要。

系统的流量可用下式估算:

$$q_{VR} = \left(\sum q_{Vc} + \sum q_{Vs} + \sum q_{Vu} \right) / n \tag{10-1}$$

式中,q_{VR} 为油泵的额定流量;

q_{Vs} 为各子系统工作时所需要的流量,此流量可根据各子系统要求的收放时间和作动筒收放腔的容积(参照原准机或类似飞机)进行估算;

q_{Vu} 为系统漏损流量,对于大量采用伺服阀的系统不可忽视;

n 为发动机高压转子转速与额定转速的比值;

q_{Vc} 为操纵面作动筒的输入流量,其值可按下式确定:

$$q_{Vc} = \frac{6}{5\,730} \times k \times \frac{M_{max}}{p} \omega \tag{10-2}$$

式中,M_{max} 为操纵面的最大铰链力矩(N·m);

p 为油泵额定工作压力(MPa);

ω 为操纵面峰值角速度(°/s);

k 为考虑机动飞行时操纵面动作速度的经验系数,可取 $k=0.4\sim1.0$。

液压系统的压力和流量的选取,对液压系统作动部件的工作性能有很大影响。表 10 - 3 和表 10 - 4 列出了一些军用飞机液压系统各作动部件的收放时间及液压伺服系统各作动部件的运动速度的大致要求。

表 10 - 3　各收放机构的作动时间要求

机　型	收起落架时间/s	收放襟翼时间/s	收放减速板时间/s	刹车时间/s
歼击机	7～8	2～3	2 左右	刹车 1.5,松刹 1
战斗轰炸机	≤20	6～8		
远程轰炸机	≤25	20～25		

表 10 - 4　各主要操纵面的运动速度要求

机　型	副翼操纵角速度/((°)·s^{-1})	平尾及方向舵操纵角速度/((°)·s^{-1})
歼击机	＞ 60～70	40～50
轰炸机	＞ 45	20～25

3. 温度及其型别的确定

液压系统的温度型别是系统又一个最基本参数,也是液压系统和元件设计的重要原始依据。合理地选取液压系统的温度型别对于系统的热设计具有重要的意义。液压系统的温度型别共分为六等,温度型别的确定主要应考虑油路、密封橡胶、软管等的承受能力,以及所有的液压附件在规定的寿命期限内工作的可靠性,如表 10 - 5 所列。

表 10 - 5　飞机液压系统的温度型别

型别	温度范围/ ℃
I	－55～＋70
II	－55～＋135
III	－55～＋200
IV	－55～＋320
V	－55～＋400
VI	－55～＋650

随着飞机飞行速度的提高,机体内外环境温度也随着提高,液压系统的散热条件更加恶化,使系统油液温度较高,因此应选用合适的液压油。通常情况下,当环境温度在－60 ℃～＋50 ℃时,液压油工作温度应能保持在＋50 ℃～＋80 ℃。

飞机性能的提高,也使液压系统的功率和额定压力呈增高趋势,另外由于电液伺服阀和零、负重叠量滑阀的伺服作动器的采用,使系统发热量增大,引起系统温度增高。这给液压系统设计带来很大的困难。因此,温度型别的选取应根据型号的特点,在满足飞机和系统要求的情况下,采用简单、可靠、有效的系统散热方案,最大限度地减少系统的发热量;提高系统的效率,使系统的温度型别尽可能降到较低的型别。温度型别的选取应综合权衡下列因素:

① 考虑飞机总体对液压系统规定的功能、性能等要求。

② 控制液压系统的发热状况,如泵效率要合理、节流损失、伺服作动器的损失要小。

③ 选择合理的液压系统的散热方案,如采用自然通风散热、强迫通风散热或燃油散热。

④ 液压系统在飞机上的布局,应使液压系统尽量远离高温区。

⑤ 考虑液压系统的液压油和密封材料的性能。

⑥ 液压系统的功率和负载特性。

⑦ 考虑液压系统的渗漏控制和污染控制的影响。

10.3 液压供油系统

10.3.1 液压源

　　飞机液压源系统用于为飞机上液压驱动的活动部位提供液压动力,主要用于飞机起落架系统、飞行控制系统、舱门、发动机反推等的操纵,对飞行安全起着重要的作用。液压源系统可分为单源系统与多源系统两大类。

　　单源系统通常用在起落架收放和襟翼收放系统中,如图 10-7 所示即为起落架收放和襟翼收放系统操纵原理图。

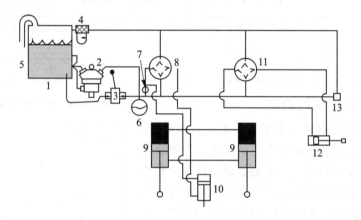

1—油箱;2—发动机驱动油泵;3—手摇泵;4—油滤;5—增压空气;6—蓄压器;7—压力表;8—起落架选择活门;
9—主起落架动作筒;10—前起落架动作筒;11—襟翼选择活门;12—襟翼传动装置;13—安全活门

图 10-7 起落架收放和襟翼收放操纵原理图

　　多源系统又称余度液压系统,同时用于起落架与飞行操纵控制系统,飞机上一般布置有两套(或两套以上)相互独立的、能够连续工作的左右液压源系统,其管路布置也需要相互隔离,以提高总体系统的可靠性和飞行的安全性。如波音 737 飞机、A320 飞机都是采用了三套独立的液压源系统,而波音 747 飞机则采用了四套独立的液压源系统。对于三余度的液压源系统,当一套系统发生故障后,另两套系统能够正常工作,保障飞机的正常飞行;如果两套液压系统发生故障,第三套系统仍能够保证飞机安全降落。如图 10-5 所示的 A320 飞机液压系统即为多源系统。

10.3.2 液压泵

1. 液压泵工作原理

　　一般来讲,液压系统使用的液压泵都是容积式的,其工作原理是利用容积变化来进行吸油和压油,如图 10-8 所示。从图中可以看出,柱塞 4 在弹簧 3 的压力下紧压在偏心轮 5 上,偏心轮 5 由电动机或发动机带动旋转,柱塞 4 便作往复运动,使密闭的工作腔 2 的容积发生变化,体积变大时,大气压力迫使油箱中的油液经吸油管顶开单向阀 6 进入工作腔,这就是吸油过程。当工作腔体积变小时,工作腔中吸入的油液受到挤压,压力升高,顶开单向阀 1 流向系统中去,这就是压油过程。偏心轮在发动机带动下不断旋转,泵就不停地吸油和压油,这样,泵就把发动机的机械能转换成泵输出的液压能。

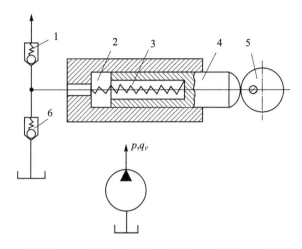

1—单向阀;2—工作腔;3—弹簧;4—柱塞;5—偏心轮;6—单向阀

图 10 - 8　容积式液压泵工作原理

从工作原理上看,大部分液压泵都是可逆的,即输入液压油,就可以输出转速和扭矩,也就是说,可以把液压能转换成机械能,这样液压泵就成为执行元件——液压电机。

飞机液压源系统中所采用的容积式液压泵的形式主要是齿轮式和柱塞式两大类。齿轮泵一般为定量泵,适用于中高压以下的压力等级。柱塞泵比较适合于高压系统。随着系统压力的提高,液压系统中采用轴向柱塞泵越来越多。

2. 液压泵主要性能参数

液压泵的主要性能参数包括:额定压力、排量和流量、功率和效率。

(1) 额定压力

液压泵的实际工作压力是指它工作时输出油液的压力,其值取决于负载。因此实际工作压力不能作为液压泵的性能指标。额定压力是指泵规定允许的最佳工作压力,也是长期工作的最大工作压力。其值取决于泵的密封件和制造材料的性质和寿命。若工作中压力超过了额定值,就称为过载。

(2) 排量和流量

液压泵的排量 q 是指在没有泄漏的情况下,泵每转一转所排出的液体体积。它是由泵密闭的工作腔的大小来决定的。液压泵的理论流量 q_{Vt} 等于泵的排量 q 与泵的转数 n 的乘积。即

$$q_{Vt} = q \times n \tag{10-3}$$

理论流量是在不考虑泄漏的情况下单位时间内输出的液体体积。液压泵的额定流量是指在额定转速下,泵处于额定压力状态时泵的流量。由于泵总存在内漏(内漏是指液压元器件内部油液的泄漏,一般是液压油由高压侧向低压侧的泄漏),所以额定流量总是小于理论流量。

(3) 功率和效率

液压泵的输入功率是电动机或发动机的机械功率,是发动机输出转矩 T 和泵的转动角速度 ω 的乘积,即

$$N_i = T \times \omega \qquad (10-4)$$

泵的输出功率是流量 q_V 和工作压力 p 的乘积，即

$$N_o = q_V \times p \qquad (10-5)$$

因此，液压泵的效率可以表示为

$$\eta = \frac{N_o}{N_i} = \frac{q_V p}{T \omega} \qquad (10-6)$$

一般来讲，齿轮泵的效率为 0.6～0.65。柱塞泵的效率约为 0.8 左右。

3. 齿轮泵工作原理

(1) 齿轮泵的工作原理

齿轮泵有外啮合式和内啮合式两种，飞机上以外啮合式齿轮泵为多。

齿轮泵结构简单，体积小，质量轻，工作可靠，并对液压油的污染不太敏感，便于维护和维修。但目前生产的齿轮泵的压力还较低，流量脉动和压力脉动较大，噪声高，不容易实现变流量，因此使用受到了限制。齿轮泵的工作压力可达 16～21 MPa，转数为 3 000～4 000 r/min，其排量可达 200～350 mL/r。

齿轮泵的工作原理如图 10-9 所示。它由装在壳体内的一对相互啮合的齿轮组成。齿轮 1 为主动齿轮，齿轮 3 为被动齿轮，5 为端盖，6 为传动轴，7 为壳体。当齿轮 1 按图示方向旋转时，右腔（吸油腔 4）因啮合的齿轮逐渐脱开，而使其密闭腔的容积逐渐增大，压力减小，因此，油箱中的油液在油箱内压力的作用下被吸进来，并随着齿轮转动。当油进入左腔（排油腔 2）时，由于齿轮又逐渐进入啮合状态使密闭腔容积逐渐缩小，从而将油从排油口挤压出去。齿轮不断旋转，油液便不断地吸入和排出。

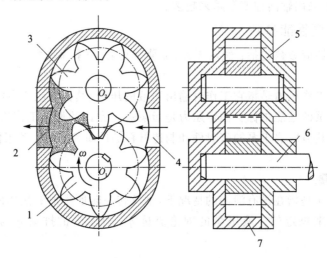

图 10-9　齿轮泵工作原理

在使用过程中，保证正常的工作温度和转速是保证输出流量的重要措施。因为转速过高会使油液在离心力的作用下，使齿根部在吸油腔内的压力降低而产生气穴，影响正常吸油。

(2) 齿轮泵的特性分析

1）齿轮泵的供油量分析与计算

齿轮泵的理论供油量 q_{Vt} 为

$$q_{Vt} = b\omega(R_d^2 - R_j^2 - R_{j1}^2\varphi^2) \tag{10-7}$$

式中，R_d，R_j，R_{j1} 分别为齿顶圆、节圆和基圆直径；

　　φ 为齿轮的转角；

　　ω 为齿轮的角速度；

　　b 为齿宽。

从式(10-7)式可以看出，齿轮泵的理论流量是随齿轮转角按抛物线规律变化的。

齿轮泵的实际供油量为

$$q_V = 2\pi m^2 Zbn\eta_V \times 10^{-6} \tag{10-8}$$

式中，m 为齿轮模数；

　　b 为齿宽；

　　n 为齿轮的转度；

　　Z 为齿数；

　　η_V 为容积效率，$\eta_V = 0.8\sim0.92$。

由式(10-8)可知，齿轮泵的实际供油量取决于齿轮的模数、齿数、齿轮宽度和转速。齿轮模数决定齿形尺寸，在一定的齿轮外廊尺寸下，模数大，齿间面积大，供油量大。因此，模数应尽可能取大。据统计，对于供油量大于 1 500 L/min 的泵，模数在 3~6 之间。若模数一定，齿数越多，则节圆直径越大、供油量越大，但齿轮体积、质量也相应增大。但若节圆直径不变，减小齿数，则模数增大，有利于增大供油量，而体积、质量基本不变。因此齿轮泵设计时应尽量减少齿数。燃油齿轮泵的齿数多在 10~14 之间。增大齿宽可以增加供油量，提高容积效率；但齿间困油容积增大，径向力和齿轮侧向液压负荷成比例增加，轴承负荷增大，增加了设计难度。齿宽过大还使齿面轴向接触精度要求增高。所以一般限制 $b < 9$ mm。提高转速可以增加供油量，又可缩小体积，减轻质量。因此，高转速是设计时追求的指标之一。但转速过高会影响液体对齿间的填充，降低容积效率，所以一般转速为 3 000~4 000 r/min。

另外，经过齿轮径向和轴向(端面)间隙的压差漏损均降低泵的容积效率，尤其是轴向间隙，密封长度短，是漏油的主要部分。为了保证高的效率，目前出口压力小于 6 MPa 的泵，通常取轴向间隙在 0.01~0.10 mm 的范围内，径向间隙在 0.02~0.20 mm 的范围内。当出口压力大于 6 MPa 时，一般采用轴向浮动侧板来消除间隙。

2) 齿轮泵的传动功率

齿轮泵的传动功率 N 可按下式计算：

$$N = \frac{q_V \Delta p}{60\eta} \tag{10-9}$$

式中，q_V 为泵的实际供油量；

　　Δp 为泵的出口与进口压力差；

　　η 为泵的总效率，

　　$\eta = \eta_V\eta_m$，其中 η_m 为泵的机械效率，$\eta_m = 0.85\sim0.90$。

3) 齿轮泵的特性

齿轮泵的特性以齿轮泵主要性能参数之间的关系表示，如图 10-10 所示。其中图(a)为供油量—转速特性，在额定转速范围内一般呈线性关系，超过某一转速时，充填不良会导致曲线斜率不断变小；图(b)为供油量—出口压力特性，当转速一定时，供油量随着出口压力的增加不断减小;图(c)为供油量—进口压力特性,当转速一定时,供油量不随进口压力变化,只有当进口压力减小到某一值后,才迅速下降。

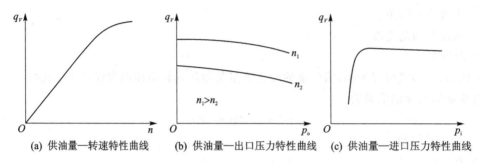

| (a) 供油量—转速特性曲线 | (b) 供油量—出口压力特性曲线 | (c) 供油量—进口压力特性曲线 |

图 10 - 10   齿轮泵的特性曲线

4. 柱塞泵工作原理

柱塞泵按柱塞的排列方式可分为轴向式和径向式。

径向式柱塞泵与轴向式柱塞泵相比,径向尺寸较大,转动惯量也较大,且吸油能力差,效率较低,不容易实现变流量的要求,因此限制了它的使用。下面主要以轴向式柱塞泵为例介绍它的工作原理。

(1) 柱塞泵工作原理

柱塞泵转子旋转时,柱塞在转子的柱塞孔内作往复运动,周期的改变柱塞孔的自由容积。在分油盘高、低压窗的配合下,产生连续的吸油与排油。图 10 - 11(a)为倾斜斜盘式柱塞泵的工作原理图。柱塞头部紧靠在斜盘面上,其往复运动的行程受到斜盘工作面的限制,斜盘工作面位置(用斜盘倾角 φ 表示,如图 10 - 11(b)所示)由随动活塞通过活塞杆、连杆操纵,改变斜盘位置就改变供油量。

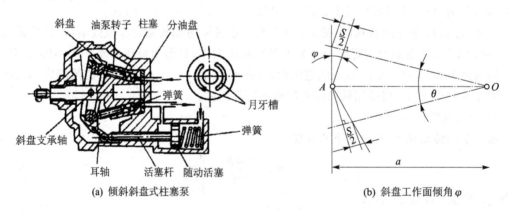

| (a) 倾斜斜盘式柱塞泵 | (b) 斜盘工作面倾角 φ |

图 10 - 11   柱塞泵工作原理

(2) 柱塞泵特性分析

1) 柱塞泵供油量计算

柱塞泵的理论供油量常用的计算公式为

$$q_{Vt} = \frac{\pi}{2} d_z^2 a \sin \theta \tan \varphi Z n \eta_V \times 10^{-6} \tag{10 - 10}$$

式中,d_z 为柱塞直径;

a 为锥面斜盘锥形顶点 A 至柱塞轴线交点 O 的距离;

θ 为柱塞轴线与转子轴线的夹角;

φ 为斜盘倾斜角;

Z 为柱塞数目;

η_V 为柱塞泵的容积效率,$\eta_V=0.92\sim0.98$;

n 为转子转速。

从式(10-10)可以看出,增加柱塞直径 d_z 和柱塞数 Z 均使供油量增加,但同时会引起转子体积、质量的增加。二者比较,增加柱塞直径 d_z,在增加同样供油量的情况下,所付出的体积、质量代价较小。在航空柱塞式燃油泵上,一般 $d_z=14\sim18$ mm,$Z=7\sim9$。

当 $\theta=0°$ 时,倾斜斜盘柱塞泵变为轴向柱塞泵。倾斜斜盘的柱塞泵与轴向柱塞泵相比较,当 φ 角相同时,可在转子体积相同的条件下,使柱塞的行程加大,供油量加大,同时柱塞离心力的轴向分力加大,有助于将柱塞顶靠在斜盘上,可减轻柱塞弹簧的负荷。θ 角过大,将增加转子径向尺寸,对柱塞与斜盘的受力及接触情况不利,常取 $\theta=13°\sim15°$。

改变 φ 可改变柱塞行程,调节供油量。φ 角增大时,供油量增加,油压力所产生的径向力也增大,柱塞与转子孔的磨损及转子体的倾斜力矩增大。φ 减小时,柱塞行程与 φ 角接近线性关系。φ 角过大后,供油量与 φ 之间线性关系变差,且斜盘与转子会相碰,一般 φ 角的最大值不超过 16°。

转速 n 可在不增加油泵体积的情况下,提高供油量,但有关运动副的相对速度、负荷都相应增加;摩擦、磨损加剧,影响寿命;n 过大还会产生填充不良,使泵的效率降低。柱塞泵的转速通常都限制在 3 000~5 000 r/min 的范围内。

2)油泵吸油压力

对于高压泵来说,在转速和流量都已确定的情况下,是否产生气穴现象主要取决于油泵吸油口压力的高低。为了防止气穴现象,必须保证油泵吸油入口的压力不要过低。轴向柱塞泵不产生气穴现象的最低允许吸油压力 p_s 为

$$p_s \geqslant \Delta p_f + p_d + p_r \qquad (10-11)$$

式中,Δp_f 为泵入口到柱塞腔的流动压力损失;

p_d 为油液中空气的分离压力;

p_r 为安全储备压力。

3)柱塞泵传动功率

柱塞泵的传动功率 N 可用下式表示

$$N = \frac{q_V \Delta p}{60\eta} \qquad (10-12)$$

式中,q_V 为泵的实际供油量;

Δp 为泵的出口与进口压力差;

η 为泵的总效率,$\eta=\eta_V\eta_m$,其中 η_V 为泵的容积效率,η_m 为泵的机械效率,$\eta_m=0.60\sim0.85$。

4)柱塞泵工作特性

供油量—转速特性:在一定转速范围内,供油量与转速呈线性关系,直线斜率取决于斜盘倾角 φ。随着转速增加,供油量也增加很快,如图 10-12(a)所示。当接近最大转速时,开始发生填充不良现象,容积效率平缓下降,当达到并超过最大转速时发生气蚀现象,容积效率急剧

下降,如图 10-12(b)所示。此时,实际供油量也急剧降低。

供油量—出口压力特性:泵的理论供油量 q_{Vt} 与出口压力 p_c 无关,如图 10-12(c)的虚线所示。当出口压力增大时,进、出口压差增加,间隙供油量增多,容积效率减小,实际供油量 q_V 下降,如图 10-12(c)的实线所示。

供油量—进口压力特性:正常情况,改变进口压力不影响供油量,只在进口压力低到某一数值时,由于产生气穴,故供油量突然降低,如图 10-12(d)所示。

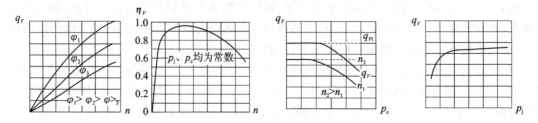

(a) 供油量—转速特性曲线　(b) 气蚀对 η_V 的影响　(c) 供油量—出口压力特性曲线　(d) 供油量—进口压力特性曲线

图 10-12　柱塞泵性能曲线

10.4　液压传动与控制

10.4.1　液压电机

液压电机在构造上与液压泵相似,只是工作状态与液压泵相反,它是由高压油液推动齿轮旋转,通过传动机构带动被传动部件运动,如襟翼的收放运动。关于液压电机的工作原理可参考前面液压泵的构造和工作原理,这里不再赘述。

10.4.2　液压作动筒

1. 作动筒基本构造

液压作动筒可分为旋板式和活塞式两大类。飞机上常用的作动筒是活塞式作动筒,按其活塞杆的配置及输出特性又可分为单杆式、双杆式和伸缩套筒式等。

图 10-13 为单杆式作动筒的典型构造,图(a)是单向式作动筒,其工作原理是利用高压油使其伸出,并靠弹簧自动恢复。这种作动筒只有一个通油孔,供油时活塞杆伸出,回油时活塞杆收缩,它通常用在起落架收放位置锁的传动机构中。图(b)是一个双向式作动筒,它有两个

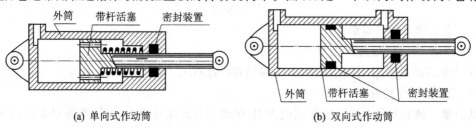

(a) 单向式作动筒　　　　　　　(b) 双向式作动筒

图 10-13　单杆式作动筒结构

通油孔,可交替供油和回油,使其往复运动。由于活塞杆占去一部分缩入动作的受压面积,所以其负载相同时,所需供油压力不同;当供油油量相同时,其往返运动速度是不同的,而双杆式作动筒能解决这样的问题(见图 10 - 14)。

2. 作动筒工作原理

图 10 - 14 所示是液压作动筒的工作原理。它由筒体 1、活塞 2、活塞杆 3、端盖 4、密封 5、进出管道 6 等组成。当筒体固定时,若筒体左腔输入工作液体,液体压力升高到足以克服外界负载时,活塞就开始向右运动。若连续不断地供给液体,活塞则以一定的速度连续运动。因此,作动筒可以利用液体压力来克服负载,利用液体流量维持运动速度。由此可知,输入作动筒的液体压力和流量,是作动筒的输入参数,是液压功率;作动筒的输出力和速度(或位移)是其输出参数,是机械功率。若将活塞杆用铰链固定,按图示箭头方向供油和回油(也可反向供油和回油),则筒体亦可运动,其工作原理与上述筒体固定相同。

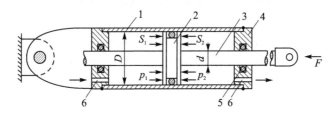

图 10 - 14　作动筒工作原理

3. 作动筒工作特性

(1) 输出速度与流量的关系

由流体的连续性方程可知,对于活塞式作动筒,其流量与速度的关系为

$$q_V = v_t S$$

或

$$v_t = \frac{q_V}{S} \tag{10-13}$$

式中,v_t 为作动筒的理论输出速度;

S 为活塞的有效作用面积。

由于单杆式作动筒两端的有效作用面积不等,因此,有杆端进油时在流量不变的情况下,比无杆端进油时的输出速度快。除了采用双杆式作动筒外,采用差动式作动筒和差动回路也可以满足往复速度相等的要求。

(2) 输出力与压力的关系

液压作动筒的输出力是由工作液体的压力作用在作动筒的有效面积上产生的。根据容积式液压传动的工作原理,压力取决于负载,压力的最大值由供压系统的限制压力来调定。所以,作动筒的最大输出力应由系统的调定压力所限制。由图 10 - 14 所示,作动筒的理论输出力 F_t 为

$$F_t = p_1 S_1 - p_2 S_2 \tag{10-14}$$

式中,p_1 为供油压力;

p_2 为回油压力;

S_1 为 p_1 压力作用下的有效面积;

S_2 为 p_2 压力作用下的有效面积。

由于作动筒本身在运动过程中存在各种阻力,因此,作动筒的实际输出力要比理论输出力小,即实际输出力为:

$$F = F_t \eta' \tag{10-15}$$

式中,η' 为作动筒的机械效率,一般情况下 $\eta' = 0.85 \sim 0.95$。

当供油压力达到最大值(受系统限制)时,作动筒的最大输出力应为

$$F_{max} = (p_{max} S_1 - p_2 S_2) \eta' \tag{10-16}$$

实际上,由于液压供压系统此时已处于卸荷状态,实际向系统的供油量为零,所以作动筒的输出速度也为零。也就是说,作动筒在使用过程中达到最大输出力时,作动筒是不能运动的。

(3) 作动筒的输出功率和效率

作动筒的输出功率等于其实际输出力和实际输出速度的乘积,即

$$P_e = Fv \tag{10-17}$$

式中,$v = v_t \eta_V$,η_V 是考虑泄漏对实际输出速度的影响系数,一般 $\eta_V = 0.95 \sim 0.99$。

系统对作动筒的输入功率应等于作动筒的理论输出力 F_t 和理论输出速度 v_t 的乘积,即:

$$P_i = F_t v_t \tag{10-18}$$

因此作动筒的总效率为

$$\eta = \frac{P_e}{P_i} = \frac{Fv}{F_t v_t} = \eta' \eta_V \tag{10-19}$$

由式(10-19)可知,影响作动筒输出功率的因素为作动筒的摩擦阻力和作动筒的泄漏损失。

10.4.3 液压控制元件

液压控制阀是液压传动系统中的控制调节元件,它可以控制油液的流动方向、压力和流量,以满足执行元件所需要的方向、力(或力矩)和速度的要求。阀的种类很多,通常按其在系统中的功能可分为三大类:方向控制阀、压力控制阀和流量控制阀。

1. 方向控制阀

方向控制阀是用来控制液压系统油路的换向、顺序动作和卸荷等,一般分为单向阀和换向阀。

(1) 单向阀

在液压系统中,单向阀应用非常广泛,它的作用是只许油液流向一个方向而防止油液的倒流。单向阀工作时要求正向流动时阻力小,反向时密封性好,且阀门开闭时动作迅速无振动。目前常用的单向阀有钢珠式和锥形式两种形式。

图 10-15 为起落架液压锁液控单向阀的工作过程。液压锁由壳体 1 和 4、衬筒 2、活塞 3、顶杆 5、弹簧 6 和 10,连接帽 7、活门 8、膨胀活门 9、应急放下活门 11 和弹簧等组成。当向起落架放下管路供压时,油液通向上管嘴进入壳体 4 腔内,向左推开活门 8,通过 D 管嘴输向起落架收放作动筒的放下腔,使起落架放下。在放下动作结束以后,油液停止流动且压力消失,活门 8 便在弹簧 10 的作用下向右运动贴到活门座上,从而将作动筒放下腔内的油液封闭,使起落架被锁在放下位置。当被活门 8 封闭在放下腔中的油液受热膨胀时,压力升高到一定程度

便可顶开热膨胀活门 9,放掉一小部分油使压力降回到安全值。收起落架过程中,压力油在通向作动筒收上腔时先通向液压锁的 C 管嘴,将活塞 3 和顶杆 5 推至极左位置。顶杆 5 将活门 8 顶开,使放下腔油液能经过活门 8 倒流(由 D 管嘴到 A 管嘴)。起落架收起之后,油液停止流动且压力消失,弹簧 6 便将顶杆 5 和活塞 3 推回到右端原始位置,而活门 8 便在其自身的弹簧 10 作用下关闭。当液压系统出了故障需要应急放下起落架时,压缩空气进入 B 管嘴推动应急放下活门 11,使之靠到衬筒 2 的左端部。压缩空气便经过 D 管嘴输到作动筒放下腔,使起落架放下。

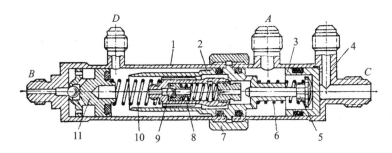

图 10 - 15　液控单向阀

单向阀主要用在以下几个方面:
① 泵的出口处,防止系统反向压力突然增高使泵损坏,起止回作用。
② 定量泵卸荷活门的下游,在泵卸荷时保持系统的压力。
③ 在系统的回油管路中,保持一定的回油压力,增加执行机构运动的平稳性。
④ 与节流阀和减压阀并联构成单向减速控制。

单向阀可作为液压锁和系统的协调动作控制,它们可以通过控制使油液通过单向阀反向流动,如起落架的收放系统和襟翼的收放系统。

单向阀在使用过程中,可能会由于锈蚀、磨损、弹簧疲劳等原因使其密封性变差,尤其是钢珠式单向阀因使用中的磨痕会随着钢珠的滚动而改变与活门座的接触部位,而活门与活门座之间一般是研配的,中间没有其他的密封物,因此容易产生泄露。另外,在安装单向阀时,一定要注意方向,防止装反。

(2) 换向阀

换向阀用来控制系统中油液的流动方向,按需要可使执行机构的油路关断、接通和换向。在飞机中应用较多的是换向滑阀,按操作方式它可分为手动、机动、电动、液动和电液动换向阀等。另外按其工作状态(位数)的多少可分为二位、三位等,按控制的油路通道数可分为二通、三通、四通和五通等。但无论是哪种换向阀,其工作原理都是利用阀芯相对阀体的相对位移来使油路发生变化。

图 10 - 16 为几种典型的换向滑阀的结构原理及其相应的职能符号。换向阀通常用"几位几通"说明换向阀的职能特点,图 10 - 16(a)为二位二通滑阀,图 10 - 16(b)为二位三通滑阀,图 10 - 16(c)为三位四通滑阀。三位四通滑阀的阀芯在中间位时,各口的连接关系又有多种,从而构成各种不同的机能。如图 10 - 16(c)为 O 形换向阀,当换向阀处于中位时,各油口互不相通,泵不卸荷,可用于多作动筒系统,作动筒可在任意位置锁定,又因在中立时进油路、回油路均充满压力油,因此启动比较平稳,但换向过程易产生压力撞击。Y 形换向阀处于中位时

(参见图 10 - 17),关断供油,使执行机构供油口和回油口均与回油路相通,因此工作系统释压,这种阀可在维护中用于给分系统释压,而不影响其他系统。

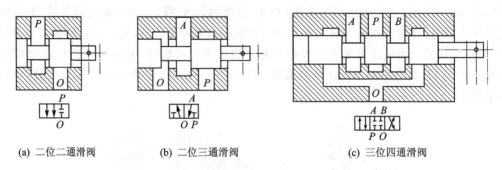

(a) 二位二通滑阀　　　(b) 二位三通滑阀　　　　　(c) 三位四通滑阀

图 10 - 16　几种不同的换向阀

当对三位四通换向阀进行操纵时,各种操纵方式的三位换向滑阀都可以根据不同的使用要求,使其在中间位置时各通油口之间有各种不同的连通方式,这种连通方式称为滑阀机能。三位四通换向阀常用的滑阀机能如图 10 - 17 所示(图中所画的是滑阀处在中间位置时的图形和符号)。三位换向阀除了在中间位置有各种滑阀机能外,有时也把阀芯在某一端位置的各通

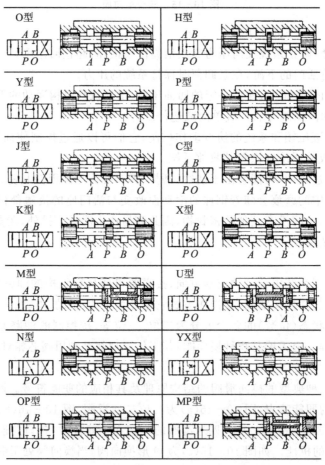

图 10 - 17　三位四通换向阀的滑阀机能

油口连通情况设计成特殊的机能,这时就用两个字母来分别表示滑阀在中间位置和一端位置的滑阀机能,常用的有 OP 型和 MP 型等滑阀。具有 OP 型和 MP 型滑阀机能的换向阀主要用于差动回路,以便得到快速行程。

2. 压力控制阀

压力控制阀也叫液压阀,是用来调节或限制系统压力的。它不仅可以用于调节液压工作系统的压力不超过某一预定数值,还可以使局部油路的压力低于或高于系统的工作压力。飞机上常用的压力控制装置有溢流阀、减压阀和卸荷阀等。

(1) 溢流阀

1) 溢流阀的工作原理

溢流阀是靠溢出一定的压力油来保证液压系统供压压力的稳定和防止过载的,它是利用液流压力和预定弹簧压力相平衡的原理来工作的。按溢流阀的具体结构可分为直动式、先导式和差动式三种形式。

直动式溢流阀如图 10 - 18 所示。阀芯在弹簧力的作用下压在阀口上,阀呈关闭状态。压力油通过直径为 d 的小孔作用在阀芯上,当油压对阀芯的作用力大于弹簧的预紧力时,阀呈开启状态,高压油便从阀出口溢回油箱。调节调压螺钉,可以改变弹簧的预紧力,从而改变溢流阀的开启压力。直动式溢流阀比较适合于低压系统(溢流阀进口压力小于 25 kg/cm²)。

先导式溢流阀如图 10 - 19 所示。它由主阀和先导阀组成。先导阀实际上是一个小流量的直动式溢流阀,其球形阀芯 5 在弹簧压力作用下压在阀座 4 上,阀芯后面有调压弹簧和调节螺钉。主阀包括阀芯 2 和弹簧 3,阀芯在弹簧压力作用下压在壳体 1 的限动器上,在主阀芯端面有一个节流孔。工作时,压力油从进油口进入主阀,并经节流孔进入内腔,使油压作用在先导阀阀芯的端面上。当系统压力低于溢流阀开启压力时,先导阀关闭。阀内油液处于静止状态,主阀前后油液压力相等,主阀芯在弹簧力作用下压在限动器上,阀门不能打开。当系统压力稍稍超过先导阀的开启压力时,先导阀阀芯 5 打开,压力油开始溢流。压力油是从进口经主阀芯节流孔,再通过先导阀回到油箱。由于节流孔的节流作用,从而产生压力损失 Δp,使得主阀内的压力减小了 Δp。此时,仅先导阀打开,主阀仍然关闭,作用在主阀芯上的力为

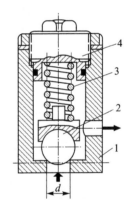

图 10 - 18 直动式溢流阀

$$N = F_r - \Delta p S \tag{10-20}$$

式中,F_r 为弹簧 3 的预紧力;

S 为主阀芯有效承压面积。

当系统压力不断升高时,通过节流孔的流量也不断增加,压力损失 Δp 也不断增加。当进口压力高到某一定值时,节流损失压力 $\Delta p S$ 大到大于 F_r,此时主阀失去平衡并随之打开,通过两侧阻力很小的通道流溢。随着进口压力的增高,溢流量也随之增大,直到系统压力达到阀的调定值,全部流量都通过阀流回油箱为止,此时系统压力就不再升高。先导式溢流阀比较适合于高压大流量液压系统。

在中压系统中,经常使用差动式溢流阀,其结构如图 10 - 20 所示。阀芯 5 在弹簧 3 和 4 的作用下,以锥面 A 压紧在阀套 2 上起密封作用。压力油从入口进入,由于面积 S' 大于面积

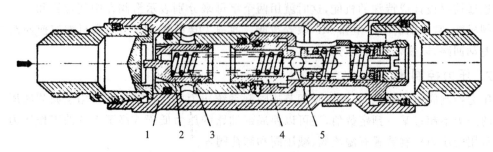

图 10 – 19　先导式溢流阀

S，因此在阀芯上作用有液压压力差 $p(S'-S)$，并与弹簧力平衡。当系统压力超过调定值时，压力差克服弹簧力，使阀芯 5 向左移动，阀口打开溢流。

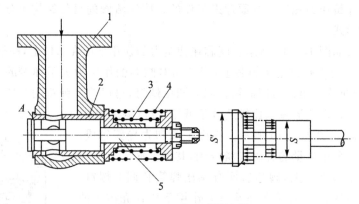

图 10 – 20　差动式溢流阀

2）溢流阀的应用

溢流阀在液压系统上的应用主要有两种：

① 起安全阀的作用，防止系统过载。这种阀在正常工作状态下处于常闭状态，当系统压力超过正常最大压力时，安全阀打开，多余流量溢出，防止过载。

② 起定压阀的作用，保持系统压力恒定。常在定量泵液压系统中与节流阀配合使用，调节进入液压用压系统的流量，并保持供压系统的压力基本稳定。这种阀在正常工作状态下处于常开状态，流入用压系统的流量由串联在主油路的节流阀来调节，由于液压泵供油量大于用压系统所需油量，油压升高，将溢流阀打开，多余的油经溢流阀流回油箱。在溢流过程中，供油压力和溢流阀调压弹簧保持平衡，在不断溢流的过程中保持系统供油压力基本稳定。

（2）减压阀

当液压系统中只有一个统一压力的压力源，而不同工作部分所需的压力不同时，则使用减压阀。常见的减压阀有两种：定值减压阀和定差减压阀。

1）定值减压阀

定值减压阀的工作原理如图 10 – 21(a)所示。油液经阀芯 2 和套筒 1 上的对应孔形成的节流口而降压，输出压力与输入压力无关。弹簧 3 的调定压力仅由阀出口油压来平衡，阀口形成的节流作用将进口压力降到由弹簧预紧力所确定的值。因此上游压力的变化对下游压力的影响很小，其输出压力为一定值。

2）定差减压阀

定差减压阀的工作原理如图 10-21(b)所示。当油液流经阀芯 1 和阀座 2 之间的间隙 x 时而产生节流损失，并产生压差。作用在阀芯上的弹簧的调定压力是由阀进口（高压）和阀出口（调定压力）分别作用在阀芯两端的压力差来平衡的，所以阀口的开度仅受进、出口压力差调节，从而保持压差为恒定。

3）减压阀的应用

① 实现不同工作分系统具有不同的工作压力。

② 稳定油压的作用。减压阀可以作为稳定油路工作压力的调节装置，使油路压力不受供油压力及其他并联油路的影响。

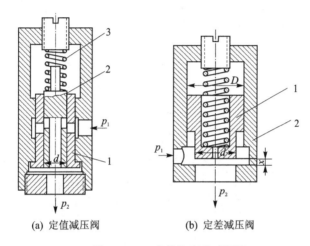

(a) 定值减压阀　　　　(b) 定差减压阀

图 10-21　定值和定差减压阀

（3）卸荷阀

卸荷阀是依靠降低定量泵的出口压力来实现卸荷的。图 10-22 是一种自动卸荷阀的工作原理。它由阀的壳体和三个阀芯组成。三个阀芯分别为卸荷阀芯 1、中间阀芯 3 和转换阀芯 5。中间阀芯可以增加卸荷阀的稳定性，转换阀芯用来感受系统压力并与预定弹簧压力相比较来控制卸荷阀的供压和卸荷两种工作状态，也可以说它是一个液控换向阀。

当系统压力小于或等于调定最小压力时，转换阀芯 5 在弹簧 4 作用下处于右端位置，来自油泵的高压油从 A 处经阀芯 5 的环槽进入阀芯 3 的右腔，使中间阀芯 3 处于左端位置，并通过它接通高压油到卸荷阀芯 1 左端的油路，使卸荷阀芯被推到右端，使进油口 A 和回油口 C 断开，切断回油路，使来自油泵的高压油通过单向阀给系统供油及给蓄压器充压，使系统处于供压状态（如图 10-22(a)所示）。

当系统压力达到最大工作压力时，转换阀芯 5 在油压作用下克服弹簧力移至左端位置，使进入中间阀芯两端的油路转换，中间阀芯移到右端位置并被锁住，使卸荷阀芯的右端进入高压油，左腔通回油，卸荷阀芯换向，并使来自油泵的油液返回油箱，泵的出口压力很小，处于卸荷状态（如图 10-22(b)所示）。

3. 流量控制阀

流量控制阀通过改变阀的通流面积的大小来调节流量，以控制和调节执行机构的运动速度。飞机液压系统中常用的流量控制阀有节流阀、同步阀、定量阀和流量放大器等，它们的基

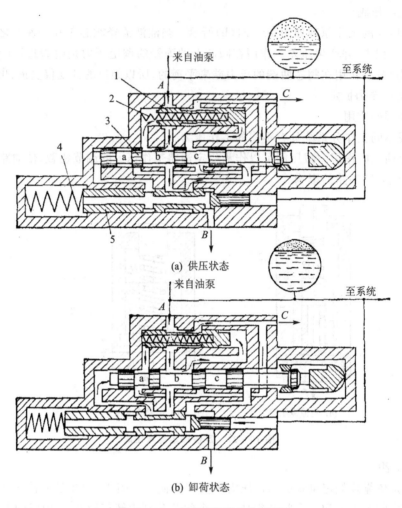

(a) 供压状态

(b) 卸荷状态

图 10 - 22　自动卸荷阀工作原理

本组成部分是能起节流作用的节流元件。

(1) 节流阀

　　节流阀利用油液通过小孔和小槽时产生的压力损失,起到控制流量的目的。图 10 - 23 为一单向节流阀。其功用是保证油液在一个方向上流动时起节流作用,而油液在另一个方向上流动时畅通无阻。它的阀芯上开有一个节流小孔 A,当油液从左向右通过时,必须经过节流

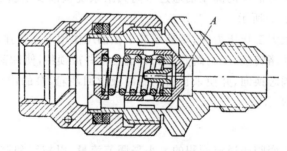

图 10 - 23　单向节流阀

小孔 A 而起到节流作用,当油液从右向左通过时,阀芯被顶开使之畅通。这种阀可安装在飞机液压系统的起落架收上管路中,放起落架时起节流作用,保证起落架缓慢放下,收起落架时,不起节流作用,不影响收上速度。

(2) 同步阀

同步阀也叫等量协调活门,它能自动地使两个并联的作动筒或电机,在承受不同负载时,获得相等或成一定比例的流量,从而实现同步或以一定比例的速度运动。同步阀的工作原理如图 10 - 24 所示。油液从上部进油口进入,经过节流器 6 上的左、右节流孔,分成左右两路,分别经出油孔 1、3 和 2、4,由下部两个出油口流出。

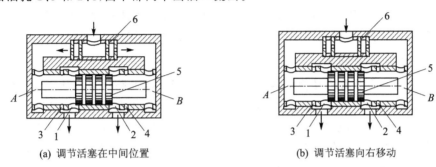

(a) 调节活塞在中间位置   (b) 调节活塞向右移动

图 10 - 24 同步阀工作原理

当同步阀后面的左、右传动管路中的压力损失及外载荷相等,则两边管路中的油液流量相等,通过同步阀左、右节流孔的压力损失也相同。因而 A、B 油腔的压力相等,调节活塞 5 保持在中间位置。此时,与同步阀相连的左、右作动筒的运动速度是一致的(如图 10 - 24(a)所示)。当左边管路中外载荷增大,油液流量减小时,左边节流孔处压力损失减小。于是 A 腔压力大于 B 腔压力,推动调节活塞 5 向右移动(如图 10 - 24(b)所示),使左边出油孔 1 逐渐开大,右边出油孔 2 逐渐关小。油液通过出油孔 1 的压力损失减小,通过出油孔 2 的压力损失加大。这就使左边管路中的流量增加,右边管路中的流量减小。当两边管路中的油液流量重新相等时,通过左,右节流孔的压力损失又相等起来,A、B 两腔压力恢复相等,调节活塞 5 便停止移动,从而使左、右管路中流量保持一致。

(3) 定量阀

定量阀是一种能按外载荷变化自动调节节流口大小使流量保持恒定的控制阀,其工作原理如图 10 - 25 所示。液体从阀的左端进入,经节流孔 A 进入活塞 1 的内腔,再经油孔 B 从阀的右端流出。活塞 1 受小刚度弹簧 2 向左的作用力,此力平衡节流孔 A 前后压差造成的向右的作用力。当流量变大时,节流孔 A 造成的压差增大,

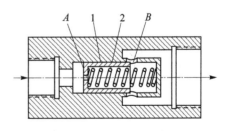

图 10 - 25 定量阀工作原理

推动活塞 1 向右移动,油孔 B 的遮盖量加大,结果使流量减小,回到原来的给定值;当流量减小时,活塞 1 向左移动,油孔 B 开大,结果使流量加大,并回到原来的给定值。

(4) 流量放大器

流量放大器用于工作系统要求的流量比供压系统输出流量大的情况。为了提高刹车系统的传动速度,经常使用流量放大器。

10.5 液压系统典型控制回路

飞机的液压系统无论其组成多么复杂,但都是由一些基本回路组合而成的。这些基本回路归纳起来可分为:顺序控制回路、速度控制回路、方向控制回路、压力控制回路和安全控制回路等。

10.5.1 顺序控制回路

飞机液压系统中应用顺序控制回路的系统有很多,如起落架收放系统、襟翼收放系统等。顺序控制回路可分为行程控制顺序回路、压力控制顺序回路和时间控制顺序回路等。

1. 行程控制顺序回路

图 10-26 为一个装有机动换向阀的顺序回路。当供油油路供来高压油时,作动筒 1 先动,待其活塞杆控制的顶杆压下机动换向阀 3 时,高压油才能供向作动筒 2 使其运动。

利用机动电开关和电磁换向阀的顺序回路,其原理与机动换向阀相似,只是活塞顶杆所触动的是电开关,把机械信号转变为电信号操纵电磁换向阀接通或断开作动筒 2 的回路,这种回路便于两个执行机构距离较远时的顺序控制。

2. 压力控制顺序回路

图 10-27 是一个利用压力继电器和电磁换向阀控制的顺序回路。当作动筒向右运动到头后,左腔压力继续升高,在达到压力继电器 3 的接通压力时,压力继电器接通换向阀 1 使其自动换向,同时压力继电器还接通换向阀 2,使其回油路绕过节流阀增加返回速度,这是一种慢进快退的自动换向回路。

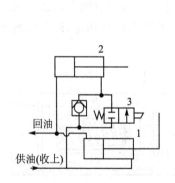

图 10-26 行程控制顺序回路

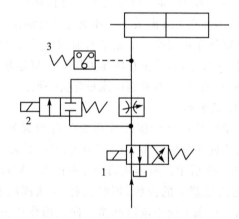

图 10-27 压力控制顺序回路

10.5.2 速度控制回路

在飞机的液压系统中,常用的速度控制回路主要解决减速、增速、同步和维持恒速的要求。

1. 减速回路

用节流阀控制流量是减速的最基本的方法。图 10 - 28 是起落架收放系统中常用的一种进油路节流减速回路,在放下起落架(活塞杆伸出)的高压油路上安装节流阀和单向阀,使起落架放下动作平稳。这种回路一般用于负载为"正"的场合。由于负载压力对流过节流阀的流量影响较大,所以负载突然减小时,会出现"前冲"现象。

2. 增速回路

用蓄压器增速是飞机上常用的一种增速手段。图 10 - 29 中的位置是液压泵给蓄压器充压状态,当压力达到卸荷阀的调定压力后,卸荷阀使油泵卸荷,蓄压器压力由液控单向阀保持。当换向电磁阀在右位时,液压泵向单向式作动筒供油,同时压力将液控单向阀打开,蓄压器也同时向作动筒供油,使活塞运动加速。此外,还可以用差动作动筒和流量放大器使运动加速。

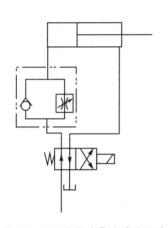

图 10 - 28　进油路节流减速回路

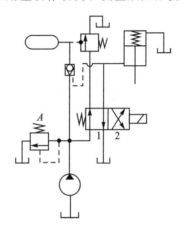

图 10 - 29　用蓄压器的增速回路

3. 恒速回路

在飞机的液压系统中,有些工作系统要求执行机构以恒定速度输出,但其负载却是变化的,一般用简单的节流调速方法难以满足要求。但在恒压供压系统中,供油压力基本稳定,负载变化直接影响节流阀的出口压力,所以使节流阀的前后压差改变,最后影响执行机构输出速度的变化。为了获得恒速就要使节流阀前后压差保持恒定,一般方法是利用定差减压阀与节流阀组成的调速回路来使压差恒定,如图 10 - 30 所示。对于恒速要求高的系统,可用伺服阀与速度检测装置组成的闭环自动控制恒速系统。

4. 倍速回路

倍速回路又称差动回路,是使速度成倍变化的一种回路,其基本结构是采用差动油缸(或作动筒)。图 10 - 31 是采用二位三通电磁阀 5 的差动倍速回路。电磁阀 5 和电磁阀 3 协同工作,图示位置为工作速度(慢速)。电磁阀 5 换位后改成差动接法,变成快进速度。电磁阀 3 换位后变成快退速度,使活塞杆快速收回。

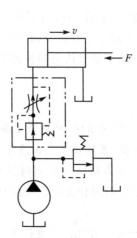

图 10-30 恒速回路

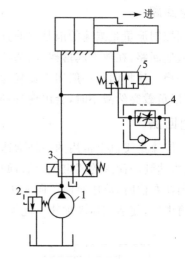

图 10-31 差动倍速回路

10.5.3 方向控制回路

方向控制回路包括换向回路和锁紧回路。一般换向、启动和停止控制都可使用换向阀来完成，具体的选用可根据系统的油路要求来确定。

为了使作动筒在任意位置上停止和防止其停止后窜动，可采用锁紧回路。图 10-32 是一个采用液控单向阀的锁紧回路。图中两个液控单向阀的联锁回路可以将活塞锁定在任意规定位置上，并且当供压中液压突然消失的情况下，作动筒即马上被固定在当时的位置上，这种回路在飞机液压系统中用得较多。

10.5.4 压力控制回路

压力控制回路是使液压系统中某处的压力改变（如多工作压力、减压、增压等），并消除液压撞击及使系统卸荷的回路。多压回路是使一个作动筒可有几个不同的工作压力的回路。图 10-33 是一个双压回路，它是利用两个溢流阀和换向阀配合使用，使作动筒在往返行程中具有不同的供压压力。活塞伸出行程由高压溢流阀 1 调定，缩入行程由低压溢流阀 2 调定，活塞在缩入极限位置时，其泵的全部供油量均经低压溢流阀 2 返回油箱，从而达到减小功率损失的目的。

由于溢流阀对定量泵的限压作用，当工作部分不工作时，使液压泵输出的功率为最大，这是很不合理的。因此，在装有定量泵的飞机液压系统中，都采用使液压泵出口压力在工作部分不工作时降到最小限度的方法，使其输出的功率最小，这种方法就是定量泵的卸荷。

图 10-34 是一个利用开关在中立位卸荷的卸荷回路。在不需要负载流量时，用液压阀在中立位时的油路将高压油路与回路连通，此时，泵的输出流量就会直接返回油箱，既不流经溢流阀，也不流入负载，这时，泵的出口压力仅是为了克服管路上的压力损失而产生的，输出功率达到最小。当然，这种卸荷方式只适用于单一工作系统情况，如果一个泵供给几个并联工作回路，这种方式就不适用了。

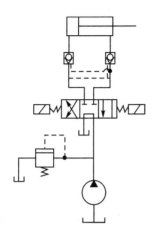

图 10－32　液控单向阀锁紧回路

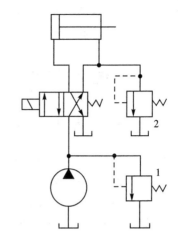

图 10－33　双压压力控制回路

对于用电动机带动的定量泵,可采用由泵出口压力控制的液压继电器使泵在达到规定压力时,断开电动机电源,使泵停止转动。为了保证系统工作的稳定性,需要一个蓄压器配合保压工作。这种卸荷方式可使卸荷时泵的消耗功率为零。

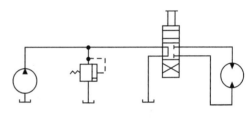

图 10－34　卸荷回路

对于变量泵,当工作系统不工作时,其压力达到最高限制压力,但其输出流量同时也减小到最低限度,所以,泵在这时具有最小的输出功率,已达到卸荷的目的,也就是说,变量泵有自动卸荷的功能。

10.5.5　安全控制回路

安全回路是指液压系统本身在使用过程中的安全问题,如防止超压、防止某一分系统管道破裂而使整个系统油量损失过大等。在液压系统中采用的安全措施主要有:设置安全阀防止超压、设置定量器、限压锁流活门和液压保险器等防止管路损坏时油液大量外流,从而保证系统安全。

液压泵通常由飞机上的发动机带动,因此,只要发动机工作,液压泵便不停地转动。然而液压系统各工作部分并不是不停地工作,如起落架的收放系统只有在飞机起飞和着陆时才用到。所以必须对液压泵的输出压力加以限制。对于定量泵来说,一般都采用溢流阀来限制系统的压力,如图 10－35 所示。溢流阀也叫安全阀门,当系统的压力升高到某一调定压力时,溢流阀将把多余的液流排

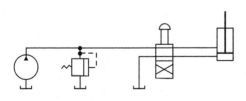

图 10－35　液压泵限压回路

回油箱,以确保系统压力不超过规定的值。通常,溢流阀的调定压力一般高于正常系统压力的 $10\% \sim 20\%$。

变量泵不要求在高压管路中设置溢流阀,因为它的变量特性已使系统最高压力受到限制,但为了保险起见,几乎所有的变量泵系统中,一般都至少装有一个溢流阀。

10.6　液压系统在飞机上的布置与安装

10.6.1　液压系统在飞机上的布置

民机液压系统大多采用集中式液压源,由发动机驱动泵为飞机各个用户提供液压能。基于三套或四套容错设计的集中式液压能源系统也是民机液压系统的典型配置。以波音737为例,波音737飞机的液压系统由三个独立的液压系统提供液压动力,分别是A系统、B系统和辅助液压系统。其中A系统和B系统是主液压系统,A系统部件大部分在飞机的左侧,B系统部件主要在飞机右侧,如图10-36所示。

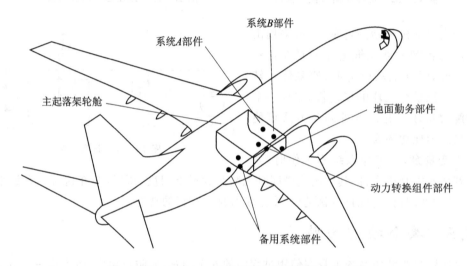

图10-36　波音737飞机液压系统在飞机上的布置

图10-37所示为A系统、B系统和辅助液压系统的动力源布置和功能描述图。在正常情况下,A系统和B系统分别由同一侧的发动机驱动液压泵(EDP),以及另一侧转换汇流条驱动电机泵(EMP)来提供动力,而辅助系统则由2号汇流条驱动的EMP来提供动力。

从图10-37可以看出,A系统为左发反推、主飞行操控系统、起落架收放、前轮转弯、备用刹车、自动驾驶、地面扰流板提供液压动力;B系统为右发反推、主飞行操控系统、备用起落架收上、备用前轮转弯、正常刹车、自动驾驶、增升系统提供液压动力;辅助液压系统包括备用液压系统和液压动力转换组件(PTU),备用液压系统是需求系统,在有需求的情况下为方向舵、前缘襟翼、缝翼、发动机反推提供备用的液压动力。在B系统释压的情况下,A系统还可以通过PTU为增压系统中的前缘襟翼、缝翼提供液压动力,液压油仍来自于B系统。

随着大型飞机的发展,集中式液压系统的缺点也越来越突出,由于管道过长,管道在飞机液压系统总质量中所占的比例也越来越大。因此,现代先进飞机开始采用分布式电动液压能源系统。如图10-38所示为A380采用的三套分布式电动液压能源系统,作为前轮转弯系统与刹车系统的备用液压源。分布式电动液压能源系统由于可以布置于用户附近,自带控制单

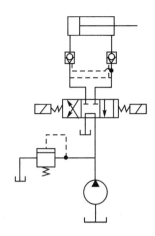

图 10-32　液控单向阀锁紧回路

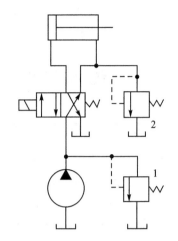

图 10-33　双压压力控制回路

对于用电动机带动的定量泵,可采用由泵出口压力控制的液压继电器使泵在达到规定压力时,断开电动机电源,使泵停止转动。为了保证系统工作的稳定性,需要一个蓄压器配合保压工作。这种卸荷方式可使卸荷时泵的消耗功率为零。

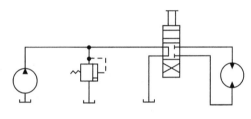

图 10-34　卸荷回路

对于变量泵,当工作系统不工作时,其压力达到最高限制压力,但其输出流量同时也减小到最低限度,所以,泵在这时具有最小的输出功率,已达到卸荷的目的,也就是说,变量泵有自动卸荷的功能。

10.5.5　安全控制回路

安全回路是指液压系统本身在使用过程中的安全问题,如防止超压、防止某一分系统管道破裂而使整个系统油量损失过大等。在液压系统中采用的安全措施主要有:设置安全阀防止超压、设置定量器、限压锁流活门和液压保险器等防止管路损坏时油液大量外流,从而保证系统安全。

液压泵通常由飞机上的发动机带动,因此,只要发动机工作,液压泵便不停地转动。然而液压系统各工作部分并不是不停地工作,如起落架的收放系统只有在飞机起飞和着陆时才用到。所以必须对液压泵的输出压力加以限制。对于定量泵来说,一般都采用溢流阀来限制系统的压力,如图 10-35 所示。溢流阀也叫安全阀门,当系统的压力升高到某一调定压力时,溢流阀将把多余的液流排回油箱,以确保系统压力不超过规定的值。通常,溢流阀的调定压力一般高于正常系统压力的 $10\%\sim20\%$。

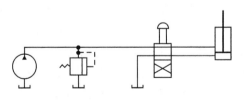

图 10-35　液压泵限压回路

变量泵不要求在高压管路中设置溢流阀,因为它的变量特性已使系统最高压力受到限制,但为了保险起见,几乎所有的变量泵系统中,一般都至少装有一个溢流阀。

10.6 液压系统在飞机上的布置与安装

10.6.1 液压系统在飞机上的布置

民机液压系统大多采用集中式液压源,由发动机驱动泵为飞机各个用户提供液压能。基于三套或四套容错设计的集中式液压能源系统也是民机液压系统的典型配置。以波音 737 为例,波音 737 飞机的液压系统由三个独立的液压系统提供液压动力,分别是 A 系统、B 系统和辅助液压系统。其中 A 系统和 B 系统是主液压系统,A 系统部件大部分在飞机的左侧,B 系统部件主要在飞机右侧,如图 10 - 36 所示。

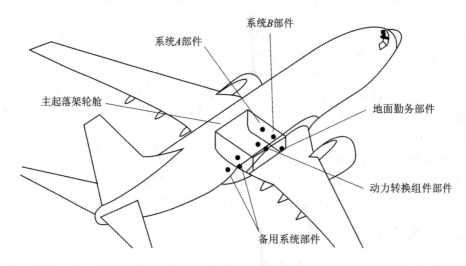

图 10 - 36 波音 737 飞机液压系统在飞机上的布置

图 10 - 37 所示为 A 系统、B 系统和辅助液压系统的动力源布置和功能描述图。在正常情况下,A 系统和 B 系统分别由同一侧的发动机驱动液压泵(EDP),以及另一侧转换汇流条驱动电机泵(EMP)来提供动力,而辅助系统则由 2 号汇流条驱动的 EMP 来提供动力。

从图 10 - 37 可以看出,A 系统为左发反推、主飞行操控系统、起落架收放、前轮转弯、备用刹车、自动驾驶、地面扰流板提供液压动力;B 系统为右发反推、主飞行操控系统、备用起落架收上、备用前轮转弯、正常刹车、自动驾驶、增升系统提供液压动力;辅助液压系统包括备用液压系统和液压动力转换组件(PTU),备用液压系统是需求系统,在有需求的情况下为方向舵、前缘襟翼、缝翼、发动机反推提供备用的液压动力。在 B 系统释压的情况下,A 系统还可以通过 PTU 为增压系统中的前缘襟翼、缝翼提供液压动力,液压油仍来自于 B 系统。

随着大型飞机的发展,集中式液压系统的缺点也越来越突出,由于管道过长,管道在飞机液压系统总质量中所占的比例也越来越大。因此,现代先进飞机开始采用分布式电动液压能源系统。如图 10 - 38 所示为 A380 采用的三套分布式电动液压能源系统,作为前轮转弯系统与刹车系统的备用液压源。分布式电动液压能源系统由于可以布置于用户附近,自带控制单

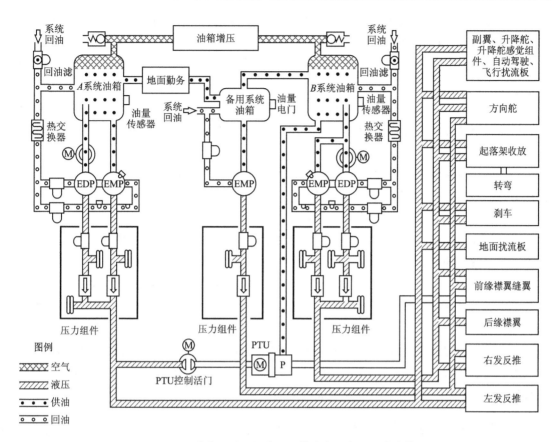

图 10 - 37　波音 737 飞机液压系统动力源布置及功能描述

元,不仅能够降低飞机的整体质量,而且分布式的布局还可以大大提高飞机的可靠性和维修性。

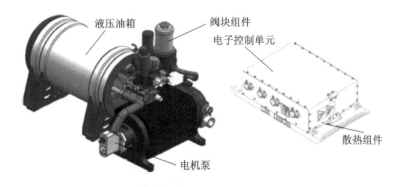

图 10 - 38　A380 采用的分布式电动液压能源系统

10.6.2　液压能源系统安装设计原则

液压能源系统安装设计应遵循以下基本原则:

① 最小的安装质量和功率损失。

② 各独立子系统的液压元件应该尽可能分开布置,且其安装位置应保证足够的物理隔离,以防止共模故障和其他飞机故障模式。

③ 所有的液压元件应安装在增压舱外部;所有的经过增压舱和燃油舱的液压管路应采用永久联结。

④ 液压系统应布置在没有易燃气体、热源、引气管或电气打火点的地方,当液压系统元器件和管路临近热源或火源时,应考虑用防火墙、屏障或类似方法隔离,以免将液压系统泄漏的液压油点燃。

1) 油箱的安装:油箱位置应布置于发动机短舱和转子爆破区以外。为了保证液压泵吸油压力,液压油箱安装应高于液压泵,以使飞机在地面或飞行状态下油泵都有吸油落差压力,且油箱布置应尽量靠近液压泵,使吸油管长度最小。

2) 发动机驱动泵安装:发动机驱动泵应布置在方便观察的位置,以便于例行检查,同时高度应低于液压油箱,并保证水平安装。

3) 电动泵安装:电动泵的布置应远离客舱以降低客舱噪音,并通过安装减震器或者隔振元件减小其振动噪音传递到飞机结构上,电动泵应布置在容易观察到的位置,且安装高度应低于油箱位置。

4) 蓄压器的安装:蓄压器的布置应重点考虑当蓄压器结构性失效或端盖飞出时对飞行和地面人员、乘客及关键部件的保护,喷射出去的零件不能和其他液压系统管路和元件、燃油系统管路、发动机引气管路和其他关键元件碰撞。

10.6.3 液压系统管路安装设计原则

液压管路寿命要求和飞机结构同寿,因此,液压管路的设计总体原则是安全可靠,工作寿命长,质量轻,维修性好。具体设计应考虑以下因素:

① 各套系统管路之间应尽量隔离。

② 尽量减少接头数量,接头附近应有支撑,并保证合适的支撑间隔。

③ 导管与导管、结构、运动件及其他系统之间,保证有合理而足够的间隙。

④ 管路要方便安装和维护。

图 10 – 39 为 A320 主起落架管路布置,其主起落架上包括起落架收放机构、机轮刹车装置等运动部件,以及刹车液压管路、正常刹车系统液压附件、备用刹车系统液压附件、电气系统的机载电缆,起落架显示与告警系统的传感器及电气线路等。起落架液压管路的布置要统筹考虑液压、结构、电气、起落架等系统的情况,以便合理利用空间。另外,起落架管路布置还要考虑到管路的工作环境要求,由于管路处于高振动和容易腐蚀的区域,因此要选用抗震性和耐疲劳性能好的不锈钢导管,管路布置时应尽量采用集束排列,管路附件要显而易见,以便于操纵和检修。

对于液压系统在飞机上的安装与布置来说,不同飞机型号即使在实现功能基本相同的情况下也会存在较大差异,因此需要根据具体的飞机结构及系统的要求来确定。

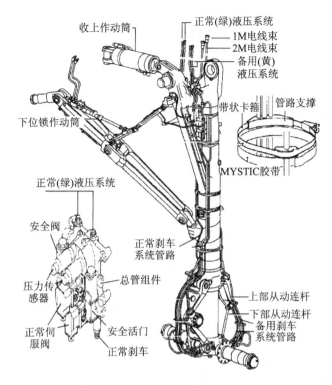

收上作动筒
正常(绿)液压系统
1M电线束
2M电线束
备用(黄)液压系统
带状卡箍
管路支撑
下位锁作动筒
MYSTIC胶带
正常(绿)液压系统
安全阀
正常刹车系统管路
压力传感器
总管组件
上部从动连杆
下部从动连杆
备用刹车系统管路
正常伺服阀
安全活门
正常刹车

图 10-39　A320 主起落架管路布置

习　题

10-1　液压系统的要求是什么？

10-2　液压系统的组成有哪些？

10-3　液压系统的结构功能框图包括哪些内容？

10-4　液压系统的主要参数有哪些？如何确定液压系统的主要参数？

10-5　液压泵的主要参数有哪些？如何确定液压泵的主要参数？

10-6　液压传动系统的控制元件有哪些？先导式溢流阀是如何控制压力的？

10-7　如何实现液压系统的增速？试设计一增速回路。

参考文献

[1] 郦正能主编. 飞机部件与系统设计[M]. 北京：北京航空航天大学出版社，2006.

[2] [美]Michael C. Y. Niu 著. 实用飞机结构工程设计[M]. 程小全译. 北京：航空工业出版社，2016.

[3] 顾诵芬主编. 飞机总体设计[M]. 北京：北京航空航天大学，2001.

[4] 范玉清编著. 现代飞机制造技术[M]. 北京：北京航空航天大学出版社，2001.

[5] Yu Liang, Xiaoquan Cheng, Zhengneng Li, et al. Multi-objective robust airfoil optimization based on non-uniform rational B-spline (NURBS) representation [J]. Science China-Technological Sciences, 2010, 53 (10): 2708-2717.

[6] Lu Liang, Xiaoquan Cheng, Zhengneng Li, et al. Robust multi-objective wing design optimization via cfd approximation model [J]. Engineering Applications of Computational Fluid Mechanics, 2011, 5(2): 286-300.

[7] Maxim Tyan, Jungwon Yoon, et al. Design-airworthiness integration method for general aviation aircraft during early development stage [J]. Aircraft Engineering and Aerospace Technology, 2019, 91 (7): 1067-1076.

[8] 余雄庆, 丁运亮. 多学科设计优化算法及其在飞行器设计中应用[J]. 航空学报, 2000, 21(1): 1-6.

[9] Jikui Zhang, Xiaoquan Cheng, Zhengneng Li. Total fatigue life prediction for Ti-alloys airframe structure based on durability and damage-tolerant design concept [J]. Materials & Design, 2010, 31(9): 4329-4335.

[10] 徐浩军主编. 航空器适航性概论[M]. 西安：西北工业大学出版社，2012.

[11] 冯振宇, 邹田春. 复合材料飞机结构合格审定[M]. 北京：航空工业出版社，2012.

[12] 方宝瑞主编. 飞机气动布局设计[M]. 北京：航空工业出版社，1997.

[13] 杨岞生, 俞守勤编. 飞行器部件空气动力学[M]. 北京：航空工业出版社，1987.

[14] Denis Howe. Aircraft Loading and Structural Layout[M]. UK: Professional Engineering Publishing Limited, London and Bury St Edmunds, 2004.

[15] [美]D. 理查森. 现代隐身飞机[M]. 北京：科学出版社，1991.

[16] 郦正能主编. 飞行器结构学[M]. 2 版. 北京：北京航空航天大学出版社，2010.

[17] 王向明, 苏亚东, 吴斌. 增材技术在飞机结构研制中的应用[J]. 航空制造技术, 2014, 22: 16-20.

[18] Jikui Zhang, Xiang Zhang, et al. Crack path selection at the interface of wrought and wire plus arc additive manufactured Ti-6Al-4V [J]. Materials & Design, 2016, 104: 365-375.

[19] Jikui Zhang, Xueyuan Wang, et al. Fatigue crack propagation behaviour in wire plus arc additive manufactured Ti-6Al-4V: Effects of microstructure and residual stress [J]. Materials & Design, 2016, 90: 551-561.

[20] 中华人民共和国航空工业标准　军用飞机复合材料结构设计指南. HB/Z 322—98.

[21] 中华人民共和国航空工业标准　军用飞机复合材料强度验证要求. HB7491-97.

[22] 中国航空研究院编著. 复合材料结构设计手册[M]. 北京：航空工业出版社，2001.

[23] 杨乃宾, 张怡宁. 复合材料飞机结构设计[M]. 北京：航空工业出版社，2002.

[24] Alan Baker, Stuart Dutton, Donald Kelly. Composite Materials for Aircraft Structures (Second Edition) [M]. American Institute of Aeronautics and Astronautics, Inc., 1801 Alexander Bell Drive, Reston, VA 20191-4344, 2004.

[25] 《飞机设计手册》总编委会编. 飞机设计手册 第 4 册：军用飞机总体设计[M]. 北京：航空工业出版社，2004.

[26] 《飞机设计手册》总编委会编. 飞机设计手册 第 6 册：气动设计[M]. 北京：航空工业出版社，2002.

[27]《飞机设计手册》总编委会编.飞机设计手册 第7册:民航构型初步设计和推进系统一体化设计[M].北京:航空工业出版社,2000.

[28]《飞机设计手册》总编委会编.飞机设计手册 第9册:载荷、强度和刚度[M].北京:航空工业出版社,2001.

[29]《飞机设计手册》总编委会编.飞机设计手册 第10册:结构设计[M].北京:航空工业出版社,2000.

[30]《飞机设计手册》总编委会编.飞机设计手册 第12册:飞行控制(操纵)系统和液压气压系统设计[M].北京:航空工业出版社,2004.

[31]《飞机设计手册》总编委会编.飞机设计手册 第14册:起飞着陆系统设计[M].北京:航空工业出版社,2002.

[32]《飞机设计手册》总编委会编.飞机设计手册 第20册:可靠性、维修性设计[M].北京:航空工业出版社,1999.

[33] 中国民用航空局科技教育司编著.飞机结构维修指南[M].北京:北京航空航天大学出版社,1993.

[34] [美]Michael C. Y. Niu 著.实用飞机复合材料结构设计与制造[M].程小全等译.北京:航空工业出版社,2010.

[35] 陈祥宝编著.复合材料结构损伤修理[M].北京:化学工业出版社,2001.

[36] Xiaoquan Cheng,Jie Zhang,et al. Low-velocity impact performance and effect factor analysis of scarf-repaired composite laminates [J]. International Journal of Impact Engineering,2018,111:85-93.

[37] 张羽,程小全等.飞机结构复合材料设计值研究进展[J].高科技纤维与应用,2017,42(5):8-15,23.

[38] 沙勍,程小全等.湿热环境对复合材料疲劳性能的影响[J].高科技纤维与应用,2017,42(4):37-43.

[39] 高宇剑,程小全.先进复合材料挖补修理技术的研究进展[J].航空制造技术,2011,(20):97-99.

[40] Jingfeng Fan,Xiaoquan Cheng,et al. Experimental and numerical investigation of composite bolted π-joint subjected to bending load [J]. Composites Part B,2015,78:324-330.

[41] Xiaoquan Cheng,Jingfeng Fan,et al. Design and investigation of composite bolted π-joints with an unconventional configuration under bending load [J]. Composites Part B,2016,85:59-67.

[42] Xiaoquan Cheng,Songwei Wang,et al. Effect of damage on failure mode of multi-bolt composite joints using failure envelop method [J]. Composite Structures,2017,160:8-15.

[43] [美]Carlsson L. A.,Kardomateas G. A.. 夹层复合材料结构与失效机制[M].范金娟,程小全等译.北京:国防工业出版社,2019.

[44] Jikui Zhang,Xianglin Zhang,Xiaoquan Cheng,et al. Lightning strike damage on the composite laminates with carbon nanotube films:Protection effect and damage mechanism [J]. Composites Part B,2019,168:342-352.

[45] [美]诺曼·斯·柯里著.飞机起落架设计原理与实践[M].北京:航空工业学出版社,1990.

[46] EA Ossa. Failure analysis of a civil aircraft landing gear [J]. Engineering failure analysis,2006,13(7):1177-1183.

[47] 吴森堂.飞行控制系统[M].2版.北京:北京航空航天大学出版社,2013.

[48] 欧阳坡,朱亮,徐东光.民机飞控系统适航性设计与验证[M].上海:上海交通大学出版社,2015.

[49] 张汝麟,宋科璞.现代飞机飞行控制系统[M].上海:上海交通大学出版社,2015。

[50] 吴文海,高阳,汪节.飞行控制系统的发展历程、现状与趋势[J].飞行力学,2018,36(4):1-5.

[51] 石鹏飞,谭智勇,陈洁.先进民机飞控系统发展的需求与设计考虑[J].中国科学:技术科学,2018,48:237-247.

[52] 吴文海,高丽,周胜明.飞行控制系统设计方法现状与发展[J].海军航空工程学院学报.2010,25(4):421-426.

[53] 陈宗基,张汝麟,张平,周锐.飞行器控制面临的机遇与挑战[J].自动化学报,2013,39(6):703-710.

[54] 杨华保主编.飞机原理与构造[M].西安:西北工业大学出版社,2002.

[55] 李寿刚编.液压传动[M].北京:北京理工大学出版社,1994.

[56] 苏志国,王新颖编.飞机液压与燃油系统[M].中国民用航空学院,1998.

[57] 《航空发动机设计手册》总编委员会编.航空发动机设计手册(第 15 册)[M].北京:航空工业出版社,2002.

[58] 贺尔铭主编.民用航空发动机控制原理及典型系统[M].北京:国防工业出版社,2002.